예제 중심의

선형대수학

LINEAR ALGEBRA

제2판

민만식 · 황상민 지음

한티미디어

저자 소개

민만식 고려대학교 통계학과 이학박사
수원대학교 Adjunct Professor
저서: 확률과 통계, 미분적분학, 통계수학, 이산수학, R 통계학 등

황상민 성균관대학교 수학과 이학박사 수료
수원대학교 Adjunct Professor
저서: 수학 I (미분적분학), 수학 II (다변수미분적분학) 등

예제 중심의 선형대수학 제2판

발행일 2022년 9월 20일 초판 1쇄
지은이 민만식 · 황상민
펴낸이 김준호
펴낸곳 한티미디어 | **주 소** 서울시 마포구 동교로 23길 67 Y빌딩 3층
등 록 제15-571호 2006년 5월 15일
전 화 02)332-7993~4 | **팩 스** 02)332-7995
ISBN 978-89-6421-442-8 (93410)
가 격 27,000원

마케팅 노호근 박재인 최상욱 김원국 김택성
편 집 김은수 유채원
관 리 김지영 문지희

이 책에 대한 의견이나 잘못된 내용에 대한 수정 정보는 한티미디어 홈페이지나 이메일로 알려주십시오.
독자님의 의견을 충분히 반영하도록 늘 노력하겠습니다.

홈페이지 www.hanteemedia.co.kr | **이메일** hantee@hanteemedia.co.kr

---

PREFACE

선형대수학(linear algebra)은 수학이나 물리학뿐 아니라, 공학, 경제학, 심리학, 사회학 등의 사회과학 분야에서도 선형대수학의 응용이 중요하다. 선형대수학을 배움으로써 공리계로부터 연역되는 여러 성질을 증명하는 방법을 배우게 된다. 이러한 이유로 선형대수학은 자연과학대학, 공과대학 및 사회학계에 필수적인 과목이다. 선형대수학의 연구대상은 주로 행렬론(matrix theory)과 벡터공간론(theory of vector spaces)으로 분류된다.

행렬론은 행렬(matrix)의 연산에 중점을 두어 초보자들이 배우기 쉽고, 선형대수학에서 가장 중요한 개념인 고유치(eigenvalue)와 유벡터(eigenvector)를 단시일 내에 배울 수 있다. 선형대수학에서 가장 큰 난점은 행렬곱셈이 복잡하다는 데에 있다. 이 복잡한 행렬곱셈을 좀 더 간소화하지 않고서는 계산이 복잡하여 선형대수학을 응용하는 것이 거의 불가능하다. 그뿐 아니라, 행렬의 연산이 복잡하면 행렬의 성질을 알아내기도 힘이 든다. 고유치와 고유벡터를 이용하여 복잡한 행렬의 연산을 간단히 하는 것이다.

반면에 벡터공간론(theory of vector spaces)은 선형대수학의 여러 가지 문제들 사이의 내적인 관계를 명확하게 함으로써 이론을 중심으로 하는 수학과나 물리학과 학생들, 또는 연구를 하는 공학, 사회과학의 대학원 학생들에게 꼭 필요한 학문이다. 그러나 벡터공간론은 벡터공간과 그의 기저(basis)의 개념부터 시작하는데, 벡터공간의 공리 자체가 추상적이고, 기저의 개념을 이해하기 힘들어, 행렬론을 배운 후에 벡터공간론을 배우면 행렬론만으로는 설명하기 어려운 관계들이 벡터공간론에서는 분명해져서 벡터공간론을 흥미있게 공부할 수 있게 된다.

제1장에서는 행렬을 정의하고 행렬의 연산과 특수한 행렬을 설명하였다. 행렬의 개념이 연립 1차방정식의 해의 성질을 규명하고자 생긴 것이므로, 제2장에서는 연립 1차방정식에 관해서 설명하였다. 기초행작용을 사용하였는데 연립 1차방정식에서뿐만 아니라 행렬을 공부하는데 기초행작용이 중요한 역할을 한다. 또한 정칙행렬에 관해서 배운다. 행렬이 정칙행렬이냐 아니냐에 따라서 행렬의 성질이

PREFACE

아주 달라진다. 행렬이 정칙인지 아닌지 구별하는 것이 대단히 중요하다. 제3장에서 배우는 행렬식을 가지고 행렬이 정칙인지 아닌지 구별할 수 있다. 행렬식의 정의는 치환(inversion)을 사용하지 않고, 여인수전개를 이용하여 정의하였다. 결국 행렬식의 성질을 배우는데 여인수전개가 주로 이용되므로 시간을 절약할 수 있다. 제4장에서는 벡터의 정의, 노음과 연산, 내적, 외적, 3차원 공간에서의 직선과 평면을 다루었으며, 제5장에서는 벡터공간의 개념과 벡터공간에서 일차종속과 일차독립의 개념, 부분공간의 차원과 기저의 개념을 다루었다. 제6장에서는 내적공간의 개념과 그램-슈미트 직교과정과 최소자승법을 다루었으며, 제7장에서는 고유치와 고유벡터, 대칭행렬대각화 등을 다루었다. 제8장은 선형사상에서 행렬이 어떻게 사용되는지를 알아보았다. 제9장은 2차형식이 행렬에 어떻게 사용되는지 알아보고 제10장은 행렬의 분해에 대해서 설명하였다.

각 절 끝의 연습문제는 이 책을 이해하는데 큰 도움이 되리라 생각한다. 해답을 책의 마지막 부분에 삽입하여 연습문제를 모두 풀어볼 수 있도록 하였다. 이 책은 알기 쉽게 자세히 설명하였으며, 여러 개념들이 왜 필요하고, 어떤 점에서 중요하고, 어디에 사용되는지를 설명하여 독자들이 혼자 공부할 수 있도록 돕는다.

끝으로 이 책이 나오기까지 수고해 주신 한티미디어 사장님 이하 직원 여러분께 깊이 감사드린다.

2022. 08

저자 일동

CHAPTER 01 행렬

CHAPTER 02 연립 1차방정식 정칙행렬

CHAPTER 03 행렬식

CONTENTS

CHAPTER 04 공간벡터

CHAPTER 05 벡터공간

CHAPTER 06 내적공간

CHAPTER 07 고유치와 고유벡터

CHAPTER 08 선형변환과 행렬

CONTENTS

CHAPTER 1

행렬

1.1 행렬

1.1.1 행렬의 정의

행렬이란 괄호 안에 수들을 직사각형 꼴로 배열한 것이다. 예를 들어 보면

$$\begin{bmatrix} 4 & 3 & 5 \\ -3 & 0 & 2 \end{bmatrix} \quad (1) \qquad \begin{bmatrix} 4+i \\ \sqrt{2} \\ \pi \end{bmatrix} \quad (2)$$

$$\begin{bmatrix} 1 & 2 & 4 \\ 1 & 3 & 2 \\ -5 & 5 & 5 \end{bmatrix} \quad (3) \qquad \begin{bmatrix} x^3 & e^{2x} \\ x+3 & 0 \\ -1 & 2 \end{bmatrix} \quad (4)$$

들은 모두 행렬의 예들이다.

(1)에 주어진 행렬은 2행(row)과 3열(column)을 가지고 있으며 2×3행렬이라 부른다. 주어진 행렬은 3×3행렬이며, (3)과 (4)에 주어진 행렬은 각각 3×1, 3×2행렬이다. 행렬은 반복하여 쓰기가 복잡하여 간단히 영어(英語) 대문자 A, B, C 등으로 표시하는 수가 많다.

일반적으로

$$A=\begin{pmatrix} a_{11} & a_{12} \cdots & a_{1n} \\ a_{21} & a_{22} \cdots & a_{2n} \\ \bullet & \bullet & \bullet \\ a_{m1} & a_{m2} \cdots & a_{mn} \end{pmatrix}$$

행 →

열 ↓

과 같은 배열을 행렬(matrix)이라 부르고, a_{11}, a_{12}, $\cdots$, a_{mn}을 그 행렬 성분이라 한다. 행렬 A의 수평인 부분배열과 수직인 부분배열을 각각 행(row)과 열(column)이라 하고, m개의 행과 n개의 열을 가지면 $m\times n$행렬이라 부르고, 크기가 $m\times n$이라 말한다.

행렬 A에서 $(a_{i1}\ a_{i2}\ \cdots\ a_{in})$을 A의 i번째 행 또는 i행

$\begin{pmatrix} a_{1j} \\ a_{2j} \\ \vdots \\ a_{mj} \end{pmatrix}$ 를 j번째 열 또는 j열이라 하고, i행과 j열의 교점에 있는 성분 a_{ij}를 ij성분이라 부른다.

흔히 행렬 A를 $A=(a_{ij})_{\substack{i=1,\ \cdots,\ m \\ j=1,\ \cdots,\ n}}$ 또는 크기를 알고 있을 때 $A=(a_{ij})$로 나타낸다.

정의 1.1

$m \times n$행렬, 즉 행의 수와 열의 수가 같은 행렬은 n차 정방행렬(square matrix of order n)이라고도 부르며, 정방행렬의 왼쪽 위로부터 오른쪽 밑으로 가는 대각선에 있는 성분들 $\{a_{11}\ a_{22}\ \cdots\ a_{n\,n}\}$를 정방행렬의 주대각선(main diagonal 또는 principal diagonal)이라 부른다. 예를 들면, (3)에 주어진 행렬은 3차 정방행렬 또는 3×3행렬이며 $\{1,3,5\}$가 주대각선이다. 일반적으로,

$$A = \begin{pmatrix} a_{11} & a_{12} \cdots & a_{1n} \\ a_{21} & a_{22} \cdots & a_{2n} \\ \bullet & \bullet & \bullet \\ a_{n1} & a_{n2} \cdots & a_{n\,n} \end{pmatrix}$$

는 n차 정방행렬(square matrix of order n)이며, $\{a_{11}\ a_{12}\ \cdots\ a_{n\,n}\}$를 정방행렬 A의 주대각선이라 부른다.

정의 1.2

두 행렬 $A = (a_{ij})$, $B = (b_{ij})$가 모두 $m \times n$행렬이고, $1 \le i \le m$, $1 \le j \le n$인 모든 i, j에 대하여 $a_{ij} = b_{ij}$이면 두 행렬은 같다고 하고 $A = B$로 나타낸다.

예제 1.1

다음 등식을 만족하는 x, y, a, b의 값을 구하라.

(1) $\begin{bmatrix} x+y \\ x-y \end{bmatrix} = \begin{bmatrix} 4 \\ 2 \end{bmatrix}$ (2) $\begin{bmatrix} x-1 & 0 \\ y+1 & y \end{bmatrix} = \begin{bmatrix} 2 & a-2 \\ 1 & b+2 \end{bmatrix}$

Solution

(1) 행렬의 상등의 정의로부터 $x+y=4, x-y=2$

$x = 3,\ y = 1$

(2) 행렬의 상등의 정의로부터 $x-1=2,\ 0=a-2, y+=1,\ y=b+2$

$x=3,\ y=0,\ a=2,\ b=-2$

1.1.2 행렬의 합과 스칼라곱

두 행렬의 크기가 같으면 대응하는 성분을 각각 더해서 같은 크기의 새로운 행렬을 만들 수 있다. 이를 두 행렬의 합이라 정한다.

정의 1.3

두 행렬 $\mathrm{A}=(a_{ij})$, $\mathrm{B}=(b_{ij})$가 모두 $m\times n$행렬이고, $c_{ij}=a_{ij}+b_{ij}$, $1\le i\le m$, $1\le j\le n$일 때, $\mathrm{A}+\mathrm{B}$를 $m\times n$행렬 $\mathrm{C}=(c_{ij})$로 정한다. 즉

$$\begin{pmatrix} a_{11} & a_{12}\cdots & a_{1n} \\ a_{21} & a_{22}\cdots & a_{2n} \\ \cdot & \cdot & \cdot \\ a_{m1} & a_{m2}\cdots & a_{mn} \end{pmatrix} + \begin{pmatrix} b_{11} & b_{12}\cdots & b_{1n} \\ b_{21} & b_{22}\cdots & b_{2n} \\ \cdot & \cdot & \cdot \\ b_{m1} & b_{m2}\cdots & b_{mn} \end{pmatrix} = \begin{pmatrix} a_{11}+b_{11} & a_{12}+b_{12}\cdots & a_{1n}+b_{1n} \\ a_{21}+b_{21} & a_{22}+b_{22}\cdots & a_{2n}+b_{2n} \\ \cdot & \cdot & \cdot \\ a_{m1}+b_{m1} & a_{m2}+b_{m2}\cdots & a_{mn}+b_{mn} \end{pmatrix}$$

예제 1.2

다음 행렬 A, B에서 $\mathrm{A}+\mathrm{B}$를 구하여라.

(1) $\begin{bmatrix} 1 & -1 \\ 0 & 2 \\ -2 & 3 \end{bmatrix} + \begin{bmatrix} 2 & 5 \\ 1 & -3 \\ 1 & 0 \end{bmatrix}$

(2) $\begin{bmatrix} t^2 & 5 \\ 3t & 0 \end{bmatrix} + \begin{bmatrix} 1 & -6 \\ 4t & -t \end{bmatrix}$

(3) $\begin{bmatrix} 5 & 2 \\ 1 & 3 \\ 2 & 1 \end{bmatrix} + \begin{bmatrix} 2 & 1 \\ 3 & -2 \end{bmatrix}$

Solution

(1) $\begin{bmatrix} 1 & -1 \\ 0 & 2 \\ -2 & 3 \end{bmatrix} + \begin{bmatrix} 2 & 5 \\ 1 & -3 \\ 1 & 0 \end{bmatrix} = \begin{bmatrix} 1+2 & (-1)+5 \\ 0+1 & 2+(-3) \\ (-2)+1 & 3+0 \end{bmatrix} = \begin{bmatrix} 3 & 4 \\ 1 & -1 \\ -1 & 3 \end{bmatrix}$

(2) $\begin{bmatrix} t^2 & 5 \\ 3t & 0 \end{bmatrix} + \begin{bmatrix} 1 & -6 \\ 4t & -t \end{bmatrix} = \begin{bmatrix} t^2+1 & -1 \\ 7t & -t \end{bmatrix}$

(3) $\begin{bmatrix} 5 & 2 \\ 1 & 3 \\ 2 & 1 \end{bmatrix} + \begin{bmatrix} 2 & 1 \\ 3 & -2 \end{bmatrix}$는 정의되지 않는다.

정리 1.1

A, B와 C를 크기가 같은 $m \times n$행렬이라 할 때

(1) $A+B=B+A$가 성립한다. 즉, 행렬덧셈은 교환법칙을 만족시킨다.

(2) $(A+B)+C=A+(B+C)$, 즉, 행렬덧셈은 결합법칙을 만족시킨다.

예제 1.3

모든 a_{ij}와 b_{ij}가 실수, 복소수, 또는 함수라 하자.

$A=\begin{bmatrix} a_{11} & a_{12} & a_{13} \\ a_{21} & a_{22} & a_{23} \end{bmatrix}$, $B=\begin{bmatrix} b_{11} & b_{12} & b_{13} \\ b_{21} & b_{22} & b_{23} \end{bmatrix}$일 때 $A+B=B+A$임을 보여라.

Solution

모든 i, j에 관해서 $a_{ij}+b_{ij}=b_{ij}+a_{ij}$인 것을 보이자.

$$A+B=\begin{bmatrix} a_{11}+b_{11} & a_{12}+b_{12} & a_{13}+b_{13} \\ a_{21}+b_{21} & a_{22}+b_{22} & a_{23}+b_{23} \end{bmatrix}$$

$$=\begin{bmatrix} b_{11}+a_{11} & b_{12}+a_{12} & b_{13}+a_{13} \\ b_{21}+a_{21} & b_{22}+a_{22} & b_{23}+a_{23} \end{bmatrix}=B+A$$

예제 1.4

A, B와 C를 다음과 같은 행렬이라 하자.

$A=\begin{bmatrix} 1 & 2 \\ 3 & 5 \\ 1 & 0 \end{bmatrix}$, $B=\begin{bmatrix} -2 & 0 \\ 1 & 4 \\ -2 & 3 \end{bmatrix}$, $C=\begin{bmatrix} 2 & 1 \\ 2 & 0 \\ 1 & -1 \end{bmatrix}$

$(A+B)+C=A+(B+C)$가 성립하는지 보여라.

Solution

$$(A+B)+C=\begin{bmatrix} -1 & 2 \\ 4 & 9 \\ -1 & 3 \end{bmatrix}+\begin{bmatrix} 2 & 1 \\ 2 & 0 \\ 1 & -1 \end{bmatrix}=\begin{bmatrix} 1 & 3 \\ 6 & 9 \\ 0 & 2 \end{bmatrix}$$

$$A+(B+C)=\begin{bmatrix} 1 & 2 \\ 3 & 5 \\ 1 & 0 \end{bmatrix}+\begin{bmatrix} 0 & 1 \\ 3 & 4 \\ -1 & 2 \end{bmatrix}=\begin{bmatrix} 1 & 3 \\ 6 & 9 \\ 0 & 2 \end{bmatrix}$$

이므로 $(A+B)+C=A+(B+C)$가 성립한다.

정리 1.2

실제로 뺄셈은 덧셈의 일부로 볼 수 있다. 즉, $A+(-B)$를 간단히 표시하기 위해 $A-B$로 표시한 것이다.

예제 1.5

A와 B가 다음과 같은 행렬일 때 $A-B$를 구하여라.

$$A=\begin{bmatrix} a_{11} & a_{12} \\ a_{21} & a_{22} \end{bmatrix},\ B=\begin{bmatrix} b_{11} & b_{12} \\ b_{21} & b_{22} \end{bmatrix}$$

Solution

$$A-B=A+(-B)=\begin{bmatrix} a_{11} & a_{12} \\ a_{21} & a_{22} \end{bmatrix}+\begin{bmatrix} -b_{11} & -b_{12} \\ -b_{21} & -b_{22} \end{bmatrix}=\begin{bmatrix} a_{11}-b_{11} & a_{12}-b_{12} \\ a_{21}-b_{21} & a_{22}-b_{22} \end{bmatrix}$$

예제 1.6

A와 B가 다음과 같은 행렬일 때 $A-B$를 구하여라.

$$A=\begin{bmatrix} 1 & 2 \\ 3 & 4 \\ 5 & 6 \end{bmatrix},\ B=\begin{bmatrix} -1 & 1 \\ 3 & 2 \\ 1 & 3 \end{bmatrix}$$

Solution

$$\begin{bmatrix} 1 & 2 \\ 3 & 4 \\ 5 & 6 \end{bmatrix}-\begin{bmatrix} -1 & 1 \\ 3 & 2 \\ 1 & 3 \end{bmatrix}=\begin{bmatrix} 1-(-1) & 2-1 \\ 3-3 & 4-2 \\ 5-1 & 6-3 \end{bmatrix}=\begin{bmatrix} 2 & 1 \\ 0 & 2 \\ 4 & 3 \end{bmatrix}$$

정의 1.4

$A=(a_{ij})$가 $m\times n$행렬이고, r이 실수일 때, $b_{ij}=ra_{ij},\ 1\le i\le m,\ i\le j\le n$이면 스칼라 곱 rA는 $m\times n$행렬 $B=(b_{ij})$로 정한다.

$$r\begin{pmatrix} a_{11} & a_{12}\cdots & a_{1n} \\ a_{21} & a_{22}\cdots & a_{2n} \\ \bullet & \bullet & \bullet \\ a_{m1} & a_{m2}\cdots & a_{mn} \end{pmatrix}=\begin{pmatrix} ra_{11} & ra_{12}\cdots & ra_{1n} \\ ra_{21} & ra_{22}\cdots & ra_{2n} \\ \bullet & \bullet & \bullet \\ ra_{m1} & ra_{m2}\cdots & ra_{mn} \end{pmatrix}$$

예제 1.7

다음 행렬 A **에서** $4\mathrm{A}$ **를 구하여라.** $\mathrm{A}=\begin{bmatrix} 3 & 1 \\ 7 & 4 \\ 6 & -4 \end{bmatrix}$

Solution

$$4\begin{bmatrix} 3 & 1 \\ 7 & 4 \\ 6 & -4 \end{bmatrix}=\begin{bmatrix} 4\times 3 & 4\times 1 \\ 4\times 7 & 4\times 4 \\ 4\times 6 & 4\times(-4) \end{bmatrix}=\begin{bmatrix} 12 & 4 \\ 28 & 16 \\ 24 & -16 \end{bmatrix}$$

예제 1.8

다음 두 행렬 A,B**에 대하여** $\mathrm{A}=\begin{bmatrix} 4 & 1 \\ 0 & 3 \end{bmatrix}$, $\mathrm{B}=\begin{bmatrix} 6 & -20 \\ 18 & 8 \end{bmatrix}$**일 때** $5\mathrm{A}-\frac{1}{2}\mathrm{B}$**를 구하여라.**

Solution

$$5\mathrm{A}-\frac{1}{2}\mathrm{B}=\begin{bmatrix} 20 & 5 \\ 0 & 15 \end{bmatrix}-\begin{bmatrix} 3 & -10 \\ 9 & 4 \end{bmatrix}=\begin{bmatrix} 17 & 15 \\ -9 & 11 \end{bmatrix}$$

정리 1.3

A와 B가 $m\times n$행렬이고, k와 l가 스칼라(실수, 복소수, 또는 함수)일 때 다음 (1)과 (2)가 성립한다.

(1) $(k+l)\mathrm{A}=k\mathrm{A}+l\mathrm{A}$

(2) $k(\mathrm{A}+\mathrm{B})=k\mathrm{A}+k\mathrm{B}$

연습 문제 1.1

[EX 01] 행렬 A, B 그리고 I는 다음과 같이 주어져 있다.

$$A=\begin{bmatrix}2&1&2\\3&1&3\\1&2&1\end{bmatrix},\quad B=\begin{bmatrix}2&9&2\\-1&-6&3\\2&2&1\end{bmatrix},\quad I=\begin{bmatrix}1&0&0\\0&1&0\\0&0&1\end{bmatrix}$$

(1) $A-2B$와 $6A+7B$를 찾아라.

(2) $A-B+10I+X=0$에서 행렬 X를 찾아라.

[EX 02] 다음과 같이 $A=\begin{bmatrix}1&2&3\\0&1&0\\-1&1&1\end{bmatrix}$이고, $I=\begin{bmatrix}0&1&0\\6&7&-1\\-2&0&-1\end{bmatrix}$로 주어져 있을 때 다음에서 행렬 X를 찾아라.

(1) $4A+3X=B$

(2) $B-5X=A$

(3) $2A-3B=7X$

[EX 03] 다음과 같이 $A=\begin{bmatrix}2&1&0\\1&0&0\end{bmatrix}$, $B=\begin{bmatrix}-1&6&-2\\0&1&1\end{bmatrix}$, $C=\begin{bmatrix}1&2&3\\4&5&6\end{bmatrix}$일 때,

(1) $A+2B+3C$ (2) $5A+3B-C$ 그리고 (3) $B+C-A$를 구하라.

[EX 04] 아래에 주어진 각 쌍의 행렬 A, B에서 $A+X=B$일 때, 행렬 X를 구하라.

(1) $A=\begin{bmatrix}2&3\\-1&5\end{bmatrix}$, $B=\begin{bmatrix}-1&0\\0&0\end{bmatrix}$

(2) $A=\begin{bmatrix}1&2&3\\2&-1&5\end{bmatrix}$, $B=\begin{bmatrix}0&0&0\\0&0&0\end{bmatrix}$

(3) $A=\begin{bmatrix}0&0&0\\0&0&0\\0&0&0\end{bmatrix}$, $B=\begin{bmatrix}-1&-1&-1\\2&2&2\\-2&-2&-2\end{bmatrix}$

[EX 05] $B=\alpha A$일 때, α를 찾아라.

(1) $B=\begin{bmatrix}1&1&1\\0&1&2\end{bmatrix}$, $A=\begin{bmatrix}\frac{1}{3}&\frac{1}{3}&\frac{1}{3}\\0&\frac{1}{3}&\frac{2}{3}\end{bmatrix}$ (2) $B=\begin{bmatrix}3&6&-12\\15&30&-3\\0&0&0\end{bmatrix}$, $A=\begin{bmatrix}1&2&-4\\5&10&-1\\0&0&0\end{bmatrix}$

[EX 06] 1월과 2월에 유형 I, II, 그리고 III의 생산품은 다음 행렬에 주어져 있다. (천 단위)

$$\begin{array}{c} \\ 1월 \\ 2월 \end{array}\begin{array}{c}\begin{array}{ccc}\text{I}&\text{II}&\text{III}\end{array}\\ \begin{bmatrix}7&6&4\\8&5&3\end{bmatrix}\end{array}$$

그 품질은 매니저가 다음에 주어진 아이템의 비율을 거절하도록 통제한다.

$$\begin{array}{c} \\ 1월 \\ 2월 \end{array}\begin{array}{c}\begin{array}{ccc}\text{I}&\text{II}&\text{III}\end{array}\\ \begin{bmatrix}0.5&0.3&0.4\\0.5&0.3&0.3\end{bmatrix}\end{array}$$

팔기 위해서 옮길 수 있는 아이템의 행렬을 적어라.

[EX 07] 나스닥 주식 역사에서 다음과 같은 두 개의 표를 고려하자. 행렬 A와 B는 지난 10년 동안 8월 1일과 9월 1일까지의 데이터를 각각 보여준다.

$$A=\begin{array}{c}\begin{array}{ccc}\textit{Percent change }(\%)&\textit{Change }(\%)&\textit{Volatility }(\%)\end{array}\\ \begin{bmatrix}0.89&2.7&0.95\\-0.19&-0.7&0.57\\0.18&0.7&0.31\\-0.11&-0.5&0.49\\-0.53&-2.3&0.8\\0.42&2.11&0.51\\0.37&2.69&0.31\\-1.02&-10.1&1.57\\1.66&18.26&1.68\\0.03&0.52&1.16\end{bmatrix}\end{array},\quad B=\begin{array}{c}\begin{array}{ccc}\textit{Percent change }(\%)&\textit{Change }(\%)&\textit{Volatility }(\%)\end{array}\\ \begin{bmatrix}-0.55&-2.5&0.84\\-0.97&-3.6&1.18\\0.42&2.0&0.4\\0.44&2.49&0.58\\0.44&3.31&0.56\\-0.88&-6.67&0.73\\-0.06&-0.64&0.36\\4.81&75.84&6.48\\0.42&11.45&1.07\\0.66&27.98&1.58\end{bmatrix}\end{array}.$$

(1) 평균행렬 $\frac{1}{2}(A+B)$를 구하고, 이 행렬에서 칸들의 평균을 설명하여라.

(2) 9월 1일과 8월 1일에 평균 휘발성($Volatility$)을 구하여라.

1.2 행렬의 곱

정의 1.5

$m\times n$행렬 $A=(a_{ij})$와 $n\times p$행렬 $B=(b_{ij})$에 대하여 두 행렬의 곱 AB를 $m\times p$행렬 $AB=(c_{ij})$로서

$$c_{ij}=\sum_{k=1}^{n}a_{ik}b_{kj}=a_{i1}b_{1j}+a_{i2}b_{2j}+\ \cdots\ +a_{in}b_{nj}$$

가 되도록 정의한다.

두 행렬의 곱을 정의할 때는 앞의 행렬의 열의 개수와 행의 개수가 같아야 함에 주의하기 바란다. 그리고 AB의 ij성분은 A의 i행과 B의 j열의 대응되는 수끼리 곱하여 합한 결과이다. 즉,

$$AB=\begin{pmatrix} a_{11} & a_{12}\cdots & a_{1n} \\ \bullet & \bullet & \bullet \\ a_{i1} & a_{i2}\cdots & a_{in} \\ \bullet & \bullet & \bullet \\ a_{m1} & a_{m2}\cdots & a_{mn} \end{pmatrix}\begin{pmatrix} b_{11}\cdots & b_{1j}\cdots & b_{1p} \\ b_{21}\cdots & b_{2j}\cdots & b_{2p} \\ \bullet & \bullet & \bullet \\ b_{n1}\cdots & b_{nj}\cdots & b_{np} \end{pmatrix}=\begin{pmatrix} c_{11} & c_{12}\cdots & c_{1p} \\ c_{21} & c_{22}\cdots & c_{2p} \\ \cdots & \cdots\ c_{ij} & \cdots \\ c_{m1} & c_{m2}\cdots & c_{mp} \end{pmatrix}$$

$$c_{ij}=a_{i1}b_{1j}+a_{i2}b_{2j}+\cdots+a_{in}b_{nj}$$

예제 1.9

다음을 계산하여라.

(1) $\begin{bmatrix} 1 & 2 & 3 \end{bmatrix}\begin{bmatrix} 4 \\ 5 \\ 6 \end{bmatrix}$ (2) $\begin{bmatrix} a_{11} & a_{12} \\ a_{21} & a_{22} \end{bmatrix}\begin{bmatrix} b_{11} & b_{12} \\ b_{21} & b_{22} \end{bmatrix}$ (3) $\begin{bmatrix} 1 & 2 & 3 \\ 4 & 5 & 6 \end{bmatrix}\begin{bmatrix} 1 & 2 & 3 & 4 \\ 1 & 2 & 3 & 4 \\ 1 & 2 & 3 & 4 \end{bmatrix}$

Solution

(1) $\begin{bmatrix} 1 & 2 & 3 \end{bmatrix}\begin{bmatrix} 4 \\ 5 \\ 6 \end{bmatrix}=\begin{bmatrix} 1\times4+2\times5+3\times6 \end{bmatrix}=\begin{bmatrix} 32 \end{bmatrix}$

(2) $\begin{bmatrix} a_{11} & a_{12} \\ a_{21} & a_{22} \end{bmatrix}\begin{bmatrix} b_{11} & b_{12} \\ b_{21} & b_{22} \end{bmatrix}=\begin{bmatrix} a_{11}b_{11}+a_{12}b_{21} & a_{11}b_{12}+a_{12}b_{22} \\ a_{21}b_{11}+a_{12}b_{21} & a_{21}b_{12}+a_{22}b_{22} \end{bmatrix}$

(3) $\begin{bmatrix} 1 & 2 & 3 \\ 4 & 5 & 6 \end{bmatrix}\begin{bmatrix} 1 & 2 & 3 & 4 \\ 1 & 2 & 3 & 4 \\ 1 & 2 & 3 & 4 \end{bmatrix}=\begin{bmatrix} 1+2+3 & 2+4+6 & 3+6+9 & 4+8+12 \\ 4+5+6 & 8+10+12 & 12+15+18 & 16+20+24 \end{bmatrix}$

$$= \begin{bmatrix} 6 & 12 & 18 & 24 \\ 15 & 30 & 45 & 60 \end{bmatrix}$$

여기에서 앞 행렬의 열의 개수와 뒤 행렬의 행의 개수가 다른 두 행렬의 곱 $\begin{bmatrix} 1 & 2 & 3 & 4 \\ 1 & 2 & 3 & 4 \\ 1 & 2 & 3 & 4 \end{bmatrix} \begin{bmatrix} 1 & 2 & 3 \\ 4 & 5 & 6 \end{bmatrix}$ 은 정의되지 않음에 주의하라.

정의 1.6

행과 열의 개수가 다같이 n인 $n \times n$행렬을 n차 정방행렬(square matrix of size n)이라 부른다.

정리 1.4

A,B가 n차 정방행렬이면 AB와 BA를 둘다 정의할 수 있으나, 일반적으로 $AB \neq BA$이다.

예제 1.10

두 행렬 A,B에 대하여 $AB \neq BA$ 임을 보여라. A= $\begin{bmatrix} 1 & 0 \\ 0 & 3 \end{bmatrix}$, B= $\begin{bmatrix} 3 & 0 \\ 2 & 1 \end{bmatrix}$

Solution

A= $\begin{bmatrix} 1 & 0 \\ 0 & 3 \end{bmatrix}$, B= $\begin{bmatrix} 3 & 0 \\ 2 & 1 \end{bmatrix}$ 이면

$AB = \begin{bmatrix} 1 & 0 \\ 0 & 3 \end{bmatrix} \begin{bmatrix} 3 & 0 \\ 2 & 1 \end{bmatrix} = \begin{bmatrix} 3 & 0 \\ 6 & 3 \end{bmatrix}$ $BA = \begin{bmatrix} 3 & 0 \\ 2 & 1 \end{bmatrix} \begin{bmatrix} 1 & 0 \\ 0 & 3 \end{bmatrix} = \begin{bmatrix} 3 & 0 \\ 2 & 3 \end{bmatrix}$ 이 되어 $AB \neq BA$ 이다.

정리 1.5

행렬의 곱에 관하여 연산이 정의되어 있는 경우에 다음이 성립한다.

(1) $A(B+C) = AB + AC$

(2) $(A+B)C = AC + BC$

(3) $(AB)C = A(BC)$

(4) $(rA)B = r(AB) = A(rB)$

다음의 예들을 보면, 행렬곱셈이 실제 문제에 응용된다는 것을 알 수 있으며, 행렬곱셈이 편리하다는 것을 느낄 것이다. 따라서, 행렬곱셈이 퍽 자연스럽게 보이게 된다. 연립 1차방정식 (system of linear equations)을 우선 생각해 보자.

연립 1차방정식 $\begin{cases} 5x-3y+2z = 14 \\ x+y-4z = -7 \\ 7x \quad -3z = 1 \end{cases}$ (5) 을 행렬을 써서 표시하여 보자.

$A=\begin{bmatrix} 5 & -3 & 2 \\ 1 & 1 & -4 \\ 7 & 0 & -3 \end{bmatrix}$, $x=\begin{bmatrix} x \\ y \\ z \end{bmatrix}$, $b=\begin{bmatrix} 14 \\ -7 \\ 1 \end{bmatrix}$라 놓으면, 위의 연립방정식 (5)이

$Ax=b$ (6)으로 간단히 표시된다.

다시 말해서, (6)을 계산하여 표시하면 $\begin{bmatrix} 5x-3y+2z \\ x+y \quad -4z \\ 7x+0\cdot y-3z \end{bmatrix}=\begin{bmatrix} 14 \\ -7 \\ 1 \end{bmatrix}$ (7)을 얻는다.

(7)의 등식의 양변이 모두 3×1행렬이며, 두 행렬이 같다는 것은 대응하는 성분이 같다는 것이므로, (5)는 (7)의 필요충분한 조건이다.
따라서, 연립 1차방정식 (5)를 행렬을 써서 $Ax=b$로 표시할 수 있는 것이다.

일반적으로, n개의 미지수(unknown)를 가진 m개의 연립 1차방정식

$\begin{cases} a_{11}x_1+a_{12}x_2+\cdots+a_{1n}x_n = b_1 \\ a_{21}x_1+a_{22}x_2+\cdots+a_{2n}x_n = b_2 \\ \vdots \\ a_{m1}x_1+a_{m2}x_2+\cdots+a_{mn}x_n = b_m \end{cases}$ (8)이 있을 때,

$A=\begin{bmatrix} a_{11} & a_{12} & \cdots & a_{1n} \\ a_{21} & a_{22} & \cdots & a_{2n} \\ & \cdots & & \\ a_{m1} & a_{m2} & \cdots & a_{mn} \end{bmatrix}$, $x=\begin{bmatrix} x_1 \\ x_2 \\ \cdots \\ x_n \end{bmatrix}$, $b=\begin{bmatrix} b_1 \\ b_2 \\ \cdots \\ b_m \end{bmatrix}$라 놓고,

연립 1차방정식 (8)을 $Ax=b$ (9)로 행렬을 써서 표시할 수 있다.

정방행렬 A에 대하여 다음과 같이 나타내기로 한다.

$$A^n = \underbrace{AA\cdots A}_{n\text{번}}$$

즉 $A^2=AA$, $A^3=AAA$이다.

예제 1.11

$A=\begin{bmatrix}0&0\\1&0\end{bmatrix}$라 두면 A^2을 구하여라.

Solution

$$A^2=\begin{bmatrix}0&0\\1&0\end{bmatrix}\begin{bmatrix}0&0\\1&0\end{bmatrix}=\begin{bmatrix}0&0\\0&0\end{bmatrix}$$

예제 1.12

다음 행렬 $A=\begin{bmatrix}1&0&0\\0&2&0\\0&0&3\end{bmatrix}$일 때 A^3을 구하여라. 일반적으로 A^n을 구하여라.

Solution

$A^3=\begin{bmatrix}1&0&0\\0&2^3&0\\0&0&3^3\end{bmatrix}=\begin{bmatrix}1&0&0\\0&8&0\\0&0&27\end{bmatrix}$일반적으로, $A^n=\begin{bmatrix}1&0&0\\0&2^n&0\\0&0&3^n\end{bmatrix}$이다.

연습 문제 1.2

[EX 01] 다음의 쌍의 행렬의 결과물을 구하라.

(1) $[-1 \quad 2]$, $\begin{bmatrix} 0 \\ -1 \end{bmatrix}$

(2) $[-2 \quad 3 \quad 5]$, $\begin{bmatrix} 1 \\ 5 \\ 2 \end{bmatrix}$

(3) $[0 \quad 2 \quad 1 \quad -2]$, $\begin{bmatrix} 1 \\ -2 \\ 1 \\ 0 \end{bmatrix}$

[EX 02] 계산하라.

(1) $[1 \quad -1 \quad 2]\begin{bmatrix} 0 \\ 1 \\ 2 \end{bmatrix} + [1 \quad -1 \quad 2]\begin{bmatrix} 1 \\ -1 \\ 0 \end{bmatrix} + [1 \quad -1 \quad 2]\begin{bmatrix} 5 \\ 0 \\ -1 \end{bmatrix}$

(2) $[1 \quad 0 \quad -1 \quad 1]\begin{bmatrix} 2 \\ 0 \\ 1 \\ 3 \end{bmatrix} + [1 \quad 0 \quad -1 \quad 1]\begin{bmatrix} -1 \\ 1 \\ 0 \\ 2 \end{bmatrix} + [1 \quad 0 \quad -1 \quad 1]\begin{bmatrix} 1 \\ 6 \\ 2 \\ 0 \end{bmatrix}$

[EX 03] $x,\ y,\ z$ 의 방정식의 다음의 시스템을 계산하라.

(1) $[1 \quad -1]\begin{bmatrix} x \\ y \end{bmatrix} = 2$

$[2 \quad -1]\begin{bmatrix} x \\ y \end{bmatrix} = 0$

(2) $[2 \quad 3]\begin{bmatrix} x \\ y \end{bmatrix} = 5$

$[-1 \quad 2]\begin{bmatrix} x \\ y \end{bmatrix} = -1$

(3) $[1 \quad 3 \quad -1]\begin{bmatrix} x \\ y \\ z \end{bmatrix} = 1$

$[2 \quad 5 \quad 1]\begin{bmatrix} x \\ y \\ z \end{bmatrix} = 5$

$[1 \quad -1 \quad 3]\begin{bmatrix} x \\ y \\ z \end{bmatrix} = 2$

(4) $[1 \quad 1 \quad -3]\begin{bmatrix} x \\ y \\ z \end{bmatrix} = 2$

$[2 \quad 0 \quad 1]\begin{bmatrix} x \\ y \\ z \end{bmatrix} = 1$

[EX 04] AB와 BA를 구하라.

$$A=\begin{bmatrix} 1 & 3 & 0 \\ 2 & 1 & 1 \\ -1 & -2 & 0 \end{bmatrix},\ B=\begin{bmatrix} 3 & 5 & 7 \\ 9 & 11 & 1 \\ 0 & 0 & 1 \end{bmatrix}$$

[EX 05] CD를 구하라. $C=\begin{bmatrix} 1 & 2 \\ 3 & 4 \end{bmatrix}$, $D=\begin{bmatrix} 5 & 6 & 7 \\ 8 & 9 & 10 \end{bmatrix}$ DS는 정의되는가?

[EX 06] $A \neq 0$ $B \neq 0$이지만, $AB=0$일 때, 2×2행렬 A, B를 찾아라.

[EX 07] 다음의 선형시스템을 행렬 방정식으로 적어라.

(1) $\begin{aligned} x+2y+3z&=1 \\ 5x+y+6z&=2 \end{aligned}$

(2) $\begin{aligned} x_1-2x_2+3x_3+4x_4&=1 \\ 2x_2-x_3+x_4&=2 \\ 5x_1+6x_2+7x_3+8x_4&=9 \end{aligned}$

(3) $\begin{aligned} 2u+3v-5w&=1 \\ u+\ v-7w&=6 \end{aligned}$

[EX 08] 연속한 수 a_0, a_1, a_2, ...는 $k \geq 3$일 때, 어떠한 수 a_k는 앞의 세 수의 합이다.

즉, $a_{k+3}=a_{k+2}+a_{k+1}+a_k$이다. $\begin{bmatrix} a_{k+3} \\ a_{k+2} \\ a_{k+1} \end{bmatrix}=A\begin{bmatrix} a_{k+2} \\ a_{k+1} \\ a_k \end{bmatrix}$일 때 행렬 A를 찾아라.

[EX 09] $k \geq 1$일 때, $a_{k+1}=a_k+2a_{k-1}$인 연속한 수 a_0, a_1, a_2, ...을 가정하자.

만약 $a_0=0$이고, $a_1=1$이라면 $\begin{bmatrix} a_{k+1} \\ a_k \end{bmatrix}$와 $\begin{bmatrix} a_k \\ a_{k-1} \end{bmatrix}$에 연결한 적당한 행렬 A의 거듭 제곱을 계산함으로써 a_4를 찾아라.

[EX 10] 피보나치 수열 a_0, a_1, a_2, ...는 공식 $a_{k+1}=a_k+a_{k-1}$에 의해 정의된다.

$\begin{bmatrix} a_{k+1} \\ a_k \end{bmatrix}=A\begin{bmatrix} a_k \\ a_{k-1} \end{bmatrix}$일 때, 행렬 A를 찾아라.

[EX 11] t년도의 말에 인구가 A_t와 B_t로 나타내어진 두 개의 이웃 도시 A와B를 고려하자. 만약 거주지, 탄생, 그리고 죽음의 이동 때문에, $t+1$년도 말에 도시의 인구가 $0.6A_t+0.7B_t$와 $0.1A_t+1.2B_t$이라면,

적절한 행렬을 사용함으로써 $\begin{bmatrix} A_{t+1} \\ B_{t+1} \end{bmatrix}$과 $\begin{bmatrix} A_t \\ B_t \end{bmatrix}$를 연결한 재귀공식을 써라.

도시들에서 0년에 50,000과 100,000명의 인구라고 가정하면서, 1, 2, 3, 4, 그리고 5년 후에 인구를 구하라. n년의 인구를 구하기 위한 일반적인 공식을 얻어라.

[EX 12] 물고기 A와 B의 개체군의 성장률이 매년 바뀌는 벤쿠버, 영국 콜롬비아 근처의 태평양을 고려하라. 만약 유형 A 물고기가 유형 B의 물고기를 특정한 비율로 죽인다면, 두 유형은 끊임없이 존재할 것이라는 것이 발견되었다. i년의 말에 S_i와 F_i가 유형 A와 유형 B의 물고기의 개체군을 나타내고 k는 유형 A에 의한 B의 사망률이라고 할 때, 관측은 다음을 제안했다.

$$\begin{aligned} S_{i+1} &= 0.7S_i+0.4F_i, \\ F_{i+1} &= -kS_i+1.2F_i, \end{aligned}$$

만약, $S_0=1000$과 $F_0=50{,}000$이 현재 개체군이라면, (i)$k=0.02$과 (ii)$k=0.2$를 선택함으로써 $i=5,\ 6$일 때, S_i와 F_i를 찾아라.

[EX13] $A=\begin{bmatrix} \cos x & \sin x \\ -\sin x & \cos x \end{bmatrix}$이고 $B=\begin{bmatrix} \cos y & \sin y \\ -\sin y & \cos y \end{bmatrix}$라 하자.

$AB=\begin{bmatrix} \cos(x+y) & \sin(x+y) \\ -\sin(x+y) & \cos(x+y) \end{bmatrix}=BA$임을 보여라.

[EX 14] $n\times n$행렬 $A=(a_{ij})$의 자취는 $tr(A)=\sum_{i=1}^{n} a_{ii.}$로 정의된다. 다음을 보여라.

(1) $tr(A+B)=tr(A)+tr(B)$

(2) $tr(AB)=tr(BA)$

1.3 특수 행렬

n차 정방행렬 $A=(a_{ij})$에서 $a_{11}, a_{22}, \cdots, a_{nn}$을 행렬 A의 주대각성분이라 부른다.

정의 1.7

행렬 A의 주대각성분을 제외한 모든 성분의 0일 때 A를 대각행렬이라 부른다. 즉,

$\begin{pmatrix} 2 & 0 \\ 0 & 0 \end{pmatrix}, \begin{pmatrix} 1 & 0 & 0 \\ 0 & 1 & 0 \\ 0 & 0 & 1 \end{pmatrix}, \begin{pmatrix} 2 & 0 & 0 \\ 0 & -1 & 0 \\ 0 & 0 & 1 \end{pmatrix}$ 등은 대각행렬이다.

정의 1.8

n차 정방행렬이 대각성분이 모두 1인 대각행렬일 때, 이 행렬을 n차 단위행렬이라 부르고 I_n 또는 단순히 I로 나타낸다. 즉,

$$I=\begin{pmatrix} 1 & 0 & \cdots & 0 \\ 0 & 1 & \cdots & 0 \\ 0 & 0 & 1 & \cdots \\ & \bullet & \bullet & \bullet \\ 0 & 0 & 0 & 1 \end{pmatrix}=(e_{ij}), \quad e_{ij}=\begin{cases} 1 \ (i=j\text{일 때}) \\ 0 \ (i\neq j\text{일 때}) \end{cases}$$

예를 들어 $I_1=(1)$, $I_2=\begin{pmatrix} 1 & 0 \\ 0 & 1 \end{pmatrix}$, $I_3=\begin{pmatrix} 1 & 0 & 0 \\ 0 & 1 & 0 \\ 0 & 0 & 1 \end{pmatrix}$, $I_4=\begin{pmatrix} 1 & 0 & 0 & 0 \\ 0 & 1 & 0 & 0 \\ 0 & 0 & 1 & 0 \\ 0 & 0 & 0 & 1 \end{pmatrix}$ 이다.

정리 1.6

모든 $m\times n$행렬 A에 대하여

$$I_m A = A I_n = A$$

가 성립한다.

증명

$A=(a_{ij})$, $I=(e_{ij})$, $I_m A=(b_{ij})$라 두면

$$\begin{aligned} b_{ij} &= e_{i1}a_{1j}+e_{i2}a_{2j}+\cdots+e_{im}a_{mj} \\ &= 0 \cdot a_{1j}+\cdots+1a_{ij}+\cdots+0 \cdot a_{mj}=a_{ij} \end{aligned}$$

이므로 $I_m A = A$. 마찬가지로 $AI_n = A$임을 보일 수 있다.

정의 1.9

n차 정방행렬 A에 대하여 $AB=BA=I$인 n차 정방행렬 B가 존재할 때 A를 정칙행렬(nonsingular matrix), B를 A의 역행렬(inverse matrix)이라 부르고 $B=A^{-1}$로 나타낸다.

다음 예를 들어 행렬이 정칙행렬이 됨을 보이자.

$A=\begin{pmatrix}1 & 1\\1 & 2\end{pmatrix}$, $B=\begin{pmatrix}2 & -1\\-1 & 1\end{pmatrix}$이라 두면

$AB=\begin{pmatrix}1 & 1\\1 & 2\end{pmatrix}\begin{pmatrix}2 & -1\\-1 & 1\end{pmatrix}=\begin{pmatrix}1 & 0\\0 & 1\end{pmatrix}$, $BA=\begin{pmatrix}2 & -1\\-1 & 1\end{pmatrix}\begin{pmatrix}1 & 1\\1 & 2\end{pmatrix}=\begin{pmatrix}1 & 0\\0 & 1\end{pmatrix}$이 되어 $B=A^{-1}$이다.

정의 1.10

행렬의 전치행렬이라 함은 $A=(a_{ij})$가 $m\times n$행렬이라 하자. 그러면 A^T라고 쓰는 A의 전치는 모든 i, j에서 (i, j)칸이 a_{ji}인 $n\times m$행렬이다. 즉, 모든 i에서 A^T의 i번째 행은 A의 i번째 열이다.

예제 1.13

다음 행렬들의 전치행렬을 구하여라.

(1) $A=[\,1\ 2\ 3\,]$ (2) $A=\begin{bmatrix}5 & 6\\7 & 8\end{bmatrix}$

Solution

(1) $A=[1\ \ 2\ \ 3]$일 때, $A^T=\begin{bmatrix}1\\2\\3\end{bmatrix}$ (2) $A=\begin{bmatrix}5 & 6\\7 & 8\end{bmatrix}$일 때, $A^T=\begin{bmatrix}5 & 7\\6 & 8\end{bmatrix}$

정리 1.7

(1) 만약 A, B가 더해질 수 있는 행렬들이라면, $(A+B)^T = A^T + B^T$

(2) 어떠한 행렬 A와 어떠한 숫자 α를 가지면, $(\alpha A)^T = \alpha A^T$

(3) 만약 A와 B가 이러한 순서로 곱해질 수 있는 행렬이라면, $(AB)^T = B^T A^T$

(4) 어떠한 행렬 A에서, $(A^T)^T = A$

예제 1.14

다음이 성립함을 보여라.

(1) $A = \begin{bmatrix} 5 & 6 \\ 7 & 8 \end{bmatrix}$, $B = \begin{bmatrix} 1 & -1 \\ 6 & 0 \end{bmatrix}$ **일 때,** $(A+B)^T = A^T + B^T$

(2) $A = \begin{bmatrix} 2 & 0 \\ 1 & 5 \\ -1 & 1 \end{bmatrix}$, $B = \begin{bmatrix} 1 & 1 \\ 6 & 3 \end{bmatrix}$ **일 때,** $B^T A^T = (AB)^T$

Solution

(1) $A = \begin{bmatrix} 1 & 7 \\ 9 & 0 \end{bmatrix}$일 때, $B = \begin{bmatrix} 1 & -1 \\ 6 & 0 \end{bmatrix}$ $\quad (A+B)^T = \begin{bmatrix} 2 & 6 \\ 15 & 0 \end{bmatrix}^T = \begin{bmatrix} 2 & 15 \\ 6 & 0 \end{bmatrix}$

$$= \begin{bmatrix} 1 & 9 \\ 7 & 0 \end{bmatrix} + \begin{bmatrix} 1 & 6 \\ -1 & 0 \end{bmatrix} = A^T + B^T$$

(2) $A = \begin{bmatrix} 2 & 0 \\ 1 & 5 \\ -1 & 1 \end{bmatrix}$일 때, $B = \begin{bmatrix} 1 & 1 \\ 6 & 3 \end{bmatrix}$ $\quad (AB)^T = \begin{bmatrix} 2 & 2 \\ 31 & 16 \\ 5 & 2 \end{bmatrix}^T = \begin{bmatrix} 2 & 31 & 5 \\ 2 & 16 & 2 \end{bmatrix}$

$$B^T A^T = \begin{bmatrix} 1 & 6 \\ 1 & 3 \end{bmatrix} \begin{bmatrix} 2 & 1 & -1 \\ 0 & 5 & 1 \end{bmatrix} = \begin{bmatrix} 2 & 31 & 5 \\ 2 & 16 & 2 \end{bmatrix} = (AB)^T$$

따라서 $(AB)^T = B^T A^T$이다.

정의 1.11

한 $n\times n$행렬 A는 만약 $A=A^T$라면 대칭행렬이라 한다. 즉, 모든 i, j에서 만약 $a_{ij}=a_{ji}$라면 $A=(a_{ij})$가 대칭한다.

예를 들어, 행렬 $\begin{bmatrix}1 & 2\\2 & 3\end{bmatrix}$과 $\begin{bmatrix}2 & 4 & 0\\4 & 1 & 6\\0 & 6 & 3\end{bmatrix}$은 대칭행렬이다.

2차함수 $ax_1^2+2hx_1x_2+bx_2^2$는 $\mathrm{x}=\begin{bmatrix}x_1\\x_2\end{bmatrix}$가 2×1행렬이고, A가 대각선의 칸들이 x_1^2과 x_2^2의 계수이고 대각선이 아닌 (1, 2)칸과 (2, 1)칸이 x_1x_2의 계수의 절반인 2×2대칭행렬일 때, $\mathrm{x}^TA\mathrm{x}$로 표현될 수 있다.

2차함수 $ax_1^2+bx_2^2+cx_3^2+2hx_1x_2+2gx_1x_3+2fx_2x_3$는 유사하게 $\mathrm{x}=\begin{bmatrix}x_1\\x_2\\x_3\end{bmatrix}$인 3×1행렬이고 A가 대각선의 칸들이 x_1^2, x_2^2과 x_3^2의 계수이고 대각선이 아닌 $(i,\ j)$칸이 $x_ix_j(=x_jx_i)$의 계수의 절반인 3×3대칭행렬일 때, $\mathrm{x}^TA\mathrm{x}$로 표현될 수 있다.

특히, $5x_1^2+16x_1x_2+6x_2^2$을 고려해 보자. 이때, $\mathrm{x}=\begin{bmatrix}x_1\\x_2\end{bmatrix}$이고, $A=\begin{bmatrix}5 & 8\\8 & 6\end{bmatrix}$이다.

$\mathrm{x}^TA\mathrm{x}=5x_1^2+16x_1x_2+6x_2^2$임을 확인해 보자.

다른 $2x_1^2-6x_2^2+3x_3^2+2x_1x_2+20x_2x_3$를 고려해 보자.

여기에서, $\mathrm{x}=\begin{bmatrix}x_1\\x_2\\x_3\end{bmatrix}$ 이고, $A=\begin{bmatrix}2 & 1 & 0\\1 & -6 & 10\\0 & 10 & 3\end{bmatrix}$이다.

$\mathrm{x}^TA\mathrm{x}=2x_1^2-6x_2^2+3x_3^2+2x_1x_2+20x_2x_3$를 확인해 보자.

연습 문제 1.3

[EX 01] 다음 행렬에서

$A = \begin{bmatrix} 1 & 2 & 3 \\ 0 & 1 & 0 \\ 1 & 0 & 1 \end{bmatrix}$, $B = \begin{bmatrix} -1 & 0 & 1 \\ 1 & 2 & 0 \\ 0 & 0 & 1 \end{bmatrix}$ $(A+B)^T = A^T + B^T$와 $(AB)^T = B^T A^T$을 증명하여라. 또한 두 개의 무작위 행렬을 선택하여 같은 특징들을 증명하여라.

[EX 02] A가 대각행렬이라면, $A = A^T$임을 증명하여라.

[EX 03] $A = A^T$일 때, 대각행렬이 아닌 A를 적어라. $A = A^T$일 때, 3×3행렬의 일반적인 형태를 주어라.

[EX 04] $\mathrm{x} = \begin{bmatrix} x_1 \\ x_2 \end{bmatrix}$이고 다음과 같을 때, $\mathrm{x}^T A \mathrm{x} = -x_1^2 + 2x_1x_2 + x_2^2$ 대칭행렬 A를 찾아라.

[EX 05] $\mathrm{x} = \begin{bmatrix} x \\ y \end{bmatrix}$이고, $\mathrm{x}^T A \mathrm{x} = 5x^2 + 6xy + y^2$일 때 대칭행렬 A를 찾아라.

[EX 06] $\mathrm{x} = \begin{bmatrix} x \\ y \\ 1 \end{bmatrix}$이고 A가 대칭행렬일 때, $\mathrm{x}^T A \mathrm{x}$로서 $ax^2 + 2hxy + by^2 + 2gx + 2fy + c$를 적어라.

[EX 07]

(1) 2×2대칭행렬들이 다음과 같을 때, $\begin{bmatrix} a & b \\ b & a \end{bmatrix}$, $\begin{bmatrix} x & y \\ y & x \end{bmatrix}$ 이들의 합이 대칭행렬임을 보여라.

(2) 두 개의 대칭행렬들의 합이 대칭행렬임을 일반화하여라.

(3) AB가 대칭행렬이 아닐 때, 2×2대칭행렬 A와 B를 구하여라.

[EX 08] A가 대칭행렬이라 하자. 다음을 보여라.

(1) $-A$는 대칭행렬이다;

(2) α가 스칼라일 때, $(\alpha A)^T$는 대칭행렬이다.

[EX 09] (1) 그들의 결과가 대칭일 때, 대각행렬이 아닌 2×2행렬 A와 B를 구하여라.

(2) 어떠한 정사각행렬 A에서, $A^T + A$와 AA^T가 대칭임을 보여라.

CHAPTER 2

연립 1차방정식 정칙행렬

2.1 연립 1차방정식

2.1.1 연립 1차방정식

n개의 미지수를 가진 m개의 방정식으로 된 연립 1차방정식(Linear system : LS)의 해의 성질을 알려면 대수적(algebraic)인 방법을 사용하여야 한다.
임의의 n개의 미지수를 가진 m개의 방정식으로 된 다음 연립 1차방정식을 보자. 즉,

$$\begin{cases} a_{11}x_1 + a_{12}x_2 + \cdots + a_{1n}x_n &= b_1 \\ a_{21}x_1 + a_{22}x_2 + \cdots + a_{2n}x_n &= b_2 \\ \qquad\cdots \\ a_{m1}x_1 + a_{m2}x_2 + \cdots + a_{mn}x_n &= b_m \end{cases} \tag{1}$$

대수적인 방법을 사용하기 위하여, 앞에서 배운 용어를 일반적인 경우에 정의하자.

정의 2.1

연립 1차방정식 (1)의 계수와 상수항으로 된 행렬

$$\begin{bmatrix} a_{11} & a_{12} & \ldots & a_{1n} & b_1 \\ a_{21} & a_{22} & \cdots & a_{2n} & b_2 \\ & & \cdots & & \\ a_{m1} & a_{m2} & \cdots & a_{mn} & b_m \end{bmatrix} \tag{2}$$

을 연립 1차방정식의 첨가행렬(augmented matrix)이라 부른다.

또한, 연립 1차방정식의 계수로만 된 행렬

$$\begin{bmatrix} a_{11} & a_{12} & \ldots & a_{1n} \\ a_{21} & a_{22} & \cdots & a_{2n} \\ & & \cdots & \\ a_{m1} & a_{m2} & \cdots & a_{mn} \end{bmatrix} \tag{3}$$

을 연립 1차방정식의 계수행렬(coefficient matrix)라 하고, 계수행렬을 A로 표시할 때, 연립 1차방정식의 행렬을 [A | b]로 표시하는 수가 많다.

연립 1차방정식 (1)의 해의 성질을, 연립 1차방정식의 행렬 (2)와 계수행렬 (3)의 성질을 사용하여 알아내는 것이다.

다음은 연립 1차방정식의 예이다.

(1) $x_1 + 2x_2 = 5$ (2) $x_1 - x_2 + x_3 = 2$ (1)는 2×2연립방정식, (2)는 2×3연립방정식이다.
$2x_1 + 3x_2 = 8$ $\quad 2x_1 + x_2 - x_3 = 4$

우리는 다음의 연립방정식을 생각해 보자.

$$\begin{aligned} x - 4y + 3z &= 5 \\ -x + 3y - z &= -3 \\ 2x \qquad - 4z &= 6 \end{aligned}$$

이 연립방정식을 x_i의 계수들로 이루어지는 3×3배열과 관련시켜 생각하면 계수행렬이다. 이 배열을 연립방정식 3×3계수행렬(coefficient matrix)이라 한다.

$$\begin{bmatrix} 1 & -4 & 3 \\ -1 & 3 & -1 \\ 2 & 0 & -4 \end{bmatrix}$$

위 계수행렬에 연립방정식의 우변에 있는 수들을 첨가하면 새로운 첨가행렬을 얻는다.

$$\begin{bmatrix} 1 & -4 & 3 & 5 \\ -1 & 3 & -1 & -3 \\ 2 & 0 & -4 & 6 \end{bmatrix}$$

연립방정식을 풀 때 두 방정식의 순서를 바꾸거나, 한 방정식의 양변에 0이 아닌 상수를 곱하거나, 한 방정식을 상수배하여 다른 방정식에 더하는 과정을 거치게 되는데, 이를 확대계수행렬에 적용하면 확대계수행렬에서 두 행의 순서를 바꾸거나, 한 행에 0이 아닌 상수를 곱하거나, 한 행을 상수배하여 다른 행에 더하는 연산이 되고 결과적으로 얻어지는 해는 같아진다.

정의 2.2

행렬에 대한 다음 세 가지 연산을 기본행연산(elementary row operation)이라 한다.

(1) 한 행에 0이 아닌 상수 α를 곱한다. 이것은 αR_i로 나타낸다.

(2) 두 행의 순서를 바꾼다. 이것은 $R_i \leftrightarrow R_j$로 나타낸다.

(3) 한 i행을 상수 α배하여 다른 j행에 더한다. 이것은 $R_j + \alpha R_i$로 나타낸다.

연립방정식의 해를 구하기 위해 사용하는 3가지 연산은 확대계수행렬에 대한 3가지 기본행연산으로 바꾸어 생각할 수 있다.

연립방정식의 3가지 기본연산	확대계수행렬의 3가지 기본행연산
1) 두 방정식의 순서를 바꾼다. 2) 한 방정식의 양변에 0아닌 상수를 곱한다. 3) 한 방정식을 상수 배하여 다른 방정식에 더한다.	1) 두 행의 순서를 바꾼다. 2) 한 행에 0 아닌 상수를 곱한다. 3) 한 행을 상수 배하여 다른 행에 더한다.

연립방정식의 해를 구하려면 변수를 소거해야 하는데, 이를 확대계수행렬에 적용하면 확대계수행렬의 성분들을 0으로 만들어 가는 과정과 같다. 다음 정의에서 소개되는 특별한 형태의 행렬로 고치면 연립방정식의 해를 용이하게 구할 수 있다.

정의 2.3

아래의 세 조건 (1), (2), (3)을 만족시키는 행렬을 행사다리꼴(row-echelon form) 행렬이라 하고, 아래의 네 조건을 모두 만족시키는 행렬을 기약행 사다리꼴(reduced row-echelon form) 행렬이라 한다.

(1) 전부는 0이 아닌 행에서 0 아닌 첫 번째 숫자는 1이다(이것을 선도 1이라 한다).

(2) 전부 0인 행들이 있다면 이러한 행들은 행렬의 맨 아래에 모여 있다.

(3) 전부는 0이 아닌 연속되는 두 행에서, 아랫행의 선도 1은 윗행의 선도 1보다 오른쪽에 나타난다.

(4) 선도 1을 포함하는 각 열에서 선도 1을 제외한 나머지 원들은 모두 0이다.

예제 2.1

다음 확대계수 행렬 중 어느 것이 행사다리꼴 행렬 또는 기약행 사다리꼴 행렬인가?

(1) $\begin{bmatrix} 1 & 2 & -1 & 4 \\ 0 & 1 & 0 & 3 \\ 0 & 0 & 1 & -2 \end{bmatrix}$ (2) $\begin{bmatrix} 0 & 1 & 0 & 5 \\ 0 & 0 & 1 & 3 \\ 0 & 0 & 0 & 0 \end{bmatrix}$ (3) $\begin{bmatrix} 1 & -5 & 2 & -1 & 3 \\ 0 & 0 & 1 & 3 & -2 \\ 0 & 0 & 0 & 1 & 4 \\ 0 & 0 & 0 & 0 & 1 \end{bmatrix}$

(4) $\begin{bmatrix} 1 & 0 & 0 & -1 \\ 0 & 1 & 0 & 2 \\ 0 & 0 & 1 & 3 \\ 0 & 0 & 0 & 0 \end{bmatrix}$ (5) $\begin{bmatrix} 1 & 2 & -3 & 4 \\ 0 & 2 & 1 & -1 \\ 0 & 0 & 1 & -3 \end{bmatrix}$ (6) $\begin{bmatrix} 1 & 2 & -1 & -2 \\ 0 & 0 & 0 & 0 \\ 0 & 1 & 2 & -4 \end{bmatrix}$

Solution

(1), (2), (3), (4)은 행사다리꼴 행렬이고, (2), (4)의 행렬은 기약행 사다리꼴 행렬이다.

연립방정식을 풀기 위한 체계적인 방법인 Gauss 소거법과 Gauss-Jordan 소거법에 대해서 알아보자. 연립방정식을 풀 때 유한 번의 기본행연산을 이용하여 확대계수행렬을 행사다리꼴 행렬로 고친 후 이에 대응하는 연립방정식에서 해를 구하는 방법을 Gauss 소거법이라 하고, 확대계수행렬을 기약행 사다리꼴 행렬로 고친 후 이에 대응하는 연립방정식에서 해를 구하는 방법을 Gauss-Jordan 소거법이라 한다. "Gauss-Jordan 소거법과 Gauss 소거법은 어느 방법이 해를 쉽게 구할 수 있는가?"라는 의문은 방정식에 따라 다르기 때문에 문제를 해결하는 과정에서 여러분들이 판단하여야 할 문제이다(확대계수행렬을 기약행 사다리꼴 행렬 또는 행사다리꼴 행렬로 고친 후 이에 대응하는 연립방정식에서 구한 해와 원래의 방정식에서 구한 해는 같다).
예를 들기 전에 편의를 위하여 기본행연산을 다음과 같이 표기하기로 하자.

기 호	의 미
$R_i \leftrightarrow R_j$	i행과 j행을 교환한다.
αR_i	i행을 α배 한다.
$\alpha R_i + R_j$	i행을 α배하여 j행에 더한다.

기본행연산의 예를 들면 다음과 같다.

(1) 첫째 행과 둘째 행의 순서를 바꾼다.

원래의 행렬	새로 얻은 동치인 행렬	기호
$\begin{bmatrix} 0 & 1 & 3 & 4 \\ -1 & 2 & 0 & 3 \\ 2 & -3 & 4 & 1 \end{bmatrix}$	$\begin{bmatrix} -1 & 2 & 0 & 3 \\ 0 & 1 & 3 & 4 \\ 2 & -3 & 4 & 1 \end{bmatrix}$	$R_1 \leftrightarrow R_2$

(2) 첫째 행에 1/2을 곱한다.

원래의 행렬	새로 얻은 동치인 행렬	기호
$\begin{bmatrix} 2 & -4 & 6 & -2 \\ 1 & 3 & -3 & 0 \\ 5 & -2 & 1 & 2 \end{bmatrix}$	$\begin{bmatrix} 1 & -2 & 3 & -1 \\ 1 & 3 & -3 & 0 \\ 5 & -2 & 1 & 2 \end{bmatrix}$	$\frac{1}{2}R_1 \to R_1$

(3) 첫째 행에 -2를 곱해 셋째 행에 더한다.

원래의 행렬	새로 얻은 동치인 행렬	기호
$\begin{bmatrix} 1 & 2 & -4 & 3 \\ 0 & 3 & -2 & -1 \\ 2 & 1 & 5 & -2 \end{bmatrix}$	$\begin{bmatrix} 1 & 2 & -4 & 3 \\ 0 & 3 & -2 & -1 \\ 0 & -3 & 13 & -8 \end{bmatrix}$	$R_3 + (-2)R_1 \to R_3$

다음 예제에서 Gauss 소거법에 대해 알아보자.

예제 2.2

다음 연립방정식을 기본행연산을 사용하여 풀어라.

연립일차방정식

$$\begin{aligned} x-2y+3z &= 9 \\ -x+3y \quad &= -4 \\ 2x-5y+5z &= 17 \end{aligned}$$

대응첨가행렬

$$\begin{bmatrix} 1 & -2 & 3 & 9 \\ -1 & 3 & 0 & -4 \\ 2 & -5 & 5 & 17 \end{bmatrix}$$

Solution

첫째 방정식을 둘째 방정식에 더한다.

$$\begin{aligned} x-2y+3z &= 9 \\ y+3z &= 5 \\ 2x-5y+5z &= 17 \end{aligned}$$

첫째 행을 둘째 행에 더한다.

$$\begin{bmatrix} 1 & -2 & 3 & 9 \\ 0 & 1 & 3 & 5 \\ 2 & -5 & 5 & 17 \end{bmatrix} \quad R_2+R_1 \to R_2$$

첫째 방정식에 −2를 곱하여 셋째 방정식에 더한다.

$$\begin{aligned} x-2y+3z &= 9 \\ y+3z &= 5 \\ -y-z &= -1 \end{aligned}$$

첫째 행에 −2를 곱하여 셋째 행에 더한다.

$$\begin{bmatrix} 1 & -2 & 3 & 9 \\ 0 & 1 & 3 & 5 \\ 0 & -1 & -1 & -1 \end{bmatrix} \quad R_3+(-2)R_1 \to R_3$$

둘째 방정식을 셋째 방정식에 더한다.

$$\begin{aligned} x-2y+3z &= 9 \\ y+3z &= 5 \\ 2z &= 4 \end{aligned}$$

둘째 행을 셋째 행에 더한다.

$$\begin{bmatrix} 1 & -2 & 3 & 9 \\ 0 & 1 & 3 & 5 \\ 0 & 0 & 2 & 4 \end{bmatrix} \quad R_3+R_2 \to R_3$$

셋째 방정식에 $\frac{1}{2}$을 곱한다.

$$\begin{aligned} x-2y+3z &= 9 \\ y+3z &= 5 \\ z &= 2 \end{aligned}$$

셋째 행에 $\frac{1}{2}$을 곱한다.

$$\begin{bmatrix} 1 & -2 & 3 & 9 \\ 0 & 1 & 3 & 5 \\ 0 & 0 & 1 & 2 \end{bmatrix} \quad \left(\frac{1}{2}\right)R_3 \to R_3$$

이제 해를 구하려면 역대입법을 쓰면 된다.

$x=1,\ y=-1,\ z=2$

예제 2.3

다음 방정식을 풀어라.

$$\begin{aligned} x_2 + x_3 - 2x_4 &= -3 \\ x_1 + 2x_2 - x_3 \quad &= \ \ 2 \\ 2x_1 + 4x_2 + x_3 - 3x_4 &= -2 \\ x_1 - 4x_2 - 7x_3 - x_4 &= -19 \end{aligned}$$

Solution

이 연립방정식의 첨가행렬은 다음과 같다. $\begin{bmatrix} 0 & 1 & 1 & -2 & -3 \\ 1 & 2 & -1 & 0 & 2 \\ 2 & 4 & 1 & -3 & -2 \\ 1 & -4 & -7 & -1 & -19 \end{bmatrix}$

첫째 열 제일 위의 성분이 선두의 1이 되도록 하고 그 아래 성분은 0이 되게 한다.

$$\begin{bmatrix} 1 & 2 & -1 & 0 & 2 \\ 0 & 1 & 1 & -2 & -3 \\ 2 & 4 & 1 & -3 & -2 \\ 1 & -4 & -7 & -1 & -19 \end{bmatrix} \qquad R_1 \leftrightarrow R_2$$

$$\begin{bmatrix} 1 & 2 & -1 & 0 & 2 \\ 0 & 1 & 1 & -2 & -3 \\ 0 & 0 & 3 & -3 & -6 \\ 1 & -4 & -7 & -1 & -19 \end{bmatrix} \qquad R_3 + (-2)R_1 \rightarrow R_3$$

$$\begin{bmatrix} 1 & 2 & -1 & 0 & 2 \\ 0 & 1 & 1 & -2 & -3 \\ 0 & 0 & 3 & -3 & -6 \\ 0 & -6 & -6 & -1 & -21 \end{bmatrix} \qquad R_4 + (-1)R_1 \rightarrow R_4$$

이제 첫째 열은 우리가 원하던 형태가 되었으므로 둘째 열을 변형시킨다.

$$\begin{bmatrix} 1 & 2 & -1 & 0 & 2 \\ 0 & 1 & 1 & -2 & -3 \\ 0 & 0 & 3 & -3 & -6 \\ 0 & 0 & 0 & -13 & -39 \end{bmatrix} \qquad R_4 + (6)R_2 \rightarrow R_4$$

셋째 열을 변형시키기 위해서 셋째 행에 1/3을 곱한다.

$$\begin{bmatrix} 1 & 2 & -1 & 0 & 2 \\ 0 & 1 & 1 & -2 & -3 \\ 0 & 0 & 1 & -1 & -2 \\ 0 & 0 & 0 & -13 & -39 \end{bmatrix} \qquad (\frac{1}{3})R_3 \rightarrow R_3$$

마찬가지로 넷째 열을 변형시키기 위해서 넷째 행에 $-\dfrac{1}{13}$을 곱한다.

$$\begin{bmatrix} 1 & 2 & -1 & 0 & 2 \\ 0 & 1 & 1 & -2 & -3 \\ 0 & 0 & 1 & -1 & -2 \\ 0 & 0 & 0 & 1 & 3 \end{bmatrix} \qquad (-\frac{1}{13})R_4 \rightarrow R_4$$

이제 행사다리꼴이 얻어졌으므로 그에 대응하는 연립 1차방정식을 생각하면 다음과 같다.

$$\begin{aligned} x_1 + 2x_2 - x_3 &= 2 \\ x_2 + x_3 - 2x_4 &= -3 \\ x_3 - x_4 &= -2 \\ x_4 &= 3 \end{aligned}$$

역대입법을 적용하면 해 $x_1 = -1 \;\; x_2 = 2 \;\; x_3 = 1 \;\; x_4 = 3$이 얻어진다.

연립 1차방정식을 풀 때 해가 없는 경우가 있다. 소거하는 과정에서 마지막 성분을 제외하고 모두 0이 얻어지면 더 이상 진행할 필요가 없으며 주어진 연립방정식이 해를 갖지 않는다.

예제 2.4

다음 연립방정식을 풀어라.

$$\begin{aligned} x_1 - x_2 + \quad 2x_3 &= 4 \\ x_1 \qquad\quad + x_3 &= 6 \\ 2x_1 - 3x_2 + 5x_3 &= 4 \\ 3x_1 + 2x_2 \quad - x_3 &= 1 \end{aligned}$$

Solution

이 연립방정식의 첨가행렬은 다음과 같다.

$$\begin{bmatrix} 1 & -1 & 2 & 4 \\ 1 & 0 & 1 & 6 \\ 2 & -3 & 5 & 4 \\ 3 & 2 & -1 & 1 \end{bmatrix}$$ 이 첨가행렬에 가우스 소거법을 적용한다.

$$\begin{bmatrix} 1 & -1 & 2 & 4 \\ 0 & 1 & -1 & 2 \\ 2 & -3 & 5 & 4 \\ 3 & 2 & -1 & 1 \end{bmatrix} \quad R_2 + (-1)R_1 \rightarrow R_2$$

$$\begin{bmatrix} 1 & -1 & 2 & 4 \\ 0 & 1 & -1 & 2 \\ 0 & -1 & 1 & -4 \\ 3 & 2 & -1 & 1 \end{bmatrix} \quad R_3 + (-2)R_1 \rightarrow R_3$$

$$\begin{bmatrix} 1 & -1 & 2 & 4 \\ 0 & 1 & -1 & 2 \\ 0 & -1 & 1 & -4 \\ 0 & 5 & -7 & -11 \end{bmatrix} \quad R_4 + (-3)R_1 \rightarrow R_4$$

$$\begin{bmatrix} 1 & -1 & 2 & 4 \\ 0 & 1 & -1 & 2 \\ 0 & 0 & 0 & -2 \\ 0 & 5 & -7 & -11 \end{bmatrix} \quad R_3 + R_2 \rightarrow R_3$$

셋째 행을 보면 마지막 성분을 제외하고 모두 0이다. 이는 원래의 연립 1차방정식의 해가 없다는 것을 의미한다.

$$\begin{aligned} x_1 - x_2 + 2x_3 &= 4 \\ x_2 - x_3 &= 2 \\ 0 &= -2 \\ 5x_2 - 7x_3 &= -11 \end{aligned}$$

셋째 방정식은 성립할 수 없으므로 이 연립방정식은 해를 갖지 않는다.

가우스-조르단 소거법은 가우스 소거법으로 행렬에 기본행연산을 적용하여 행사다리꼴을 얻도록 한다. 또 하나의 소거법이 있는데 기약행 사다리꼴이 얻어질 때까지 진행하는 것이다.

예제 2.5

가우스-조르단 소거법으로 다음 연립 1차방정식의 해를 구하라.

$$\begin{aligned} x - 2y + \ \ 3z &= 9 \\ -x + 3y \qquad &= -4 \\ 2x - 5y + 5z &= 17 \end{aligned}$$

Solution

[예제 2.2]에서는 행사다리꼴을 얻기 위해서 가우스 소거법을 사용했다.

$$\begin{bmatrix} 1 & -2 & 3 & 9 \\ 0 & 1 & 3 & 5 \\ 0 & 0 & 1 & 2 \end{bmatrix}$$

이제 역대입법을 쓰는 대신 기약행 사다리꼴이 얻어질 때까지 기본행연산을 적용한다.

$$\begin{bmatrix} 1 & 0 & 9 & 19 \\ 0 & 1 & 3 & 5 \\ 0 & 0 & 1 & 2 \end{bmatrix} \qquad R_1 + (2)R_2 \to R_1$$

$$\begin{bmatrix} 1 & 0 & 9 & 19 \\ 0 & 1 & 0 & -1 \\ 0 & 0 & 1 & 2 \end{bmatrix} \qquad R_2 + (-3)R_3 \to R_2$$

$$\begin{bmatrix} 1 & 0 & 0 & 1 \\ 0 & 1 & 0 & -1 \\ 0 & 0 & 1 & 2 \end{bmatrix} \qquad R_1 + (-9)R_3 \to R_1$$

연립 1차방정식으로 바꾸면 $x = 1, y = -1, z = 2$를 얻는다.

예제 2.6

다음 연립 1차방정식을 풀어라.
$$\begin{aligned} 2x_1 + 4x_2 - 2x_3 &= 0 \\ 3x_1 + 5x_2 &= 1 \end{aligned}$$

Solution

첨가행렬은 다음과 같다.

$$\begin{bmatrix} 2 & 4 & -2 & 0 \\ 3 & 5 & 0 & 1 \end{bmatrix}$$

기약행 사다리꼴은 다음과 같이 얻어진다.

$$\begin{bmatrix} 1 & 0 & 5 & 2 \\ 0 & 1 & -3 & -1 \end{bmatrix}$$

이에 대응하는 연립방정식은 $x_1 + 5x_3 = 2, x_2 - 3x_3 = -1$이다. 선두의 1에 대응하지 않는 미지수 x_3을 나타내기 위해서 매개변수 t를 쓰면 $x_1 = 2 - 5t$, $x_2 = -1 + 3t$, $x_3 = t$가 얻어진다.

2.1.2 동차 연립 1차방정식

상수항이 0인 1차 방정식으로 이뤄진 연립방정식이다. 동차 연립 1차방정식은 예를 들어 미지수가 n개인 m개의 방정식으로 이뤄진 동차 연립방정식은 다음과 같은 형태이다.

$$\begin{aligned} a_{11}x_1 + a_{12}x_2 + a_{13}x_3 + \ldots + a_{1n}x_n &= 0 \\ a_{21}x_1 + a_{22}x_2 + a_{23}x_3 + \ldots + a_{2n}x_n &= 0 \\ a_{31}x_1 + a_{32}x_2 + a_{33}x_3 + \ldots + a_{3n}x_n &= 0 \\ &\vdots \\ a_{m1}x_1 + a_{m2}x_2 + a_{m3}x_3 + \ldots + a_{mn}x_n &= 0 \end{aligned}$$

동차 연립 1차방정식이 항상 적어도 하나의 해를 갖는다는 것은 쉽게 보일 수 있다. 모든 미지수가 0이라면 동차 연립방정식의 모든 방정식이 만족된다. 동차 연립 1차방정식의 해에 관해서는, 해가 단 하나 존재하는지, 많이 존재하는지를 규명하고자 한다. 동차 연립방정식의 응용은 앞으로 자주 나오므로 중요하다.

동차 연립 1차방정식의 해 $(x_1, x_2, \cdots, x_n) = (0, 0, \cdots, 0)$, 또는 $x_1 = 0, x_2 = 0, \cdots, x_n = 0$을 자명한 해(trivial solution)라 부른다. 또한, 자명한 해가 아닌 해를 자명치 않은 해(non-trivial solution)라고 한다.

다음 동차 연립 1차방정식은 자명한 해임을 보여라. $\begin{cases} x + 2y + 3z = 0 \\ -x + 3y + 2z = 0 \\ 2x + y - 2z = 0 \end{cases}$

동차 연립 1차방정식의 행렬(augmented matrix) $\begin{bmatrix} 1 & 2 & 3 & 0 \\ -1 & 3 & 2 & 0 \\ 2 & 1 & -2 & 0 \end{bmatrix}$ 의 축소 에첼론형은

$\begin{bmatrix} 1 & 0 & 0 & 0 \\ 0 & 1 & 0 & 0 \\ 0 & 0 & 1 & 0 \end{bmatrix}$ 이다. 그러므로, $x = 0,\ y = 0,\ z = 0$이 유일한 해이고, 자명한 해이다.

예제 2.7

다음 연립 1차방정식을 풀어라. $\begin{matrix} x_1 - x_2 + 3x_3 = 0 \\ 2x_1 + x_2 + 3x_3 = 0 \end{matrix}$

Solution

첨가행렬 $\begin{bmatrix} 1 & -1 & 3 & 0 \\ 2 & 1 & 3 & 0 \end{bmatrix}$에

$$\begin{bmatrix} 1 & -1 & 3 & 0 \\ 0 & 3 & -3 & 0 \end{bmatrix} \quad R_2 + (-2)R_1 \to R_2$$

가우스—조르단 소거법을 사용하면 $\begin{bmatrix} 1 & -1 & 3 & 0 \\ 0 & 1 & -1 & 0 \end{bmatrix} \quad (\frac{1}{3})R_2 \to R_2$ 을 얻는다.

$$\begin{bmatrix} 1 & 0 & 2 & 0 \\ 0 & 1 & -1 & 0 \end{bmatrix} \quad R_1 + R_2 \to R_1$$

이 행렬에 대응하는 연립 1차방정식은 $x_1 \ + 2x_3 - 0$ $x_2 \quad x_3 - 0$ 매개변수 $x_3 = t$를 써서 $x = -2t, x_2 = t, x_3 = t$ t는 임의의 실수를 얻는다. 그러므로 이 연립방정식은 무수히 많은 해를 가지며 그중 하나는 $t = 0$일 때 얻어지는 자명한 해이다.

정리 2.1

모든 동차 연립 1차방정식은 항상 해를 갖는다. 연립 1차방정식의 개수가 미지수의 개수보다 적으면 반드시 무수히 많은 해를 갖는다.

예제 2.8

다음 연립방정식을 풀어라.

$$\begin{aligned} 2x_1 + 2x_2 - x_3 \qquad\quad + x_5 &= 0 \\ -x_1 - x_2 + 2x_3 - 3x_4 + x_5 &= 0 \\ x_1 + x_2 - 2x_3 \qquad\quad - x_5 &= 0 \\ x_3 + x_4 + x_5 &= 0 \end{aligned}$$

Solution

이것의 확대행렬은 $\begin{bmatrix} 2 & 2 & -1 & 0 & 1 & 0 \\ -1 & -1 & 2 & -3 & 1 & 0 \\ 1 & 1 & -2 & 0 & -1 & 0 \\ 0 & 0 & 1 & 1 & 1 & 0 \end{bmatrix}$ 이고,

행 소거형 행렬에 대응되는 방정식은 $\begin{aligned} x_1 + x_2 \qquad + x_5 &= 0 \\ x_3 \quad + x_5 &= 0 \\ x_4 \quad &= 0 \end{aligned}$ 이며, $\begin{aligned} x_1 &= -x_2 - x_5 \\ x_3 &= -x_5 \\ x_4 &= 0 \end{aligned}$

따라서 $x_2,$ x_5에 임의의 실수 s, t를 준다면 해는 다음과 같다.

$x_1 = -s - t,\ x_2 = s,\ x_3 = -t,\ x_4 = 0,\ x_5 = t$

연습 문제 2.1

[EX 01] 다음 첨가행렬에 대응하는 연립 1차방정식의 해집합을 구하라.

(1) $\begin{bmatrix} 1 & 0 & 0 \\ 0 & 1 & 2 \end{bmatrix}$

(2) $\begin{bmatrix} 1 & -1 & 0 & 3 \\ 0 & 1 & -2 & 1 \\ 0 & 0 & 1 & -1 \end{bmatrix}$

(3) $\begin{bmatrix} 1 & 2 & 0 & 1 & 4 \\ 0 & 1 & 2 & 1 & 3 \\ 0 & 0 & 1 & 2 & 1 \\ 0 & 0 & 0 & 1 & 4 \end{bmatrix}$

[EX 02] 가우스 소거법과 함께 역대입법을 쓰거나 가우스-조르단 소거법을 써서 연립 1차방정식을 풀어라.

(1) $\begin{aligned} x + 2y &= 7 \\ 2x + y &= 8 \end{aligned}$

(2) $\begin{aligned} x_1 \qquad\quad - 3x_3 &= -2 \\ 3x_1 + x_2 - 2x_3 &= 5 \\ 2x_1 + 2x_2 + x_3 &= 4 \end{aligned}$

(3) $\begin{aligned} x_1 + x_2 - 5x_3 &= 3 \\ x_1 \qquad\quad - 2x_3 &= 5 \\ 2x_1 - x_2 - x_3 &= 0 \end{aligned}$

(4) $\begin{aligned} 3x + 3y + 12z &= 6 \\ x + y + 4z &= 2 \\ -x + 2y + 8z &= 4 \\ 2x + 5y + 20z &= 10 \end{aligned}$

[EX 03] 주어진 계수행렬에 대응하는 동차 연립 1차방정식을 풀어라.

(1) $\begin{bmatrix} 1 & 0 & 0 \\ 0 & 1 & 1 \\ 0 & 0 & 0 \end{bmatrix}$

(2) $\begin{bmatrix} 1 & 0 & 0 & 1 \\ 0 & 0 & 1 & 0 \\ 0 & 0 & 0 & 0 \end{bmatrix}$

[EX 04] 행렬 $A = \begin{bmatrix} 1 & k & 2 \\ -3 & 4 & 1 \end{bmatrix}$ 에 대하여

(1) A가 연립 1차방정식의 첨가행렬일 때, 해를 갖도록 하는 k값을 구하라.

(2) A가 동차 연립방정식의 계수행렬일 때, 해를 갖도록 하는 k값을 구하라.

[EX 05] 주어진 연립 1차방정식이 (1) 유일한 해 (2) 해 없음 (3) 무수히 많은 해를 갖도록 하는 a, b, c의 값을 구하라.

$$\begin{aligned} x + y \quad\;\; &= 2 \\ y + z &= 2 \\ x \quad\;\; + z &= 2 \\ ax + by + cz &= 0 \end{aligned}$$

[EX 06] 다음 중 0 아닌 해를 갖는 동차 연립방정식은 어느 것인가?

(1) $$\begin{aligned} x + y + 2z &= 0 \\ 2x + y + z &= 0 \\ 3x - y + z &= 0 \end{aligned}$$

(2) $$\begin{aligned} x - y \quad + z &= 0 \\ 2x + y \quad\quad &= 0 \\ 2x - 2y + 2z &= 0 \end{aligned}$$

(3) $$\begin{aligned} 2x - y \quad + 5z &= 0 \\ 3x + 2y - 3z &= 0 \\ x - y \quad + 4z &= 0 \end{aligned}$$

2.2 기본연산

이 절은 행렬의 이론에 기본이 되는 기본연산(elementary operations)을 자세히 살펴보자. 행렬에서 쓰이는 3가지 기본연산은 다음과 같다.

(1) i번째 행과 j번째 행을 교환한다.
(2) i번째 행에 영이 아닌 실수 c를 곱한다.
(3) i번째 행에 영이 아닌 실수 c를 곱해 j번째 행에 더한다.

이것을 특별히 기본행 연산(elementary row operations)이라 부른다. 위와 같은 연산을 열에 적용시키는 것을 기본열 연산(elementary column operations)이라 부른다.

정의 2.4

단위행렬 I_n에 단 한 번의 기본행연산을 행하여 얻어지는 행렬을 기본행렬(elementary matrix)이라 하며 E_n으로 표시한다.

첫 번째 기본연산, 즉 두 행을 교환해서 얻어진 기본행렬을 특별히 치환행렬(permutation matrix)이라 부르기도 한다.

정리 2.2

A가 $m \times n$행렬이고 기본행렬 E가 단위행렬 I_n에서 어떤 한 번의 기본행연산을 행해 얻어진 것일 때, EA는 A에 같은 행연산을 행해 얻어진 것과 같다.

예제 2.9

다음 행렬을 기본연산으로 (1) $R_1 \leftrightarrow R_2$ (2) $2R_2$ (3) $R_3 + cR_1$ **하라.**

$$\begin{bmatrix} 1 & 2 & 3 \\ 4 & 5 & 6 \\ 7 & 8 & 9 \end{bmatrix}$$

Solution

(1) 첫째 행과 둘째 행을 교환한다.

$$\begin{bmatrix} 0 & 1 & 0 \\ 1 & 0 & 0 \\ 0 & 0 & 1 \end{bmatrix}\begin{bmatrix} 1 & 2 & 3 \\ 4 & 5 & 6 \\ 7 & 8 & 9 \end{bmatrix} = \begin{bmatrix} 4 & 5 & 6 \\ 1 & 2 & 3 \\ 7 & 8 & 9 \end{bmatrix}$$

(2) 둘째 행에 2를 곱한다.

$$\begin{bmatrix} 1 & 0 & 0 \\ 0 & 2 & 0 \\ 0 & 0 & 1 \end{bmatrix}\begin{bmatrix} 1 & 2 & 3 \\ 4 & 5 & 6 \\ 7 & 8 & 9 \end{bmatrix} = \begin{bmatrix} 1 & 2 & 3 \\ 8 & 10 & 12 \\ 7 & 8 & 9 \end{bmatrix}$$

(3) 첫째 행에 상수 c를 곱하여 셋째 행에 더한다. $\begin{bmatrix}1&0&0\\0&1&0\\c&0&1\end{bmatrix}\begin{bmatrix}1&2&3\\4&5&6\\7&8&9\end{bmatrix}=\begin{bmatrix}1&2&3\\4&5&6\\7+c&8+2c&9+3c\end{bmatrix}$

예제 2.10

다음 행렬들을 기본연산으로 (1) $R_1 \leftrightarrow R_2$ (2) $\frac{1}{2}R_2$ (3) R_2+2R_1 **하라.**

(1) $\begin{bmatrix}0&2&1\\1&-3&6\\3&2&-1\end{bmatrix}$ (2) $\begin{bmatrix}1&0&-4&1\\0&2&6&-4\\0&1&3&1\end{bmatrix}$ (3) $\begin{bmatrix}1&0&-1\\-2&-2&3\\0&4&5\end{bmatrix}$

Solution

(1) 다음 행렬의 곱에서 E는 I_3의 처음 두 행을 서로 바꾸는 기본행렬을 나타낸다.

$\begin{bmatrix}0&1&0\\1&0&0\\0&0&1\end{bmatrix}\begin{bmatrix}0&2&1\\1&-3&6\\3&2&-1\end{bmatrix}=\begin{bmatrix}1&-3&6\\0&2&1\\3&2&-1\end{bmatrix}$ A의 처음 두 행은 E를 왼쪽으로 곱함으로써 바뀌진다.

(2) 다음 행렬 곱에서 E는 I_3의 두 번째 행에 $\frac{1}{2}$을 곱한 기본행렬을 나타낸다.

$\begin{bmatrix}1&0&0\\0&\frac{1}{2}&0\\0&0&1\end{bmatrix}\begin{bmatrix}1&0&-4&1\\0&2&6&-4\\0&1&3&1\end{bmatrix}=\begin{bmatrix}1&0&-4&1\\0&1&3&-2\\0&1&3&1\end{bmatrix}$ E를 왼쪽에 곱하는 것은 A의 두 번째 행에 1/2을 곱하는 것과 같은 결과가 된다.

(3) 다음 곱에서 E는 I_3의 첫 번째 행에 2를 곱해서 두 번째 행에 더한 기본행렬을 뜻한다.

$\begin{bmatrix}1&0&0\\2&1&0\\0&0&1\end{bmatrix}\begin{bmatrix}1&0&-1\\-2&-2&3\\0&4&5\end{bmatrix}=\begin{bmatrix}1&0&-1\\0&-2&1\\0&4&5\end{bmatrix}$ EA는 A의 첫 번째 행에 2를 곱해서 두 번째 행에 더한 것과 같다.

단위행렬 I에 기본행연산을 행해 기본행렬 E를 만들 때 E에서 다시 I로 만드는 대응되는 역연산(inverse operation)이 존재한다.

I에서 E를 만드는 행연산	E에서 다시 I로 만드는 행연산
(1) i번째 행과 j번째 행을 교환함	i번째 행과 j번째 행을 교환함
(2) i번째 행에 c를 곱함	i번째 행에 1/c를 곱함
(3) i번째 행에 c를 곱하여 j번째 행에 더함	i번째 행에 −c를 곱하여 j번째 행에 더함

예제 2.11

다음 단위행렬에서 기본연산으로 (1) $R_1 \leftrightarrow R_2$ (2) $-2R_2$ (3) $R_3 + 3R_1$의 기본행 역연산을 시행하여라.

Solution

$I \Rightarrow E$

(1) $\begin{bmatrix} 1 & 0 & 0 \\ 0 & 1 & 0 \\ 0 & 0 & 1 \end{bmatrix} \rightarrow \begin{bmatrix} 0 & 1 & 0 \\ 1 & 0 & 0 \\ 0 & 0 & 1 \end{bmatrix}$ (2) $\begin{bmatrix} 1 & 0 & 0 \\ 0 & 1 & 0 \\ 0 & 0 & 1 \end{bmatrix} \rightarrow \begin{bmatrix} 1 & 0 & 0 \\ 1 & -2 & 0 \\ 0 & 0 & 1 \end{bmatrix}$ (3) $\begin{bmatrix} 1 & 0 & 0 \\ 0 & 1 & 0 \\ 0 & 0 & 1 \end{bmatrix} \rightarrow \begin{bmatrix} 1 & 0 & 0 \\ 0 & 1 & 0 \\ 3 & 0 & 1 \end{bmatrix}$

대응하는 역행렬 E^{-1}

(1) $\begin{bmatrix} 0 & 1 & 0 \\ 1 & 0 & 0 \\ 0 & 0 & 1 \end{bmatrix}$ (2) $\begin{bmatrix} 1 & 0 & 0 \\ 0 & -\frac{1}{2} & 0 \\ 0 & 0 & 1 \end{bmatrix}$ (3) $\begin{bmatrix} 1 & 0 & 0 \\ 0 & 1 & 0 \\ -3 & 0 & 1 \end{bmatrix}$

여기서 대응하는 역행렬 E^{-1} 또한 기본행렬임을 알 수 있다.

예제 2.12

다음 기본행렬의 역행렬을 구하여라

(1) $E_1 = \begin{bmatrix} 0 & 1 & 0 \\ 1 & 0 & 0 \\ 0 & 0 & 1 \end{bmatrix} \quad R_1 \leftrightarrow R_2$ (2) $E_2 = \begin{bmatrix} 1 & 0 & 0 \\ 0 & 1 & 0 \\ -2 & 0 & 1 \end{bmatrix} \quad R_3 + (-2)R_1 \rightarrow R_3$

(3) $E_3 = \begin{bmatrix} 1 & 0 & 0 \\ 0 & 1 & 0 \\ 0 & 0 & \frac{1}{2} \end{bmatrix} \quad (\frac{1}{2})R_3 \rightarrow R_3$

Solution

기본행렬 E의 역행렬을 찾기 위해서는, E를 얻기 위해 시행된 행에 관한 기본연산을 거꾸로 하면 된다. 3개의 기본행렬의 역행렬은 다음과 같이 구할 수 있다.

$$E_1 = \begin{bmatrix} 0 & 1 & 0 \\ 1 & 0 & 0 \\ 0 & 0 & 1 \end{bmatrix} \quad R_1 \leftrightarrow R_2 \qquad E_1^{-1} = \begin{bmatrix} 0 & 1 & 0 \\ 1 & 0 & 0 \\ 0 & 0 & 1 \end{bmatrix} \quad R_1 \leftrightarrow R_2$$

$$E_2 = \begin{bmatrix} 1 & 0 & 0 \\ 0 & 1 & 0 \\ -2 & 0 & 1 \end{bmatrix} \quad R_3 + (-2)R_1 \rightarrow R_3 \qquad E_2^{-1} = \begin{bmatrix} 1 & 0 & 0 \\ 0 & 1 & 0 \\ 2 & 0 & 1 \end{bmatrix} \quad R_3 + (2)R_1 \rightarrow R_3$$

$$E_3 = \begin{bmatrix} 1 & 0 & 0 \\ 0 & 1 & 0 \\ 0 & 0 & \frac{1}{2} \end{bmatrix} \quad (\frac{1}{2})R_3 \rightarrow R_3 \qquad E_3^{-1} = \begin{bmatrix} 1 & 0 & 0 \\ 0 & 1 & 0 \\ 0 & 0 & 2 \end{bmatrix} \quad (2)R_3 \rightarrow R_3$$

연습 문제 2.2

[EX 01] 다음 행렬 중에 기본행렬을 찾아내고, 그 기본행렬의 역행렬을 구하여라.

(1) $\begin{bmatrix} 2 & 0 \\ 0 & 1 \end{bmatrix}$　(2) $\begin{bmatrix} 1 & 0 \\ 3 & 1 \end{bmatrix}$　(3) $\begin{bmatrix} 0 & 1 & 0 \\ 1 & 0 & 0 \\ 0 & 0 & 1 \end{bmatrix}$

(4) $\begin{bmatrix} 1 & 0 & 0 \\ 0 & 1 & -3 \\ 0 & 0 & 1 \end{bmatrix}$　(5) $\begin{bmatrix} 1 & 0 & 0 & 0 \\ 0 & 1 & 0 & 0 \\ 0 & 1 & 1 & 0 \\ 0 & 0 & 0 & 1 \end{bmatrix}$

[EX 02] 다음 (1), (2), (3)에서 $\mathrm{EA} = \mathrm{B}$가 되는 기본행렬 E를 구하여라.

(1) $\mathrm{A} = \begin{bmatrix} 2 & -1 \\ 5 & 3 \end{bmatrix}$　$\mathrm{B} = \begin{bmatrix} -4 & 2 \\ 5 & 3 \end{bmatrix}$

(2) $\mathrm{A} = \begin{bmatrix} 2 & 1 & 3 \\ -2 & 4 & 5 \\ 3 & 1 & 4 \end{bmatrix}$　$\mathrm{B} = \begin{bmatrix} 2 & 1 & 3 \\ 3 & 1 & 4 \\ -2 & 4 & 5 \end{bmatrix}$

(3) $\mathrm{A} = \begin{bmatrix} 4 & -2 & 3 \\ 1 & 0 & 2 \\ -2 & 3 & 1 \end{bmatrix}$　$\mathrm{B} = \begin{bmatrix} 4 & -2 & 3 \\ 1 & 0 & 2 \\ 0 & 3 & 5 \end{bmatrix}$

[EX 03] 다음 (1), (2), (3)에서 $\mathrm{AE} = \mathrm{B}$가 되는 기본행렬 E를 구하여라.

(1) $\mathrm{A} = \begin{bmatrix} 4 & 1 & 3 \\ 2 & 1 & 4 \\ 1 & 3 & 2 \end{bmatrix}$　$\mathrm{B} = \begin{bmatrix} 3 & 1 & 4 \\ 4 & 1 & 2 \\ 2 & 3 & 1 \end{bmatrix}$

(2) $\mathrm{A} = \begin{bmatrix} 2 & 4 \\ 3 & 6 \end{bmatrix}$　$\mathrm{B} = \begin{bmatrix} 2 & -2 \\ 3 & -3 \end{bmatrix}$

(3) $\mathrm{A} = \begin{bmatrix} 4 & -2 & 3 \\ -2 & 4 & 2 \\ 6 & 1 & -2 \end{bmatrix}$　$\mathrm{B} = \begin{bmatrix} 2 & -2 & 3 \\ -1 & 4 & 2 \\ 3 & 1 & -2 \end{bmatrix}$

[EX 04] 다음 행렬의 역행렬을 구하여라(λ_1, λ_2, λ_3, λ_4, 및 λ는 모두 영이 아니다).

(1) $\begin{bmatrix} \lambda_1 & 0 & 0 & 0 \\ 0 & \lambda_2 & 0 & 0 \\ 0 & 0 & \lambda_3 & 0 \\ 0 & 0 & 0 & \lambda_4 \end{bmatrix}$ (2) $\begin{bmatrix} 0 & 0 & 0 & \lambda_1 \\ 0 & 0 & \lambda_2 & 0 \\ 0 & \lambda_3 & 0 & 0 \\ \lambda_4 & 0 & 0 & 0 \end{bmatrix}$

2.3 정칙행렬

2.1절에서 실수의 대수적 성질과 행렬의 대수적 성질이 유사함을 알아봤다. 2.3절에서는 행렬의 곱셈이 포함된 행렬방정식의 해를 찾는 방법에 대해 살펴보자. 먼저 실수방정식 $ax = b$의 경우를 보자. x를 구하기 위해 양변에 a^{-1}를 곱한다(여기서 $a \neq 0$이어야 한다).

$$
\begin{aligned}
&ax = b \\
&(a^{-1}a)x = a^{-1}b \\
&(1)\,x = a^{-1}b \\
&x = a^{-1}b
\end{aligned}
$$

a^{-1}를 a의 곱셈에 관한 역원이라고 하는데 $a^{-1}a = 1$이기 때문이다. 행렬에서도 곱셈에 관한 역원의 정의가 비슷하다.

정의 2.5

$n \times n$행렬 A에 대해 $AB = BA = I_n$을 만족하는 $n \times n$행렬 B가 존재할 때 A는 정칙이라고 한다. 이때 I_n은 크기가 n인 단위행렬이고 행렬 B는 A의 역행렬이라고 한다. 역행렬이 존재하지 않는 행렬은 정칙이 아니라고 한다.

정리 2.3

A가 정칙이면 그 역행렬은 유일하다. A의 역행렬을 A^{-1}로 표현한다.

증명

A는 정칙이므로 $AB = I = BA$를 만족하는 최소한 한 개의 행렬 B가 존재한다. A가 또 다른 역행렬 C를 갖는다고 하자. $AC = I = CA$ 이때 B와 C는 같다는 것을 알 수 있다.

$$
\begin{aligned}
&AB = I \qquad && C(AB) = CI \\
&(CA)B = C && IB = C \\
&B = C
\end{aligned}
$$

따라서 역행렬은 유일하다.

예제 2.13

B가 A의 역행렬임을 보여라. $A=\begin{bmatrix}-1 & 2\\ -1 & 1\end{bmatrix},\qquad B=\begin{bmatrix}1 & -2\\ 1 & -1\end{bmatrix}$

Solution

B가 A의 역행렬임을 다음과 같이 보일 수 있다.

$$AB=I=BA$$

$$AB=\begin{bmatrix}-1 & 2\\ -1 & 1\end{bmatrix}\begin{bmatrix}1 & -2\\ 1 & -1\end{bmatrix}=\begin{bmatrix}-1+2 & 2-2\\ -1+1 & 2-1\end{bmatrix}=\begin{bmatrix}1 & 0\\ 0 & 1\end{bmatrix}$$

$$BA=\begin{bmatrix}1 & -2\\ 1 & -1\end{bmatrix}\begin{bmatrix}-1 & 2\\ -1 & 1\end{bmatrix}=\begin{bmatrix}-1+2 & 2-2\\ -1+ & 2-1\end{bmatrix}=\begin{bmatrix}1 & 0\\ 0 & 1\end{bmatrix}$$

예제 2.14

$\begin{bmatrix}1 & 3\\ 2 & 4\end{bmatrix}$의 역행렬을 구하라

Solution

$A=\begin{bmatrix}1 & 3\\ 2 & 4\end{bmatrix}$라 하자. $A^{-1}=\begin{bmatrix}a & b\\ c & d\end{bmatrix}$라 하자.

그러면 $AA^{-1}=\begin{bmatrix}1 & 3\\ 2 & 4\end{bmatrix}\begin{bmatrix}a & b\\ c & d\end{bmatrix}=\begin{bmatrix}1 & 0\\ 0 & 1\end{bmatrix}=I_2$ 즉, $\begin{bmatrix}a+3c & b+3d\\ 2a+4c & 2b+4d\end{bmatrix}=\begin{bmatrix}1 & 0\\ 0 & 1\end{bmatrix}$이 된다.

따라서 연립방정식 $a+3c=1,\ 2a+4c=0$과 $b+3d=0,\ 2b+4d=1$ 을 풀면

$a=-2,\ b=\frac{3}{2},\ c=1,\ d=-\frac{1}{2}$ 을 얻게 된다.

따라서 A는 정칙이며 $A^{-1}=\begin{bmatrix}-2 & \frac{3}{2}\\ 1 & -\frac{1}{2}\end{bmatrix}$이다.

A를 정칙행렬이라 하면, A의 축소 에첼론형이 단위행렬 I이므로 $E_k \cdot E_{k-1}\cdots E_1A=I$ 를 만족시키는 기본행렬 $E_1, \cdots, E_k$가 존재한다.

A^{-1}를 양변에 오른쪽으로부터 곱하면 $E_k \cdot E_{k-1} \cdots E_1 I = A^{-1}$이 되어, A를 축소 에첼론 형으로 변형시킬 때와 똑같은 기본행 작용을 단위행렬 I에 하면 역행렬 A^{-1}를 구할 수 있다는 것을 알 수 있다.

따라서 $A = \begin{bmatrix} 1 & -1 & 0 \\ 1 & 0 & -1 \\ -6 & 2 & 3 \end{bmatrix}$의 역행렬을 구할 때

행렬 A의 오른쪽에 단위행렬 I을 첨가하여 $\begin{bmatrix} 1 & -1 & 0 & : & 1 & 0 & 0 \\ 1 & 0 & -1 & : & 0 & 1 & 0 \\ -6 & 2 & 3 & : & 0 & 0 & 1 \end{bmatrix}$라 놓고,

기약사다리꼴행렬을 구하면, 오른쪽 I가 변한 것이 A^{-1}가 된다.

기본행렬을 을 이용하여 역행렬 구하는 방법을 요약하면 다음과 같다.

A를 크기가 n인 정방행렬이라고 하자.

(1) 주어진 행렬 A를 왼쪽에 두고 $n \times n$단위행렬을 오른쪽에 두어 크기가 $n \times 2n$인 $[A : I]$를 쓴다. 행렬 A와 I는 점선을 이용하여 구분한다. 이 과정을 A와 I의 연결이라고 한다.

(2) 가능하다면 A를 단위행렬 I가 될 때까지 전체 행렬 $[A : I]$에 행에 관한 기본연산을 사용한다. 그 결과는 $[I : A^{-1}]$일 것이다. 만약 가능하지 않다면 A는 가역이 아니다.

(3) $AA^{-1} = I = A^{-1}A$임을 확인한다.

예제 2.15

다음 행렬의 역행렬을 구하라. $A = \begin{bmatrix} 1 & -1 & 0 \\ 1 & 0 & -1 \\ -6 & 2 & 3 \end{bmatrix}$

Solution

행렬 A에 단위행렬을 연결하여 다음 행렬을 얻는다. $[A : I] = \begin{bmatrix} 1 & -1 & 0 & : & 1 & 0 & 0 \\ 1 & 0 & -1 & : & 0 & 1 & 0 \\ -6 & 2 & 3 & : & 0 & 0 & 1 \end{bmatrix}$

행에 관한 기본연산을 통해 $[I : A^{-1}]$를 다음과 같이 구한다.

$$\begin{bmatrix} 1 & -1 & 0 & : & 1 & 0 & 0 \\ 0 & 1 & -1 & : & -1 & 1 & 0 \\ -6 & 2 & 3 & : & 0 & 0 & 1 \end{bmatrix} \quad R_2 + (-1)R_1 \to R_2$$

$$\begin{bmatrix} 1 & -1 & 0 & : & 1 & 0 & 0 \\ 0 & 1 & -1 & : & -1 & 1 & 0 \\ 0 & -4 & 3 & : & 6 & 0 & 1 \end{bmatrix} \quad R_3 + (6)R_1 \to R_3$$

$$\begin{bmatrix} 1 & -1 & 0 & : & 1 & 0 & 0 \\ 0 & 1 & -1 & : & -1 & 1 & 0 \\ 0 & 0 & -1 & : & 2 & 4 & 1 \end{bmatrix} \quad R_3+(4)R_2 \rightarrow R_3$$

$$\begin{bmatrix} 1 & -1 & 0 & : & 1 & 0 & 0 \\ 0 & 1 & -1 & : & -1 & 1 & 0 \\ 0 & 0 & 1 & : & -2 & -4 & -1 \end{bmatrix} \quad (-1)R_3 \rightarrow R_3$$

$$\begin{bmatrix} 1 & -1 & 0 & : & 1 & 0 & 0 \\ 0 & 1 & 0 & : & -3 & -3 & -1 \\ 0 & 0 & 1 & : & -2 & -4 & -1 \end{bmatrix} \quad R_2+R_3 \rightarrow R_2$$

$$\begin{bmatrix} 1 & 0 & 0 & : & -2 & -3 & -1 \\ 0 & 1 & 0 & : & -3 & -3 & -1 \\ 0 & 0 & 1 & : & -2 & -4 & -1 \end{bmatrix} \quad R_1+R_2 \rightarrow R_1$$

그러므로 A는 가역이고 그 역행렬은 $A^{-1} = \begin{bmatrix} -2 & -3 & -1 \\ -3 & -3 & -1 \\ -2 & -4 & -1 \end{bmatrix}$ 이다.

$AA^{-1} = I = A^{-1}A$를 통해 역행렬임을 확인할 수 있다.

예제 2.16

$A = \begin{bmatrix} 1 & 2 & 0 \\ 3 & -1 & 2 \\ -2 & 3 & -2 \end{bmatrix}$ 는 정칙이 아님을 보여라.

Solution

A에 단위행렬은 연결하여 다음을 얻는다. $[A : I] = \begin{bmatrix} 1 & 2 & 0 & : & 1 & 0 & 0 \\ 3 & -1 & 2 & : & 0 & 1 & 0 \\ -2 & 3 & -2 & : & 0 & 0 & 1 \end{bmatrix} \quad R_2+(-3)R_1 \rightarrow R_2$

가우스—조르단 소거법을 사용한다.

$$\begin{bmatrix} 1 & 2 & 0 & : & 1 & 0 & 0 \\ 0 & -7 & 2 & : & -3 & 1 & 0 \\ -2 & 3 & -2 & : & 0 & 0 & 1 \end{bmatrix} \quad R_2+(-3)R_1 \rightarrow R_2$$

$$\begin{bmatrix} 1 & 2 & 0 & : & 1 & 0 & 0 \\ 0 & -7 & 2 & : & -3 & 1 & 0 \\ 0 & 7 & -2 & : & 2 & 0 & 1 \end{bmatrix} \quad R_3+(2)R_1 \rightarrow R_3$$

2번째 행을 세 번째 행에 더함으로써 왼쪽 행렬에 0으로 된 행이 생기는 것을 알 수 있다.

$$\begin{bmatrix} 1 & 2 & 0 & : & 1 & 0 & 0 \\ 0 & -7 & 2 & : & -3 & 1 & 0 \\ 0 & 0 & 0 & : & -1 & 1 & 1 \end{bmatrix} \quad R_3 + R_2 \rightarrow R_3$$

행렬의 A 부분에 0으로만 된 행이 생겼기 때문에 행렬 $[A : I]$를 $[I : A^{-1}]$ 형태의 행렬로 표시할 수 없다. 이것이 바로 A의 역행렬이 존재하지 않는다는 것을 의미한다.

3×3행렬이나 그보다 큰 행렬에 대한 역행렬을 구할 때는 가우스—조르단 소거법이 매우 유용하다. 그러나 2×2행렬의 경우는 가우스—조르단 소거법보다는 역행렬에 대한 공식을 사용하는 것이 간편하다.

$A=\begin{bmatrix} a & b \\ c & d \end{bmatrix}$일 때, A가 정칙이기 위한 필요충분조건은 $ad-bc\neq 0$이면 역행렬은 다음과 같이 주어진다.

$$A^{-1}=\frac{1}{ad-bc}\begin{bmatrix} d & -b \\ -c & a \end{bmatrix}$$

A^{-1}을 구하여 역행렬을 확인할 수 있다.

예제 2.17

다음 행렬들의 역행렬을 구하라.

(1) $A=\begin{bmatrix} 3 & -1 \\ -2 & 2 \end{bmatrix}$ (2) $B=\begin{bmatrix} 3 & -1 \\ -6 & 2 \end{bmatrix}$

Solution

(1) $A^{-1}=\frac{1}{4}\begin{bmatrix} 2 & 1 \\ 2 & 3 \end{bmatrix}=\begin{bmatrix} \frac{1}{2} & \frac{1}{4} \\ \frac{1}{2} & \frac{3}{4} \end{bmatrix}$

(2) $ad-bc=(3)(2)-(-1)(-6)=0$, 즉 B는 가역이 아니다.

정리 2.4

A가 가역이고 k는 양의 정수이며 c는 스칼라라고 할 때 A^{-1}, A^k, cA, A^T는 모두 가역이고 다음을 만족한다.

(1) $(A^{-1})^{-1}=A$

(2) $(A^k)^{-1}=A^{-1}A^{-1}...A^{-1}=(A^{-1})^k$

(3) $(cA)^{-1}=\frac{1}{c}A^{-1}, c\neq 0$

(4) $(A^T)^{-1}=(A^{-1})^T$

정칙행렬들에 대해 음의 정수를 지수로 이용해 정방행렬의 거듭제곱형태를 표현할 수 있다. A^{-k}의 뜻은 A^{-1}가 k번 거듭제곱된 것을 의미한다.

$$A^{-k} = A^{-1}A^{-1}\dots A^{-1} = (A^{-1})^k$$

이러한 방법으로 모든 정수 j,k에 대해서 $A^jA^k = A^{j+k}$, $(A^j)^k = A^{jk}$로 표현할 수 있다.

예제 2.18

A^{-2}를 2가지 다른 방법으로 구하고 이들이 같음을 보여라. $A = \begin{bmatrix} 1 & 1 \\ 2 & 4 \end{bmatrix}$

Solution

A^{-2}를 구하는 한 방법은 $(A^2)^{-1}$이다. $A^2 = \begin{bmatrix} 3 & 5 \\ 10 & 18 \end{bmatrix}$

2×2행렬의 역행렬을 구하는 공식을 이용해 다음을 얻는다. $(A^2)^{-1} = \frac{1}{4}\begin{bmatrix} 18 & -5 \\ -10 & 3 \end{bmatrix} = \begin{bmatrix} \frac{9}{2} & -\frac{5}{4} \\ -\frac{5}{2} & \frac{3}{4} \end{bmatrix}$

A^{-2}를 구하는 또 다른 방법은 $(A^{-1})^2$이다.

$A^{-1} = \frac{1}{2}\begin{bmatrix} 4 & -1 \\ -2 & 1 \end{bmatrix} = \begin{bmatrix} 2 & -\frac{1}{2} \\ -1 & \frac{1}{2} \end{bmatrix}$이므로, 이 행렬을 제곱하여 다음을 얻는다.

$$(A^{-1})^2 = \begin{bmatrix} \frac{9}{2} & \frac{5}{4} \\ -\frac{5}{2} & \frac{3}{4} \end{bmatrix}$$

2가지 방법에 의한 결과가 같다는 것을 알 수 있다.

정리 2.5

행렬 A, B는 크기가 n인 정칙행렬일 때 행렬 AB도 정칙이고 $(AB)^{-1} = B^{-1}A^{-1}$이다.

증명

$B^{-1}A^{-1}$가 AB의 역행렬임을 보이기 위해서 역행렬의 정의를 사용한다.
즉, $(AB)(B^{-1}A^{-1}) = A(BB^{-1})A^{-1} = A(I)A^{-1} = AA^{-1} = I$ 비슷한 방법으로 $(B^{-1}A^{-1})(AB) = I$ 임을 보일 수 있다. 따라서 AB는 정칙이고 그의 역행렬은 $B^{-1}A^{-1}$이다.

[정리 2.4]에서는 2개의 가역행렬의 곱에 대한 역행렬은 각각의 역행렬을 순서를 바꿔 곱해 얻을 수 있다고 말하고 있다. 이를 여러 정칙행렬의 곱으로 확장할 수 있다.

$$(A_1A_2A_3 \dots A_n)^{-1} = A_n^{-1} \dots A_3^{-1}A_2^{-1}A_1^{-1}$$

예제 2.19

다음 행렬 A, B에 대한 A^{-1}와 B^{-1}를 이용해 $(AB)^{-1}$를 구하라.

$$A = \begin{bmatrix} 1 & 3 & 3 \\ 1 & 4 & 3 \\ 1 & 3 & 4 \end{bmatrix} \qquad B = \begin{bmatrix} 1 & 2 & 3 \\ 1 & 3 & 3 \\ 2 & 4 & 3 \end{bmatrix}$$

$$A^{-1} = \begin{bmatrix} 7 & -3 & -3 \\ -1 & 1 & 0 \\ -1 & 0 & 1 \end{bmatrix} \qquad B^{-1} = \begin{bmatrix} 1 & -2 & 1 \\ -1 & 1 & 0 \\ \frac{2}{3} & 0 & -\frac{1}{3} \end{bmatrix}$$

Solution

$$(AB)^{-1} = B^{-1}A^{-1} = \begin{bmatrix} 1 & -2 & 1 \\ -1 & 1 & 0 \\ \frac{2}{3} & 0 & -\frac{1}{3} \end{bmatrix} \begin{bmatrix} 7 & -3 & -3 \\ -1 & 1 & 0 \\ -1 & 0 & 1 \end{bmatrix} = \begin{bmatrix} 8 & -5 & -2 \\ -8 & 4 & 3 \\ 5 & -2 & -\frac{7}{3} \end{bmatrix}$$

실수의 중요한 성질은 소거이다. 즉 $ac = bc(c \neq 0)$이면 $a = b$이다. 역행렬들도 똑같은 소거에 관한 성질을 갖고 있다.

정리 2.6

C 가 정칙행렬일 때 다음 성질을 만족한다.

(1) 만약 $AC=BC$이면 $A=B$이다.

(2) 만약 $CA=CB$이면 $A=B$이다.

증명

(1) C가 정칙이므로 다음이 성립된다.

$$AC=BC \quad (AC)C^{-1}=(BC)C^{-1}$$

$$A(CC^{-1})=B(CC^{-1}) \quad AI=BI$$

$$A=B$$

(2) 똑같은 방법으로 증명한다.

연립 1차방정식은 정확히 1개의 해를 갖거나 무수히 많은 해를 갖거나 해가 없는 3가지 경우 중 하나이다. 정방연립방정식(변수와 방정식의 개수가 같은 경우)에 대해서는 해가 유일한지는 다음 정리를 통해 알 수 있다.

정리 2.7

A가 정칙이면 연립 1차방정식 $A\mathrm{x}=b$는 유일해, $\mathrm{x}=A^{-1}b$를 갖는다.

증명

A는 정칙이므로 다음과 같다.

$$A\mathrm{x}=b \quad A^{-1}A\mathrm{x}=A^{-1}b$$

$$I\mathrm{x}=A^{-1}b \quad \mathrm{x}=A^{-1}b$$

$$\mathrm{x}=A^{-1}b$$

예제 2.20

다음 각 연립방정식의 해를 역행렬을 이용하여 구하라.

(1) $\begin{aligned} 2x+3y+z &= -1 \\ 3x+3y+z &= 1 \\ 2x+4y+z &= -2 \end{aligned}$　　(2) $\begin{aligned} 2x+3y+z &= 4 \\ 3x+3y+z &= 8 \\ 2x+4y+z &= 5 \end{aligned}$　　(3) $\begin{aligned} 2x+3y+z &= 0 \\ 3x+3y+z &= 0 \\ 2x+4y+z &= 0 \end{aligned}$

Solution

먼저 각 연립방정식의 계수행렬을 구한다.

$A=\begin{bmatrix} 2 & 3 & 1 \\ 3 & 3 & 1 \\ 2 & 4 & 1 \end{bmatrix}$ 가우스—조르단 소거법을 이용해 A^{-1}을 구한다.

$A^{-1}=\begin{bmatrix} -1 & 1 & 0 \\ -1 & 0 & 1 \\ 6 & -2 & -3 \end{bmatrix}$ 각 연립방정식의 해를 얻기 위해 다음 행렬 곱을 구한다.

(1) $\mathrm{x}=A^{-1}b=\begin{bmatrix} -1 & 1 & 0 \\ -1 & 0 & 1 \\ 6 & -2 & -3 \end{bmatrix}\begin{bmatrix} -1 \\ 1 \\ -2 \end{bmatrix}=\begin{bmatrix} 2 \\ -1 \\ -2 \end{bmatrix}$ 해는 $x=2, y=-1, z=-2$이다.

(2) $\mathrm{x}=A^{-1}b=\begin{bmatrix} -1 & 1 & 0 \\ -1 & 0 & 1 \\ 6 & -2 & -3 \end{bmatrix}\begin{bmatrix} 4 \\ 8 \\ 5 \end{bmatrix}=\begin{bmatrix} 4 \\ 1 \\ -7 \end{bmatrix}$ 해는 $x=4,\ y=1,\ z=-7$이다.

(3) $\mathrm{x}=A^{-1}b=\begin{bmatrix} -1 & 1 & 0 \\ -1 & 0 & 1 \\ 6 & -2 & -3 \end{bmatrix}\begin{bmatrix} 0 \\ 0 \\ 0 \end{bmatrix}=\begin{bmatrix} 0 \\ 0 \\ 0 \end{bmatrix}$ 해는 $x=0,\ y=0,\ z=0$이다.

연습 문제 2.3

[EX 01] 다음 행렬들의 역행렬을 구하라. (만약 존재한다면)

(1) $\begin{bmatrix} 1 & 2 \\ 3 & 7 \end{bmatrix}$ (2) $\begin{bmatrix} -7 & 33 \\ 4 & -19 \end{bmatrix}$ (3) $\begin{bmatrix} 1 & 1 & 1 \\ 3 & 5 & 4 \\ 3 & 6 & 5 \end{bmatrix}$

(4) $\begin{bmatrix} 1 & 2 & -1 \\ 3 & 7 & -10 \\ 7 & 16 & -21 \end{bmatrix}$ (5) $\begin{bmatrix} 1 & 1 & 2 \\ 3 & 1 & 0 \\ -2 & 0 & 3 \end{bmatrix}$

[EX 02] 다음 각 연립방정식을 풀기 위해서 역행렬을 사용하라.

(1) $\begin{aligned} -x+y&=4 \\ -2x+y&=0 \end{aligned}$

(2) $\begin{aligned} -x+y&=0 \\ -2x+y&=0 \end{aligned}$

(3) $\begin{aligned} 3x_1+2x_2+2x_3&=0 \\ 2x_1+2x_2+2x_3&=5 \\ -4x_1+4x_2+3x_3&=2 \end{aligned}$

(4) $\begin{aligned} 3x_1+2x_2+2x_3&=0 \\ 2x_1+2x_2+2x_3&=0 \\ -4x_1+4x_2+3x_3&=0 \end{aligned}$

[EX 03] 다음 행렬이 그것의 역행렬과 같기 위한 x를 구하라. $A=\begin{bmatrix} 3 & x \\ -2 & -3 \end{bmatrix}$

[EX 04] 다음으로부터 A를 구하라. $(2A)^{-1}=\begin{bmatrix} 1 & 2 \\ 3 & 4 \end{bmatrix}$

[EX 05] 다음 행렬이 정칙임을 보이고 그것의 역행렬을 구하라. $A=\begin{bmatrix} \sin\theta & \cos\theta \\ -\cos\theta & \sin\theta \end{bmatrix}$

[EX 06] 대각행렬은 어떤 조건에서 정칙인가? 만약 A가 가역이면 A의 역행렬을 구하라.

$$A = \begin{bmatrix} a_{11} & 0 & 0 \dots & 0 \\ 0 & a_{22} & 0 \dots & 0 \\ .. & .. & .. & .. \\ 0 & 0 & 0 \dots & a_{nn} \end{bmatrix}$$

[EX 07] [연습 문제 6]을 이용하여 다음 행렬들의 역행렬을 구하라.

(1) $A = \begin{bmatrix} -1 & 0 & 0 \\ 0 & 3 & 0 \\ 0 & 0 & 2 \end{bmatrix}$

(2) $A = \begin{bmatrix} \frac{1}{2} & 0 & 0 \\ 0 & \frac{1}{3} & 0 \\ 0 & 0 & \frac{1}{4} \end{bmatrix}$

[EX 08] 행렬 A^3일 때 A^{-3} 그리고 $A^2 - 2A + I$를 계산하라.

[EX 09] $\begin{bmatrix} \cos\theta & \sin\theta \\ -\sin\theta & \cos\theta \end{bmatrix}$의 역행렬을 구하라.

[EX 10] 주어진 연립방정식의 해를 모두 구하라.

(1)
$$\begin{aligned} x + y + 2z &= -1 \\ x + 2y + z &= -5 \\ 3x + y + z &= 3 \end{aligned}$$

(2)
$$\begin{aligned} x + y + 3z + 2w &= 8 \\ 2x - y + 4w &= 8 \\ 3y + 6z &= 8 \end{aligned}$$

(3)
$$\begin{aligned} x + 2y - 4z &= 3 \\ x - 2y + 3z &= -1 \\ 2x + 3y - z &= 5 \end{aligned}$$

(4)
$$\begin{aligned} x + y + z &= 1 \\ x + y - 2z &= 3 \\ 2x + y + z &= 2 \end{aligned}$$

2.4 연립방정식과 역행렬의 응용

이 절에서는 평면에 주어진 점들을 만족하는 다항식를 알아내는데 연립 1차방정식의 풀이를 이용하는 것과 회로망과 Kirchhoff의 전기법칙, 최소제곱 회귀분석에 응용되는 것을 알아보자.

2.4.1 다항식에 적합한 곡선

주어진 자료를 $xy-$평면 위의 n개의 점 $(x_1, y_1), (x_2, y_2), \cdots, (x_n, y_n)$으로 나타냈다고 하자. 이 점들을 지나는 $n-1$차의 다항식 $f(x) = a_0 + a_1x + a_2x^2 + \cdots\cdots + a_{n-1}x^{n-1}$을 알아내려고 한다.
아래의 그림처럼 주어진 점의 x좌표가 서로 다르면 n개의 점을 다 만족하는 $n-1$차의 다항함수가 반드시 하나 존재함을 알 수 있다.

$f(x)$의 n개의 계수를 구하려면 n개의 점을 다항식에 대입하여 n개의 미지수 $a_0, a_1, \cdots, a_{n-1}$의 n개의 연립 1차방정식을 얻는다.

$$\begin{gathered} a_0 + a_1x_1 + a_2x_1^2 + \cdots + a_{n-1}x_1^{n-1} = y_1 \\ a_0 + a_1x_2 + a_2x_2^2 + \cdots + a_{n-1}x_2^{n-1} = y_2 \\ \vdots \\ a_0 + a_1x_n + a_2x_n^2 + \cdots + a_{n-1}x_n^{n-1} = y_n \end{gathered}$$

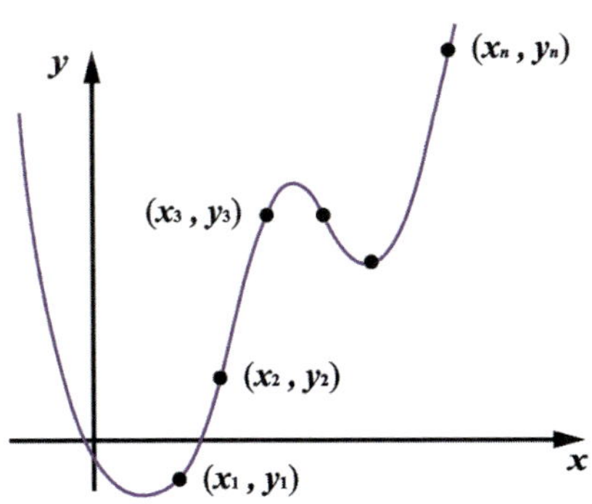

그림 2.1

예제 2.21

점 (2, 5), (3, 2), (4, 5)를 지나는 다항식 $f(x) = a_0 + a_1x + a_2x^2$를 구하라.

Solution

$x = 2, 3, 4$를 $f(x)$에 대입하여 얻어지는 식을 각각 그에 대응하는 y값과 같다고 놓으면 다음과 같다.

$a_0 + a_1(2) + a_2(2)^2 = a_0 + 2a_1 + 4a_2 = 5$

$a_0 + a_1(3) + a_2(3)^2 = a_0 + 3a_1 + 9a_2 = 2$

$a_0 + a_1(4) + a_2(4)^2 = a_0 + 4a_1 + 16a_2 = 5$

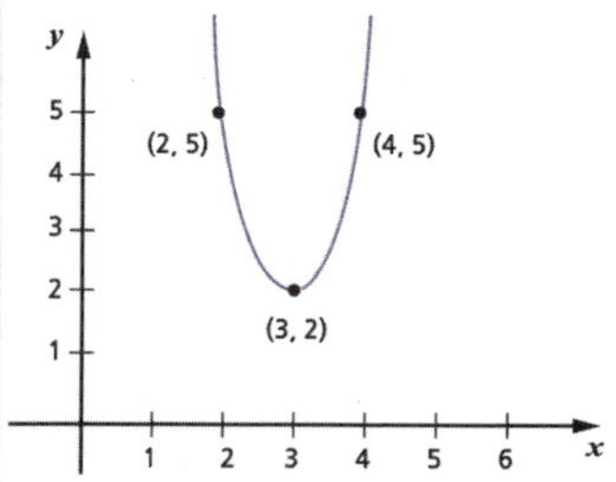

그림 2.2

확대행렬로 나타내면 $\begin{bmatrix} 1 & 2 & 4 & 5 \\ 1 & 3 & 9 & 2 \\ 1 & 4 & 16 & 5 \end{bmatrix}$,

가우스—조르단 방법을 사용한 결과는 $\begin{bmatrix} 1 & 0 & 0 & 29 \\ 0 & 1 & 0 & -18 \\ 0 & 0 & 1 & 3 \end{bmatrix}$

그러므로 $f(x) = 29 - 18x + 3x^2$

예제 2.22

어떤 삼차함수의 그래프가 (1, −2), (−1, 2)에서 수평접선을 갖는다. 이 삼차함수를 구하고 그래프를 그려라.

Solution

(−1, 2), (1, −2) 를 $f(x) = a_0 + a_1x + a_2x^2 + a_3x^3$에 대입 $a_0 - a_1 + a_2 - a_3 = 2$

$a_0 + a_1 + a_2 + a_3 = -2$

$f'(x) = a_1 + 2a_2x + 3a_3x^2$는 (1, −2), (−1, 2)에서 수평 접선을 가지므로 $f'(-1) = 0$, $f'(1) = 0$이다.

즉 $a_1 - 2a_2 + 3a_3 = 0$

$a_1 + 2a_2 + 3a_3 = 0$

이 연립방정식의 첨가행렬은 다음과 같다. $\begin{bmatrix} 1 & -1 & 1 & -1 & 2 \\ 1 & 1 & 1 & 1 & -2 \\ 0 & 1 & -2 & 3 & 0 \\ 0 & 1 & 2 & 3 & 0 \end{bmatrix}$

여기에 가우스—조르단 소거법을 적용하면 다음 행렬을 얻는다. $\begin{bmatrix} 1 & 0 & 0 & 0 & 0 \\ 0 & 1 & 0 & 0 & -3 \\ 0 & 0 & 1 & 0 & 0 \\ 0 & 0 & 0 & 1 & 1 \end{bmatrix}$

그러므로 $f(x)=-3x+x^3$이고 그래프는 아래와 같다.

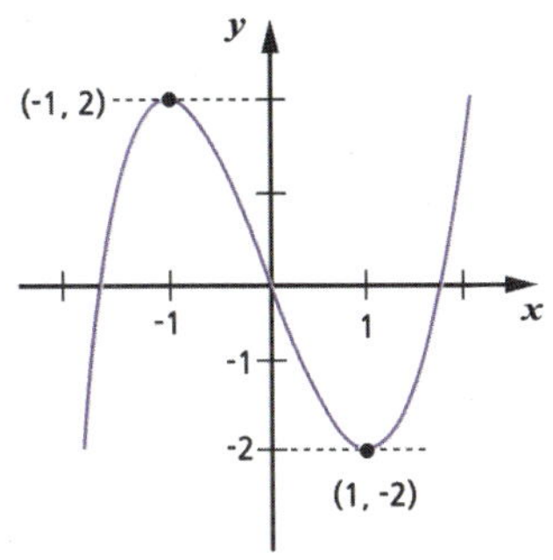

그림 2.3

예제 2.23

아래의 표 처음 3개의 행성 주기와 그들의 태양으로부터의 평균 거리 관계를 나타내는 다항식을 구하라. 구한 다항식으로 화성 주기를 계산해 곡선 맞추기의 정확성을 알아보자(거리는 천문단위이고 주기는 횟수를 단위로 한다).

행성	수성	금성	지구	화성	목성	토성
평균거리	0.387	0.723	1.0	1.523	5.203	9.541
주기	0.241	0.615	1.0	1.881	11.861	29.457

Solution

먼저 (0.387, 0.241), (0.723, 0.615) (1,1)을 지나는 2차식 $f(x)=a_0+a_1x+a_2x^2$을 구하자.

이 점들을 $f(x)$에 대입하여

연립 1차방정식 $a_0+0.387a_1+(0.387)^2a_2=0.241$

$a_0+0.723a_1+(0.723)^2a_2=0.615$

$a_0+a_1+a_2=1$ 을 얻는다.

이 연립 1차방정식의 근사해는 $a_0\approx-0.0634$, $a_1\approx0.6119$, $a_2\approx0.4515$이므로

2차식 $f(x)=-0.0634+0.6119x+0.4515x^2$을 얻는다.

$f(x)$를 써서 화성의 주기를 계산해 보면 $f(1.523)\approx1.916$년이다.

아래의 그림에서 이 근사값을 실제의 주기와 비교해 보았다. 앞의 표에 의하면 실제 주기는 1.881년이다.

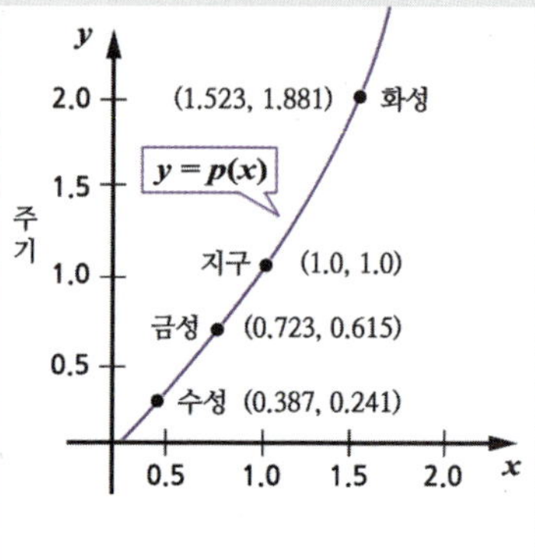

그림 2.4

2.4.2 회로분석

여러 분지들과 그 교차점으로 이뤄진 회로는 경제, 교통, 전기공학 등 여러 분야의 모형으로 쓰인다. 분야는 다르더라도 각 분야마다 교차점으로의 총 유입량은 교차점에서의 총 유출량과 같다는 전제를 하고 있다. 예를 들면 아래 그림에서 교차점에 30단위가 유입되고 있으므로 30단위가 유출되어야 한다. 이를 1차방정식으로 나타내면

$$x_1 + x_2 = 30$$

가 된다.

회로의 각 교차점에서 1차방정식이 얻어지므로 여러 교차점으로 이뤄진 회로 흐름을 연립 1차방정식을 풀어 분석할 수 있다. 그 과정을 [예제 2.24]에서 알아보자.

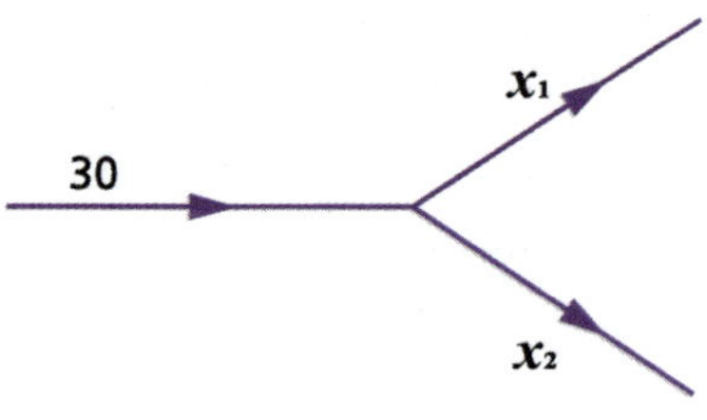

그림 2.5

예제 2.24

아래 그림은 어떤 도로망(시간당 자동차 대수로 나타낸)의 교통흐름을 나타내고 있다.

(1) $x_i, i = 1, 2, 3, 4$의 연립방정식을 풀어라.

(2) $x_4 = 0$일 때 교통의 흐름을 구하라.

(3) $x_4 = 100$일 때 교통의 흐름을 구하라.

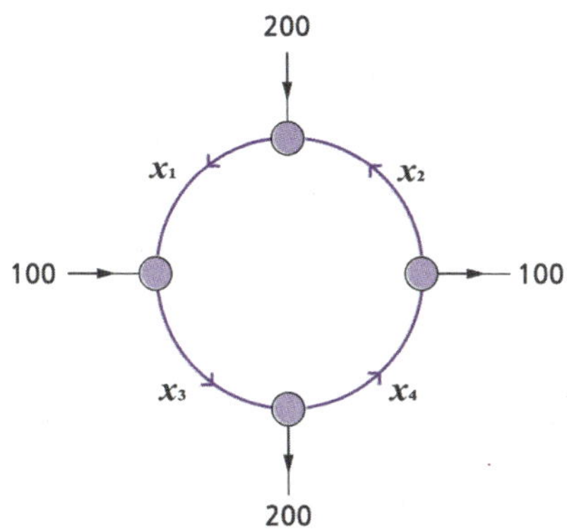

그림 2.6

Solution

(1) 회로의 4개의 교차점에서 다음 4개의 1차방정식이 얻어진다.

$$200 + x_2 = x_1$$

$$x_4 = x_2 + 100$$

$$x_3 = x_4 + 200$$

$$x_1 + 100 = x_3$$

이 연립방정식의 첨가행렬은 다음과 같다. $\begin{bmatrix} 1 & -1 & 0 & 0 & 200 \\ 0 & 1 & 0 & -1 & -100 \\ 0 & 0 & 1 & -1 & 200 \\ 1 & 0 & -1 & 0 & -100 \end{bmatrix}$

여기에 가우스—조르단 소거법을 적용하면 다음 행렬을 얻는다. $\begin{bmatrix} 1 & 0 & 0 & -1 & 100 \\ 0 & 1 & 0 & -1 & -100 \\ 0 & 0 & 1 & -1 & 200 \\ 0 & 0 & 0 & 0 & 0 \end{bmatrix}$

$x_4 = t$라 놓으면 $x_1 = 100 + t,\ x_2 = -100 + t,\ x_3 = 200 + t,\ x_4 = t$ 여기서, t는 임의의 수이다.

(2) $x_4 = t = 0$일 때, $x_1 = 100,\ x_2 = -100,\ x_3 = 200$

(3) $x_4 = t = 100$일 때, $x_1 = 200,\ x_2 = 0,\ x_3 = 300$

여러분은 [예제 2.24]의 회로 분석이 도시 도로 교통흐름이나 용수로 시스템에서 물의 흐름 문제 해결에 어떻게 쓰이는지 이해할 수 있을 것이다.

회로 분석이 자주 쓰이는 또 다른 회로로 전기회로를 들 수 있다. 전기회로 분석에는 Kirchhoff의 법칙이라는 전기회로의 2가지 조건을 만족해야 한다.

(1) 교차점에 유입되는 전류는 반드시 유출된다.

(2) 한 폐쇄 경로에서 전류 I와 저항 R의 곱은 경로 전체의 총 전압과 같아야 한다.

전기회로에서 전류의 단위는 암페어(amps), 저항의 단위는 옴(ohms), 전류와 저항의 곱의 단위는 볼트(volts)를 사용한다. 전지는 기호 ⊣ ⊢ 로 나타내는데, 더 긴 세로선이 전류가 흘러나가는 방향을 나타낸다. 저항은 기호 Ω으로 나타낸다. 전류의 방향은 분지의 화살표로 나타낸다.

예제 2.25

다음 그림의 전기회로망에서 전류 I_1, I_2, I_3를 구하라.

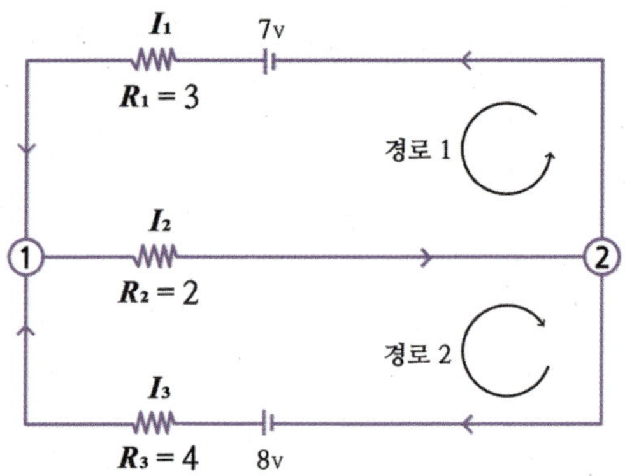

그림 2.7

Solution

각 교차점에 키르히호프의 제1법칙을 적용하면 $I_1 + I_3 = I_2$ 을 얻고,

제2법칙을 두 경로에 적용하면 $R_1 I_1 + R_2 I_2 = 3I_1 + 2I_2 = 7$

$$R_2 I_1 + R_3 I_2 = 2I_2 + 4I_3 = 8$$

따라서 미지수 I_1, I_2, I_3의 세 개의 방정식으로 이뤄진 연립방정식

$$\begin{aligned} I_1 - I_2 + I_3 &= 0 \\ 3I_1 + 2I_2 \quad\quad &= 7 \\ 2I_2 + 4I_3 &= 8 \end{aligned}$$

을 얻는다.

가우스—조르단 소거법을 첨가행렬 $\begin{vmatrix} 1 & -1 & 1 & 0 \\ 3 & 2 & 0 & 7 \\ 0 & 2 & 4 & 8 \end{vmatrix}$ 에 적용하면 기약행 사다리꼴 $\begin{bmatrix} 1 & 0 & 0 & 1 \\ 0 & 1 & 0 & 2 \\ 0 & 0 & 1 & 1 \end{bmatrix}$ 을 얻는다.

그러므로 $I_1 = 1\,amp,\ I_2 = 2\,amps,\ I_3 = 1\,amp$이다.

예제 2.26

다음 그림의 전기회로에서 전류 I_1, I_2, I_3를 구하라.

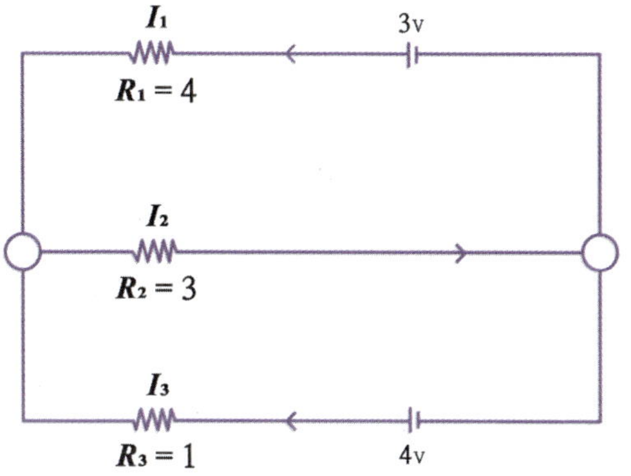

그림 2.8

Solution

각 교차점에 키르호프의 제1법칙을 적용하면 $I_1 + I_3 = I_2$ 을 얻고,

제2법칙을 두 경로에 적용하면 $R_1I_1 + R_2I_2 = 4I_1 + 3I_2 = 3$

$$R_2I_2 + R_3I_3 = 3I_2 + I_3 = 4$$

따라서 미지수 I_1, I_2, I_3의 세 개의 방정식으로 이뤄진 연립방정식의 첨가행렬과 가우스—조르단을 사용한 행렬은 다음과 같다.

$$\begin{bmatrix} 1 & -1 & 1 & 0 \\ 4 & 3 & 0 & 3 \\ 0 & 3 & 1 & 4 \end{bmatrix} \Rightarrow \begin{bmatrix} 1 & 0 & 0 & 0 \\ 0 & 1 & 0 & 1 \\ 0 & 0 & 1 & 1 \end{bmatrix}$$

그러므로 $I_1 = 0, I_2 = 1, I_3 = 1$이다.

2.4.3 최소제곱회귀분석

선형모형 통계학에서 사용되는 과정을 알아보자. 다음 예는 점들로 주어진 집합에서 가장 근사한 직선을 찾는 방법을 나타낸다.

최소제곱회귀직선의 정의

점들의 집합 $(x_1, y_1), (x_2, y_2), \cdots, (x_n, y_n)$에 대해서 최소제곱회귀직선, $f(x) = b_0 + b_1 x$는 오차 제곱의 합을 최소화하는 직선이다.

$[y_1 - f(x_1)]^2 + [y_2 - f(x_2)]^2 + \cdots + [y_n - f(x_n)]^2$ 점들의 집합에 대한 최소자승회귀직선을 찾기 위해서는 먼저 연립 1차방정식을 세운다.

$$\begin{aligned} y_1 &= f(x_1) + [y_1 - f(x_1)] \\ y_2 &= f(x_2) + [y_2 - f(x_2)] \\ &\vdots \\ y_n &= f(x_n) + [y_n - f(x_n)] \end{aligned}$$

여기서 $[y_i - f(x_i)]$는 y_i를 $f(x_i)$로 근사한 오차라고 생각할 수 있다.

이 오차를 e_i라 하자. $e_i = y_i - f(x_i)$ 그러면 $y_1 = (b_0 + b_1 x_1) e_1$

$$\begin{aligned} y_2 &= (b_0 + b_1 x_2) + e_2 \\ &\vdots \\ y_n &= (b_0 + b_1 x_n) + e_n \end{aligned}$$ 이라 할 수 있다.

$Y = \begin{bmatrix} y_1 \\ y_2 \\ \vdots \\ y_n \end{bmatrix}, \quad X = \begin{bmatrix} 1 & x_1 \\ 1 & x_2 \\ \vdots & \vdots \\ 1 & x_n \end{bmatrix}, \quad b = \begin{bmatrix} b_0 \\ b_1 \end{bmatrix}, \quad E = \begin{bmatrix} e_1 \\ e_2 \\ \vdots \\ e_n \end{bmatrix}$ 이라고 하면, n개의 연립 1차방정식을 행렬방정식 $Y = Xb + E$로 바꿀 수 있다. 행렬 X는 2개의 열을 갖는데 한 열은 1로 되어 있고 다른 열은 x_i들로 되어 있다. 이 행렬 방정식은 최소자승회귀직선의 계수를 찾는데 다음과 같이 사용된다.

선형회귀에 대한 행렬 형태

회귀모델 $Y = Xb + E$에서 최소제곱회귀직선의 계수는 $\hat{b} = (X^T X)^{-1} X^T Y$가 되고 오차 제곱의 합은 $E^T E$가 된다.

예제 2.27

점들 (1, 1), (2, 2), (3, 4), (4, 4), (5, 6)에 대한 최소자승회귀직선을 구하라.

Solution

주어진 점들로부터 행렬 $X=\begin{bmatrix}1 & 1\\1 & 2\\1 & 3\\1 & 4\\1 & 5\end{bmatrix}$와 $Y=\begin{bmatrix}1\\2\\4\\4\\6\end{bmatrix}$을 구한다.

$$X^TX=\begin{bmatrix}1 & 1 & 1 & 1 & 1\\1 & 2 & 3 & 4 & 5\end{bmatrix}\begin{bmatrix}1 & 1\\1 & 2\\1 & 3\\1 & 4\\1 & 5\end{bmatrix}=\begin{bmatrix}5 & 15\\15 & 55\end{bmatrix}$$

$$X^TY=\begin{bmatrix}1 & 1 & 1 & 1 & 1\\1 & 2 & 3 & 4 & 5\end{bmatrix}\begin{bmatrix}1\\2\\4\\4\\6\end{bmatrix}=\begin{bmatrix}17\\63\end{bmatrix}$$

$(X^TX)^{-1}$를 이용하여 계수행렬 A를 구한다.

$$\hat{b}=(X^TX)^{-1}X^TY=\frac{1}{50}\begin{bmatrix}55 & -15\\-15 & 5\end{bmatrix}\begin{bmatrix}17\\63\end{bmatrix}=\begin{bmatrix}-0.2\\1.2\end{bmatrix}$$

즉 최소제곱회귀직선은 $y=-0.2+1.2x$이다.

연습 문제 2.4

[EX 01] (a) 그래프가 주어진 점을 지나게 되는 다항식을 구하고, (b) 그 다항식의 그래프를 그리고 주어진 점을 표시하라.

(1) (2, 4), (3, 6), (5, 10)

(2) (2001, 5), (2002, 7), (2003, 12) ($z = x - 2002$로 놓아라.)

[EX 02] 다음 그림과 같이 수로관을 통해서 (시간당 수천 m^3의 속도로) 물이 흐르고 있다.

(1) x_i, $i = 1, 2, \cdots, 7$로 나타내지는 물의 흐름에 대한 연립방정식을 풀어라.

(2) $x_6 = x_7 = 0$일 때 물의 흐름을 구하라.

(3) $x_5 = 1000$, $x_6 = 0$일 때 물의 흐름을 구하라.

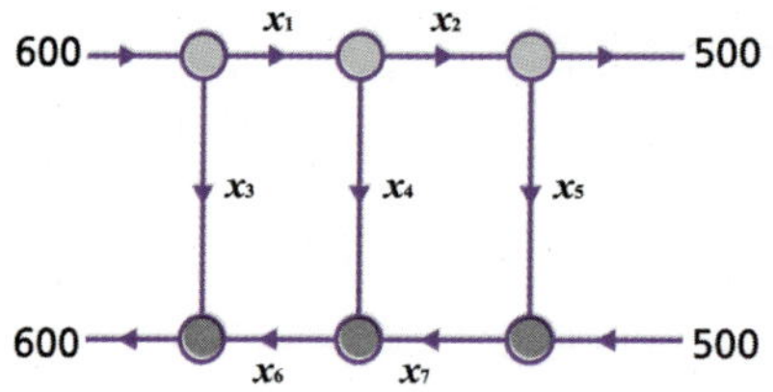

연습문제 4.2.1

[EX 03] 다음 그림의 회로를 나타내는 연립 1차방정식을 세워 풀어라.

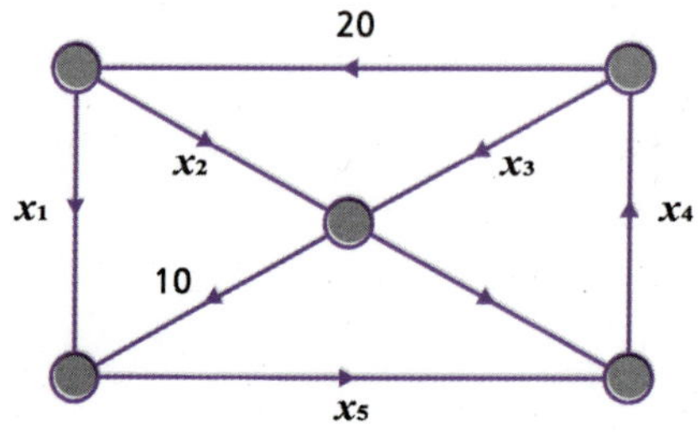

연습문제 4.2.2

[EX 04] (1) 다음 그림의 전기회로망에서 전류 I_1, I_2, I_3을 구하라.
(2) A를 2볼트로 B를 6볼트로 바꾸면 어떻게 달라지는가?

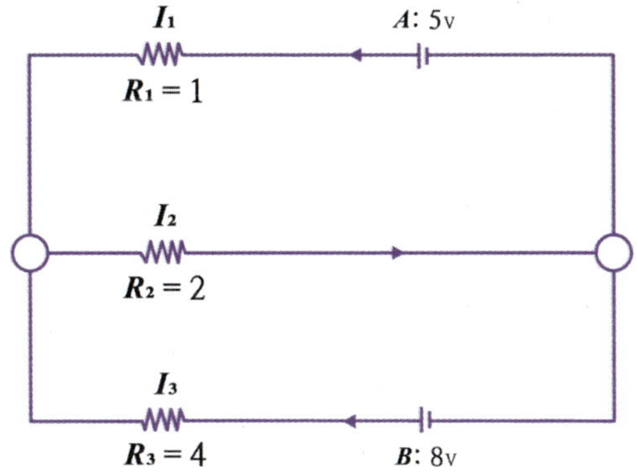

연습문제 4.2.3

[EX 05] 최소제곱회귀직선을 구하라.

(1) (0, 0), (1, 1), (2, 4)
(2) (-2, 0), (-1, 1), (0, 1), (1, 2)
(3) (-5, 1), (1, 3), (2, 3), (2, 5)
(4) (-5, 10), (-1, 8), (3, 6), (7, 4), (5, 5)

[EX 06] 가게 주인은 특정 상품의 수요를 가격의 함수로써 알기를 원한다. 3가지의 다른 가격에 대한 매일 판매량은 아래 표와 같다.

가격(x)	\$1.00	\$1.25	\$1.50
수요(y)	450	375	330

(1) 이 자료에 대한 최소제곱회귀직선을 구하라.
(2) 가격이 \$1.40일 때의 수요를 구하라.

CHAPTER 3

행렬식

3.1 행렬식

정의 3.1

1×1과 2×2행렬의 행렬식은

(1) 1×1행렬 $[a]$의 행렬식은 a이다.

(2) 2×2행렬 $\begin{bmatrix} a & b \\ c & d \end{bmatrix}$의 행렬식은 $ad-bc$이다.

행렬 A의 행렬식은 $\det A$로 나타내어진다.

$$\det[3]=3 \qquad \det\begin{bmatrix} 1 & 2 \\ 3 & 4 \end{bmatrix}=4-6=-2$$

예제 3.1

다음을 계산하여라.

(1) $\det\begin{bmatrix} 1 & 0 \\ -1 & 0 \end{bmatrix}$ (2) $\det\begin{bmatrix} -1 & -1 \\ -1 & -1 \end{bmatrix}$ (3) $\det\begin{bmatrix} 1 & 2 \\ 6 & -3 \end{bmatrix}$

(4) $\det[-3]$ (5) $\det\begin{bmatrix} \sin\theta & \cos\theta \\ -\cos\theta & \sin\theta \end{bmatrix}$ (6) $\det\begin{bmatrix} e^x & \sin x \\ x & e^x \end{bmatrix}$

Solution

(1) $1\times0-0\times(-1)=0$ (2) $(-1)(-1)-(-1)(-1)=0$

(3) $1\times(-3)-2\times6=-15$ (4) -3

(5) $\sin\theta\sin\theta-(\cos\theta)(-\cos\theta)=1$ (6) $e^xe^x-x\sin x=e^{2x}-x\sin x$

정의 3.2

3×3행렬

$$A=\begin{bmatrix} a_{11} & a_{12} & a_{13} \\ a_{21} & a_{22} & a_{23} \\ a_{31} & a_{32} & a_{33} \end{bmatrix}$$ 의 행렬식은

$\det A = a_{11}(-1)^{1+1}\det$ (A의 행 1과 열 1을 삭제함으로써 얻어진 2×2행렬)

$\quad + a_{12}(-1)^{1+2}\det$ (A의 행 1과 열 2를 삭제함으로써 얻어진 2×2행렬)

$\quad + a_{13}(-1)^{1+3}\det$ (A의 행 1과 열 3을 삭제함으로써 얻어진 2×2행렬)

즉,

$$\det A = a_{11}(-1)^{1+1}\det\begin{bmatrix} a_{22} & a_{23} \\ a_{32} & a_{33} \end{bmatrix} + a_{12}(-1)^{1+2}\det\begin{bmatrix} a_{21} & a_{23} \\ a_{31} & a_{33} \end{bmatrix} + a_{13}(-1)^{1+3}\det\begin{bmatrix} a_{21} & a_{22} \\ a_{31} & a_{32} \end{bmatrix}$$

이다.

예제 3.2

$\det\begin{bmatrix} 1 & 2 & -1 \\ -2 & 0 & 7 \\ 3 & 0 & 7 \end{bmatrix}$ **를 계산하여라.**

Solution

$$\det\begin{bmatrix} 1 & 2 & -1 \\ -2 & 0 & 7 \\ 3 & 0 & 7 \end{bmatrix}$$

$$= 1(-1)^{1+1}\det\begin{bmatrix} 0 & 7 \\ 0 & 7 \end{bmatrix} + 2(-1)^{1+2}\det\begin{bmatrix} -2 & 7 \\ 3 & 7 \end{bmatrix} + (-1)(-1)^{1+3}\det\begin{bmatrix} -2 & 0 \\ 3 & 0 \end{bmatrix}$$

$$= 1(0-0) - 2(-14-21) - (0-0) = 70$$

예제 3.3

다음 행렬들의 행렬식을 계산하여라.

(1) $\begin{bmatrix} 1 & 2 & 0 \\ 6 & 7 & 3 \\ -1 & 0 & 0 \end{bmatrix}$ (2) $\begin{bmatrix} 2 & 3 & 7 \\ -1 & 5 & 0 \\ 0 & 1 & -1 \end{bmatrix}$ (3) $\begin{bmatrix} 3 & 5 & 0 \\ -1 & 2 & 1 \\ 3 & -6 & 4 \end{bmatrix}$

(4) $\begin{bmatrix} 1 & 2 \\ 3 & 0 \end{bmatrix}$ (5) $\begin{bmatrix} 1 & 3 & 2 \\ -1 & 4 & 1 \\ 5 & 3 & 8 \end{bmatrix}$ (6) $\begin{bmatrix} x & x^2+1 & -1 \\ 0 & -x & e^x \\ 1 & 0 & 0 \end{bmatrix}$

Solution

(1) −6 (2) −20 (3) 77

(4) −6 (5) 22 (6) $e^x(x^2+1)-x$

정의 3.3

4×4행렬

$$A=\begin{bmatrix} a_{11} & a_{12} & a_{13} & a_{14} \\ a_{21} & a_{22} & a_{23} & a_{24} \\ a_{31} & a_{32} & a_{33} & a_{34} \\ a_{41} & a_{42} & a_{43} & a_{44} \end{bmatrix} \text{의 행렬식은}$$

$\det A = a_{11}(-1)^{1+1}\det$ (A의 행 1과 열 1을 삭제함으로써 얻어진 3×3행렬)

$+a_{12}(-1)^{1+2}\det$ (A의 행 1과 열 2를 삭제함으로써 얻어진 3×3행렬)

$+a_{13}(-1)^{1+3}\det$ (A의 행 1과 열 3을 삭제함으로써 얻어진 3×3행렬)

$+a_{14}(-1)^{1+4}\det$ (A의 행 1과 열 4를 삭제함으로써 얻어진 3×3행렬)

이다.

예제 3.4

$\det\begin{bmatrix}1 & 0 & 5 & 2\\ -1 & 4 & 1 & 0\\ 3 & 0 & 4 & 1\\ -2 & 1 & 1 & 3\end{bmatrix}$를 계산하라.

Solution

$$\det\begin{bmatrix}1 & 0 & 5 & 2\\ -1 & 4 & 1 & 0\\ 3 & 0 & 4 & 1\\ -2 & 1 & 1 & 3\end{bmatrix} = (-1)^{1+1}\det\begin{bmatrix}4 & 1 & 0\\ 0 & 4 & 1\\ 1 & 1 & 3\end{bmatrix} + 0(-1)^{1+2}\det\begin{bmatrix}-1 & 1 & 0\\ 3 & 4 & 1\\ -2 & 1 & 3\end{bmatrix}$$
$$+5(-1)^{1+3}\det\begin{bmatrix}-1 & 4 & 0\\ 3 & 0 & 1\\ -2 & 1 & 3\end{bmatrix} + 2(-1)^{1+4}\det\begin{bmatrix}-1 & 4 & 1\\ 3 & 0 & 4\\ -2 & 1 & 1\end{bmatrix}$$

처음 항을 계산하면

$$\det\begin{bmatrix}4 & 1 & 0\\ 0 & 4 & 1\\ 1 & 1 & 3\end{bmatrix} = 4(-1)^{1+1}\det\begin{bmatrix}4 & 1\\ 1 & 3\end{bmatrix} + 1(-1)^{1+2}\det\begin{bmatrix}0 & 1\\ 1 & 3\end{bmatrix} + 0(-1)^{1+3}\det\begin{bmatrix}0 & 4\\ 1 & 1\end{bmatrix}$$
$$= 4(12-1) - (0-1) = 44+1 = 45$$

다음에,

$$\det\begin{bmatrix}-1 & 4 & 0\\ 3 & 0 & 1\\ -2 & 1 & 3\end{bmatrix}$$
$$= -1(-1)^{1+1}\det\begin{bmatrix}0 & 1\\ 1 & 3\end{bmatrix} + 4(-1)^{1+2}\det\begin{bmatrix}3 & 1\\ -2 & 3\end{bmatrix} + 0(-1)^{1+3}\det\begin{bmatrix}3 & 0\\ -2 & 1\end{bmatrix}$$
$$= -1(0-1) - 4(9+2) = 1-44 = -43$$

마지막으로,

$$\det\begin{bmatrix}-1 & 4 & 1\\ 3 & 0 & 4\\ -2 & 1 & 1\end{bmatrix}$$
$$= (-1)(-1)^{1+1}\det\begin{bmatrix}0 & 4\\ 1 & 1\end{bmatrix} + 4(-1)^{1+2}\det\begin{bmatrix}3 & 4\\ -2 & 1\end{bmatrix} + 1(-1)^{1+3}\det\begin{bmatrix}3 & 0\\ -2 & 1\end{bmatrix}$$
$$= -1(-4) - 4(3+8) + 1(3+0) = 4-44+3 = -37$$

따라서 주어진 행렬의 행렬식의 값은

$$1(45)+0+5(-43)-2(-37) = -96$$

연습 문제 3.1

다음 각 행렬들의 행렬식을 계산하라.

(1) $\begin{bmatrix} 1 & 0 & 0 & 0 \\ 2 & 1 & 2 & -1 \\ 0 & 0 & 4 & 5 \\ 0 & 0 & 0 & 6 \end{bmatrix}$

(2) $\begin{bmatrix} 5 & 0 & 6 & 0 \\ -1 & 7 & 0 & 1 \\ 0 & 2 & 3 & 1 \\ 0 & 1 & 2 & 3 \end{bmatrix}$

(3) $\begin{bmatrix} 5 & 3 & 7 & 9 \\ 0 & 5 & 2 & 1 \\ 0 & 0 & 5 & 1 \\ 0 & 0 & 0 & 5 \end{bmatrix}$

(4) $\begin{bmatrix} 2 & 0 & 0 & 0 \\ 3 & 6 & 0 & 0 \\ 4 & 7 & 9 & 0 \\ 5 & 8 & 0 & 10 \end{bmatrix}$

(5) $\begin{bmatrix} -1 & 0 & 0 & 0 \\ 0 & 1 & 0 & 0 \\ 0 & 0 & -1 & 0 \\ 0 & 0 & 0 & 1 \end{bmatrix}$

(6) $\begin{bmatrix} a & 0 & 0 & 0 \\ 0 & b & 0 & 0 \\ 0 & 0 & c & 0 \\ 0 & 0 & 0 & d \end{bmatrix}$

(7) $\begin{bmatrix} 1 & 2 & 1 \\ 2 & 0 & 1 \\ 1 & -1 & 1 \end{bmatrix}$

(8) $\begin{bmatrix} 1 & 1 & 2 & 1 \\ 0 & 1 & 4 & 1 \\ 2 & 1 & 3 & 0 \\ 2 & 2 & 1 & 2 \end{bmatrix}$

(9) $\begin{bmatrix} 2 & 1 & -1 & 2 \\ 3 & 0 & 0 & 1 \\ 2 & 1 & 2 & 0 \\ 3 & 1 & 1 & 2 \end{bmatrix}$

(10) $\begin{bmatrix} 1 & 2 & 1 & 3 \\ 0 & 4 & 1 & 2 \\ 0 & 0 & 3 & 1 \\ 0 & 0 & 0 & 2 \end{bmatrix}$

(11) $\begin{bmatrix} a & 0 & 0 & 2 \\ 0 & b & 0 & 0 \\ 0 & 0 & c & -1 \\ 0 & 0 & 0 & d \end{bmatrix}$

3.2 행렬식의 성질

다음은 증명없이 나타난 행렬식의 기본성질들이다.

정리 3.1

한 행렬의 행이나 열이 완전히 0으로 구성되어 있다면 그 행렬식은 0이다.

예를 들어, $A = \begin{bmatrix} 0 & 0 \\ 2 & 3 \end{bmatrix}$이라면, $\det A = 0$이다.

정리 3.2

한 행렬의 두개의 열이나 두개의 행이 상호교환된 수 있다면, 그 행렬식은 부호가 변한다,

예를 들어, $A = \begin{bmatrix} 2 & 3 \\ 5 & 6 \end{bmatrix}$이라면, $\det A =-3$이지만, 그것의 행들을 서로 상호교환함으로써 행렬 A에서 얻어진 행렬 $B = \begin{bmatrix} 5 & 6 \\ 2 & 3 \end{bmatrix}$의 행렬식은 3이다.

정리 3.3

한 행렬의 두 개의 행들과 두개의 열이 동일하다면, 그 행렬식은 0이다.

예를 들어, $A = \begin{bmatrix} 5 & 6 \\ 5 & 6 \end{bmatrix}$이라면, $\det A = 0$이다.

정리 3.4

행렬A에 의해 얻어진 행렬 한 행이나 한 열에 모든 a원소를 곱한 행렬이 B라면 $\det B = a \det A$이다.

예를 들면, $A = \begin{bmatrix} 2 & 3 \\ 5 & 6 \end{bmatrix}$이라면, $\det A = -3$이지만, 행렬 A의 첫 행에 5를 곱하고서 얻어진 행렬 $B = \begin{bmatrix} 10 & 15 \\ 5 & 6 \end{bmatrix}$는 $\det B = -15 = 5(-3) = 5\det A$이다.

정리 3.5

행렬 A의 행(열)에 A의 어떤 다른 행(열)의 상수배하여 더함으로써 행렬 B가 얻어졌다면, $\det B = \det A$이다.

예를 들어, $A = \begin{bmatrix} 2 & 3 \\ 5 & 6 \end{bmatrix}$이라면, $\det A = -3$이고, 첫 행의 3배를 두 번째 행에 더함으로써 A로부터 얻어진 행렬 $B = \begin{bmatrix} 2 & 3 \\ 11 & 15 \end{bmatrix}$의 $\det B = -3 = \det A$이다.

정리 3.6

$$\det A = \det A^T$$

예를 들어, $A = \begin{bmatrix} 2 & 3 \\ 5 & 6 \end{bmatrix}$이라면 $\det A = -3$이고, 그것을 전치함으로써 행렬 A로부터 얻어진 행렬 $B = \begin{bmatrix} 2 & 5 \\ 3 & 6 \end{bmatrix}$의 $\det B = -3 = \det A$이다.

정리 3.7

삼각행렬의 행렬식은 대각원소들의 곱이다.

예를 들어, $A = \begin{bmatrix} 3 & 5 & 8 \\ 0 & 2 & 7 \\ 0 & 0 & 5 \end{bmatrix}$라면, $\det A = (3)(2)(5) = 30$이다.

정리 3.8

$$\det(AB) = (\det A)(\det B)$$

정리 3.9

$n \times n$행렬 A가 가역일 때 필요충분조건은 $\det A \neq 0$이다.

정리 3.10

한 $n \times n$ 동차 연립방정식(LS) $A\mathrm{x}=0$은 만약 $\det A=0$이라면 자명하지 않은 해를 가진다. [정리 3.2], [정리 3.4], [정리 3.5], [정리 3.7]로 행렬의 행렬식을 찾는 방법은 다음과 같다.

그 행렬을 행에첼론 형태로 줄여라. 각 기본행연산을 수행하고, 다음과 같이 상수를 결과행렬에 곱하라, 즉,

(1) 행의 교환이 수행되면 -1 (정리 3.2)

(2) 특정한 행에 $\alpha \neq 0$이 곱해지면 $\dfrac{1}{\alpha}$ (정리 3.4)

(3) 특정한 행에 다른 행의 스칼라곱이 더해지면 1 (정리 3.5)

원래 행렬의 행렬식의 값은 (1), (2) 그리고 (3)에서 얻어진 숫자들로 곱해진 행에첼론 형태의 대각원소의 곱이다.

예제 3.5

(1) $\det\begin{bmatrix} 0 & 1 & 2 \\ 2 & 1 & 1 \\ -1 & 3 & 1 \end{bmatrix}$을 계산하여라.

(2) 3×3 반데르몬데 행렬식 :

$V_3-\det\begin{bmatrix} 1 & x_1 & x_1^2 \\ 1 & x_2 & x_2^2 \\ 1 & x_3 & x_3^2 \end{bmatrix}=(x_2-x_1)(x_3-x_1)(x_3-x_2)$임을 보여라

Solution

(1) $\det\begin{bmatrix} 0 & 1 & 2 \\ 2 & 1 & 1 \\ -1 & 3 & 1 \end{bmatrix} \underset{=}{R_1 \leftrightarrow R_2} (-1)\det\begin{bmatrix} 2 & 1 & 1 \\ 0 & 1 & 2 \\ -1 & 3 & 1 \end{bmatrix}$ (-1이 곱해짐을 주의하라.)

$\underset{=}{\dfrac{1}{2}R_1} (-1)(2)\det\begin{bmatrix} 1 & \frac{1}{2} & \frac{1}{2} \\ 0 & 1 & 2 \\ -1 & 3 & 1 \end{bmatrix}$ (2가 곱해짐을 주의하라.)

$$\underset{=}{R_3+(1)R_1} \quad (-1)(2)(1)\det\begin{bmatrix} 1 & \frac{1}{2} & \frac{1}{2} \\ 0 & 1 & 2 \\ 0 & \frac{7}{2} & \frac{3}{2} \end{bmatrix}$$

$$\underset{=}{R_3+\left(-\frac{7}{2}\right)R_2} \quad (-1)(2)(1)(1)\det\begin{bmatrix} 1 & \frac{1}{2} & \frac{1}{2} \\ 0 & 1 & 2 \\ 0 & 0 & -\frac{11}{2} \end{bmatrix}$$

$$= (-2)(-11/2) = 11$$

(2) 열 2에 x_1을 곱하고 열 3으로부터 빼고, 열 1에 x_1을 곱하고 열 2로부터 빼라. 그러면

$$V_3 = \det\begin{bmatrix} 1 & 0 & 0 \\ 1 & x_2-x_1 & x_2(x_2-x_1) \\ 1 & x_3-x_1 & x_3(x_3-x_1) \end{bmatrix} \quad \text{(정리 3.5)}$$

$$= \det\begin{bmatrix} x_2-x_1 & x_2(x_2-x_1) \\ x_3-x_1 & x_3(x_3-x_1) \end{bmatrix} \quad \text{(3×3행렬식의 정의)}$$

$$= (x_2-x_1)(x_3-x_1)\det\begin{bmatrix} 1 & x_2 \\ 1 & x_3 \end{bmatrix} \quad \text{(정리 3.4)}$$

$$= (x_2-x_1)(x_3-x_1)(x_3-x_2) \quad \text{(2×2행렬식의 정의)}$$

연습 문제 3.2

[EX 01] 행에첼론 형태로 줄임으로써 행렬들의 행렬식을 계산하여라.

(1) $\begin{bmatrix} 3 & 0 & 2 \\ -1 & 5 & 0 \\ 1 & 9 & 6 \end{bmatrix}$ (2) $\begin{bmatrix} 1 & 2 & -1 \\ 0 & 1 & 0 \\ 2 & 6 & 0 \end{bmatrix}$ (3) $\begin{bmatrix} 2 & 0 & -1 & 3 \\ 4 & 0 & 1 & -1 \\ -3 & 1 & 0 & 1 \\ 1 & 4 & 1 & 1 \end{bmatrix}$

(4) $\begin{bmatrix} 2 & 2 \\ 4 & 3 \end{bmatrix}$ (5) $\begin{bmatrix} 1 & 2 & 3 \\ 4 & 5 & 6 \\ 7 & 8 & 9 \end{bmatrix}$

[EX 02]

$$\det\begin{bmatrix} 1 & x_1 & x_1^2 & x_1^3 \\ 1 & x_2 & x_2^2 & x_2^3 \\ 1 & x_3 & x_3^2 & x_3^3 \\ 1 & x_4 & x_4^2 & x_4^3 \end{bmatrix}$$

$=(x_2-x_1)(x_3-x_1)(x_3-x_2)(x_4-x_1)(x_4-x_2)(x_4-x_3)$임을 보이시오.

[EX 03] 다음 행렬을 행에첼론 형태로 줄임으로써 행렬식을 구하라.

$$A=\begin{bmatrix} 4 & 5 & 0 & 1 & 0 \\ 0 & 0 & 0 & 0 & 1 \\ 4 & 1 & 8 & 2 & 0 \\ 1 & 0 & 0 & 1 & 0 \\ 4 & 8 & 0 & 1 & 0 \end{bmatrix}$$

[EX 04] 다음 행렬의 행렬식 $A-xI$ 이 0이기 위한 x의 값을 찾아라.

$$A=\begin{bmatrix} 0 & -3 & 4 \\ 0 & 5 & 0 \\ 1 & -2 & 0 \end{bmatrix}$$

3.3 여인자와 역행렬

정의 3.4

$A=(a_{ij})$가 $n\times n$행렬이라면, 어떤 $(p,\ q)$칸 a_{pq}의 여인자는 $(-1)^{p+q}\det[A_{pq}$로 나타내어지는 A의 p번째 행과 q번째 열을 삭제함으로써 얻어진 $(n-1)\times(n-1)$행렬]이다.

예를 들어, $A=\begin{bmatrix}1&2&1\\3&4&5\\6&0&1\end{bmatrix}$에서 $(2,\ 3)$칸 5의 여인자 A_{23}는 $(-1)^{2+3}\det\begin{bmatrix}1&2\\6&0\end{bmatrix}=12$이다.

정의 3.5

$A=(a_{ij})$가 $n\times n$행렬이라 하자.

$$\det A=a_{i1}A_{i1}+a_{i2}A_{i2}+\ \cdots\ +a_{in}A_{in} \qquad (1)$$

$$\det A=a_{1j}A_{1j}+a_{2j}A_{2j}+\ \cdots\ +a_{nj}A_{nj} \qquad (2)$$

$i,\ j=1,\ 2,\ \ldots,\ n$ 이다.

공식 (1)은 i행에 의한 여인자전개, 공식 (2)는 j열에 의한 여인자전개라 한다.

예제 3.6

다음 행렬 A의 행렬식 $\det(A)$를 계산하여라. $A=\begin{bmatrix}3&2&1\\2&1&-3\\4&0&1\end{bmatrix}$

Solution

행렬 A는 (3 × 3)행렬이므로, $n=3$이라 하면 $\det(A)$는 다음과 같다.

$$\det(A)=a_{11}A_{11}+a_{12}A_{12}+a_{13}A_{13}=3\begin{vmatrix}1&-3\\0&1\end{vmatrix}-2\begin{vmatrix}2&-3\\4&1\end{vmatrix}+\begin{vmatrix}2&1\\4&0\end{vmatrix}$$

$$=3(1)-2(14)+1(-4)=-29$$

예제 3.7

행렬 A가 다음과 같을 때, $\det(A)$를 계산하여라. $A=\begin{bmatrix}1&2&0&2\\-1&2&3&1\\-3&2&-1&0\\2&-3&-2&1\end{bmatrix}$

Solution

$$\det(A)=a_{11}A_{11}+a_{12}A_{12}+a_{13}A_{13}+a_{14}A_{14}=A_{11}+2A_{12}+2A_{14}=A_{11}+2A_{12}+2A$$

이것들을 구하면 다음과 같다.

$$A_{11}=(-1)^{1+1}\begin{vmatrix}2&3&1\\2&-1&0\\-3&-2&1\end{vmatrix}=\begin{vmatrix}-1&0\\-2&1\end{vmatrix}-3\begin{vmatrix}2&0\\-3&1\end{vmatrix}+1\begin{vmatrix}2&-1\\-3&-2\end{vmatrix}=-15$$

$$A_{12}=(-1)^{1+2}\begin{vmatrix}-1&3&1\\-3&-1&0\\2&-2&1\end{vmatrix}=-\left(-1\begin{vmatrix}-1&0\\2&1\end{vmatrix}-3\begin{vmatrix}-3&0\\2&1\end{vmatrix}+1\begin{vmatrix}-3&-1\\2&-2\end{vmatrix}\right)=-18$$

$$A_{14}=(-1)^{1+4}\begin{vmatrix}-1&2&3\\-3&-2&-1\\2&-3&-2\end{vmatrix}=-\left(-1\begin{vmatrix}2&-1\\-3&-2\end{vmatrix}-2\begin{vmatrix}-3&-1\\2&-2\end{vmatrix}+3\begin{vmatrix}-3&2\\2&-3\end{vmatrix}\right)=-$$

따라서 $\det(A)=A_{11}+2A_{12}+2A_{14}=-15-36-12=-63$

정리 3.11

$A=(a_{ij})$가 $A\neq 0$인 $n\times n$행렬이라면,

$$A^{-1}=\frac{1}{\det A}\begin{bmatrix}A_{11}&A_{12}&\cdots&A_{1n}\\A_{21}&A_{22}&\cdots&A_{2n}\\\vdots&\vdots&&\vdots\\A_{n1}&A_{n2}&\cdots&A_{nn}\end{bmatrix}^T$$

정의 3.6

$\frac{1}{\det A}$가 없이 위의 A^{-1}의 공식의 오른쪽 행렬은 A의 수반행렬이라 불리고 $adj(A)$라 적는다.

$$adj(A)=\begin{bmatrix} A_{11} & A_{12} & \cdots & A_{1n} \\ A_{21} & A_{22} & \cdots & A_{2n} \\ \vdots & \vdots & & \vdots \\ A_{n1} & A_{n2} & \cdots & A_{nn} \end{bmatrix}^T$$

정리 3.12

I가 A의 행렬이 $n\times n$행렬일 때, $A(adj\,A)=(\det A)I=(adj A)A$이다.

즉, $A^{-1}=\frac{1}{(\det A)}adj(A)$이다.

예제 3.8

행렬 $A=\begin{bmatrix} 1 & 2 \\ 3 & 4 \end{bmatrix}$의 수반행렬을 사용해서 A의 역행렬을 구하여라.

Solution

$\det A = (1)(4)-(2)(3) = -2 \neq 0$

$A_{11}=(-1)^{1+1}4=4,\ A_{12}=(-1)^{1+2}3=-3$

$A_{21}=(-1)^{2-1}2=-2,\ A_{22}=(-1)^{2+2}1=1$

따라서,

$$adj(A)=\begin{bmatrix} 4 & -3 \\ -2 & 1 \end{bmatrix}^T=\begin{bmatrix} 4 & -2 \\ -3 & 1 \end{bmatrix},\ A^{-1}=-\frac{1}{2}\begin{bmatrix} 4 & -3 \\ -2 & 1 \end{bmatrix}^T=-\frac{1}{2}\begin{bmatrix} 4 & -2 \\ -3 & 1 \end{bmatrix}$$

확인: $$AA^{-1}=\begin{bmatrix} 1 & 2 \\ 3 & 4 \end{bmatrix}\left(-\frac{1}{2}\begin{bmatrix} 4 & -2 \\ -3 & 1 \end{bmatrix}\right)=-\frac{1}{2}\begin{bmatrix} 1 & 2 \\ 3 & 4 \end{bmatrix}\begin{bmatrix} 4 & -2 \\ -3 & 1 \end{bmatrix}$$

$$=-\frac{1}{2}\begin{bmatrix} -2 & 0 \\ 0 & -2 \end{bmatrix}=\begin{bmatrix} 1 & 0 \\ 0 & 1 \end{bmatrix}$$

그래서 AA^{-1}은 단위행렬이다.

예제 3.9

행렬 $A = \begin{bmatrix} 3 & 2 & -1 \\ 1 & 6 & 3 \\ 2 & -4 & 0 \end{bmatrix}$ 의 수반행렬을 사용하여 A의 역행렬을 구하여라.

Solution

$A = \begin{bmatrix} 3 & 2 & -1 \\ 1 & 6 & 3 \\ 2 & -4 & 0 \end{bmatrix}$ 이라 할 때, A의 각 성분의 여인수는

$A_{11} = 12$ $\quad$ $A_{12} = 6$ $\quad$ $A_{13} = -16$

$A_{21} = 4$ $\quad$ $A_{22} = 2$ $\quad$ $A_{23} = 16$

$A_{31} = 12$ $\quad$ $A_{32} = -10$ $\quad$ $A_{33} = 16$

따라서, A의 여인수행렬은 $\begin{bmatrix} 12 & 6 & -16 \\ 4 & 2 & 16 \\ 12 & -10 & 16 \end{bmatrix}$ 이고, A의 전치여인수행렬,

즉, A의 수반행렬은 다음과 같다.

$adj(A) = \begin{bmatrix} 12 & 4 & 12 \\ 6 & 2 & -10 \\ -16 & 16 & 16 \end{bmatrix}$ $\det(A) = 64$이므로, 따라서 A^{-1}은 다음과 같다.

$$A^{-1} = \frac{1}{\det(A)} adj(A) = \frac{1}{64} \begin{bmatrix} 12 & 4 & 12 \\ 6 & 2 & -10 \\ -16 & 16 & 16 \end{bmatrix}$$

연습 문제 3.3

여인자와 행렬식을 계산하면서 만일 A^{-1}가 존재한다면 찾아라.

(1) $A = \begin{bmatrix} 1 & 1 \\ 2 & 2 \end{bmatrix}$

(2) $A = \begin{bmatrix} -1 & 0 \\ 0 & 1 \end{bmatrix}$

(3) $A = \begin{bmatrix} 2 & 3 \\ 1 & 1 \end{bmatrix}$

(4) $A = \begin{bmatrix} 1 & 2 & 3 \\ 4 & 5 & 6 \\ 7 & 8 & 9 \end{bmatrix}$

(5) $A = \begin{bmatrix} 1 & 0 & 1 \\ 0 & -1 & 1 \\ 2 & 3 & 4 \end{bmatrix}$

(6) $A = \begin{bmatrix} 0 & 1 & 2 \\ 0 & -1 & 1 \\ 1 & 5 & -4 \end{bmatrix}$

(7) $A = \begin{bmatrix} 2 & 1 & -1 & 2 \\ 3 & 0 & 0 & 1 \\ 2 & 1 & 2 & 0 \\ 3 & 1 & 1 & 2 \end{bmatrix}$

(8) $A = \begin{bmatrix} 1 & -1 & 1 & 2 \\ 1 & 0 & 1 & 3 \\ 0 & 0 & 2 & 4 \\ 1 & 1 & -1 & 1 \end{bmatrix}$

3.4 크래머의 법칙

[정리 3.13]은 $n \times n$계수행렬이 정칙이 있는 연립방정식를 풀기 위한 행렬들에 대해 유용한 정리이다. 다음 정리를 크래머법칙이라 한다.

정리 3.13

$A=(a_{ij})$가 역이 있는 $n \times n$행렬이고, $b=\begin{bmatrix} b_1 \\ \vdots \\ b_n \end{bmatrix}$이라면 그 해는 다음과 같다.

$A\mathrm{x}=b$의 $\mathrm{x}=\begin{bmatrix} x_1 \\ x_2 \\ \vdots \\ x_n \end{bmatrix}$은 행렬이 A의 첫 열을 b로 대체할 때, $x_1=\dfrac{1}{\det A}\det\begin{bmatrix} b_1 & a_{12} & \cdots & a_{1n} \\ b_2 & a_{22} & \cdots & a_{2n} \\ \vdots & \vdots & & \vdots \\ b_n & a_{n2} & \cdots & a_{nn} \end{bmatrix}$

이다.

행렬이 A의 두 번째 열이 b로 대체되었을 때 $x_2=\dfrac{1}{\det A}\det\begin{bmatrix} a_{11} & b_1 & \cdots & a_{13} & a_{1n} \\ a_{21} & b_2 & \cdots & a_{23} & a_{2n} \\ \vdots & \vdots & & \vdots & \vdots \\ a_{n1} & b_n & \cdots & a_{n3} & a_{nn} \end{bmatrix}$ 이다.

행렬이 A의 n번째 열이 b로 대체되었을 때, $x_n=\dfrac{1}{\det A}\det\begin{bmatrix} b_1 & a_{12} & \cdots & a_{1,n-1} & b_1 \\ b_2 & a_{22} & \cdots & a_{2,n-1} & b_2 \\ \vdots & \vdots & & \vdots & \vdots \\ b_n & a_{n2} & \cdots & a_{n,n-1} & b_n \end{bmatrix}$ 이다.

예제 3.10

다음 연립방정식를 풀어라.

$$\begin{aligned} 2x_1+3x_2-x_3 &= 2 \\ x_1+2x_2+x_3 &= -1 \\ 2x_1+x_2-6x_3 &= 4 \end{aligned}$$

Solution

$A=\begin{bmatrix} 2 & 3 & -1 \\ 1 & 2 & 1 \\ 2 & 1 & -6 \end{bmatrix}$, $b=\begin{bmatrix} 2 \\ -1 \\ 4 \end{bmatrix}$, 그리고 $\det A=1$이다. 따라서

$$x_1=\det\begin{bmatrix} 2 & 3 & -1 \\ -1 & 2 & 1 \\ 4 & 1 & -6 \end{bmatrix}=-23,\ x_2=\det\begin{bmatrix} 2 & 2 & -1 \\ 1 & -1 & 1 \\ 2 & 4 & -6 \end{bmatrix}=14,\ x_3=\det\begin{bmatrix} 2 & 3 & 2 \\ 1 & 2 & -1 \\ 2 & 1 & 4 \end{bmatrix}=-6$$

연습 문제 3.4

다음 연립방정식을 크래머의 법칙을 이용하여 풀어라.

(1) $5x - y = 9$
$3x - 3y + z = 20$
$x + y + z = 2$

(2) $2x + y - z = 5$
$4x - 2y - 4z = 10$
$x - y + z = -6$

(3) $3x_1 - x_2 + x_3 = 1$
$x_1 - 2x_2 + x_3 = 2$
$2x_1 + x_2 + 3x_3 = 0$

(4) $x + y - z = 5$
$2x + y - 3z = 10$
$3x + 4y + 5z = 1$

(5) $2x - y + z = 7$
$3x + 2y + z = 3$
$2x - y + 3z = 9$

(6) $2x_1 + 3x_2 + x_3 - x_4 = 2$
$x_1 + 2x_2 + 5x_3 + 3x_4 = 5$
$-x_1 + 3x_3 + x_4 = 1$
$x_1 - 2x_2 + x_3 = -2$

CHAPTER 4

공간벡터

4.1 평면과 공간에서의 벡터

4.1.1 벡터의 기본개념

시속 40km의 속력으로 동쪽 방향으로 항해하고 있는 배를 생각하여 보자. 여기에서 속력을 나타내는 숫자 40은 단순한 양을 나타내는 실수 값으로서 이 배의 나아가는 방향을 제시하여 주지는 못한다. 물리학에서는 이 두 가지 방향과 속력을 동시에 나타내는 것으로서 속도라는 개념을 사용한다.

또한 이 배가 실제로 나아가는 속도는 해류에 의하여 영향을 받게 된다. 예를 들어 해류가 북쪽으로 시속 40km의 속력으로 흐른다면 이 배가 실제 나가는 방향은 북동쪽이 될 것이다.

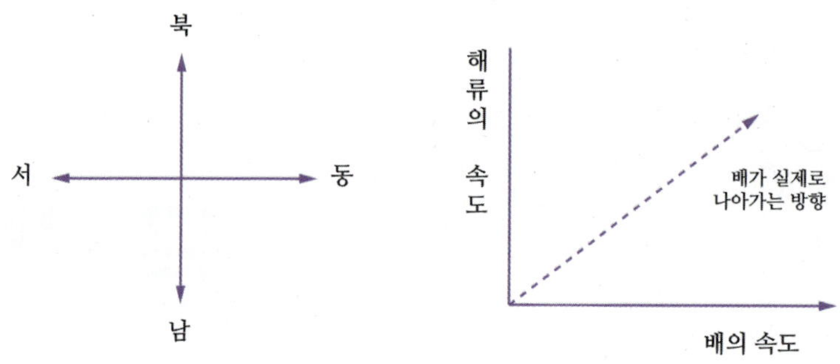

그림 4.1

이와 같이 질량, 속력 등 단순히 크기만을 생각하는 양을 스칼라(scalar)라 부르고, 속도, 가속도, 힘 등과 같이 그 크기와 방향을 동시에 생각하는 양을 벡터(vector)라 부른다. 따라서 스칼라는 단순히 실수로 나타내고, 벡터는 화살표가 붙은 유향성분으로 표시하며, 화살표의 방향은 벡터의 방향을, 선분의 길이는 벡터의 크기를 나타낸다. 예를 들어 [그림 4.2]는 동쪽 방향으로 40km/h의 속력으로 항해하는 배의 속도를 벡터로 나타낸 것이다.

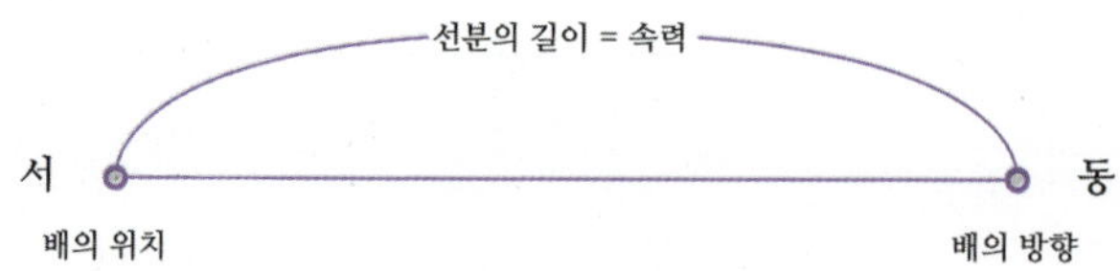

그림 4.2

정의 4.1

두 점 A와 B가 주어지면 A에서 시작하여 B에서 끝나는 벡터를 $\overrightarrow{AB}$로 나타내고, 점 A를 시점(initial point), B를 종점(terminal point)이라 부른다.

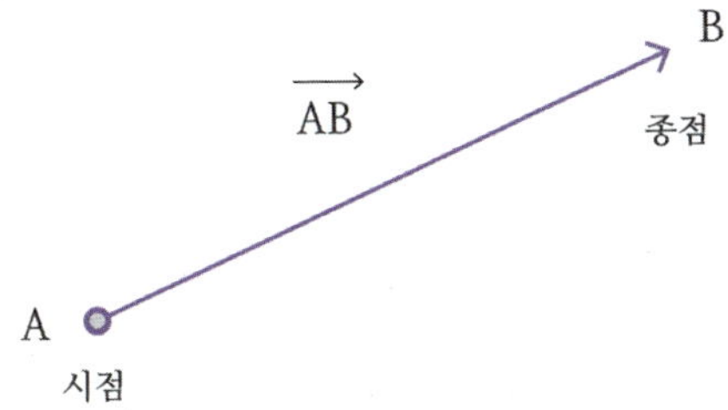

그림 4.3

[그림 4.4]에서와 같이 두 벡터 $\overrightarrow{AB}$와 $\overrightarrow{CD}$의 크기와 방향이 서로 잘 맞을 때, 이 두 벡터는 같다고 하고 $\overrightarrow{AB}=\overrightarrow{CD}$로 나타낸다. 다시 말하면, $\overrightarrow{AB}=\overrightarrow{CD}$라는 것은 $\overrightarrow{AB}$를 평행이동하여 $\overrightarrow{CD}$와 같게 되게 할 수 있을 때를 말하며, 이때에는 사각형 ABDC은 평행사변형이 된다.

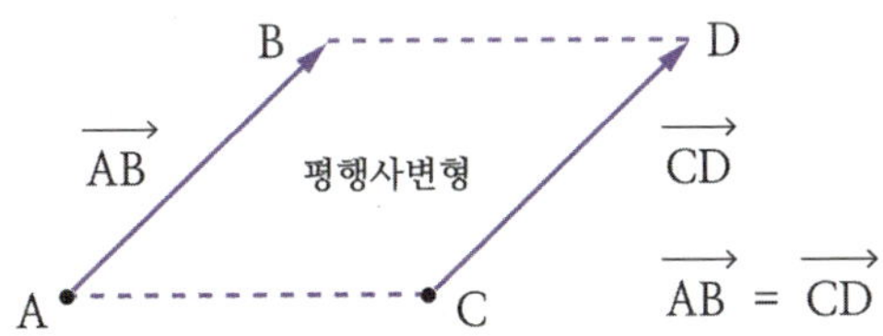

그림 4.4

예제 4.1

그림의 직육면체에서 다음에 답하여라.

(1) $\overrightarrow{AB}=\vec{a}$, $\overrightarrow{AD}=\vec{b}$, $\overrightarrow{AE}=\vec{c}$**라고 할 때, 다음 각 벡터를** $\vec{a}$, $\vec{b}$, $\vec{c}$**로 나타내어라.**

① $\overrightarrow{HG}$

② $\overrightarrow{EH}$

③ $\overrightarrow{CG}$

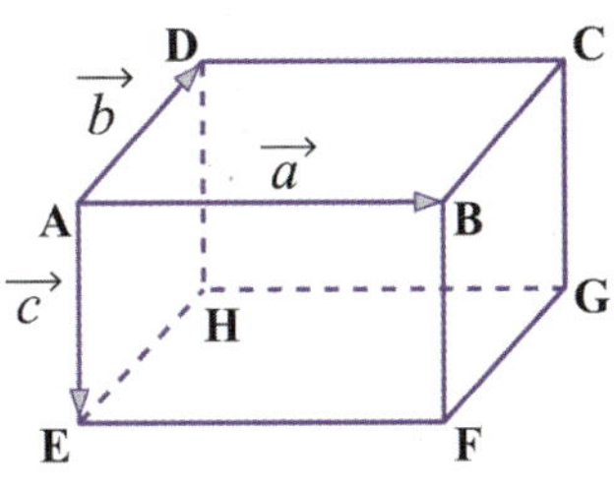

그림 4.5

(2) 벡터 $\overrightarrow{\mathrm{AC}}$와 같은 벡터는 어느 것인가?

(3) 벡터 $\overrightarrow{\mathrm{DB}}$와 크기가 같은 벡터는 어느 것인가?

Solution

(1) ① $\overrightarrow{\mathrm{HG}}=\overrightarrow{\mathrm{AB}}=\vec{a}$, ② $\overrightarrow{\mathrm{EH}}=\overrightarrow{\mathrm{AD}}=\vec{b}$, ③ $\overrightarrow{\mathrm{CG}}=\overrightarrow{\mathrm{AE}}=\vec{c}$

(2) 사각형 AEGC는 평행사변형이므로 $\overrightarrow{\mathrm{AC}}$와 같은 것은 $\overrightarrow{\mathrm{EG}}$

(3) 사각형 DHFB, AEGC는 평생사변형이므로 $\overrightarrow{\mathrm{DB}}=\overrightarrow{\mathrm{HF}}$, $\overrightarrow{\mathrm{AC}}=\overrightarrow{\mathrm{EG}}$
따라서 $\overrightarrow{\mathrm{DB}}$, $\overrightarrow{\mathrm{HF}}$, $\overrightarrow{\mathrm{FH}}$, $\overrightarrow{\mathrm{AC}}$, $\overrightarrow{\mathrm{CA}}$, $\overrightarrow{\mathrm{EG}}$, $\overrightarrow{\mathrm{GE}}$

두 벡터의 크기와 방향이 각각 같으면 이 두 벡터는 같으므로, 한 벡터가 주어지면 평행이동하여 이 벡터의 시점을 아무 점이나 되게 할 수 있다. 따라서 벡터를 생각할 때에는 그 벡터의 시점과 종점보다도 크기와 방향이 더 중요하게 된다.
크기가 0인 벡터, 즉 시점과 종점이 같은 벡터를 영벡터(zero vector)라 하고 $\vec{O}$ 으로 나타낸다.

4.1.2 벡터의 합

지금까지 우리는 기하학적인 벡터에 대하여 알아 보았다. 여기에서는 벡터의 합에 대하여 알아보자. 기하학적인 벡터의 양은 실수의 합(덧셈)과 비슷한 성질을 갖도록 정의된다. 지금 벡터의 표현을 간단히 하기 위하여, 또 시점과 종점이 명확히 나타나지 않는 벡터를 표시하는 방법으로

$$\vec{a},\ \vec{b},\ \vec{c},\cdots$$

이제 두 벡터 $\vec{a}$와 $\vec{b}$가 주어졌을 때, 두 벡터의 합 $\vec{a}+\vec{b}$를 정의하여 보자. 벡터 $\vec{b}$를 평행이동하여 $\vec{b}$를 평행이동하여 $\vec{b}$의 시점이 $\vec{a}$의 종점과 일치하도록 하였을 때, $\vec{a}+\vec{b}$는 $\vec{a}$의 시점을 시점으로 하고 $\vec{b}$의 종점을 종점으로 하는 벡터($\vec{c}$)를 말한다([그림 4.6] 참조).

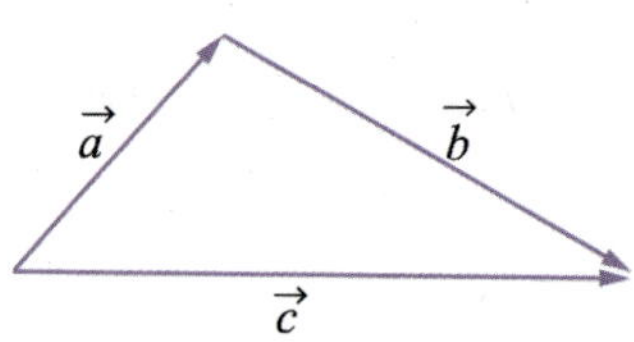

그림 4.6

위와 같이 벡터의 합을 구하는 방법을 벡터의 합의 삼각형법칙이라고 한다.

예제 4.2

공간상의 세 점 A, B, C가 주어졌을 때 $\overrightarrow{AB}+\overrightarrow{BC}=\overrightarrow{AC}$ 임을 보여라.

Solution

[그림 4.7]에서와 같이 벡터 $\overrightarrow{AB}$의 종점과 $\overrightarrow{BC}$의 시점이 점 B로서 일치하므로 $\overrightarrow{AB}+\overrightarrow{BC}$는 $\overrightarrow{AB}$의 시점 A를 시점으로 하고 BC의 종점 C를 종점으로 하는 $\overrightarrow{AC}$가 된다.

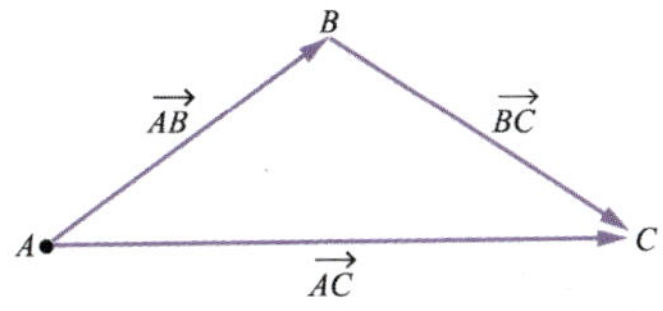

그림 4.7

예제 4.3

공간상의 세 점 A, B, C가 주어졌을 때, 한 점 D를 택하여 사각형 ABDC가 평행사변형이 되도록 하였을 때 $\overrightarrow{AB}+\overrightarrow{AC}=\overrightarrow{AD}$ 임을 보여라.

Solution

사각형 ABDC가 평행사변형이므로 [그림 4.8]에서와 같이 벡터들의 상등법칙에 의하여 $\overrightarrow{AC}=\overrightarrow{BD}$가 된다. 따라서 $\overrightarrow{AC}$를 평행이동하여 시점이 $\overrightarrow{AB}$의 종점과 일치시켰을 때의 벡터 $\overrightarrow{BD}$의 종점이 D이므로 $\overrightarrow{AB}+\overrightarrow{AC}=\overrightarrow{AD}$임을 알 수 있다. 이와 같이 벡터의 합을 구하는 방법을 벡터의 합의 평행사변형법칙이라고 한다.

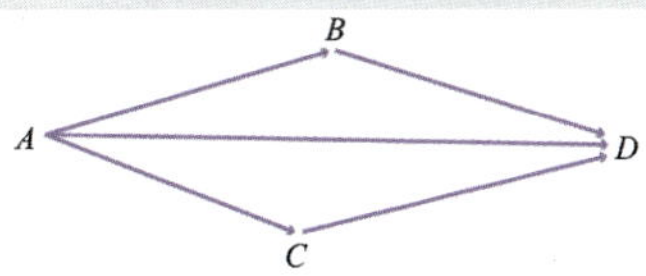

그림 4.8

벡터의 합에 대해서는 실수의 합에서와 마찬가지로 교환법칙, 결합법칙이 성립한다.

예제 4.4

오른쪽 직육면체에서 $\overrightarrow{AB}=\vec{a}$, $\overrightarrow{AD}=\vec{b}$, $\overrightarrow{AE}=\vec{c}$**일 때,** $\overrightarrow{AC}$, $\overrightarrow{AG}$**를** $\vec{a}$, $\vec{b}$, $\vec{c}$**로 나타내어라.**

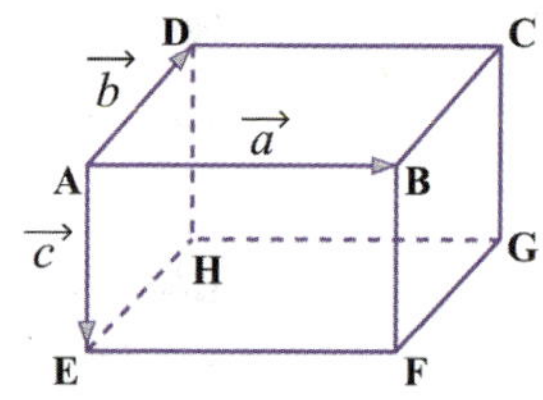

그림 4.9

Solution

$\overrightarrow{AC}=\overrightarrow{AB}+\overrightarrow{BC}=\overrightarrow{AB}+\overrightarrow{AD}=\vec{a}+\vec{b}$

$\overrightarrow{AG}=\overrightarrow{AC}+\overrightarrow{CG}=(\overrightarrow{AB}+\overrightarrow{AD})+\overrightarrow{AE}=\vec{a}+\vec{b}+\vec{c}$

예제 4.5

A, B, C**가 서로 다른 세 점일 때** $\overrightarrow{AB}+\overrightarrow{BC}+\overrightarrow{CA}=0$**임을 보여라.**

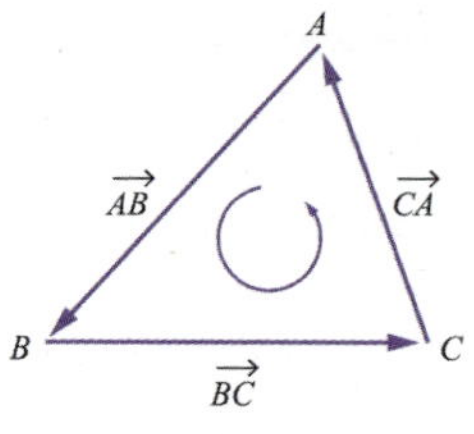

그림 4.10

Solution

$(\overrightarrow{AB}+\overrightarrow{BC})+\overrightarrow{CA}=\overrightarrow{AC}+\overrightarrow{CA}=\overrightarrow{AA}=\vec{0}$

4.1.3 벡터의 차

벡터 $\vec{a}$에 대하여 $\vec{a}$와 방향이 반대이고 크기가 같은 벡터를 $-\vec{a}$로 나타내고 $\vec{a}$의 역벡터라고 한다.

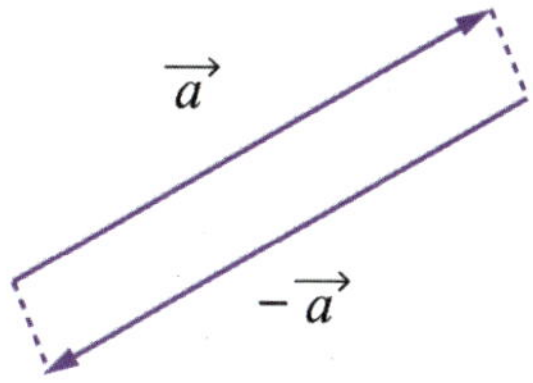

그림 4.11

예를 들어 두 점 A, B에 대하여 $\overrightarrow{BA} = -\overrightarrow{AB}$ 가 된다.

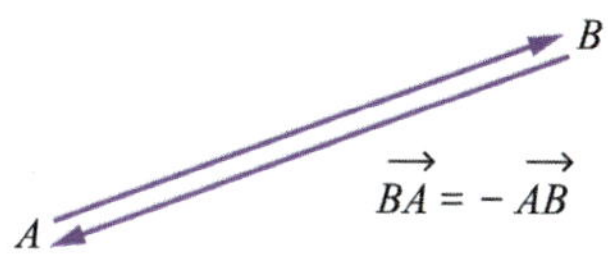

그림 4.12

예제 4.6

오른쪽 직사각형에서 $\overrightarrow{OA} = \vec{a}$, $\overrightarrow{OB} = \vec{b}$, $\overrightarrow{OC} = \vec{c}$라고 할 때 다음을 $\vec{a}$, $\vec{b}$, $\vec{c}$로 나타내어라.

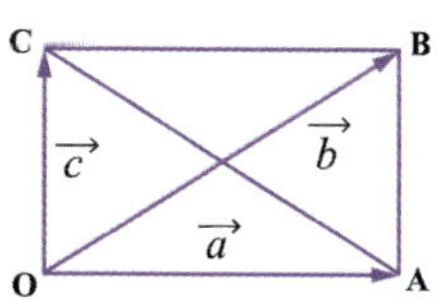

그림 4.13

(1) $\overrightarrow{AO}$ (2) $\overrightarrow{BO}$

(3) $\overrightarrow{BA}$ (4) $\overrightarrow{BC}$

Solution

(1) $\overrightarrow{AO} = -\overrightarrow{OA} = -\vec{a}$

(2) $\overrightarrow{BO} = -\overrightarrow{OB} = -\vec{b}$

(2) $\overrightarrow{BA} = -\overrightarrow{AB} = -\overrightarrow{OC} = -\vec{c}$

(4) $\overrightarrow{BC} = -\overrightarrow{CB} = -\overrightarrow{OA} = -\vec{a}$

예제 4.7

오른쪽 그림의 직육면체에서
$\overrightarrow{AB}=\vec{a}$, $\overrightarrow{AD}=\vec{b}$, $\overrightarrow{AC}=\vec{c}$, $\overrightarrow{AC}=\vec{d}$**라고 할 때,**
다음을 $\vec{a}$, $\vec{b}$, $\vec{c}$ **또는** $\vec{d}$**로 나타내어라.**

(1) $\overrightarrow{BA}$　　(2) $\overrightarrow{HE}$
(3) $\overrightarrow{FB}$　　(4) $\overrightarrow{EG}$

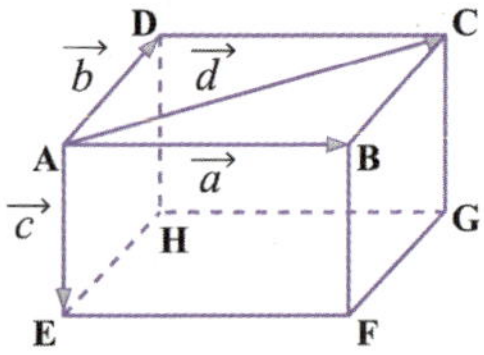

그림 4.14

Solution

크기가 같고 방향이 반대이면 '−'를 붙여 나타내면 된다.
(1) $\overrightarrow{BA}=-\overrightarrow{AB}=-\vec{a}$
(2) $\overrightarrow{HE}=-\overrightarrow{EH}=-\overrightarrow{AD}=-\vec{b}$
(3) $\overrightarrow{FB}=-\overrightarrow{BF}=-\overrightarrow{AE}=-\vec{c}$
(4) $\overrightarrow{EG}=\overrightarrow{AC}=\vec{d}$

정의 4.2

두 벡터 $\vec{a}$, $\vec{b}$의 차

$$\vec{a}-\vec{b}\text{는 } \vec{a}-\vec{b}=\vec{a}+(-\vec{b})$$

로 정의한다.

두 벡터의 차 $\vec{a}-\vec{b}$를 그림으로 나타내면 다음과 같다.

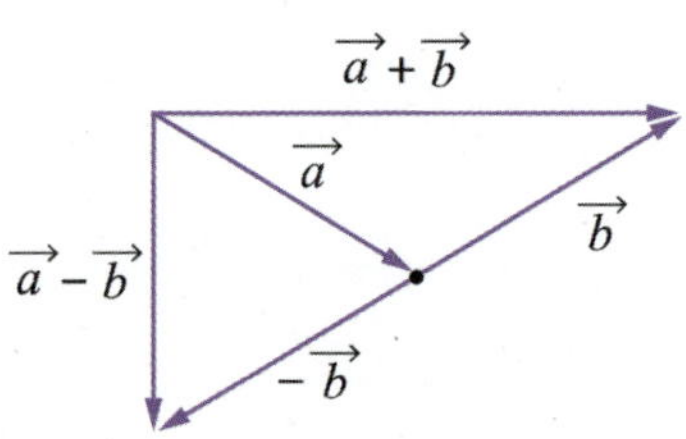

그림 4.15

예제 4.8

세 점 A, B, C에 대하여 $\overrightarrow{AB}-\overrightarrow{CB}=\overrightarrow{AC}$임을 보여라.

Solution

$\overrightarrow{AB}-\overrightarrow{CB}=\overrightarrow{AB}+(-\overrightarrow{CB})$

$=\overrightarrow{AB}+\overrightarrow{BC}$

$=\overrightarrow{AC}$

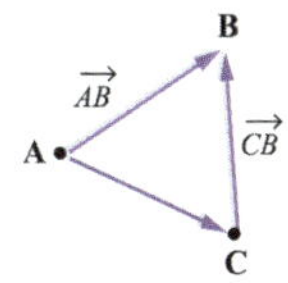

그림 4.16

예제 4.9

오른쪽 그림과 같이 평행사변형 ABCD의 대각선의 교점을 O라 하고, $\overrightarrow{OA}=\vec{a}$, $\overrightarrow{OB}=\vec{b}$ 라고 할 때, 다음을 $\vec{a}$, $\vec{b}$로 나타내어라.

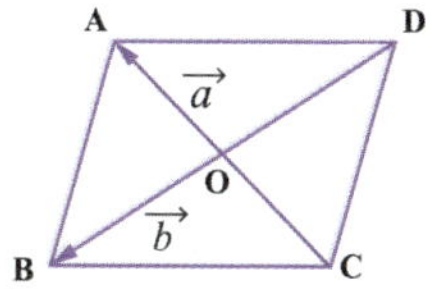

그림 4.17

(1) $\overrightarrow{AB}$　　(2) $\overrightarrow{BC}$

(3) $\overrightarrow{CD}$　　(4) $\overrightarrow{DA}$

Solution

(1) △ABO에서 두 점 A와 B는 A에서 O, 다시 O에서 B로 연결할 수 있다.
곧, $\overrightarrow{AB}=\overrightarrow{AO}+\overrightarrow{OB}=(-\vec{a})+\vec{b}=-\vec{a}+\vec{b}$

(2) $\overrightarrow{BC}=\overrightarrow{BO}+\overrightarrow{OC}=(-\vec{b})+(-\vec{a})=-\vec{a}-\vec{b}$

(3) $\overrightarrow{CD}=\overrightarrow{CO}+\overrightarrow{OD}=\vec{a}+(-\vec{b})=\vec{a}-\vec{b}$

(4) $\overrightarrow{DA}=\overrightarrow{DO}+\overrightarrow{OA}=\vec{b}+\vec{a}=\vec{a}+\vec{b}$

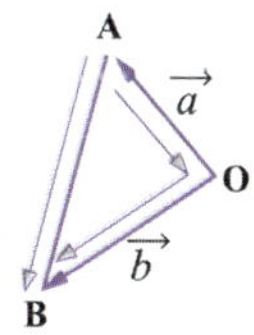

그림 4.18

예제 4.10

오른쪽 그림의 사면체 OABC**에서** $\overrightarrow{OA}=\vec{a}$, $\overrightarrow{OB}=\vec{b}$, $\overrightarrow{OC}=\vec{c}$ **라고 할 때 다음을** $\vec{a}$, $\vec{b}$, $\vec{c}$**로 나타내어라.**

(1) $\overrightarrow{AC}$ (2) $\overrightarrow{AB}$ (3) $\overrightarrow{AB}+\overrightarrow{BC}-\overrightarrow{AC}$

Solution

(1) $\overrightarrow{AC}=\overrightarrow{OC}-\overrightarrow{OA}=\vec{c}-\vec{a}$

(2) $\overrightarrow{AB}=\overrightarrow{OB}-\overrightarrow{OA}=\vec{b}-\vec{a}$

(3) $\overrightarrow{AB}+\overrightarrow{BC}-\overrightarrow{AC}=(\overrightarrow{AB}+\overrightarrow{BC})-\overrightarrow{AC}=\overrightarrow{AC}-\overrightarrow{AC}=\vec{0}$

*Note 다음과 같이 변형해도 된다.

(1) $\overrightarrow{AC}=\overrightarrow{AO}+\overrightarrow{OC}=-\overrightarrow{OA}+\overrightarrow{OC}$

(2) $\overrightarrow{AB}=\overrightarrow{AO}-\overrightarrow{OB}=-\overrightarrow{OA}+\overrightarrow{OB}$

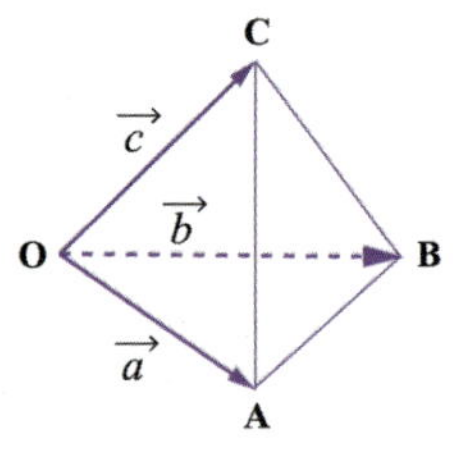

그림 4.19

연습 문제 4.1

[EX 01] 오른쪽 그림과 같이 정육각형 ABCDEF에서 변 AD, BE, CF의 교점을 O라고 할 때

(1) $\overrightarrow{AB}$와 같은 벡터는 어느 것인가?

(2) $\overrightarrow{AE}$와 같은 벡터는 어느 것인가?

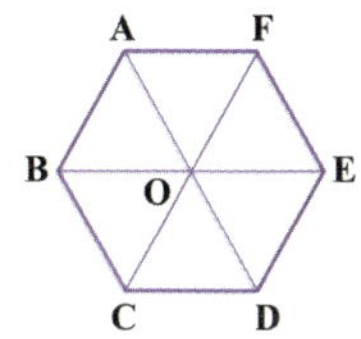

연습문제 4.1.1

[EX 02] 오른쪽 그림의 직육면체에서 $\overrightarrow{AB}=\vec{a}$, $\overrightarrow{AD}=\vec{b}$, $\overrightarrow{AE}=\vec{c}$ 라고 할 때, 다음 벡터를 $\vec{a}$, $\vec{b}$, $\vec{c}$로 나타내어라.

(1) $\overrightarrow{DC}$ (2) $\overrightarrow{FG}$ (3) $\overrightarrow{BF}$

(4) $\overrightarrow{HG}$ (5) $\overrightarrow{EH}$ (6) $\overrightarrow{CG}$

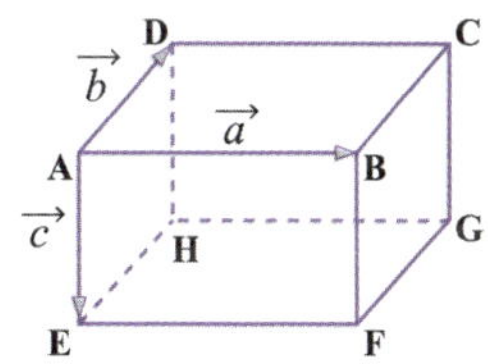

연습문제 4.1.2

[EX 03] 오른쪽 그림의 직육면체에서 $\overrightarrow{AB}=\vec{a}$, $\overrightarrow{AD}=\vec{b}$, $\overrightarrow{AE}=\vec{c}$ 라고 할 때, 다음 벡터를 $\vec{a}$, $\vec{b}$, $\vec{c}$로 나타내어라.

(1) $\overrightarrow{BA}$ (2) $\overrightarrow{GH}$ (3) $\overrightarrow{HE}$

(4) $\overrightarrow{GF}$ (5) $\overrightarrow{FB}$ (6) $\overrightarrow{GC}$

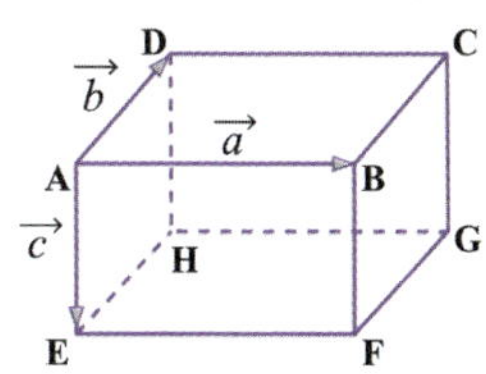

연습문제 4.1.3

[EX 04] 오른쪽 그림과 같이 평행사변형 ABCD의 대각선의 교점을 O라 하고, $\overrightarrow{OA} = \vec{a}$, $\overrightarrow{OB} = \vec{b}$ 라고 할 때, 다음 벡터를 $\vec{a}$, $\vec{b}$, $\vec{c}$로 나타내어라.

(1) $\overrightarrow{AB}$　　(2) $\overrightarrow{BC}$　　(3) $\overrightarrow{CD}$

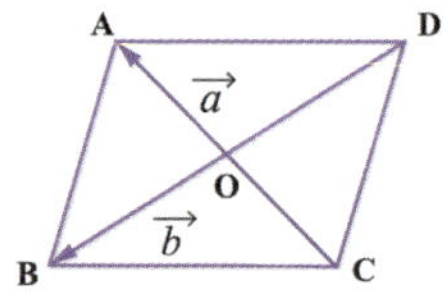

연습문제 4.1.4

[EX 05] 오른쪽 그림과 같이 직육면체 ABCD−EFGH에서 $\overrightarrow{AB} = \vec{a}$, $\overrightarrow{AD} = \vec{b}$, $\overrightarrow{AE} = \vec{c}$ 일 때, 다음에 답하여라.

(1) $\overrightarrow{AG}$, $\overrightarrow{BH}$를 $\vec{a}$, $\vec{b}$, $\vec{c}$로 나타내어라.

(2) 다음 벡터를 하나의 벡터로 나타내어라.

① $\vec{a} + \vec{b} + \vec{c}$

② $\vec{a} - \vec{b} - \vec{c}$

③ $-\vec{a} - \vec{b} - \vec{c}$

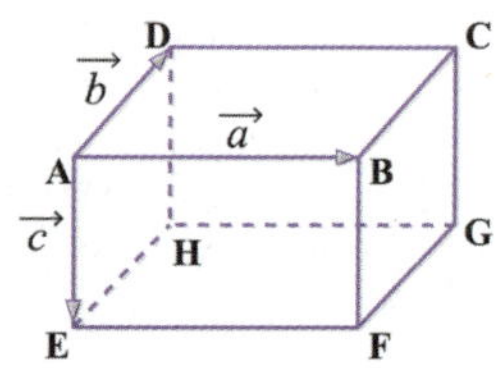

연습문제 4.1.5

4.2 벡터의 성분

4.2.1 벡터의 길이

정의 4.3

시점이 A이고 종점이 B인 벡터 $\vec{a} = \overrightarrow{AB}$의 크기는 화살표의 길이, 즉 점 A와 B 사이의 길이로 나타낸다. 이것을 벡터 $\vec{a}$의 길이라 하고 $|\vec{a}|$ 또는 $|\overrightarrow{AB}|$ 로 표현한다.

예제 4.11

평면좌표상에서 $A=(1,\ 1)$, $B=(3,\ 4)$일 때, 벡터 $\overrightarrow{AB}$의 길이 $|\overrightarrow{AB}|$를 구하여라.

Solution

벡터 $\overrightarrow{AB}$의 길이는 점 A와 B 사이의 길이이므로 피타고라스의 정리에 의하여

$|\overrightarrow{AB}| = \sqrt{(3-1)^2+(4-1)^2} = \sqrt{2^2+3^2} = \sqrt{13}$

따라서 $|\overrightarrow{AB}| = \sqrt{13}$ 이다.

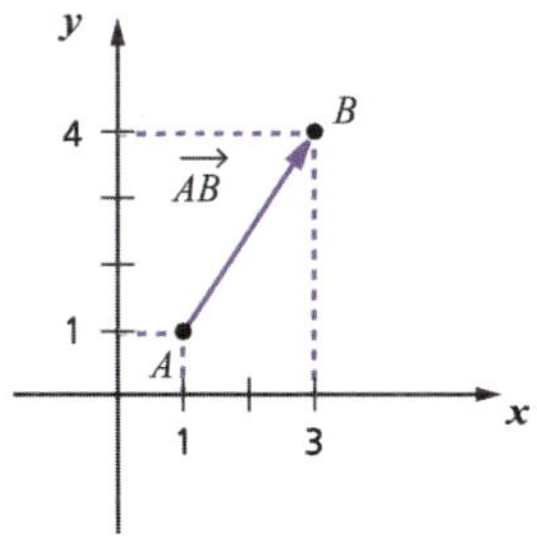

그림 4.20

두 점 A, B의 좌표가 $A(x_1,\ y_1)$, $B(x_2,\ y_2)$일 때,

$\overrightarrow{OA} = (x_1,\ y_1)$, $\overrightarrow{OB} = (x_2,\ y_2)$이므로

$\overrightarrow{AB} = \overrightarrow{OB} - \overrightarrow{OA} = (x_2,\ y_2) - (x_1,\ y_1) = (x_2 - x_1,\ y_2 - y_1)$

이다.

이를 이용하여 먼저 주어진 벡터를 성분으로 나타낸다.

$A(x_1,\ y_1)$, $B(x_2,\ y_2)$일 때 $\overrightarrow{AB} = (x_2 - x_1,\ y_2 - y_1)$이므로

$|\overrightarrow{AB}| = \sqrt{(x_2-x_1)^2+(y_2-y_1)^2}$ 이다.

예제 4.12

세 점 $\mathrm{A}(1, 3)$, $\mathrm{B}(4, 1)$, $\mathrm{C}(7, 5)$가 있다.

(1) $\overrightarrow{\mathrm{PA}}+\overrightarrow{\mathrm{PB}}+\overrightarrow{\mathrm{PC}}$가 영벡터가 되는 점 P를 구하여라.

(2) $\overrightarrow{\mathrm{PA}}+\overrightarrow{\mathrm{PB}}+\overrightarrow{\mathrm{PC}}$의 크기가 3이 되는 점 P의 자취의 방정식을 구하여라.

Solution

점 P의 좌표를 $\mathrm{P}(x,y)$라고 하자.

(1) $\overrightarrow{\mathrm{PA}}+\overrightarrow{\mathrm{PB}}+\overrightarrow{\mathrm{PC}}=\vec{0}$이므로

$(1-x,\ 3-y)+(4-x,\ 1-y)+(7-x,\ 5-y)=(0,\ 0)$

$\therefore (12-3x,\ 9-3y)=(0,\ 0)$ $\quad\therefore 12-3x=0,\ 9-3y=0$

$\therefore x=4,\ y=3$ $\quad\therefore \mathrm{P}(4,3)$

(2) $\overrightarrow{\mathrm{PA}}+\overrightarrow{\mathrm{PB}}+\overrightarrow{\mathrm{PC}}=(1-x,\ 3-y)+(4-x,\ 1-y)+(7-x,\ 5-y)$

$=(12-3x,\ 9-3y)$

$|\overrightarrow{\mathrm{PA}}+\overrightarrow{\mathrm{PB}}+\overrightarrow{\mathrm{PC}}|=3$이므로 $\sqrt{(12-3x)^2+(9-3y)^2}=3$

양변을 제곱하면 $(12-3x)^2+(9-3y)^2=3^2$

$\therefore (x-4)^2+(y-3)^2=1$

[그림 4.21]에서와 같이 두 벡터 $\vec{a}$, $\vec{b}$에 대하여 $|\vec{a}|$, $|\vec{b}|$, $|\vec{a}+\vec{b}|$는 한 삼각형의 각 변의 길이를 나타낸다.

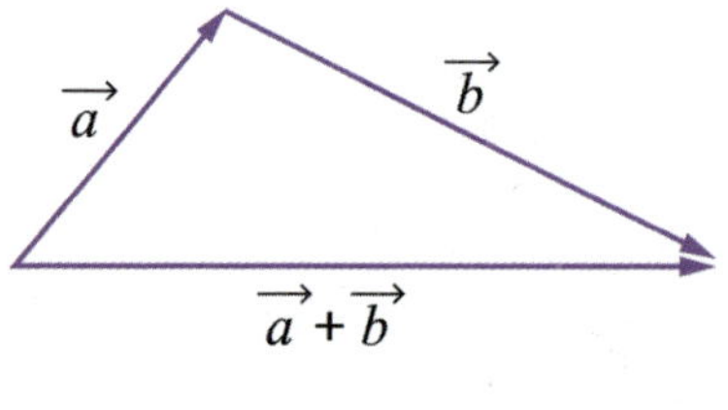

그림 4.21

따라서 삼각형의 두 변의 길이의 합은 다른 한 변의 길이보다 크거나 같으므로

$$|\vec{a}+\vec{b}| \le |\vec{a}|+|\vec{b}|$$

가 성립함을 알 수 있다. 이것을 벡터의 길이의 삼각형부등식이라고 한다. 또 위의 부등식에서 등식이 성립할 필요충분조건은 벡터 $\vec{a}$와 $\vec{b}$가 같은 방향을 가질 때임을 알 수 있다.

4.2.2 벡터의 스칼라곱

[그림 4.22]와 같이 $\vec{a}$와 $\vec{a}$의 합 $\vec{a}+\vec{a}$는 벡터 $\vec{a}$와 방향이 같고 크기가 2배인 벡터 $|\vec{a}+\vec{b}|=2|\vec{a}|$임을 알 수 있다.

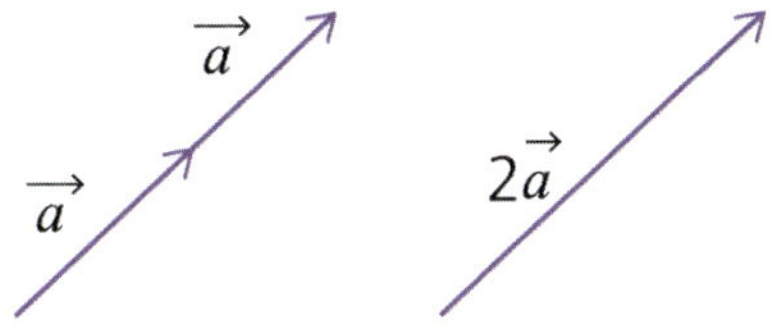

그림 4.22

이와 같이 스칼라와 벡터와의 곱한 꼴을 벡터의 스칼라곱이라고 하며, 다음과 같이 정의한다.
실수 m과 벡터 $\vec{a}$의 곱 $m\vec{a}$는

(1) $m>0$이면 $\vec{a}$와 같은 방향이고 크기가 $m|\vec{a}|$인 벡터이다.
(2) $m<0$이면 $\vec{a}$와 반대방향이고 크기가 $|m| \cdot |\vec{a}|$인 벡터이다.
(3) $m=0$이면 영벡터이다. 곧, $0\vec{a}=\vec{a}$이다.

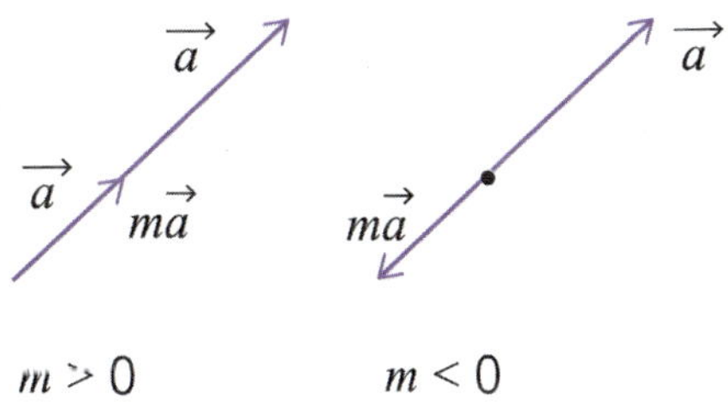

그림 4.23

정리 4.1

벡터의 실수배에 관하여 다음 기본 성질이 성립한다.

(1) $0\vec{a}=\vec{0},\ \ 1\vec{a}=\vec{a},\ \ m\vec{0}=\vec{0}$
(2) 실수 m, n에 대하여 $(m+n)\vec{a}=m\vec{a}+n\vec{a}$ (분배법칙)
(3) $m(\vec{a}+\vec{b})=m\vec{a}+m\vec{b}$ (분배법칙)
(4) $(mn)\vec{a}=m(n\vec{a})=n(m\vec{a})=mn\vec{a}$ (결합법칙)

예제 4.13

다음 식을 간단히 하여라.

(1) $2(3\vec{a}-2\vec{b})+5(\vec{a}+\vec{b})$ (2) $3(\vec{a}+5\vec{b})-2(3\vec{a}-\vec{b})$

Solution

(1) 준 식 $=6\vec{a}-4\vec{b}+5\vec{a}+5\vec{b}=11\vec{a}+\vec{b}$

(2) 준 식 $=3\vec{a}+15\vec{b}-6\vec{a}+2\vec{b}=-3\vec{a}+17\vec{b}$

예제 4.14

공간의 세점 $\mathrm{O,A,B}$에서 선분 AB를 $m:n\,(m>0, n>0)$으로 내분하는 점을 P라고 하면 $\overrightarrow{\mathrm{OP}}=\dfrac{m\overrightarrow{\mathrm{OB}}+n\overrightarrow{\mathrm{OA}}}{m+n}$ 임을 보여라.

Solution

오른쪽 그림의 $\triangle \mathrm{OAP}$에서 $\overrightarrow{\mathrm{OP}}=\overrightarrow{\mathrm{OA}}+\overrightarrow{\mathrm{AP}}$

그런데 $\overline{\mathrm{AP}}:\overline{\mathrm{PB}}=m:n$이므로 $\overrightarrow{\mathrm{AP}}=\dfrac{m}{m+n}\overrightarrow{\mathrm{AB}}$

$\therefore \overrightarrow{\mathrm{OP}}=\overrightarrow{\mathrm{OA}}+\dfrac{m}{m+n}\overrightarrow{\mathrm{AB}}=\overrightarrow{\mathrm{OA}}+\dfrac{m}{m+n}(\overrightarrow{\mathrm{OB}}-\overrightarrow{\mathrm{OA}})$

$\therefore \vec{p}=\vec{a}+\dfrac{m}{m+n}(\vec{b}-\vec{a})=\dfrac{m\vec{b}+n\vec{a}}{m+n}$

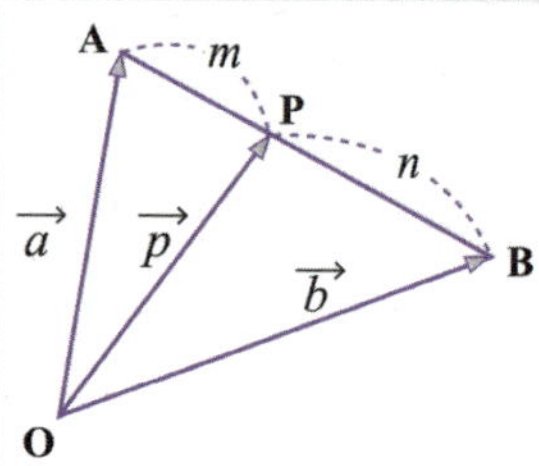

그림 4.24

4.2.3 위치벡터

평면 위의 한 정점 O를 정해 놓으면 임의의 평면벡터 $\vec{a}$에 대하여 $\overrightarrow{\mathrm{OA}}=\vec{a}$인 평면 위의 점 A의 위치가 단 하나로 정해진다. 역으로 평면위의 임의의 점 A에 대하여 $\vec{a}=\overrightarrow{\mathrm{OA}}$인 평면벡터 $\vec{a}$가 단 하나로 정해진다.

곧, 시점을 한 점 O로 고정시키면 평면벡터 $\overrightarrow{\mathrm{OA}}$와 평면의 한 점 A는 일대일 대응한다.

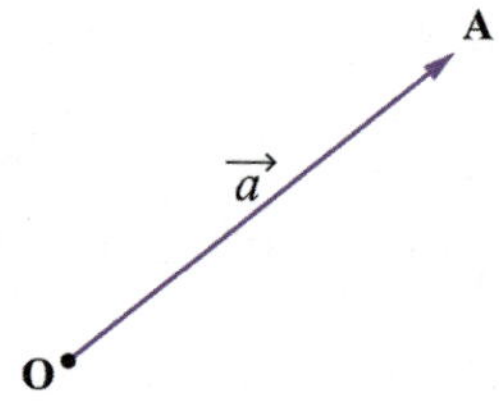

그림 4.25

정의 4.4

공간에 한 정점 O를 정해 놓으면 O를 시점으로 하는 공간벡터 $\overrightarrow{\mathrm{OA}}$와 공간의 한 정점 A는 일대일 대응한다. 이때 벡터 $\vec{a}$를 점 O에 대한 점 A의 위치벡터라고 한다.
앞으로 평면 또는 공간에 있어서 위치벡터를 다룰 때에는 정점 O가 이미 정해져 있는 것으로 생각한다.

공간에서 한 점 O를 고정하고 이 점을 원점으로 하는 직교좌표를 주어졌을 때, 위치벡터 $\overrightarrow{\mathrm{OP}}$의 종점의 좌표 $(x_1,\ x_2,\ x_3)$를 벡터 $\overrightarrow{\mathrm{OP}}$의 성분이라 한다. 실제로 $(x_1,\ x_2,\ x_3)$는 점 P의 좌표가 된다. 역으로 한 점 P의 좌표가 주어지면 이 좌표를 성분으로 가지는 벡터 $\overrightarrow{\mathrm{OP}}$가 주어진다. 따라서 공간의 한 점과 하나의 벡터가 일대일대응이 됨을 알 수 있으므로, 이제부터는 점과 벡터를 구별하지 않고 단순히 $\mathrm{P}(x_1,\ x_2,\ x_3)$로서 위치벡터 $\overrightarrow{\mathrm{OP}}$를 나타내기로 한다.
이제 공간의 두 위치벡터 $\overrightarrow{\mathrm{OA}}=(a_1,\ a_2,\ a_3)$, $\overrightarrow{\mathrm{OB}}=(b_1,\ b_2,\ b_3)$와 실수 k가 주어지면 다음 관계식이 성립한다.

(1) 벡터의 상등관계
$\overrightarrow{\mathrm{OA}}=\overrightarrow{\mathrm{OB}}$이기 위한 필요충분조건은 $a_1=b_1,\ a_2=b_2,\ a_3=b_3$이다.
(2) 벡터의 합
$\overrightarrow{\mathrm{OA}}+\overrightarrow{\mathrm{OB}}=(a_1+b_1,\ a_2+b_2,\ a_3+b_3)$
(3) 벡터의 스칼라곱
$k\overrightarrow{\mathrm{OA}}=(ka_1,\ ka_2,\ ka_3)$

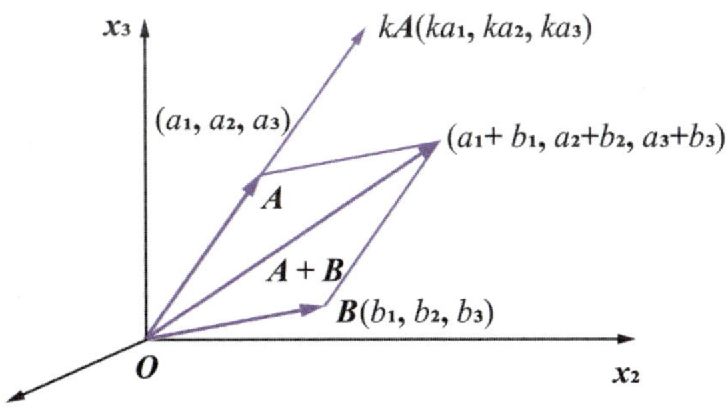

그림 4.26

예제 4.15

다음 각 물음에 답하여라.

(1) $\vec{a}=(1,\ 1)$, $\vec{b}=(-2,1)$일 때, 벡터 $\vec{c}=(-1,\ 5)$를 $x\vec{a}+y\vec{b}$의 꼴로 나타내어라. 단, x, y는 실수이다.

(2) $\vec{a}=(1,\ 2)$, $\vec{b}=(x,\ 1)$인 두 벡터 $\vec{a}$, $\vec{b}$에 대하여 $\vec{a}+2\vec{b}$와 $2\vec{a}-\vec{b}$가 평행할 때, 실수 x의 값을 구하여라.

Solution

(1) $\vec{c}=x\vec{a}+y\vec{b}$를 성분으로 나타내면 $(-1,5)=x(1,1)+y(-2,1)$

곧, $(-1,5)=(x,x)+(-2y,\ y)$ $\therefore (-1,5)=(x-2y,\ x+y)$

따라서 벡터의 상등의 정의로부터

$x-2y=-1,\ x+y=5 \therefore x=3,\ y=2$ $\quad \therefore \vec{c}=3\vec{a}+2\vec{b}$

(2) $\vec{a}+2\vec{b}=(1,\ 2)+2(x,\ 1)=(1,\ 2)+(2x,\ 2)=(2x+1,\ 4)$

$2\vec{a}-\vec{b}=2(1,\ 2)-(x,\ 1)=(2,\ 4)-(x,\ 1)=(2-x,\ 3)$

그런데 문제의 조건으로부터 $(\vec{a}+2\vec{b})//(2\vec{a}-\vec{b})$이므로

$(2x+1,4)=m(2-x,\ 3)\ (m\neq 0)$

곧, $(2x+1,4)=(2m-mx,\ 3m)$ $\therefore 2x+1=2m-mx,\ 4=3m$

$\therefore m=\dfrac{4}{3},\ x=\dfrac{1}{2}$

예제 4.16

$\vec{a}=(2,\ -3,\ 1)$, $\vec{b}=(-1,\ 2,\ 1)$, $\vec{c}=(3,\ -2,\ 4)$일 때, 다음 벡터를 성분으로 나타내어라.

(1) $2\vec{a}+3\vec{b}$

(2) $2(\vec{a}-\vec{b})-3(2\vec{a}+\vec{c})$

Solution

(1) $2\vec{a}+3\vec{b}=2(2,\ -3,\ 1)+3(-1,\ 2,\ 1)=(4,\ -6,\ 2)+(-3,\ 6,\ 3)=(1,\ 0,\ 5)$

(2) $2(\vec{a}-\vec{b})-3(2\vec{a}+\vec{c})=2\vec{a}-2\vec{b}-6\vec{a}-3\vec{c}=-4\vec{a}-2\vec{b}-3\vec{c}$

$=-4(2,\ -3,\ 1)-2(-1,\ 2,\ 1)-3(3,\ -2,\ 4)$

$=(-15,\ 14,\ -18)$

예제 4.17

두 점 $A(2,\ 2,\ -1)$, $B(2,\ 5,\ 3)$에 대하여 $\vec{a}=\overrightarrow{AB}$라고 할 때, 벡터 $\vec{a}$의 크기를 구하여라.

Solution

좌표의 원점을 O라고 하면 $\vec{a}=\overrightarrow{AB}=\overrightarrow{OB}-\overrightarrow{OA}=(2,\ 5,\ 3)-(2,\ 2,\ -1)=(0,\ 3,\ 4)$

$|\vec{a}|=\sqrt{0^2+3^2+4^2}=5$

오른쪽 그림과 같이 좌표공간에서 x축, y축 z축의 양의 방향과 같은 방향을 가지는 단위벡터를 각각 i, j, k로 나타내고, i, j, k를 통틀어 공간의 기본단위벡터 또는 기본벡터라고 한다.

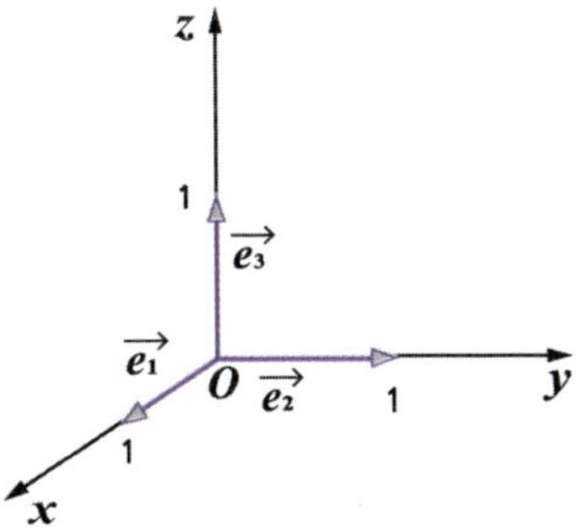

그림 4.27

지금 좌표공간의 임의의 벡터 $\vec{a}$에 대하여 $\vec{a}$의 시점을 원점 O로 하여 $\vec{a}=\overrightarrow{OA}$가 되도록 종점 A를 정할 때, 점 A의 좌표를 $A(a_1, a_2, a_3)$이라 하고, 점 A에서 x축, y축, z축에 내린 수선의 발을 각각 A_1, A_2, A_3이라고 하면

$\overrightarrow{OA_1}=a_1\mathrm{i}$, $\overrightarrow{OA_2}=a_2\mathrm{j}$, $\overrightarrow{OA_3}=a_3\mathrm{k}$

따라서

$\vec{a}=\overrightarrow{OA}$는 $\vec{a}=\overrightarrow{OA}=\overrightarrow{OA_1}+\overrightarrow{OA_2}+\overrightarrow{OA_3}=a_1\mathrm{i}+a_2\mathrm{j}+a_3\mathrm{k}$

로 나타내어진다.

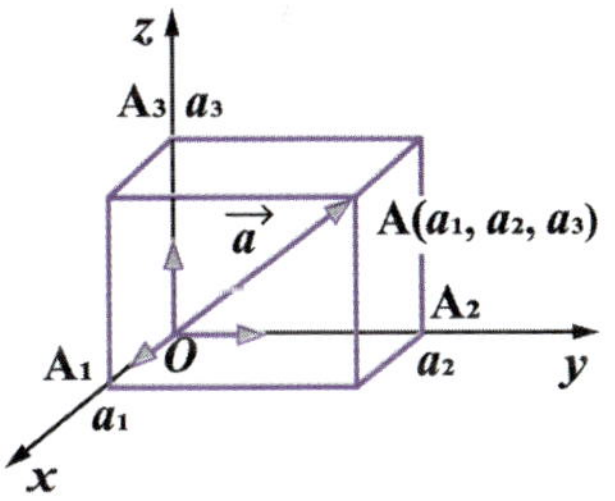

그림 4.28

예제 4.18

다음 각 벡터를 성분으로 나타내어라.

(1) $\vec{a}=2\mathrm{i}+3\mathrm{j}+4\mathrm{k}$

(2) $\vec{b}=3\mathrm{i}-4\mathrm{j}+5\mathrm{k}$

Solution

(1) $\vec{a}=(2,\ 3,\ 4)$

(2) $\vec{b}=5\mathrm{i}-4\mathrm{j}+3\mathrm{k}$이므로 $\vec{b}=(5,\ -4,\ 3)$

예제 4.19

$\vec{a} = -2\mathrm{i} + \mathrm{j} + 3\mathrm{k}$, $\vec{\mathrm{b}} = \mathrm{i} + 3\mathrm{j} + 4\mathrm{k}$ **일 때,** $2\vec{a} + \vec{b}$**를 성분으로 나타내어라.**

Solution

$\vec{a} = (-2,\ 1,\ 3)$, $\vec{b} = (1,\ 3,\ 4)$이므로 $2\vec{a} + \vec{b} = 2(-2,\ 1,\ 3) + (1,\ 3,\ 4) = (-3,\ 5,\ 10)$

연습 문제 4.2

[EX 01] 다음 식을 간단히 하여라.

(1) $2\vec{a}+3\vec{b}-4\vec{a}+\vec{b}$

(2) $2\vec{a}-\vec{b}+3\vec{a}+2\vec{b}$

[EX 02] 선분 AB를 3 : 2로 내분하는 점을 P, 외분하는 점을 Q, 중점을 D라 하고, 점 A, B, P, Q, D의 위치벡터를 각각 $\vec{a}$, $\vec{b}$, $\vec{p}$, $\vec{q}$, $\vec{d}$라고 할 때 $\vec{p}$, $\vec{q}$, $\vec{d}$를 $\vec{a}$, $\vec{b}$로 나타내어라.

[EX 03] $\vec{a}=(3,2)$, $\vec{b}=(-2,\ 3)$일 때, $m\vec{a}+n\vec{b}=\vec{0}$을 만족하는 실수 m, n의 값을 구하여라.

[EX 04] $\vec{a}=(1,\ 1)$, $\vec{b}=(1,\ -1)$일 때, 다음 벡터를 각각 $\vec{a}$, $\vec{b}$로 나타내어라.

(1) $\vec{p}=(2,\ 3)$

(2) $\vec{q}=(-3,\ 2)$

(3) $\vec{r}=(-1,\ 2)$

[EX 05] O가 좌표평면의 원점이고, $\overrightarrow{OA}=\overrightarrow{e_1}-2\overrightarrow{e_2}$, $\overrightarrow{OB}=-4\overrightarrow{e_1}+2\overrightarrow{e_2}$ 일 때, 다음 벡터를 O를 시점으로 하여 그림으로 나타내어라.

(1) $3\overrightarrow{OA}-2\overrightarrow{OB}$

(2) $-\overrightarrow{OA}-2\overrightarrow{OB}$

(3) $2\overrightarrow{BA}$

[EX 06] 오른쪽 그림에 주어진 u, v를 보고 다음을 도시하라.

(1) 2u

(2) u + v

(3) v - 2u

(4) 2u + v

[EX 07] 다음에 주어진 시초점 P_1과 종점 P_2를 갖는 벡터의 성분을 구하라.

(1) $P_1(4,\ 8),\ P_2(3,\ 7)$

(2) $P_1(3,\ -7,\ 2),\ P_2(-2,\ 5,\ -4)$

[EX 08] u = (-3, 1, 2), v = (4, 0, -8), w = (6, -1, -4)라 할 때 다음 벡터의 성분을 구하라.

(1) v − w

(2) -v + u

(3) -3(v - 8w)

[EX 09] 시점이 P_1 종점이 P_2인 벡터 v의 길이 |v|를 구하고, v를 도시하라.

(1) $P_1(1,0,0),\ \ P_2(4,2,0)$

(2) $P_1(3,-2,1),\ P_2(1,2,-4)$

(3) $P_1(8,6,1),\ \ P_2(-8,6,1)$

[EX 10] 주어진 두 점 사이의 거리를 구하라.

(1) (2,3) (4,5)

(2) (−3,2) (0,1)

[EX 11] 주어진 두 점 사이의 거리를 구하라.

(1) (1,-1,2), (3,0,2)

(2) (−3,2), (0,1)

[EX 12] u=(1,-3,2), v=(1,1,0), w=(2,2,-4)일 때 다음을 구하라.

(1) $|\ \mathrm{u}+\mathrm{v}\ |$

(2) $|-2\mathrm{u}|+2|\mathrm{v}|$

(3) $\dfrac{1}{\|\ \mathbf{w}\ \|}\cdot \mathrm{w}$

[EX 13] u=(1,2,3), v=(2,-3,1), w=(3,2,-1)일 때 다음과 같은 벡터의 성분을 구하라.

(1) u-v

(2) 2u-(v+w)

(3) $c_1\mathrm{u}+c_2\mathrm{v}+c_3\mathrm{w}=(6,\ 14,\ -2)$를 만족하는 스칼라 $c_1,\ c_2,\ c_3$를 구하라.

[EX 14] $P_1(1,1,2)$, $P_2(6,-7,3)$이 주어졌을 때

(1) 두 점 P_1과 P_2 사이의 거리를 구하라.

(2) 시점이 P_1이고 종점이 P_2인 벡터를 구하라.

(3) (2)에서 벡터를 u라 할 때 $\| 3\,\mathrm{u} \|$ 를 구하라.

(4) $\dfrac{\mathrm{u}}{\| \mathrm{u} \|}$ 를 계산하고, $\dfrac{\mathrm{u}}{\| \mathrm{u} \|}$ 의 노음(Norn)이 1이 됨을 보여라.

(5) $\| k\mathrm{u} \| = 3$이 되는 k의 모든 값을 구하라.

(6) (4)를 이용하여 v=(1,1,1)과 같은 방향을 갖는 단위벡터를 구하라.

[EX 15] u-방향의 단위벡터를 구하라.

(1) u = (1, 2, 1)

(2) u = (0, -1, 2, -1)

4.3 벡터의 내적

4.3.1 내적

정의 4.5

$u = \langle a_1,\ b_1 \rangle, v = \langle a_2,\ b_2 \rangle$벡터라 할 때 u, v의 내적 $u \cdot v$를

$$u \cdot v = a_1a_2 + b_1b_2$$

으로 정의한다. 내적은 벡터가 아니고 스칼라이다.

예제 4.20

다음 내적 $u \cdot v$를 구하라.

(1) $u = \langle 3,\ -2 \rangle,\ v = \langle 4,\ 5 \rangle$

(2) $u = 2i + j,\ v = 5i - 6j$

Solution

(1) $u \cdot v = (3)(4) + (-2)(5) = 2$

(2) $u \cdot v = (2)(5) + (1)(-6) = 41$

정리 4.2

(1) $u \cdot v = v \cdot u$

(2) $(au) \cdot v = a(u \cdot v) = u \cdot (av)$

(3) $(u+v) \cdot w = u \cdot w + v \cdot w$

(4) $|u|^2 = u \cdot u$

증명

(1), (2), (3)은 생략하고 (4)를 증명하자. $u = \langle\ a, b\ \rangle$라 하자.

$$u \cdot u = \langle a,\ b \rangle \cdot \langle a,\ b \rangle = a^2 + b^2 = |u|^2$$

정리 4.3

θ가 u와 v의 사잇각이라면

$$\mathrm{u} \cdot \mathrm{v} = |\mathrm{u}||\mathrm{v}|\cos\theta$$

증명

이제 영벡터가 아닌 두 벡터 u, v 그리고 사잇각 θ가 주어졌을 때 [그림 4.29]에서 삼각형의 코사인법칙을 적용하면 $|\mathrm{u}-\mathrm{v}|^2 = |\mathrm{u}|^2 + |\mathrm{v}|^2 - 2|\mathrm{u}||\mathrm{v}|\cos\theta$

$$\begin{aligned}|\mathrm{u}-\mathrm{v}|^2 &= (\mathrm{u}-\mathrm{v}) \cdot (\mathrm{u}-\mathrm{v}) \\ &= \mathrm{u}\cdot\mathrm{u} - \mathrm{u}\cdot\mathrm{v} - \mathrm{v}\cdot\mathrm{u} + \mathrm{v}\cdot\mathrm{v} \\ &= |\mathrm{u}|^2 - 2(\mathrm{u}\cdot\mathrm{v}) + |\mathrm{v}|^2\end{aligned}$$

$$\begin{aligned}|\mathrm{u}|^2 - 2(\mathrm{u}\cdot\mathrm{v}) + |\mathrm{v}|^2 &= |\mathrm{u}|^2 + |\mathrm{v}|^2 - 2|\mathrm{u}||\mathrm{v}|\cos\theta \\ -2(\mathrm{u}\cdot\mathrm{v}) &= -2|\mathrm{u}||\mathrm{v}|\cos\theta \\ \mathrm{u}\cdot\mathrm{v} &= |\mathrm{u}||\mathrm{v}|\cos\theta\end{aligned}$$

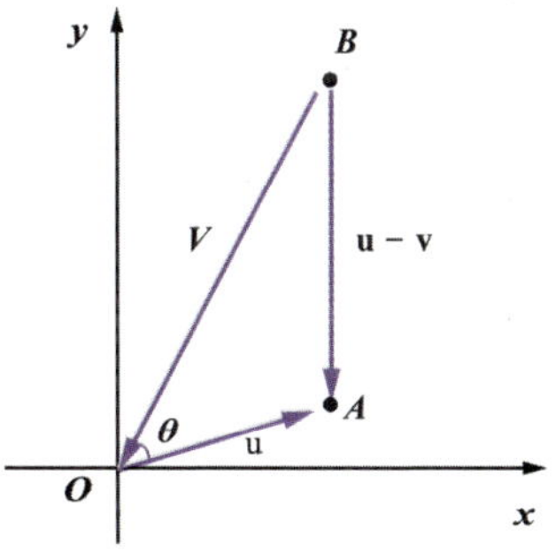

그림 4.29

예제 4.21

$\mathrm{u} = \langle 2, 5 \rangle$와 $\mathrm{v} = \langle 4, -3 \rangle$에 대하여 u와 v가 이루는 각도를 구하라.

(1) $\mathrm{u} = \langle 3, -2 \rangle$, $\mathrm{v} = \langle 4, 5 \rangle$ (2) $\mathrm{u} = 2\mathrm{i} + \mathrm{j}$, $\mathrm{v} = 5\mathrm{i} - 6\mathrm{j}$

Solution

$$\cos\theta = \frac{\mathrm{u}\cdot\mathrm{v}}{|\mathrm{u}||\mathrm{v}|} = \frac{(2)(4)+(5)(-3)}{\sqrt{4+25}\sqrt{16+9}} = \frac{-7}{5\sqrt{29}} \qquad \theta = \cos^{-1}\left(\frac{-7}{5\sqrt{29}}\right) \approx 105.1^\circ$$

예제 4.22

$\mathrm{u} = \langle 2, -1, 1 \rangle$ $\mathrm{v} = \langle 1, 1, 2 \rangle$**에 대해서** $\mathrm{u} \cdot \mathrm{v}$**와 u와 v가 이루는 각도** θ**를 구하라.**

Solution

$\mathrm{u} \cdot \mathrm{v} = u_1v_1 + u_2v_2 + u_3v_3 = (2)(1) + (-1)(1) + (1)(2) = 3$

주어진 벡터에 대해서 $\| \mathrm{u} \| = \| \mathrm{v} \| = \sqrt{6}$이고 $\cos\theta = \dfrac{\mathrm{u} \cdot \mathrm{v}}{\| \mathrm{u} \| \, \| \mathrm{v} \|} = \dfrac{3}{\sqrt{6}\sqrt{6}} = \dfrac{1}{2}$

따라서 $\theta = 60^\circ$ 이다.

0이 아닌 두 벡터 u와 v 사이의 각이 $\frac{\pi}{2}$일 때, u와 v는 서로 수직(perpendicular) 또는 서로 직교(orthogonal)한다고 말한다.

$\mathrm{u} \cdot \mathrm{v} = |\mathrm{u}||\mathrm{v}|\cos\left(\frac{\pi}{2}\right) = 0$이고, 역으로 $\mathrm{u} \cdot \mathrm{v} = 0$이면 $\cos\theta = 0$이므로, $\theta = \frac{\pi}{2}$이다. 영벡터는 모든 벡터에 수직인 것으로 생각한다. 그러므로 다음 방법에 의해 두 벡터가 직교하는지 결정할 수 있다.

예제 4.23

$2\mathrm{i} + 2\mathrm{j} - \mathrm{k}$**가** $5\mathrm{i} + 4\mathrm{j} + 2\mathrm{k}$**에 수직임을 보여라.**

Solution

$(2\mathrm{i} + 2\mathrm{j} - \mathrm{k}) \cdot (5\mathrm{i} + 4\mathrm{j} + 2\mathrm{k}) = 2(5) + 2(4) + (-1)(2) = 0$이므로 두 벡터는 수직이다.

4.3.2 벡터사영

[그림 4.30]은 같은 시점 P를 갖는 두 벡터 a와 u를 $\overrightarrow{PQ}$와 $\overrightarrow{PR}$로 표현하고 있다. S를 R에서 $\overrightarrow{PQ}$를 포함하는 직선에 내린 수선의 발이라고 할 때, $\overrightarrow{PS}$로 표시된 벡터를 a 위로의 u의 벡터사영(vector projection)이라 부른다(이를 벡터 u의 그림자로 생각할 수 있다).

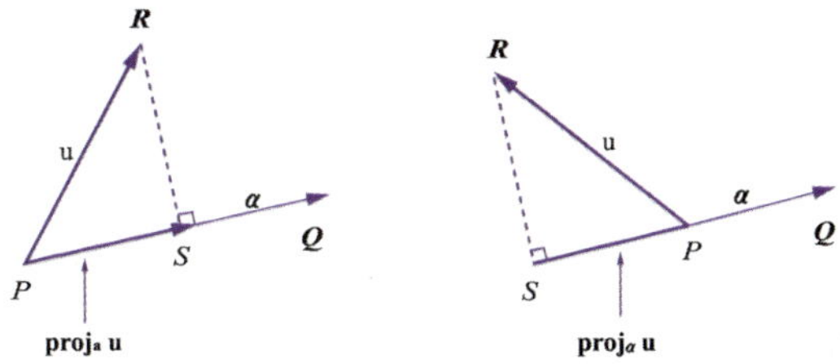

그림 4.30

a 위로의 u의 스칼라사영(또는 a 방향의 u의 성분)은 θ가 a와 u 사이의 각일 때, $|\mathrm{u}|\cos\theta$로 정의한다([그림 4.31] 참조).

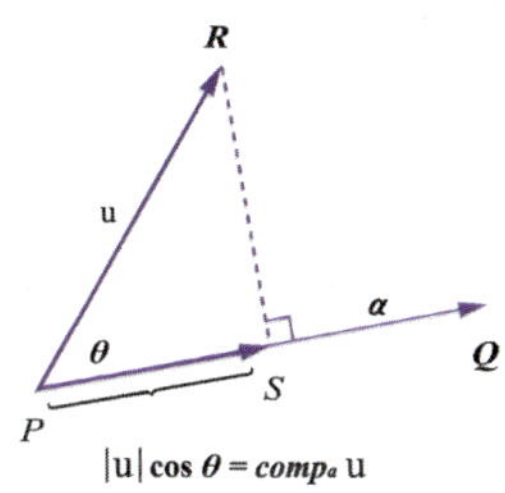

그림 4.31

$\frac{\pi}{2} < \theta \le \pi$일 때 이것은 음수가 됨을 확인하라.

식 $a \cdot \mathrm{u} = |a||\mathrm{u}|\cos\theta = |a|(|\mathrm{u}|\cos\theta)$는 a와 u의 내적이 a의 길이에 a 위로이 u의 스칼라사영을 곱한 것으로 설명될 수 있음을 보여준다.

$$|\mathrm{u}|\cos\theta = \frac{a \cdot \mathrm{u}}{|a|} = \frac{\mathrm{a}}{|\mathrm{a}|} \cdot \mathrm{u}$$

a 위로의 u의 스칼라사영은 a와 방향이 같은 단위벡터와 u와의 내적임을 알 수 있다. 이것을 요약하면,

a **위로의 u의 스칼라사영** : $comp_a \mathrm{u} = \frac{a \cdot \mathrm{u}}{|a|}$

a **위로의 u의 벡터사영** : $proj_a \mathrm{u} = \frac{a \cdot \mathrm{u}}{|a|} \frac{a}{|a|} = \frac{a \cdot \mathrm{u}}{|a|^2} a$

벡터사영은 a방향으로의 단위벡터에 스칼라사영을 곱한 것과 같다는 것을 알 수 있다.

예제 4.24

$a = \langle -2, 3, 1 \rangle$ 위로의 $\mathrm{u} = \langle 1, 1, 2 \rangle$의 스칼라사영과 벡터사영을 구하라.

Solution

$|a| = \sqrt{(-2)^2 + 3^2 + 1^2} = \sqrt{14}$ 이므로

a 위로의 u의 스칼라사영은 $comp_a \mathrm{u} = \dfrac{a \cdot \mathrm{u}}{|a|} = \dfrac{(-2)(1) + 3(1) + 1(2)}{\sqrt{14}} = \dfrac{3}{\sqrt{14}}$ 이다.

벡터사영은 이 스칼라사영을 a 방향의 단위벡터에 곱한 것이다.

$$proj_a \mathrm{u} = \frac{3}{\sqrt{14}} \frac{a}{|a|} = \frac{3}{14} a = \frac{3}{14}(-2, 3, 1) = \left(-\frac{3}{7}, \frac{9}{14}, \frac{3}{14}\right)$$

예제 4.25

$\mathrm{u} = \langle 2, -1, 3 \rangle$이고, $a = \langle 4, -1, 2 \rangle$라 하자. a 위로의 u의 벡터사영과 a에 직교하는 u의 벡터 성분을 구하라.

Solution

$\mathrm{u} \cdot a = (2)(4) + (-1)(-1) + (3)(2) = 15$

$\| a \|^2 = 4^2 + (-1)^2 + 2^2 = 21$

따라서,

a를 따르는 u의 벡터사영은 $proj_a \mathrm{u} = \dfrac{\mathrm{u} \cdot a}{\| a \|^2} a = \dfrac{15}{21}(4, -1, 2) = \left(\dfrac{20}{7}, -\dfrac{5}{7}, \dfrac{10}{7}\right)$이고,

a에 직교하는 u의 벡터 성분은 $\mathrm{u} - proj_a \mathrm{u} = (2, -1, 3) - \left(\dfrac{20}{7}, -\dfrac{5}{7}, \dfrac{10}{7}\right) = \left(-\dfrac{6}{7}, -\dfrac{2}{7}, \dfrac{11}{7}\right)$

벡터 $\mathrm{u} - proj_a \mathrm{u}$와 $proj_a u$가 이들의 내적이 0임을 밝힘으로써 수직임을 밝힐 수 있다.

연습 문제 4.3

[EX 01] u • v를 계산하라.

(1) u = ⟨ 3,1 ⟩, v = ⟨ 2,4 ⟩

(2) u = ⟨ 2, -1, 3 ⟩, v = ⟨ 0, 2, 4 ⟩

[EX 02] 다음 벡터 사이의 각을 구하라

(1) a = 3i-2j, b=i+j

(2) a= 3i +j -4k, b =-2i+2j+k

[EX 03] 주어진 벡터들이 직교하는지 밝혀라.

(1) a=⟨4,-1,1⟩, b=⟨2,4,4⟩

(2) a=6i+2j, b=-i+3j

[EX 04] 주어진 벡터와 직교하는 벡터를 찾아라.

(1) ⟨2,-1⟩

(2) 6i+2j-k

[EX 05] $comp_a$u와 $proj_a$u를 찾아라.

(1) u=⟨2,1⟩, a=⟨3,4⟩

(2) u=3i+j, a=4i-3j

(3) u=⟨2,0,-2⟩, a=⟨0,-3,4⟩

[EX 06] 다음의 u와 v가 이루는 각을 각각 구하라.

(1) u=⟨2,3⟩, v=⟨5,-7⟩

(2) u=⟨1,-5,4⟩, v=⟨3,3,3⟩

[EX 07] 다음의 u에서 a로의 정사영벡터을 구하라.

(1) u = ⟨6,2⟩, a=⟨3,-9⟩ (2) u=⟨3,1,-7⟩, a=⟨1,0,5⟩

[EX 08] 문제 7의 각각에서 a에 직교하는 u벡터의 성분을 구하라.

[EX 09] 다음 각각에서 $\| proj_a \mathrm{u} \|$ 를 구하라.

(1) u=⟨1,-2⟩, a=⟨-4,-3⟩ (2) u=⟨3,-2,6⟩, a=⟨1,2,-7⟩

[EX 10] u=⟨1,0,1⟩과 v=⟨0,1,1⟩의 모두에 직교하는 단위벡터를 구하라.

4.4 벡터곱

4.4.1 외적

기하학, 물리학과 공학의 여러 가지 문제에 대한 벡터의 응용에 있어서 3차원 공간에서 주어진 두 벡터에 수직이 되는 벡터를 구성하는 방법을 설명한다.

4.3절에서부터 2차원 또는 3차원 공간에 있어서 두 벡터의 내적은 스칼라였음을 상기하자. 이제 벡터곱이 벡터를 구성하는 벡터 곱셈의 하나인 형태를 정의하겠지만, 이것은 오직 3차원 공간에서만이 적용 가능하다.

정의 4.6

3차원 공간의 벡터 $\mathrm{u}=(u_1,\ u_2,\ u_3)$와 $\mathrm{v}=(v_1,\ v_2,\ v_3)$에서
$\mathrm{u}\times\mathrm{v}=(u_2v_3-u_3v_2,\ u_3v_1-u_1v_3,\ u_1v_2-u_2v_1)$을 u와 v의 외적 또는 벡터곱(cross product)이라 한다. 행렬식을 이용하면

$$\mathrm{u}\times\mathrm{v}=\left(\begin{vmatrix} u_2 & u_3 \\ v_2 & v_3 \end{vmatrix},\ -\begin{vmatrix} u_1 & u_3 \\ v_1 & v_3 \end{vmatrix},\ \begin{vmatrix} u_1 & u_2 \\ v_1 & v_2 \end{vmatrix}\right)$$

로도 정의한다.

예제 4.26

$\mathrm{u}=\langle 1, 2, -2\rangle$, $\mathrm{v}=\langle 3, 0, 1\rangle$일 때 $\mathrm{u}\times\mathrm{v}$를 구하라.

Solution

$$\mathrm{u}\times\mathrm{v}=\left(\begin{vmatrix} 2 & -2 \\ 0 & 1 \end{vmatrix},\ -\begin{vmatrix} 1 & -2 \\ 3 & 1 \end{vmatrix},\ \begin{vmatrix} 1 & 2 \\ 3 & 0 \end{vmatrix}\right)=(2,\ -7,\ -6).$$

정리 4.4

u, v와 w를 3차원 공간의 벡터라 할 때 다음이 성립한다.

(1) u·(u×v)=0 (u·v와 u는 직교)

(2) v·(u×v)=0 (u·v와 v는 직교)

(3) $\| u \times v \|^2 = \| u \|^2 \| v \|^2 - (u \cdot v)^2$ (라그랑주의 항등식)

(4) u×(v×w)=(u · w)v-(u · v)w (벡터곱과 내적과의 관계)

(5) (u×v)×w=(u · w)v-(v · w)u (벡터곱과 내적과의 관계)

증명

(1) : $(u=(u_1, u_2, u_3)$이고, $v=(v_1, v_2, v_3)$라 하면 다음이 성립한다.

$$u \cdot (u \times v) = (u_1, u_2, u_3) \cdot (u_2v_3 - u_3v_2, u_3v_1 - u_1v_3, u_1v_2 - u_2v_1)$$

$$= u_1(u_2v_3 - u_3v_2) + u_2(u_3v_1 - u_3v_1) + u_3(u_1v_2 - u_2v_1) = 0.$$

(2) : (1)과 같다.

(3) : $\| u \cdot v \|^2 = (u_2v_3 - u_3v_2)^2 + (u_3v_1 - u_1v_3)^2 + (u_1v_2 - u_2v_1)^2$이고

$\| u \|^2 \| v \|^2 - (u \cdot v)^2 = (u_1^2 + u_2^2 + u_3^2)(v_1^2 + v_2^2 + v_3^2) - (u_1v_1 + u_2v_2 + u_3v_3)^2$

이므로 이들이 일치함을 밝힘으로써 증명된다.

(4)와 (5) : 생략

예제 4.27

u, v가 다음과 같을 때 u×v는 u와 v에 수직임을 보여라. $u=(1, 2, -2)$, $v=(3, 0, 1)$

Solution

$u \times v = (2, -7, -6)$이고

$u \cdot (u \times v) = (1)(2) + (2)(-7) + (-2)(-6 = 0)$이므로,

$v \cdot (u \times v) = (3)(2) + (0)(-7) + (1)(-6) = 0$

[정리 4.4] (1), (2)에서 확인된 바와 같은 u×v는 u, v의 각각에 직교한다.

정리 4.5

u, v, w를 3차원 공간의 벡터, k를 임의의 스칼라라 할 때 다음이 성립한다.

(1) $\mathrm{u}\times\mathrm{v}=-(\mathrm{v}\times\mathrm{u})$

(2) $\mathrm{u}\times(\mathrm{v}+\mathrm{w})=(\mathrm{u}\times\mathrm{v})+(\mathrm{u}+\mathrm{w})$

(3) $(\mathrm{u}+\mathrm{v})\times\mathrm{w}=(\mathrm{u}\times\mathrm{w})+(\mathrm{v}\times\mathrm{w})$

(4) $k(\mathrm{u}\times\mathrm{v})=(k\mathrm{u})\times\mathrm{v}=\mathrm{u}\times(k\mathrm{v})$

(5) $\mathrm{u}\times 0=0\times\mathrm{u}=0$

(6) $\mathrm{u}\times\mathrm{u}=0$

벡터 $\mathrm{i}=(1,0,0)$, $\mathrm{j}=(0,1,0)$, $\mathrm{k}=(0,0,1)$을 생각하자. 이들 벡터는 어느 것이나 길이가 1이고 좌표축 상에 존재한다([그림 4.32] 참조).

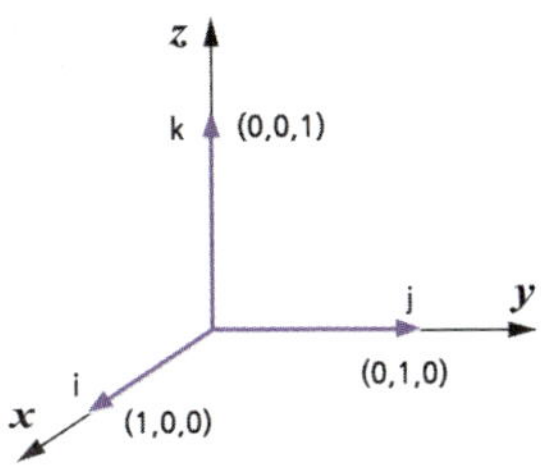

그림 4.32

이들의 특수한 벡터를 3차원 공간의 3개의 표준 단위벡터(standard unit vectors)라 부른다.

3차원 공간의 임의의 벡터 $\mathrm{v}=(v_1,v_2,v_3)$는 i, j, k를 사용해 나타내면,
$\mathrm{v}=(v_1,v_2,v_3)=v_1(1,0,0)+v_2(0,1,0)+v_3(0,0,1)=v_1\mathrm{i}+v_2\mathrm{j}+v_3\mathrm{k}$로 쓸 수 있다.
예컨대 $(2,-3,4)=2\mathrm{i}-3\mathrm{j}+4\mathrm{k}$이다.

벡터곱에 관한 행렬식 형식 또한 단위벡터 i, j, k를 사용하여 $\mathrm{u}\times\mathrm{v}$를 다음과 같이 3×3행렬식 형태의 기호로 표현할 수도 있다. 즉

$$\mathrm{u}\times\mathrm{v}=\begin{vmatrix}\mathrm{i} & \mathrm{j} & \mathrm{k}\\ u_1 & u_2 & u_3\\ v_1 & v_2 & v_3\end{vmatrix}=\begin{vmatrix}u_2 & u_3\\ v_2 & v_3\end{vmatrix}\mathrm{i}-\begin{vmatrix}u_1 & u_3\\ v_1 & v_3\end{vmatrix}\mathrm{j}+\begin{vmatrix}u_1 & u_2\\ v_1 & v_2\end{vmatrix}\mathrm{k}$$

예제 4.28

$u=(1,2,-2), v=(3,0,1)$이라 할 때 $u\times v$을 구하라.

Solution

$$u\times v=\begin{vmatrix} i & j & k \\ 1 & 2 & -2 \\ 3 & 0 & 1 \end{vmatrix}=2i-7j-6k$$

4.4.2 벡터곱의 기하학적 의미

u와 v가 3차원 공간의 벡터이면 $u \bullet v$의 노음은 유용한 기하학적 해석을 갖는다. [정리 4.4]에서 주어진 라그랑주의 항등식은 $\|u\times v\|^2=\|u\|^2\|v\|^2-(u \bullet v)^2$이었다. u와 v가 이루는 각을 θ라 하면 $u \bullet v=\|u\|\|v\|\cos\theta$로 쓸 수 있으므로 위 식을 변형하면,

$$\|u\times v\|^2=\|u\|^2\|v\|^2-\|u\|^2\|v\|^2\cos^2\theta$$

$$=\|u\|^2\|v\|^2(1-\cos^2\theta)=\|u\|^2\|v\|^2\sin^2\theta \text{로 된다.}$$

$0\le\theta\le\pi$이므로 $\sin\theta\ge 0$이다.

따라서, $\|u\times v\|=\|u\|\|v\|\sin\theta$ 라는 공식이 얻어진다.

그런데 $\|v\|\sin\theta$란 u와 v가 만드는 평행사변형의 높이로 되어 있다([그림 4.33] 참조).

따라서 이 평행사변형의 넓이

A = (밑변)(높이)

$=\|u\|\|v\|\sin\theta=\|u\times v\|$로 주어진다.

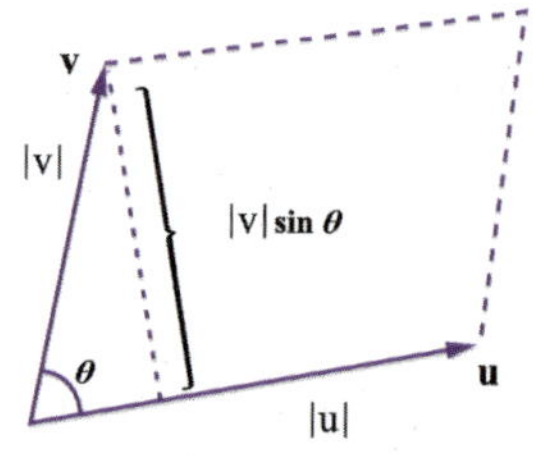

그림 4.33

정리 4.6

u와 v가 3차원 공간의 벡터이면 $\|u\times v\|$는 u와 v가 만드는 평행사변형의 넓이와 같다.

예제 4.29

점 $P_1(2,2,0)$, $P_2(-1,0,2)$와 $P_3(0,4,3)$으로 결정되는 삼각형의 넓이를 구하라.

Solution

$\overrightarrow{P_1P_2}=(-3,-2,2)$이고 $\overrightarrow{P_1P_3}=(-2,2,3)$이므로

$\overrightarrow{P_1P_2}\times\overrightarrow{P_1P_3}=(-10,5,-10)$

따라서 $A=\frac{1}{2}\left\|\overrightarrow{P_1P_2}\times\overrightarrow{P_1P_3}\right\|=\frac{1}{2}(15)=\frac{15}{2}$

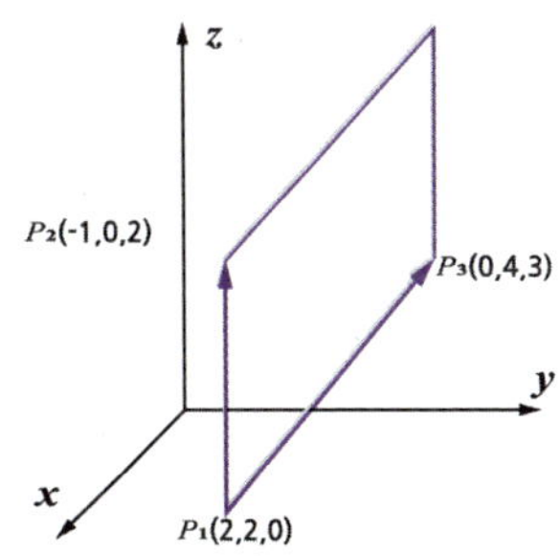

그림 4.34

4.4.3 스칼라 3중적

정의 u, v와 w를 3차원 공간의 벡터라 할 때 u • (v×w)를 u, v와 w의 스칼라 3중적(scalar triple product)이라 한다.

$u=(u_1,u_2,u_3)$, $v=(v_1,v_2,v_3)$와 $w=(w_1,w_2,w_3)$의 스칼라 3중적은 공식

$$u\cdot(v\times w)=\begin{vmatrix} u_1 & u_2 & u_3 \\ v_1 & v_2 & v_3 \\ w_1 & w_2 & w_3 \end{vmatrix}$$

로 계산될 수 있다. 이 사실을 다음과 같이 증명할 수 있다.

$$u\cdot(v\times w)=u\cdot\left(\begin{vmatrix} v_2 & v_3 \\ w_2 & w_3 \end{vmatrix}i-\begin{vmatrix} v_1 & v_3 \\ w_1 & w_3 \end{vmatrix}j+\begin{vmatrix} v_1 & v_2 \\ w_1 & w_3 \end{vmatrix}k\right)$$

$$=\begin{vmatrix} v_2 & v_3 \\ w_2 & w_3 \end{vmatrix}u_1-\begin{vmatrix} v_1 & v_3 \\ w_1 & w_3 \end{vmatrix}u_2+\begin{vmatrix} v_1 & v_2 \\ w_1 & w_2 \end{vmatrix}u_3=\begin{vmatrix} u_1 & u_2 & u_3 \\ v_1 & v_2 & v_3 \\ w_1 & w_2 & w_3 \end{vmatrix}$$

이다.

예제 4.30

벡터 $\mathrm{u}=3\mathrm{i}-2\mathrm{j}-5\mathrm{k},\ \mathrm{v}=\mathrm{i}+4\mathrm{j}-4\mathrm{k},\ \mathrm{w}=3\mathrm{j}+2\mathrm{k}$ **의 스칼라 3중적** $\mathrm{u}\bullet(\mathrm{v}\times\mathrm{w})$**를 계산하라.**

Solution

$$\mathrm{u}\bullet(\mathrm{v}\times\mathrm{w})=\begin{vmatrix}3&-2&-5\\1&4&-4\\0&3&2\end{vmatrix}=3\begin{vmatrix}4&-4\\3&2\end{vmatrix}-(-2)\begin{vmatrix}1&-4\\0&2\end{vmatrix}+(-5)\begin{vmatrix}1&4\\0&3\end{vmatrix}=60+4-15=49$$

정리 4.7

(1) 행렬식 $\det\begin{bmatrix}u_1&u_2\\v_1&v_2\end{bmatrix}$의 절대값은 2차원 공간의 벡터 $\mathrm{u}=(u_1,u_2)$와 $\mathrm{v}=(v_1,v_2)$가 만드는 평행사변형의 넓이와 같다([그림 4.35 (1)] 참조).

(2) 행렬식 $\det\begin{bmatrix}u_1&u_2&u_3\\v_1&v_2&v_3\\w_1&w_2&w_3\end{bmatrix}$의 절대값은 3차원 공간의 벡터 $\mathrm{u}=(u_1,u_2,u_3)$, $\mathrm{v}=(v_1,v_2,v_3)$와 $\mathrm{w}=(w_1,w_2,w_3)$가 만드는 평행육면체의 부피와 같다([그림 4.35 (2)] 참조).

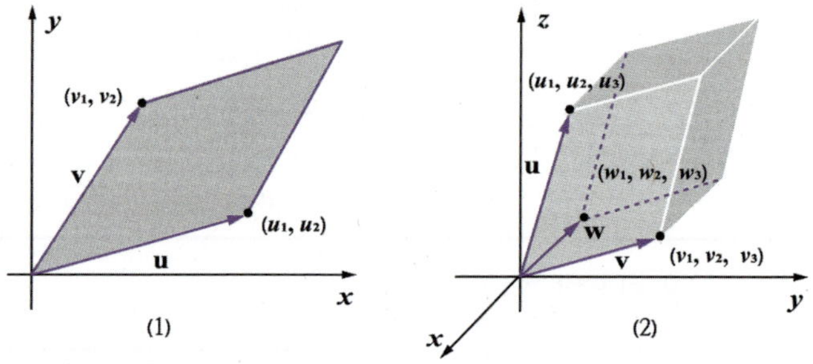

그림 4.35

연습 문제 4.4

[EX 01] 외적 $u \times v$를 계산하라.

(1) $u = (1, 2, -1), v = (1, 0, 2)$

(2) $u = 2i - k, v = 4j + k$

[EX 02] 2개의 주어진 벡터에 직교하는 각각의 단위벡터를 구하라.

(1) $u = (1, 0, 4), v = (1, -4, 2)$

(2) $u = -2i + 3j - 3k, v = 2i - k$

[EX 03] 다음 면적과 체적을 계산하라.

(1) (2,3)과 (1,4)를 이웃하는 두 변으로 하는 평행사변형의 면적

(2) (2,1,0), (-1,2,0)과 (1,1,2)를 이웃하는 세 변으로 하는 평행육면체의 체적

[EX 04] $u = (3, 2, -1), v = (0, 2, -3), w = (2, 6, 7)$이라 하고 다음을 계산하라.

(1) $v \times w$

(2) $(u \times v) \times w$

(3) $u \times (v - 2w)$

[EX 05] 다음 벡터 u와 v 모두에 직교하는 벡터를 구하라.

(1) $u = (-6, 4, 2), v = (3, 1, 5)$

(2) $u = (-2, 1, 5), v = (3, 0, -3)$

[EX 06] 다음 u와 v가 만드는 평행사변형의 넓이를 구하라.

(1) $u = (1, -1, 2), v = (0, 3, 1)$

(2) $u = (2, 3, 0), v = (-1, 2, -2)$

(3) $u = (3, -1, 4), v = (6, -2, 8)$

[EX 07] 다음 u, v, w에 대한 스칼라 3중적 $u \cdot (v \times w)$를 구하라.

(1) $u = (-1, 2, 4), v = (3, 4, -2), w = (-1, 2, 5)$

(2) $u = (3, -1, 6), v = (2, 4, 3), w = (5, -1, 2)$

[EX 08] 다음 u, v와 w를 변으로 갖는 평행육면체의 부피를 구하라.

(1) $u = (2, -6, 2), v = (0, 4, -2), w = (2, 2, -4)$

(2) $u = (3, 1, 2), v = (4, 5, 1), w = (1, 2, 4)$

4.5 3차원공간의 직선과 평면

4.5.1 점 A($\vec{a}$)를 지나고 $\vec{b}$에 평행한 직선

위치벡터가 $\overrightarrow{OA}=\vec{a}$인 점 A를 $A(\vec{a})$와 같이 나타내기도 한다.

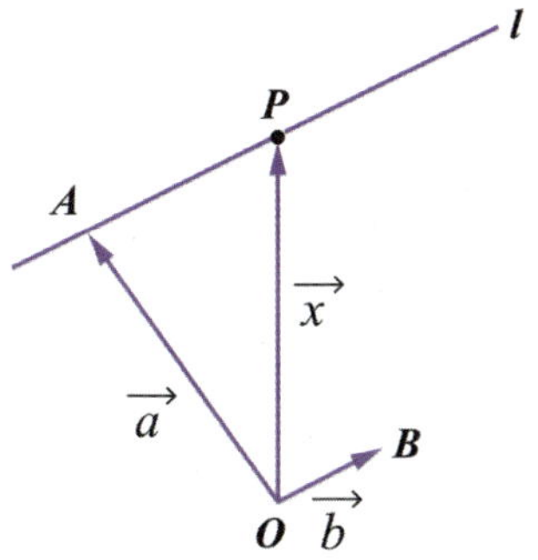

그림 4.36

세 점 A, B, P의 위치벡터를 각각 $\vec{a}, \vec{b}, \vec{x}$라 하면

$$\overrightarrow{AP}=t\overrightarrow{OB} \Leftrightarrow \overrightarrow{OP}-\overrightarrow{OA}=t\overrightarrow{OB} \Leftrightarrow \vec{x}-\vec{a}=t\vec{b} \therefore \vec{x}=\vec{a}+t\vec{b} (t\text{는 임의의 실수}) \quad (1)$$

역으로 (1)로 나타나는 벡터 $\vec{x}$에 대해 $\overrightarrow{OP}=\vec{x}$인 점 P를 잡으면 $\overrightarrow{AP}=t\vec{b}$ 곧, $\overrightarrow{AP}//\vec{b}$이므로 점 P는 직선 l 위의 점이다. 이때 (1)을 점 $A(\vec{a})$를 지나 $\overrightarrow{OB}=\vec{b}$에 평행한 직선의 벡터방정식이라 한다.

여기에서 $\vec{x}=(x, y, z)$, $\vec{a}=(x_1, y_1, z_1)$, $\vec{d}=(l, m, n)$이므로 이것을 (1)에 대입하면

$$(x, y, z)=(x_1, y_1, z_1)+t(l, m, n)$$
$$\therefore x=x_1+tl,\ y=y_1+tm,\ z=z_1+tn \quad (2)$$

를 얻는다. 역도 성립하므로 (2)는 직선 l의 방정식이다. 이제 (2)의 식을 변형해 보자.

$$x-x_1=tl, y-y_1=tm, z-z_1=tn \ \therefore \frac{x-x_1}{l}=t, \frac{y-y_1}{m}=t, \frac{z-z_1}{n}=t$$

$$\therefore \frac{x-x_1}{l}=\frac{y-y_1}{m}=\frac{z-z_1}{n}$$

예제 4.31

다음 각 조건을 만족시키는 직선의 방정식을 구하라.

(1) 점 (1,2,3)을 지나고 벡터 $\vec{d}$=(2,−1,3)에 평행한 직선

(2) 점 (2,3,4)을 지나고 방향벡터가 $\vec{d}$=(1,4,0)인 직선

(3) 점 (−1,0,2)를 지나고 방향비가 3:4:2인 직선

(4) 점 (−2,1,−4)를 지나고 원점과 점 (1,2,3)을 지나는 직선에 평행한 직선

Solution

(1) x_1=1, y_1=2, z_1=3, l=2, m=−1, n=3인 경우이므로 $\dfrac{x-1}{2}=\dfrac{y-2}{-1}=\dfrac{z-3}{3}$

(2) x_1=2, y_1=3, z_1=4, l=1, m=4, n=0인 경우이므로 $\dfrac{x-2}{1}=\dfrac{y-3}{4}=\dfrac{z-4}{0}$ 곧,

$x-2=\dfrac{y-3}{4}, z=4$

(3) 방향비가 $3:4:2 \Leftrightarrow$ 벡터 $\vec{d}=(3,4,2)$에 평행이므로 $\dfrac{x+1}{3}=\dfrac{y-0}{4}=\dfrac{z-2}{2}$ 곧,

$\dfrac{x+1}{3}=\dfrac{y}{4}=\dfrac{z-2}{2}$

(4) 점 (−2,1,−4)를 지나고 $\vec{d}$=(1,2,3)에 평행한 직선이므로 $\dfrac{x+2}{1}=\dfrac{y-1}{2}=\dfrac{z+4}{3}$ 곧,

$x+2=\dfrac{y-1}{2}=\dfrac{z+4}{3}$

4.5.2 두 점 $A(\vec{a})$, $B(\vec{b})$를 지나는 직선

아래 그림에서 두 점 $A(\vec{a})$, $B(\vec{b})$를 지나는 직선 위의 임의의 점 P는 다음 관계를 만족시킨다. $\overrightarrow{AP}=t\overrightarrow{AB}$ (t는 임의의 실수) 따라서, 세 점 A, B, P의 위치벡터를 각각 $\vec{a}, \vec{b}, \vec{x}$라 하면,

$$\overrightarrow{AP}=t\overrightarrow{AB} \Leftrightarrow \overrightarrow{OP}-\overrightarrow{OA}=t(\overrightarrow{OB}-\overrightarrow{OA}) \Leftrightarrow \vec{x}-\vec{a}=t(\vec{b}-\vec{a})$$

$$\therefore \vec{x}=(1-t)\vec{a}+t\vec{b} \ (t\text{는 임의의 실수}) \tag{3}$$

로 나타내지고 이 식이 두 점 $A(\vec{a})$, $B(\vec{b})$를 지나는 직선의 벡터방정식이다.

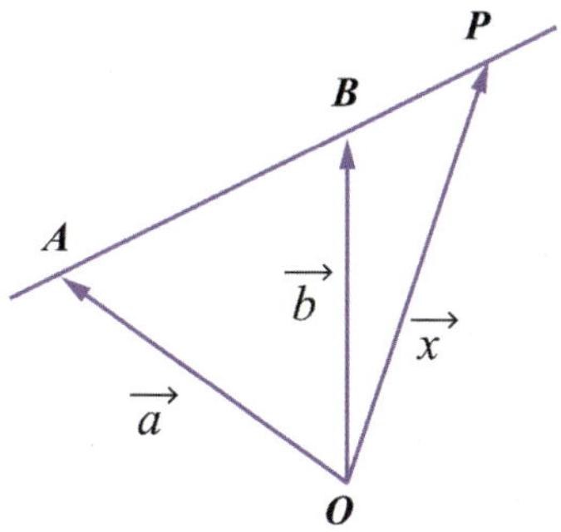

그림 4.37

여기에서 $\vec{x}=(x,y,z)$, $\vec{a}=(x_1,\ y_2,\ z_3)$, $\vec{b}=(x_2,\ y_2,\ z_2)$이므로 이것을 (3)에 대입하면

$$(x,y,z)=(x_1,y_1,z_1)+t(x_2-x_1,y_2-y_1,z_2-z_1)$$

$$\therefore x=x_1+t(x_2-x_1),\ y=y_1+t(y_2-y_1),\ z=z_1+t(z_2-z_1)$$

$\therefore x-x_1=t(x_2-x_1), y-y_1=t(y_2-y_1), z-z_1=t(z_2-z_1)$ 여기에서 t를 소거하면 다음 방정식을 얻는다.

$$\frac{x-x_1}{x_2-x_1}=\frac{y-y_1}{y_2-y_1}=\frac{z-z_1}{z_2-z_1}$$

예제 4.32

다음 두 점을 지나는 직선의 방정식을 구하라.

(1) (2,3,4), (4,2,1)
(2) (3,2,4), (2,1,5)
(3) (3,4,2), (2,1,2)
(4) (4,3,1), (4,3,5)

Solution

(1) $\frac{x-2}{4-2}=\frac{y-3}{2-3}=\frac{z-4}{1-4}$ $\therefore \frac{x-2}{2}=\frac{y-3}{-1}=\frac{z-4}{-3}$

(2) $\frac{x-3}{2-3}=\frac{y-2}{1-2}=\frac{z-4}{5-4}$ $\therefore \frac{x-3}{-1}=\frac{y-2}{-1}=z-4$

(3) $\frac{x-3}{2-3}=\frac{y-4}{1-4}=\frac{z-2}{2-2}$ $\therefore \frac{x-3}{-1}=\frac{y-4}{-3}=\frac{z-2}{0}$ $\therefore x-3=\frac{y-4}{3}, z=2$

(4) $\frac{x-4}{4-4}=\frac{y-3}{3-3}=\frac{z-1}{5-1}$ $\therefore \frac{x-4}{0}=\frac{y-3}{0}=\frac{z-1}{4}$ $\therefore x=4, y=3$

예제 4.33

좌표 공간에 다음 두 직선이 있다. $\frac{x-3}{m}=\frac{y-2}{n}=\frac{z-1}{2}$, $\frac{x+2}{5}=\frac{y+1}{2}=\frac{z-4}{1}$

(1) 이 두 직선이 평행할 때 m, n의 값을 구하라.

(2) 이 두 직선이 수직일 때 m, n 사이의 관계식을 구하라.

Solution

(1) $\frac{m}{5}=\frac{n}{2}=\frac{2}{1}$에서 $m=10,\ n=4$

(2) $m\cdot 5+n\cdot 2+2\cdot 1=0$에서 $5m+2n+2=0$

예제 4.34

다음 각 물음에 답하라.

(1) 직선 $2(x-1)=-3(y+1)=6(z-7)$에 평행하고 점 $A(2,3,5)$를 지나는 직선의 방정식을 구하라.

(2) 점 $A(-1,2,3)$을 지나고 x축, y축, z축의 양의 부분과 이루는 각이 각각 60°, 45°, 60°인 직선의 방정식을 구하라.

Solution

(1) 준 식에서 $\frac{x-1}{3}=\frac{y+1}{-2}=\frac{z-7}{1}$이므로 이 직선과 평행한 직선의 방향비는 3:(−2):1이다.

$\therefore \frac{x-2}{3}=\frac{y-3}{-2}=\frac{z-5}{1}$ 곧, $\frac{x-2}{3}=\frac{y-3}{-2}=z-5$

(2) 방향벡터는 $\vec{e}=(\cos 60^\circ, \cos 45^\circ, \cos 60^\circ)$이므로

방향비는 $\cos 60^\circ : \cos 45^\circ : \cos 60^\circ=\frac{1}{2}:\frac{1}{\sqrt{2}}:\frac{1}{2}=1:\sqrt{2}:1$

$\therefore \frac{x+1}{1}=\frac{y-2}{\sqrt{2}}=\frac{z-3}{1}$ 곧, $x+1=\frac{y-2}{\sqrt{2}}=z-3$

4.5.3 점 $A(\vec{a})$를 지나고 벡터 $\vec{h}$에 수직인 평면

이를테면 한 점 $A(x_1, y_1, z_1)$을 지나고 벡터 $\vec{h} = (a, b, c)$에 수직인 평면 a의 방정식을 생각해 보자.
평면 a 위의 임의의 점 $P(x, y, z)$라 하면 $\overrightarrow{AP} \perp \vec{h}$이므로 $\overrightarrow{AP} \cdot \vec{h} = 0$
$(\overrightarrow{OP} - \overrightarrow{OA}) \cdot \vec{h} = 0$이므로 여기서 $\overrightarrow{OP} \cdot \vec{x}$, $\overrightarrow{OA} = \vec{a}$라 하면,

$$(\vec{x} - \vec{a}) \cdot \vec{h} = 0 \qquad (4)$$

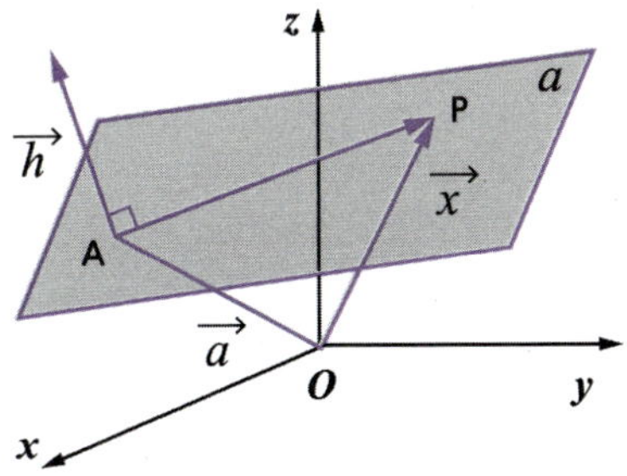

그림 4.38

여기에서 $\vec{x} = (x, y, z)$, $\vec{a} = (x_1, y_1, z_1)$, $\vec{h} = (a, b, c)$이므로 (4)은 다음과 같이 나타낼 수 있다.

$$(x - x_1, y - y_1, z - z_1) \cdot (a, b, c) = 0, \quad \therefore a(x - x_1) + b(y - y_1) + c(z - z_1) = 0$$

예제 4.35

다음 각 조건을 만족시키는 평면의 방정식을 구하라.
(1) 점 (1,2,3)을 지나고 $\vec{h}$=(4,3,−2)에 수직인 평면
(2) 점 (1,2,3)을 지나고 $\vec{h}$=(1,1,1)을 법선벡터로 하는 평면

Solution

(1) x_1=1, y_1=2, z_1=3이고 a=4, b=3, c=−2인 경우이므로 $4(x-1)+3(y-2)-2(z-3)=0$
$\therefore 4x+3y-2z-4=0$
(2) x_1=1, y_1=2, z_1=3이고 a=1, b=1, c=1인 경우이므로 $1 \cdot (x-1)+1 \cdot (y-2)+1 \cdot (z-3)=0$
$\therefore x+y+z-6=0$

예제 4.36

다음 각 물음에 답하라.

(1) 점 $A(3,-2,4)$를 지나고 평면 $2x+y-3z=4$에 평행한 평면 α의 방정식을 구하라.

(2) 점 $A(1,1,1)$을 지나고 두 평면 $x-y-2z=3$, $2x+y+z=0$에 각각 수직인 평면 α의 방정식을 구하라.

Solution

(1) 평면 α는 점 $A(3,-2,4)$를 지나고 법선벡터가 $\vec{h}=(2,1,-3)$인 평면이므로

$2(x-3)+1\cdot(y+2)-3\cdot(z-4)=0 \quad \therefore 2x+y-3z+8=0$

(2) 평면 α의 방정식을 $ax+by+cz+d=0$으로 놓으면 점 $(1,1,1)$을 지나므로

$$a+b+c+d=0 \qquad (1)$$

평면 $x-y-2z=3$에 수직이므로 $a-b-2c=0$ (2)

평면 $2x+y+z=0$에 수직이므로 $2a+b+c=0$ (3)

(2), (3)을 b, c에 관해 풀면 $b=-5a, c=3a$ 이것을 (1)에 대입하면 $d=a$

따라서 평면 α의 방정식은 $ax-5ay+3az+a=0$, $a\neq 0$이므로 $x-5y+3z+1=0$

예제 4.37

좌표공간에 다음 두 평면이 있다. $ax+2y+bz+5=0$, $2x+3y-4z+1=0$

(1) 두 평면이 평행할 때 상수 a, b의 값을 구하라.

(2) 두 평면이 수직일 때 상수 a, b의 값을 구하라.

Solution

(1) 두 평면이 평행하면 $\dfrac{a}{2}=\dfrac{2}{3}=\dfrac{b}{-4}$, $\quad \therefore a=\dfrac{4}{3}, b=-\dfrac{8}{3}$

(2) 두 평면이 수직이면 $a\cdot 2+2\cdot 3+b(-4)=0$, $\therefore a-2b+3=0$

연습 문제 4.5

[EX 01] 주어진 직선의 매개변수방정식과 직선의 방정식을 구하라.

(1) (1,2,-3)을 지나고 (2,-1,4)와 평행한 직선

(2) (2,1,3)과 (4,0,4)를 지나는 직선

(3) (1,4,1)을 지나고 직선 x=2-3t, y=4, z=6+t에 평행한 직선

(4) (1,2,-1)을 지나고 평면 $2x$-y+3z=12에 수직인 직선

[EX 02] 다음 직선들이 평행, 직교하는지 말하고 두 직선의 사잇각을 구하라.

(1) $\begin{cases} x=1-3t \\ y=2+4t \\ z=-6+l \end{cases}$ $\begin{cases} x=1+2s \\ y=2-2s \\ z=-6+s \end{cases}$

(2) $\begin{cases} x=1+2t \\ y=3 \\ z=-1+t \end{cases}$ $\begin{cases} x=2-s \\ y=10+5s \\ z=3+2s \end{cases}$

(3) $\begin{cases} x=-1+2t \\ y=3+4t \\ z=-6t \end{cases}$ $\begin{cases} x=3-s \\ y=1-2s \\ z=3s \end{cases}$

[EX 03] 다음 조건을 만족하는 평면의 방정식을 구하라.

(1) 점 (1,3,2)를 포함하고 법선벡터가 ⟨2,-1,5⟩인 평면

(2) 점 (2,0,3), (1,1,0), (3,2,-1)을 포함하는 평면

(3) 점 (3,-2,1)을 포함하고 평면 $x+3y-4z=2$에 평행한 평면

(4) 점 (3,0,-1)을 포함하고 평면 $x+2y-z=2$와 $2x-z=1$에 수직인 평면

[EX 04] 평면들이 만나는 직선을 구하라.

(1) $2x-y-z=4$와 $3x-2y+z=0$

(2) $3x+4y=1$과 $x+y-z=3$

[EX 05] 주어진 점과 평면 또는 평면과 평면 사이의 거리를 구하라.

(1) 점 (2, 0, 1)과 평면 $2x-y+2z=4$

(2) 점 (0, -1, 1)과 평면 $2x-3y=2$

(3) 평면 $x+3y-2z=3$과 $x+3y-2z=1$

[EX 06] 다음에 주어진 점 P를 지나고 n을 법선벡터로 갖는 평면방정식의 점-법선형을 구하라.

(1) $P(-1,3,2) : n=(-2,1,-1)$

(2) $P(1,1,4) : n=(1,9,8)$

[EX 07] 주어진 각각의 두 평면은 평행한가를 결정하라.

(1) $4x-y+2z=5$와 $7x-2y+4z=8$

(2) $x-4y-3z-2=0$과 $3x-12y-9z-7=0$

[EX 08] 다음 두 평면은 수직인가를 결정하라.

(1) $3x-y+z-4=0$, $x+2z=-1$

(2) $x-2y+3z=4$, $-2x+5y+4z=-1$

[EX 09] 다음에 주어진 두 평면의 교선의 매개변수방정식을 구하라.

(1) $7x-2y+3z=-2$와 $-3x+y+2z+5=0$

(2) $2x+3y-5z=0$과 $y=0$

[EX 10] 점 (-2, 1, 7)을 지나며 직선 $x-4=2t$, $y+2=3t$, $z=-5t$에 수직인 평면의 방정식을 구하라.

[EX 11] 점 (3, -6, 7)을 지나며 평면 $5x-2y+z-5=0$에 평행한 평면의 방정식을 구하라.

[EX 12] 점 (-2, 1, 5)를 지나고 평면 $4x-2y+2z=-1$과 $3x+3y-6z=5$에 수직인 평면의 방정식을 구하라.

[EX 13] 점(1, -1, 2)와 직선 $x=t,\ y=t+1,\ z=-3+2t$를 포함하는 평면의 방정식을 구하라.

[EX 14] 점(-1, -4, -2)와 (0, -2, 2)에서부터 같은 거리에 있는 점으로 이루어지는 평면의 방정식을 구하라.

[EX 15] 다음 각각에서 주어진 점과 평면 사이의 거리를 구하라.

(1) (-1, 2, 1); $2x+3y-4z=1$

(2) (0, 3, -2); $x-y-z=3$

예제 중심의 **선형대수학 제2판**

LINEAR ALGEBRA

CHAPTER 5

벡터공간

5.1 벡터공간

행렬의 경우와 같이 벡터에 실수를 곱하는 것을 스칼라곱이라고 한다. [R^n에서의 스칼라는 항상 실수이다. 특별히 이 장에서의 스칼라(scalar)는 항상 실수를 의미한다.] 벡터의 합과 스칼라곱을 위와 같이 정의할 때 R^n의 원들 사이에는 다음과 같은 중요한 성질들이 성립한다는 것을 쉽게 검증할 수 있다.

정의 5.1

u, v, w가 R^n의 벡터이고 a,b가 스칼라이면 다음이 성립한다.

닫힘 성질

1) $\mathrm{u}+\mathrm{v}$는 R^n의 원이다.

2) $a\mathrm{u}$는 R^n의 원이다.

가법에 관한 성질

3) $\mathrm{u}+\mathrm{v} = \mathrm{v}+\mathrm{u}$

4) $\mathrm{u}+(\mathrm{v}+\mathrm{w}) = (\mathrm{u}+\mathrm{v})+\mathrm{w}$

5) R^n은 영벡터 0을 포함하고 R^n의 임의의 원 u에 대해 $\mathrm{u}+0 = \mathrm{u}$이다.

6) R^n의 모든 벡터 u에 대해 $\mathrm{u}+(-\mathrm{u}) = 0$인 벡터 $-\mathrm{u}$가 존재한다.

스칼라곱에 관한 성질

7) $a(b\mathrm{u}) = (ab)\mathrm{u}$

8) $a(\mathrm{u}+\mathrm{v}) = a\mathrm{u}+a\mathrm{v}$

9) $(a+b)\mathrm{u} = a\mathrm{u}+b\mathrm{u}$

10) R^n의 모든 u에 대해서 $1\mathrm{u} = \mathrm{u}$이다.

4장에서 배웠듯이, 일반적으로 어떤 집합이 [정의 5.1]을 만족할 때 그 집합을 벡터공간(vector space)이라고 한다. 따라서 n이 양의 정수일 때 R^n은 벡터공간이다.

예제 5.1

실수를 원소로 하는 $m \times n$의 행렬 전체의 집합 $M_{m,n}$는 행렬의 연산(행렬의 덧셈 및 스칼라곱)에 관하여 벡터공간인가 보여라.

Solution

$m \times n$영행렬은 영벡터 O이 되고 X가 $m \times n$행렬은 [정리 5.1의 6]에서 벡터가 $-X$가 된다. 나머지 공리들은 [정의 5.1]에 의해서 만족된다. 따라서 벡터공간이다.

예제 5.2

V를 R^2의 1사분면에 있는 (즉, $x \geq 0, y \geq 0$) 모든 점 (x, y)의 집합이라고 하자. 벡터공간인가?

Solution

V는 8)과 9)를 만족하지 않으므로 벡터공간이 되지 않는다.
가령 V의 점 $\mathrm{u} = (1, 1)$은 V에 있지만 $(-1)\mathrm{u} = -\mathrm{u} = (-1, -1)$은 V에 있지 않게 된다.

예제 5.3

다음 연산을 만족하는 모든 순서쌍 (x, y)의 집합
$(x, y) + (x', y') = (x + x' + 1, y + y' + 1), a(x, y) = (ax, ay)$이 벡터공간인가?

Solution

공리 8)에서

$$a((x,y) + (x', y')) = a(x + x' + 1, y + y' + 1) = (ax + ax' + a, ay + ay' + a)$$

$$a(x,y) + a(x', y') = (ax, ay) + (ax', ay') = (ax + ax' + 1, ay + ay' + 1)$$

즉, $a((x, y) + (x', y')) \neq a((x, y) + (x', y'))$도 성립하지 않는다. 벡터공간이 아니다.

연습 문제 5.1

[EX 01] 주어진 집합이 지적된 연산과 함께 벡터공간인지를 결정하라. 만일 아니면 만족하지 않는 10개의 벡터공간 공리들 중 적어도 하나 이상을 지적하라.

(1) 표준연산이 주어진 $M_{4,6}$

(2) 표준연산이 주어진 모든 5차 다항식들의 집합

(3) 표준연산이 주어진 집합 $\{(x,\ x) : x$는 실수$\}$

(4) 표준연산이 주어진 $\begin{bmatrix} a & b \\ c & 0 \end{bmatrix}$ 형태의 모든 2x2행렬들의 집합

[EX 02] R^2와 R^3에서 덧셈과 스칼라곱의 벡터공간인지를 보여라. 두 연산을 아래와 같이 정의됐다고 가정하자.

(1) $(x_1, y_1) + (x_2, y_2) = (x_1 + x_2, y_1 + y_2)$, $a(x, y) = (ax, y)$

(2) $(x_1, y_1) + (x_2, y_2) = (x_1, 0)$, $c(x, y) = (cx, cy)$

(3) $(x_1, y_1) + (x_2, y_2) = (x_1 + x_2, y_1 + y_2)$, $a(x, y) = (\sqrt{a}\,x, \sqrt{a}\,y)$

(4) $(x_1, y_1, z_1) + (x_2, y_2, z_2) = (x_1 + x_2, y_1 + y_2, z_1 + z_2)$, $a(x, y, z) = (ax, y, z)$

(5) $(x_1, y_1) + (x_2, y_2) = (x_1 + x_2, y_1 + y_2)$, $a(x, y) = (2ax, 2ay)$

[EX 03] 연산이 $(x_1,\ y_1) + (x_2,\ y_2) = (x_1x_2,\ y_1y_2)$와 $a(x_1,\ y_1) = (ax_1,\ ay_1)$로 주어진 집합 R^2가 벡터공간인지를 결정하여라. 만일 그렇다면 각 벡터공간 공리들을 증명하라. 만일 아니라면 만족되지 않는 모든 벡터공간 공리들을 서술하라.

[EX 04] 행렬의 덧셈과 스칼라곱을 만족하는 형식이 $\begin{vmatrix} a & 1 \\ 1 & b \end{vmatrix}$ 인 모든 2×2행렬의 집합이 벡터공간인가?

[EX 05] 다음 연산을 만족하는 $(1, x)$형식인 실수의 모든 순서쌍의 집합 $(1,\ y) + (1,\ y') = (1,\ y + y')$, $k(1,\ y) = (1,\ ky)$가 벡터공간임을 보여라.

5.2 벡터의 일차결합

기하학에서 변위나 속력같은 물체의 규모와 방향의 개념을 전달하기 위해, 한 평면에서 원점으로부터 적당한 점 P까지 선을 긋는다.

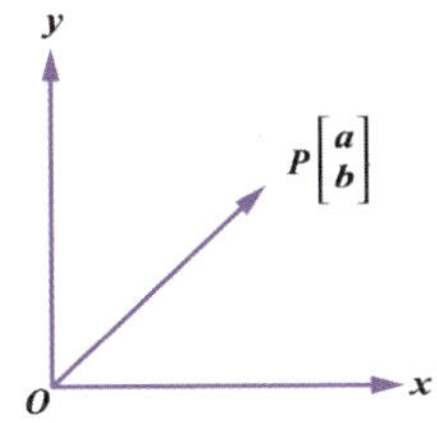

그림 5.1

O에서 P까지를 결합한 선의 한 부분 OP는 P의 좌표라 불리는 순서쌍 $(a,\ b)$의 수에 의해 정의된다. OP는 열행렬 $\begin{bmatrix} a \\ b \end{bmatrix}$에 의해 나타내어지고 벡터라 불린다. 그것은 방향과 크기의 개념을 모두 가지고 있다. R를 실수의 집합이라 하고 R의 원소는 스칼라이다.

정의 5.2

$n \times 1$행렬 $\begin{bmatrix} a_1 \\ a_2 \\ \vdots \\ a_n \end{bmatrix}$은 n차원 열벡터나 단순히 벡터라 하고 $1 \times n$행렬 $[a_1 \quad a_2 \quad \cdots \quad a_n]$은 n차원 행벡터로 불린다. R^n은 모든 $n \times 1$이나 $1 \times n$행렬들의 집합을 나타낸다.

$[a_1 \quad a_2 \quad \cdots \quad a_n]$이 행벡터라면, 그것의 전치 $[a_1 \quad a_2 \quad \cdots \quad a_n]^T$는 열벡터이다. 공간을 확보하기 위해 가끔 열벡터를 행벡터의 전치로 쓸 것이다. n차원 행벡터는 $n \times 1$행렬이고 n차원 열벡터는 $1 \times n$행렬이다.

정의 5.3

$[\mathrm{v}_1 \quad \mathrm{v}_2 \quad \cdots \quad \mathrm{v}_m]$이 R^n에서 벡터의 집합이라 하자.
$a_1 \quad a_2 \quad \cdots \quad a_m$이 R에서 스칼라일 때, $\alpha_1\mathrm{v}_1 + \alpha_2\mathrm{v}_2 + \ \cdots\ + \alpha_m\mathrm{v}_m$은 R^n에서 벡터이다.
합 $\alpha_1\mathrm{v}_1 + \alpha_2\mathrm{v}_2 + \ \cdots\ + \alpha_m\mathrm{v}_m$은 $[\mathrm{v}_1 \quad \mathrm{v}_2 \quad \cdots \quad \mathrm{v}_m]$의 일차결합이라 한다.

예제 5.4

(1) $\mathrm{v} = [1 \;\; 2]$와 같은 방향을 나타내고 도시하여라.

(2) 두개의 벡터 $\mathrm{v}_1 = [1, 0]$과 $\mathrm{v}_2 = [0, 1]$의 일차결합을 고려해 보자. v_1과 v_2의 어떤 일차결합은 α_1과 α_2가 스칼라들일 때, $\alpha_1[1, 0]+\alpha_2[0, 1]=[\alpha_1, \alpha_2]$이다. v_1과 v_2의 일차결합으로 나타내는 도형을 나타내라.

(3) 탐이 온스로 측정된 다음의 재료들을 사용하여 세 가지 스프를 만든다고 가정하자.

	스프 1	스프 2	스프 3
토마토	4	9	11
당근	10	6	11
버섯	10	6	11
편두	10	0	5

탐이 스프 1과 2의 결합으로 스프 3을 만들 수 있음을 보여라

(4) 다음 행렬 A에서 $A = \begin{bmatrix} 1 & 1 & 0 & 6 \\ 2 & 3 & 5 & 0 \\ 6 & 0 & 1 & 1 \end{bmatrix}$ 행렬 A의 처음 두 행의 일차결합이 세 번째 행과 같지 않다는 것을 보여라.

Solution

(1) OP가 벡터 v를 나타내고, Q가 O와 P를 지나는 선에 있는 어떤 점이라면,
스칼라 α Q의 좌표는 $[\alpha, 2\alpha]$이다.
따라서 $OQ=[\alpha, 2\alpha]=\alpha[1, 2]=\alpha\mathrm{v}$
즉, 벡터 $[1, 2]$와 같은 방향의 모음은 원점과 점 $[1, 2]$를 지나는 선을 나타낸다.

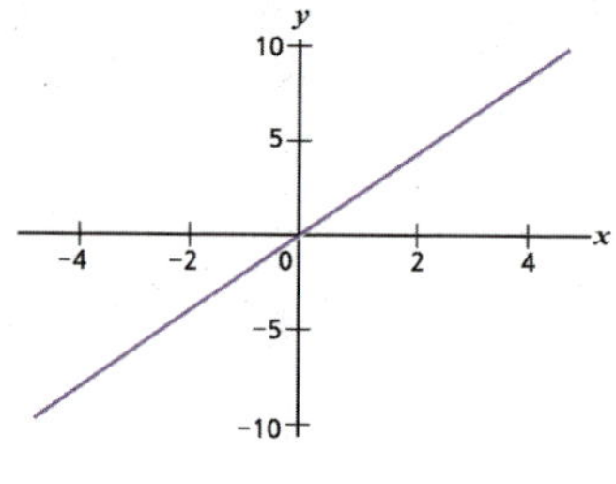

그림 5.2

(2) v_1과 v_2의 모든 일차결합의 집합은 전체 평면을 나타낸다. 일반적으로 v_1과 v_2가 평면에서 두개의 평행하지 않는 벡터라면, v_1과 v_2의 일차결합 집합은 모든 평면을 나타낸다.

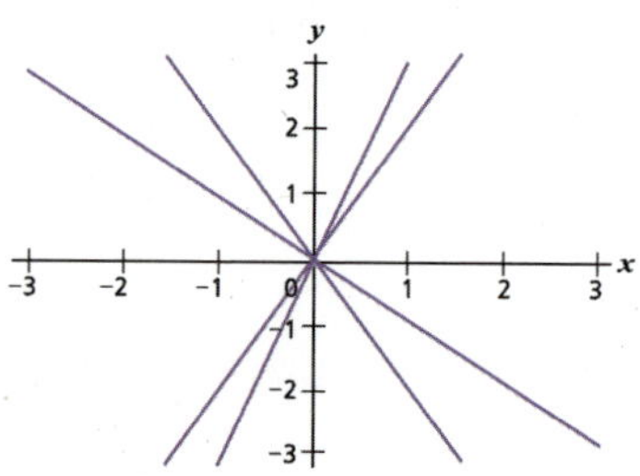

그림 5.3

(3) 벡터 $\begin{bmatrix} 11 \\ 11 \\ 11 \\ 5 \end{bmatrix}$ 가 벡터 $\begin{bmatrix} 4 \\ 10 \\ 10 \\ 10 \end{bmatrix}$ 와 $\begin{bmatrix} 9 \\ 6 \\ 6 \\ 0 \end{bmatrix}$ 의 일차결합임을 보이면 된다.

$\begin{bmatrix} 11 \\ 11 \\ 11 \\ 5 \end{bmatrix} = a\begin{bmatrix} 4 \\ 10 \\ 10 \\ 10 \end{bmatrix} + b\begin{bmatrix} 9 \\ 6 \\ 6 \\ 0 \end{bmatrix}$ 이며, a와 b를 풀면 다음의 방정식을 얻는다.

$4a+9b=11,\ 10a+6b=11,\ 10a+6b=11$ 그리고 $10a=5$

마지막 방정식은 $a=\dfrac{1}{2}$ 이다. 첫 번째 방정식에서 a의 값을 대입함으로써 $b=1$을 얻는다.

이러한 값 a와 b가 나머지 방정식을 만족시키는지를 확인해야 한다.

따라서 스프 3 벡터는 스프 1과 스프 2를 나타내는 벡터들의 일차결합이다.

(4) 세 번째 행을 처음 두 행의 결합으로 쓴다면, 즉,

$[6,\ 0,\ 1,\ 1]=a[1,\ 1,\ 0,\ 6]+b[2,\ 3,\ 5,\ 0]$ 이면 두 $6=a+2b,\ 0=a+3b,\ 1=3b$

그리고 $1=6a$를 얻는다. 마지막 두 방정식은 $b=\dfrac{1}{5}$과 $a=\dfrac{1}{6}$ 이다.

하지만 a와 b의 값들은 처음 두 방정식을 만족시키지 않는다.

따라서 우리는 세 번째 행을 처음 두행의 일차결합으로써 표현할 수 없다.

연습 문제 5.2

[EX 01] $A = \begin{bmatrix} -1 & 2 & 3 & 4 \\ 5 & 0 & -1 & -1 \\ 8 & -6 & -10 & -13 \end{bmatrix}$ 이라 하자.

(1) A의 마지막 행이 처음 두 행들의 일차결합임을 보여라.

(2) $A^{(k)}$가 A의 k번째 열을 나타낸다. $x_1A^{(1)}+x_2A^{(2)}+x_4A^{(4)}=A^{(3)}$ 일 때, 스칼라 x_1, x_2 그리고 x_4를 찾아라.

(3) $\alpha_1A^{(2)}+\alpha_3A^{(3)}+\alpha_4A^{(4)}=\begin{bmatrix} 0 \\ 0 \\ 0 \end{bmatrix}$ 일 때, 스칼라 α_2, α_3 그리고 α_4를 찾아라.

[EX 02] A가 대각행렬 $\begin{bmatrix} 1 & 0 & 0 \\ 0 & 2 & 0 \\ 0 & 0 & 3 \end{bmatrix}$ 이라 하자.

(1) A의 열이 다른 두 행의 일차결합이 아님을 보여라.

(2) A의 행이 A의 다른 행의 일차결합이 아님을 보여라.

(3) 대각행렬 $\begin{bmatrix} 1 & 0 & 0 \\ 0 & 2 & 0 \\ 0 & 0 & 0 \end{bmatrix}$ 에서 (1)와 (2)가 맞는지 조사하라.

[EX 03] 행렬 A의 각 계수에서, 방정식 $A\mathrm{x}=b$의 선형계를 풀어라.

$x=\begin{bmatrix} \alpha \\ \beta \\ \gamma \\ \vdots \end{bmatrix}$ 가 해벡터라면, $b=\alpha A^{(1)}+\beta A^{(2)}+\gamma A^{(3)}+\ \cdots$ 을 확인하여라.

즉, b가 행렬 A의 계수행렬 $A^{(1)}$, $A^{(2)}$, $A^{(3)}$, … 의 일차결합이다.

(1)
$$\begin{aligned} 2x_1+3x_2+x_3+5x_4&=2 \\ 3x_1+2x_2+4x_3+2x_4&=3 \\ x_1+x_2+2x_3+4x_4&=1 \end{aligned}$$

(2)
$$\begin{aligned} x_1+2x_2+x_3+2x_4&=9 \\ 2x_1+x_2+3x_3+x_4&=5 \\ 3x_1+2x_2+x_3+5x_4&=22 \end{aligned}$$

[EX 04] $A\mathrm{x}=b$가 n개의 변수 $x_1 \quad x_2 \quad \cdots \quad x_n$에서 m 방정식의 연립 1차방정식이 된다고 하자. 연립 1차방정식이 유일한 해를 갖는다면, b가 A의 열 $A^{(1)}$, $A^{(2)}$, …, $A^{(n)}$ 의 일차결합임을 보여라.

5.3 벡터부분공간

S가 어떤 집합이라 하고, x가 S의 원소라 하자. 일반적으로 x가 S에 속한다 말하고, 그것을 $x \in S$ 라고 적는다.

예를 들어, 모든 $n \times 1$행렬의 집합 R^n을 쓰기를 원한다면, $R^n = \{\mathrm{x} \mid \mathrm{x}$ 는 $n \times 1$ 행 렬$\}$고 적고, 이것을 "x일 때 x는 $n \times 1$행렬인 x이다."라고 읽는다.

다른 예를 들면, 선 $x + y = 0$에 놓여있는 R^2에 의해 나타난 xy평면에서 모든 점들 (a,b)의 집합을 묘사하기를 원한다고 가정하자. $\{(a,\ b) \in R^2 \mid a + b = 0\}$이라 쓰고 이것을 "$(a,\ b)$가 R^2에 속할 때 $a + b = 0$인 R^2에 속한 (a, b)이다."라고 읽는다.

앞에서 언급했듯이 R^n는 각 칸들이 실수나 복소수인 모든 $n \times 1$이나 $1 \times n$행렬들의 집합을 나타낸다. 그 R^n이 모든 $n \times 1$이나 $1 \times n$행렬들의 집합을 나타낸다.

정의 5.4

다음의 조건을 만족하고, R^n의 W은 R^n의 벡터부분공간 또는 단순히 부분공간이라 불린다.
1. $\mathrm{x} \in W$ 이고 $\mathrm{y} \in W$ 이면, $\mathrm{x} + \mathrm{y} \in W$ 이다.
2. $\mathrm{x} \in W$ 이고 $\alpha \in R$ 이면, $\alpha\mathrm{x} \in W$ 이다.

예제 5.5

(1) $W = \left\{ \begin{bmatrix} x_1 \\ x_2 \end{bmatrix} \middle| x_1 + x_2 = 0 \right\}$**라고 하자.** W**는** R^2**의 부분공간임을 보여라.**

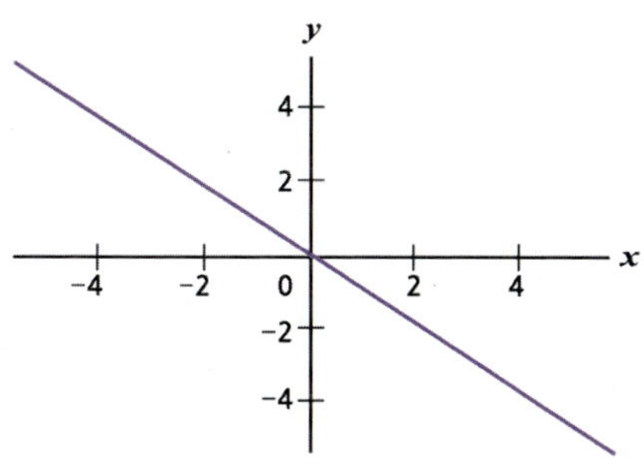

그림 5.4

(2) $W=\left\{\begin{bmatrix}x_1\\x_2\\x_3\end{bmatrix}\in R^3 | x_1-x_2-x_3=0\right\}$이 부분공간임을 보여라.

(3) W가 동차 연립방정식 $\begin{matrix}2x_1+3x_2+4x_3=0\\x_2-x_3=0\end{matrix}$ 의 해답들 $\mathrm{x}=\begin{bmatrix}x_1\\x_2\\x_3\end{bmatrix}$의 집합이라 하자.

W는 부분공간임을 보여라.

Solution

(1) $\begin{bmatrix}x_1\\x_2\end{bmatrix}$와 $\begin{bmatrix}x'_1\\x'_2\end{bmatrix}\in W$라고 하자. 그러면 $x_1+x_2=0$이고 $x'_1+x'_2=0$이다.

이것은 $(x_1+x_2)+(x'_1+x'_2)=0$이다. 따라서, $\begin{bmatrix}x_1\\x_2\end{bmatrix}+\begin{bmatrix}x'_1\\x'_2\end{bmatrix}=\begin{bmatrix}x_1+x'_1\\x_2+x'_2\end{bmatrix}\in W$ 이다.

$\alpha\in R$이면, $\alpha\begin{bmatrix}x_1\\x_2\end{bmatrix}=\begin{bmatrix}\alpha x_1\\\alpha x_2\end{bmatrix}$는 또한 W에 속한다.

왜냐하면 $\alpha x_1+\alpha x_2=\alpha(x_1+x_2)=0$이기 때문이다. W는 R^2의 부분공간이다.

(2) R^3에서 기하학적으로 평면 $x=y+z$를 나타낸다.

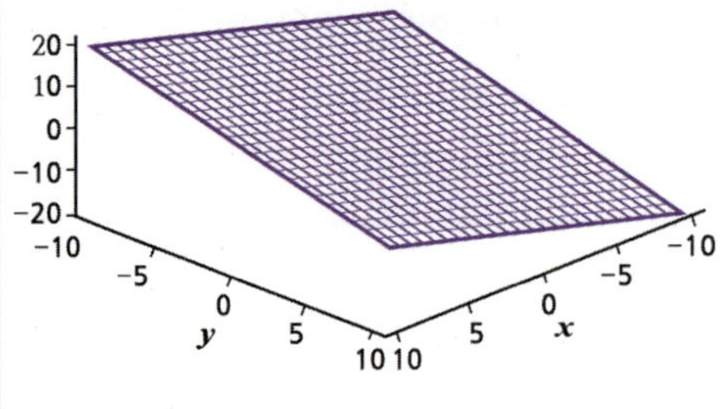

그림 5.5

W가 R^3의 부분공간이라는 것을 보이고자 한다.

$x_3=x_1-x_2$라면, $\begin{bmatrix}x_1\\x_2\\x_3\end{bmatrix}\in W\begin{bmatrix}a_1\\a_2\\a_1-a_2\end{bmatrix}, \begin{bmatrix}b_1\\b_2\\b_1-b_2\end{bmatrix}$가 W에서 어떤 두 벡터들이라 하자.

그러면 벡터의 합의 정의에 의해서, $\begin{bmatrix}a_1\\a_2\\a_1-a_2\end{bmatrix}+\begin{bmatrix}b_1\\b_2\\b_1-b_2\end{bmatrix}=\begin{bmatrix}a_1+b_1\\a_2+b_2\\(a_1-a_2)+(b_1-b_2)\end{bmatrix}$는 W의 원소이다.

α가 어떤 스칼라라 하자. 행렬의 스칼라곱의 결과를 이용함으로써

$\alpha\begin{bmatrix} a_1 \\ a_2 \\ a_1-a_2 \end{bmatrix} = \begin{bmatrix} \alpha a_1 \\ \alpha a_2 \\ \alpha(a_1-a_2) \end{bmatrix} = \begin{bmatrix} \alpha a_1 \\ \alpha a_2 \\ \alpha a_1 - \alpha a_2 \end{bmatrix} \in W$이다. 따라서 W는 부분공간이다.

(3) 우리는 $A = \begin{bmatrix} 2 & 3 & 4 \\ 0 & 1 & -1 \end{bmatrix}$ 이고 $\mathrm{x} = \begin{bmatrix} x_1 \\ x_2 \\ x_3 \end{bmatrix}$일 때, 주어진 LS를 $A\mathrm{x} = 0$으로 다시 쓸 수 있다.

$\mathrm{u}, \mathrm{v} \in W$라 하자. 그러면 $A\mathrm{u} = 0$이고, $A\mathrm{v} = 0$이다. 따라서 $A(\mathrm{u}+\mathrm{v}) = A\mathrm{u} + A\mathrm{v} = 0$이다. 따라서 $\mathrm{u}+\mathrm{v} \in W$이다. 유사하게, $\alpha \in R$이라면, $\alpha\mathrm{u} \in W$이다. 따라서 W는 부분공간이다.

정의 5.5

행렬A의 행에 의해 생성하는 공간은 A의 행공간이라 불린다.

예제 5.6

(1) $A = \begin{bmatrix} 1 & 2 & 7 \\ 2 & 5 & 2 \\ -1 & 3 & 3 \end{bmatrix}$라 하자. A의 행들은 R^3에서 벡터들이다. 벡터 $[1, -1, 2]$는 A의 행공간에 속하는가?

(2) $A = \begin{bmatrix} -1 & 1 & 2 & 7 \\ 2 & 0 & 0 & 1 \\ 1 & 2 & 1 & 0 \end{bmatrix}$이라 하자. $R(A)$는 A의 열에 의해 생성한 부분공간이라 하자. 벡터 $\begin{bmatrix} 1 \\ 2 \\ 1 \end{bmatrix}$은 $R(A)$에 속하는가?

Solution

(1) $x_1[1, 2, 7] + x_2[2, 5, 2] + x_3[-1, 3, 3] = [1, -1, 2]$에서 스칼라들 x_1, x_2 그리고 x_3를 찾기 위해 진행한다.

즉, $[x_1, 2x_1, 7x_1] + [2x_2, 5x_2, 2x_2] + [-1x_3, 3x_3, 3x_3] = [1, -1, 2]$이다.

$\begin{aligned} x_1 + 2x_2 - x_3 &= 1 \\ 2x_1 + 5x_2 + 2x_3 &= -1 \\ 7x_1 + 2x_2 + 3x_3 &= 2 \end{aligned}$ 을 얻는다. 이 LS는 $\begin{aligned} x_1 + 2x_2 - x_3 &= 1 \\ x_2 + 5x_3 &= -3 \\ -12x_2 + 10x_3 &= -5 \end{aligned}$ 와 같고,

이것은 차례로 $\begin{aligned} x_1+2x_2-\ x_3 &= \ \ 1 \\ x_2+5x_3 &= -3 \\ 70x_3 &= -41 \end{aligned}$ 와 같다. 후진대입법을 풀면, $x_3=-\dfrac{41}{70}$ 등을 얻는다.

벡터 $[1,\ -1,\ 2]$가 A의 행공간이다.

(2) 다음 식과 같은 $x_1,\ x_2,\ x_3$, 그리고 x_4를 찾을 것이다.

$$x_1\begin{bmatrix}-1\\2\\1\end{bmatrix}+x_2\begin{bmatrix}1\\0\\2\end{bmatrix}+x_3\begin{bmatrix}2\\0\\1\end{bmatrix}+x_4\begin{bmatrix}7\\1\\0\end{bmatrix}=\begin{bmatrix}1\\2\\1\end{bmatrix}$$ 즉, $$\begin{aligned} -x_1+x_2+2x_3+7x_4&=1 \\ 2x_1+\qquad\qquad\quad x_4&=2 \\ x_1+2x_2+x_3\qquad\ &=1 \end{aligned}$$ 이다.

LS를 에첼론 형태로 줄임으로써 $x_1,\ x_2,\ x_3,\ x_4$를 푼다. $$\begin{aligned} -x_1+x_2+2x_3+7x_4&=1 \\ 2x_2+4x_3+15x_4&=4 \\ 3x_2+3x_3+7x_4&=2 \end{aligned}$$ 이다.

즉, $$\begin{aligned} -x_1+x_2+2x_3+\quad 7x_4&=\ \ 1 \\ x_2+2x_3+\frac{15}{2}x_4&=\ \ 2 \\ -3x_3-\frac{31}{2}x_4&=-4 \end{aligned}$$ 이다.

후진대입법으로 풀면, $x_1,\ x_2,\ x_3$, 그리고 x_4의 값들의 집합을 한 개 이상 얻는다.

$A^{(1)},\ A^{(2)},\ A^{(3)},\ A^{(4)}$가 행렬 A의 열을 나타낸다면

$R(A)=\left\{x_1A^{(1)}+x_2A^{(2)}+x_3A^{(3)}+x_4A^{(4)} \mid x_1,\ x_2,\ x_3,\ x_4\in R\right\}$이고 즉,

$$R(A)=\left\{\begin{bmatrix}-1&1&2&7\\2&0&0&1\\1&2&1&0\end{bmatrix}\begin{bmatrix}x_1\\x_2\\x_3\\x_4\end{bmatrix}\middle|\, x_1,\ x_2,\ x_3,\ x_4\in R\right\}$$

정의 5.6

A가 $m\times n$행렬이라면, A의 치역은 $R(A)$에 의해 나타나난 집합 $\{A\mathrm{x} \mid \mathrm{x}\in R^n\}$이다. 주어진 $m\times n$행렬 A와 한 벡터 $\mathrm{x}\in R^n$에서, $A\mathrm{x}$는 A의 열의 일차결합임을 주목하라. A의 치역을 A의 열공간이라 부른다.

연습 문제 5.3

[EX 01] W가 R^3의 부분공간임을 증명하거나 반례를 들어라.

(1) $W = \{[a \quad b \quad 0] | a,\ b \in R\}$

(2) $W = \left\{ \begin{bmatrix} a \\ b \\ c \end{bmatrix} | a+b+c=0 \right\}$

(3) $W = \left\{ \begin{bmatrix} x_1 \\ x_2 \\ x_3 \end{bmatrix} | x_3 = -2x_1 - x_2 \right\}$

(4) A가 3×3행렬일 때, $W = \{\mathrm{x} \in R^3 | A\mathrm{x} = 0\}$

[EX 02] 다음의 영역들은 R^2에서 부분공간들인가? 이유를 밝혀라.

(1) 타원 : $2x^2 + 3y^2 \le 6$

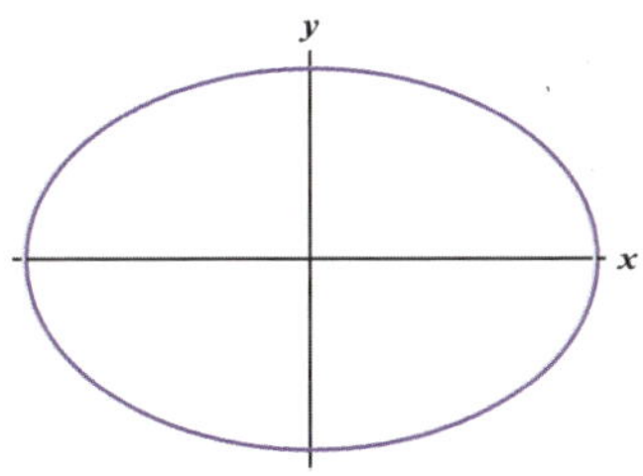

연습문제 5.3.1

(2) (0, 0), (1, 0), (0, 1) 꼭짓점들을 지나는 삼각형

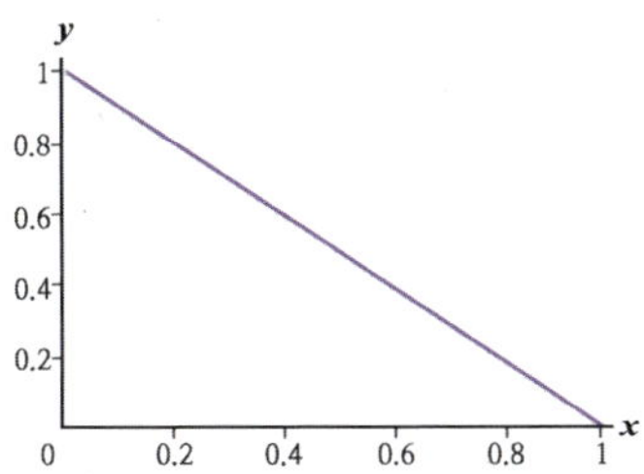

연습문제 5.3.2

(3) xy 평면에서 x축

[EX 03] W의 원소들이 유리수의 원소들을 가진 벡터에서 R^3의 부분집합 W가 R^3의 부분공간이 될 수 없다는 것을 보여라.

[EX 04] $[1,\ 2]$가 $[1,\ 0]$, $[1,\ 1]$ 그리고 $[-1,\ 0]$에 의해 생성한 부분공간에 속하는지를 결정하여라. 또한 $[1,\ 2]$가 $[1,\ 0]$, $[1,\ 1]$에 의해 생성한 부분공간에 속하는지를 밝혀라. $[1,\ 2]$가 $[1,\ 0]$에 의해 생성한 부분공간에 속하는 것은 가능한가?

[EX 05] $[1,\ 1,\ 1]$이 $[1,\ 3,\ 4]$, $[4,\ 0,\ 1]$과 $[3,\ 1,\ 2]$에 의해 생성한 부분공간에 속하는지를 결정하여라.

[EX 06] $[2,\ 0,\ 4,\ -2]$가 $[0,\ 2,\ 1,\ -1]$, $[1,\ -1,\ 1,\ 0]$ 그리고 $[2,\ 1,\ 0,\ -2]$에 의해 생성한 부분공간에 속하는지를 결정하여라.

[EX 07] $A=\begin{bmatrix}1&1&3&1\\2&1&5&4\\1&2&4&-1\end{bmatrix}$라 하자.

(1) $[-1,\ 1,\ 0,\ 1]$이 A의 행에 의해 생성한 부분공간에 속하는가?

(2) 벡터 $\begin{bmatrix}1\\0\\-1\end{bmatrix}$이나 $\begin{bmatrix}0\\0\\0\end{bmatrix}$ 열에 의해 생성한 부분공간에 속하는가?

(3) 벡터 $[1,\ 0,\ 0,\ 0]$ A^T의 행에 의해 생성한 부분공간에 속하는가?

$$A^T=\begin{bmatrix}1&2&1\\1&1&2\\3&5&4\\1&4&-1\end{bmatrix}$$

5.4 일차종속, 일차독립과 기저

정의 5.7

적어도 한개의 벡터들이 나머지 벡터들의 일차결합으로서 표현될 수 있다면, R^n에서 벡터들 $v_1, v_2, \ldots, v_m$의 집합은 일차종속이라고 한다.

$v_1, v_2, \ldots, v_m$가 일차종속한다면, $\alpha_1, \ldots, \alpha_{i-1}, \alpha_{i+1}, \ldots, \alpha_m$가 스칼라일 때, 몇몇은 $v_i = \alpha_1 v_1 + \cdots + \alpha_{i-1} v_{i-1} + \alpha_{i+1} v_{i+1} + \cdots + \alpha_m v_m$이다. 이것은 적어도 스칼라들 α_i 중의 하나가 -1과 $v_1, v_2, \ldots, v_m$에서 다음의 관계가 존재함을 암시한다.

$$\alpha_1 v_1 + \cdots + \alpha_m v_m = 0$$

$\alpha_i = -1$인 관계가 있으면, $\alpha_1 v_1 + \cdots + \alpha_m v_m = 0$ 벡터 v_i는 나머지 벡터들의 일차결합이다.

α_i로 나누어 $v_i = \left(-\dfrac{\alpha_1}{\alpha_i}\right) v_1 + \cdots + \left(-\dfrac{\alpha_m}{\alpha_i}\right) v_m$을 얻는다.

즉, v_i는 $v_1, \ldots, v_{i-1}, v_{i+1}, \ldots, v_m$의 일차결합이다.

정의 5.8

R^n에서 벡터의 집합이 일차적으로 종속하지 않으면, 그것은 일차독립이다.

따라서 $v_1, v_2, \ldots, v_m$가 일차적으로 독립이면, 벡터는 나머지 벡터들의 일차결합으로서 표시될 수 없다. 동일하게,

$$\alpha_1 v_1 + \cdots + \alpha_m v_m = 0 \qquad (1)\text{은}$$

$\alpha_1 = 0 = \alpha_2 = \cdots \alpha_m$, 즉 미지수들 $\alpha_1, \alpha_2, \ldots, \alpha_m$에서 방정식 (1)에 의해 주어진 방정식들의 동차선형계의 한 해답은 자명한 해이다.

그렇지 않으면, α_i가 0이 아니라면, 위에서 논의한 것처럼, v_i는 $v_1, v_2, \ldots, v_m$의 일차독립의 정의에 맞지 않는 $v_1, \ldots, v_{i-1}, v_{i+1}, \ldots, v_m$의 일차결합이다.

예제 5.7

(1) 벡터 $[1,\ 1,\ 0]$, $[1,\ 2,\ 3]$과 $[0,\ 0,\ 1]$의 집합은 일차독립임을 보여라.

(2) 벡터 $[1,\ 2,\ 3]$과 $[2,\ 4,\ 6]$은 일차종속임을 보여라.

(3) 한 에첼론 형태의 0이 아닌 행들의 집합은 행벡터들의 일차독립집합임을 보여라.

$$A=\begin{bmatrix}1 & -2 & 3 & 4 & -6\\ 0 & 2 & 0 & 6 & 1\\ 0 & 0 & 5 & -1 & 3\\ 0 & 0 & 0 & 0 & 0\end{bmatrix}$$

(4) R^3에서 벡터들 $e_1=\begin{bmatrix}1\\0\\0\end{bmatrix}$, $e_2=\begin{bmatrix}0\\1\\0\end{bmatrix}$, $e_3=\begin{bmatrix}0\\0\\1\end{bmatrix}$의 집합은 일차독립임을 보여라.

(5) 부분공간 $W=\left\{\begin{bmatrix}x_1\\x_2\\x_3\end{bmatrix}\in R^3 | x_3=x_1-x_2\right\}$를 고려하자.

W에서 어떤 벡터 $\begin{bmatrix}x_1\\x_2\\x_3\end{bmatrix}$은 $\begin{bmatrix}x_1\\x_2\\x_1-x_2\end{bmatrix}$로 쓰여질 수 있고, 이것은 다시 쓰여질 수 있다.

$\begin{bmatrix}x_1\\0\\x_1\end{bmatrix}+\begin{bmatrix}0\\x_2\\-x_2\end{bmatrix}=x_1\begin{bmatrix}1\\0\\1\end{bmatrix}+x_2\begin{bmatrix}0\\1\\-1\end{bmatrix}$ 따라서 W의 모든 벡터는 $\begin{bmatrix}1\\0\\1\end{bmatrix}$과 $\begin{bmatrix}0\\1\\-1\end{bmatrix}$의 일차결합이다.

따라서 부분공간의 기저는 $W=\left\langle\begin{bmatrix}1\\0\\1\end{bmatrix}, \begin{bmatrix}0\\1\\-1\end{bmatrix}\right\rangle$이다.

집합 $\left\{\begin{bmatrix}1\\0\\1\end{bmatrix}, \begin{bmatrix}0\\1\\-1\end{bmatrix}\right\}$는 일차독립임을 보여라.

Solution

(1) $\alpha_1[1,\ 1,\ 0]+\alpha_2[1,\ 2,\ 3]+\alpha_3[0,\ 0,\ 1]=0$에서

$\alpha_1+\alpha_2=0$, $\alpha_1+2\alpha_2=0$ 그리고 $3\alpha_2+\alpha_3=0$에 의해 주어진 α_1, α_2, α_3에서 방정식의 동차 연립방정식을 얻는다. 이 연립방정식은 오직 자명한 해 $\alpha_1=0$, $\alpha_2=0$, $\alpha_3=0$을 갖는다. 따라서 주어진 벡터는 일차독립이다.

(2) $\alpha_1[1,\ 2,\ 3]+\alpha_2[2,\ 4,\ 6]=0$에서

$\alpha_1+2\alpha_2=0$, $2\alpha_1+4\alpha_2=0$, 그리고 $3\alpha_1+6\alpha_2=0$을 얻는다.

한 개의 방정식 $\alpha_1+2\alpha_2=0$을 갖는다. 이 방정식 $\alpha_1+2\alpha_2=0$을 만족시키는 무수히 많은 답들이 있고, 따라서 이 주어진 벡터는 일차종속이다.

(3) $x_1[1,\ -2,\ 3,\ 4,\ -6]+x_2[0,\ 2,\ 0,\ 6,\ 1]+x_3[0,\ 0,\ 5,\ -1,\ 3]=[0,\ 0,\ 0,\ 0,\ 0]$ 즉,

$$[x_1, -2x_1+2x_2, 3x_1+5x_3, 4x_1+6x_2-x_3, -6x_1+x_2+3x_3] = [0, 0, 0, 0, 0]$$

따라서, $\begin{aligned} x_1 &= 0 \\ -2x_1+2x_2 &= 0 \\ 3x_1+5x_3 &= 0 \\ 4x_1+6x_2-x_3 &= 0 \\ -6x_1+x_2+3x_3 &= 0 \end{aligned}$ 에서 $x_1 = 0$, $x_2 = 0$, $x_3 = 0$이므로

A의 0이 아닌 행들은 일차독립이다.

(4) 다음 방정식을 고려하라. $\alpha_1 \begin{bmatrix} 1 \\ 0 \\ 0 \end{bmatrix} + \alpha_2 \begin{bmatrix} 0 \\ 1 \\ 0 \end{bmatrix} + \alpha_3 \begin{bmatrix} 0 \\ 0 \\ 1 \end{bmatrix} = \begin{bmatrix} 0 \\ 0 \\ 0 \end{bmatrix}$

왼쪽은 $\begin{bmatrix} \alpha_1 \\ 0 \\ 0 \end{bmatrix} + \begin{bmatrix} 0 \\ \alpha_2 \\ 0 \end{bmatrix} + \begin{bmatrix} 0 \\ 0 \\ \alpha_3 \end{bmatrix} = \begin{bmatrix} \alpha_1 \\ \alpha_2 \\ \alpha_3 \end{bmatrix}$ 에서 이것은 $\alpha_1 = 0$, $\alpha_2 = 0$, $\alpha_3 = 0$이다.

I $\begin{bmatrix} 0 \\ 0 \\ 0 \end{bmatrix}$ 와 같다. 따라서 주어진 집합은 일차독립이다.

(5) 방정식 $\alpha \begin{bmatrix} 1 \\ 0 \\ 1 \end{bmatrix} + \beta \begin{bmatrix} 0 \\ 1 \\ -1 \end{bmatrix} = \begin{bmatrix} 0 \\ 0 \\ 0 \end{bmatrix}$ 이다.

$\begin{bmatrix} \alpha \\ 0 \\ \alpha \end{bmatrix} + \begin{bmatrix} 0 \\ \beta \\ -\beta \end{bmatrix} = \begin{bmatrix} \alpha \\ \beta \\ \alpha-\beta \end{bmatrix}$ 에서 $\alpha = 0$, $\beta = 0$ 따라서 일차독립이다.

정의 5.9

W가 R^n의 부분공간이라 하자.

(1) $W = \langle v_1, v_2, \cdots, v_m \rangle$, 즉, W는 벡터들 $v_1, v_2, \cdots, v_m$의해 생성되었고,

(2) $\{v_1, v_2, \cdots, v_m\}$는 일차독립집합이라면, R^n에서 벡터들 $\{v_1, v_2, \cdots, v_m\}$의 집합은 W의 기저라 불린다.

모든 부분공간은 기저를 가진다. 0공간은 일차독립벡터를 가지지 않고, 관습적으로 그 기저는 공집합으로 정의된다.

[예제 5.7]에서 기저는 다음과 같다.

(1) 예제 (3)에서 A의 0이 아닌 행들은 행에 의해 생성한 부분공간의 기저이다.

(2) 예제 (4)에서, 벡터들 e_1, e_2, 그리고 e_3은 R^3의 기저이고, R^3의 기본기저라 불린다.

R^3에서 모든 벡터 $\begin{bmatrix}\alpha\\\beta\\\gamma\end{bmatrix}$가 일차결합은 e_1, e_2, 그리고 e_3가 일차독립이고, $e_1=\begin{bmatrix}1\\0\\0\end{bmatrix}$, $e_2=\begin{bmatrix}0\\1\\0\end{bmatrix}$, $e_3=\begin{bmatrix}0\\0\\1\end{bmatrix}$은 $\alpha\begin{bmatrix}1\\0\\0\end{bmatrix}+\beta\begin{bmatrix}0\\1\\0\end{bmatrix}+\gamma\begin{bmatrix}0\\0\\1\end{bmatrix}$으로서 표현될 수 있는 사실로부터 R^n의 기저임을 알 수 있다.

R은 실수의 집합이고, x축, y축, 그리고 x축을 각각 따르는 R^3에서 e_1, e_2, 그리고 e_3는 단위벡터이다.

일반적으로 그 벡터들 $e_1=\begin{bmatrix}1\\0\\\vdots\\0\end{bmatrix}$, $e_2=\begin{bmatrix}0\\1\\\vdots\\0\end{bmatrix}$, $\cdots$, $e_n=\begin{bmatrix}0\\0\\\vdots\\1\end{bmatrix}$은 표준기저라 불리는 R^3의 기저이다.

(3) 예제 (5)에서, 벡터들 $\begin{bmatrix}1\\0\\1\end{bmatrix}$과 $\begin{bmatrix}0\\1\\-1\end{bmatrix}$은 W의 기저를 만든다.

정의 5.10

부분공간의 어떤 기저에서 벡터들의 수를 부분공간의 차원이라 불린다.

부분공간 W의 차원은 $\dim W$로 나타낸다. 관습적으로, 영부분공간의 차원은 0으로 정의된다.

벡터들 v_1, v_2, $\cdots$, v_m의 주어진 집합에 의해 생성한 부분공간의 기저를 찾는 방법은 다음과 같다.

단계 1 영벡터를 포함하는 어떤 집합은 일차종속이기 때문에, $\{v_1, v_2, \cdots, v_s\}$ 모음에서 모든 영벡터를 지워라. 따라서 일반성을 잃지 않기 위해서, 벡터들 v_1, v_2, $\cdots$, v_s가 0이 아니라는 가정을 할 것이다.

단계 2 v_1, v_2, $\cdots$, v_s의 일차독립을 확인하라. 이것들이 일차독립이라면, v_1, v_2, $\cdots$, v_s는 기저를 생성한다. 그렇지 않으면 종속관계를 찾아라.

$$\alpha_1 v_1 + \cdots + \alpha_s v_s = 0 \qquad (2)$$가 α_i가 0이 아닐 때 종속관계라 가정하자.

$\alpha_i \neq 0$을 방정식 (2)을 $\mathrm{v}_i = -\dfrac{\alpha_1}{\alpha_i}\mathrm{v}_1 - \cdots - \dfrac{\alpha_s}{\alpha_i}\mathrm{v}_s$로 다시 써라.

v_i가 나머지 벡터들의 일차결합으로 표현될 수 있고, 그러므로 벡터들 $\mathrm{v}_1, \mathrm{v}_2, \cdots, \mathrm{v}_s$의 일차결합은 v_i를 제외한 모든 것의 일차결합으로서 표현될 수 있다. 따라서

$$\langle \mathrm{v}_1, \cdots, \mathrm{v}_{i-1}, \mathrm{v}_{i+1}, \cdots, \mathrm{v}_m \rangle = \langle \mathrm{v}_1, \mathrm{v}_2, \cdots, \mathrm{v}_s \rangle$$

즉, v_i를 제외하고 벡터들 $\mathrm{v}_1, \cdots, \mathrm{v}_{i-1}, \mathrm{v}_{i+1}, \cdots, \mathrm{v}_m$를 남김으로써 생성된 부분공간의 기저이다.

단계 3 일차독립 부분집합에 도달할 때까지 벡터들을 지우는 단계 2를 반복하라. 그리하여 얻어진 일차독립 부분집합은 기저이다.

예제 5.8

벡터들 $\mathrm{v}_1 = [1\ \ 2\ \ 3]$, $\mathrm{v}_2 = [1\ \ 2\ \ -1]$, $\mathrm{v}_3 = [3\ \ -1\ \ 0]$, 그리고 $\mathrm{v}_4 = [2\ \ 1\ \ 2]$이 R^3의 기저를 생성하는지를 보여라.

Solution

$\alpha_1[1,\ 2,\ 3] + \alpha_2[1,\ 2,\ -1] + \alpha_3[3,\ -1,\ 0] + \alpha_4[2,\ 1,\ 2] = 0$

이것은 동차 LS $\begin{aligned} \alpha_1 + \alpha_2 + 3\alpha_3 + 2\alpha_4 &= 0 \\ 2\alpha_1 + 2\alpha_2 - \alpha_3 + \alpha_4 &= 0 \\ 3\alpha_1 - \alpha_2 + 0\alpha_3 + 2\alpha_4 &= 0 \end{aligned}$ 를 발생시킨다.

이것의 계수행렬은 $\begin{bmatrix} 1 & 1 & 3 & 2 \\ 2 & 2 & -1 & 1 \\ 3 & -1 & 0 & 2 \end{bmatrix} \xrightarrow[R_3+(-3)R_1]{R_2+(-2)R_1} \begin{bmatrix} 1 & 1 & 3 & 2 \\ 0 & 0 & -7 & -3 \\ 0 & -4 & -9 & -4 \end{bmatrix}$

$$\xrightarrow{R_2 \leftrightarrow R_3} \begin{bmatrix} 1 & 1 & 3 & 2 \\ 0 & -4 & -9 & -4 \\ 0 & 0 & -7 & -3 \end{bmatrix}$$

이 변형된 LS는 $\begin{aligned} \alpha_1 + \alpha_2 + 3\alpha_3 + 2\alpha_4 &= 0 \\ -4\alpha_2 - 9\alpha_3 - 4\alpha_4 &= 0 \\ -7\alpha_3 - 3\alpha_4 &= 0 \end{aligned}$ 이다.

마지막 방정식이 두 개의 미지수를 가지기 때문에, 한 개의 변수의 값을 미지수를 선택할 수 있다. $\alpha_4 = t$. t의 0이 아닌 특별한 값을 선택한다. $t = 7$을 선택하면,

$\alpha_4 = 7$

$\alpha_3 = -3$ $\qquad$ $\alpha_2 = 1$이면, $\alpha_1 = -6$이다.

$\alpha_1 + \alpha_2 = -3\alpha_3 - 2\alpha_4 = 9 - 14 = -5$

다음의 관계를 얻는다. $(-6)\mathrm{v}_1 + \mathrm{v}_2 + (-3)\mathrm{v}_3 + 7\mathrm{v}_4 = 0$

따라서 $\mathrm{v}_4 = \frac{1}{7}(6\mathrm{v}_1 - \mathrm{v}_2 + 3\mathrm{v}_3)$ 이것은 v_4가 v_1, v_2, 그리고 v_3의 일차결합으로 표현될 수 있음을 보여주고, 주어진 벡터들의 집합은 종속이다. 그러나 v_1, v_2, 그리고 v_3가 일차독립이므로, 이 집합은 R^3의 기저이다.

왜냐하면 R^3에서 일차독립인 세 개의 벡터들이 R^3의 기저를 형성하기 때문이다.

연습 문제 5.4

[EX 01] 집합 $\left\{\begin{bmatrix}2\\6\\-2\end{bmatrix}, \begin{bmatrix}3\\1\\2\end{bmatrix}, \begin{bmatrix}8\\16\\-3\end{bmatrix}\right\}$는 일차독립인가?

[EX 02] $\begin{bmatrix}4\\5\\1\end{bmatrix}, \begin{bmatrix}3\\0\\2\end{bmatrix}, \begin{bmatrix}a\\10\\9\end{bmatrix}$가 일차종속인 a의 값을 찾아라.

[EX 03] $[2,\ 1,\ 1,\ 1],\ [3,\ -2,\ 1,\ 0],\ [a,\ -1,\ 2,\ 0]$이 일차독립인 a값을 찾아라.

[EX 04] $\begin{bmatrix}1\\2\\3\end{bmatrix}, \begin{bmatrix}a\\0\\0\end{bmatrix}, \begin{bmatrix}0\\b\\1\end{bmatrix}$이 일차독립인 a, b를 구하라.

[EX 05] $\begin{bmatrix}1\\1\end{bmatrix}$이 R^2의 기저인지를 구하라.

[EX 06] $\begin{bmatrix}1\\1\end{bmatrix}$와 $\begin{bmatrix}2\\3\end{bmatrix}$이 R^2의 기저를 형성하는지를 결정하라.

[EX 07] $\begin{bmatrix}1\\1\end{bmatrix}$, $\begin{bmatrix}2\\3\end{bmatrix}$와 $\begin{bmatrix}1\\0\end{bmatrix}$가 R^2의 기저를 형성하는지를 결정하라.

[EX 08] $\begin{bmatrix}1\\0\end{bmatrix}$, $\begin{bmatrix}0\\1\end{bmatrix}$과 $\begin{bmatrix}2\\4\end{bmatrix}$가 R^2의 기저를 형성하는지를 결정하라. 형성하지 않으면, 기저를 형성하는 부분집합을 찾아라.

[EX 09] 벡터들 $[1,\ 1,\ 1]$, $[1,\ 2,\ 3]$, $[2,\ -1,\ 1]$이 그들에 의해 발생한 부분공간의 기저를 형성하는지를 결정하라. 형성하지 않으면, 이 부분공간의 기저를 형성하는 부분집합을 찾아라.

[EX 10] 주어진 벡터들을 구성하는 집합의 부분집합인 $[1,\ 4,\ -1,\ 3]$, $[2,\ 1,\ -3,\ 1]$, $[0,\ 2,\ 1,\ -5]$에 의해 발생한 R^4의 부분공간 W의 기저를 찾아라.

[EX 11] 각 부분공간의 차원을 찾아라.

(1) R

(2) $\left\{\begin{bmatrix}x\\y\end{bmatrix} \mid y=x\right\}$

(3) $\left\{\begin{bmatrix}x\\y\end{bmatrix} \mid y=3x\right\}$

(4) $\left\{\begin{bmatrix}x\\y\\z\end{bmatrix} \mid z=x+y\right\}$

[EX 12] 다음의 각 선형계 $A\mathrm{x}=0$의 답들을 구성하는 부분공간의 차원을 찾아라.

(1) $A=\begin{bmatrix}1&2\\2&3\end{bmatrix}$, $\mathrm{x}=\begin{bmatrix}x_1\\x_2\end{bmatrix}$

(2) $A=\begin{bmatrix}1&2\\0&1\end{bmatrix}$, $\mathrm{x}=\begin{bmatrix}x_1\\x_2\end{bmatrix}$

(3) $A=\begin{bmatrix}1&2&3\\0&1&2\\0&1&1\end{bmatrix}$, $\mathrm{x}=\begin{bmatrix}x_1\\x_2\\x_3\end{bmatrix}$

(4) $A=\begin{bmatrix}1&2\\2&4\end{bmatrix}$, $\mathrm{x}=\begin{bmatrix}x_1\\x_2\end{bmatrix}$

(5) $A=\begin{bmatrix}1&2&3\\0&1&2\\1&3&5\end{bmatrix}$, $\mathrm{x}=\begin{bmatrix}x_1\\x_2\\x_3\end{bmatrix}$

(6) $A=\begin{bmatrix}0&0\\0&0\end{bmatrix}$, $\mathrm{x}=\begin{bmatrix}x_1\\x_2\end{bmatrix}$

(7) $A=\begin{bmatrix}0&1&-1\\1&0&1\\2&1&1\end{bmatrix}$, $\mathrm{x}=\begin{bmatrix}x_1\\x_2\\x_3\end{bmatrix}$

[EX 13] 행렬 $A=\begin{bmatrix}3&3&3\\4&5&6\\7&8&9\end{bmatrix}$ 에서 다음의 차원을 찾아라.

(1) A의 행에 의해 발생한 R^3의 부분공간

(2) A의 열에 의해 발생한 R^3의 부분공간

[EX 14] 행렬 $A=\begin{bmatrix}0&1\\1&1\\2&3\end{bmatrix}$ 에서 다음의 차원을 찾아라.

(1) A의 행에 의해 발생한 R^3의 부분공간

(2) A의 열에 의해 발생한 R^3의 부분공간

[EX 15] 행렬 $A=\begin{bmatrix}-1&2&3&1&11\\0&2&3&4&8\\1&-2&3&-1&1\\1&-2&9&-1&13\\-1&4&6&5&19\end{bmatrix}$ 을 고려하자.

행렬을 낮은 에첼론 형태로 줄이고 A의 행공간에서 기저를 찾아라.

[EX 16] 행렬 $\begin{bmatrix}1&2&3\\4&5&6\\7&8&9\end{bmatrix}$, $\begin{bmatrix}1&2&1&2&2&1\\2&4&2&4&-1&0\\1&2&1&2&-1&0\\2&4&1&2&0&-1\end{bmatrix}$ 에서

행에 의해 발생한 부분공간의 차원과 열에 의해 발생한 부분공간의 차원을 찾아라.

5.5 계수($rank$)

$\mathrm{v}_1, \mathrm{v}_2, \cdots, \mathrm{v}_p$는 R^m에서 벡터들이다. 다음의 연산들은 기본연산이라 한다.

(1) v_i와 v_j 두 벡터를 서로 바꿔라.

(2) 0이 아닌 스칼라 α를 v_i에 곱하라.

(3) v_i에 스칼라 β를 곱하고 v_j에 그것을 더하라.

$\mathrm{v}_1, \mathrm{v}_2, \cdots, \mathrm{v}_p$가 R^m에서 벡터들이라 하자. $W = \langle \mathrm{v}_1, \mathrm{v}_2, \cdots, \mathrm{v}_p \rangle$가 이 벡터들에 의해 생성한 부분공간이라 하자. $\{\mathrm{v}_1, \mathrm{v}_2, \cdots, \mathrm{v}_p\}$는 부분공간 W의 생성한 집합이라 한다.
$\langle \mathrm{v}_1, \mathrm{v}_2, \cdots, \mathrm{v}_p \rangle = \langle \mathrm{w}_1, \mathrm{w}_2, \cdots, \mathrm{w}_k \rangle$라면, $\{\mathrm{v}_1, \mathrm{v}_2, \cdots, \mathrm{v}_p\}$과 $\{\mathrm{w}_1, \mathrm{w}_2, \cdots, \mathrm{w}_k\}$는 동등한 생성 집합이라 불린다.

이제 행공간, 열공간, 행계수, 열계수와 관련된 개념들을 논의하고자 한다.
$A = (a_{ij})$가 $m \times n$행렬이라면, A의 각 행은 $1 \times n$이고, 그것은 n차 행벡터이다. 유사하게, 행렬 A의 열은 m차 열벡터이다. A의 i번째 행을 A_i로 쓰고 j번째 열을 $A^{(j)}$로 쓴다.
$i = 1, \cdots, m$, $j = 1, \cdots, n$. 행렬 A를

행에 관해서는 $A = \begin{bmatrix} A_1 \\ A_2 \\ \vdots \\ A_m \end{bmatrix}$로 쓸 수 있고,

열에 관해서는 $A = [A^{(1)}, A^{(2)} \cdots A^{(n)}]$로 쓸 수 있다.

예를 들어, $A = \begin{bmatrix} -1 & 2 & 3 \\ 5 & 2 & 9 \end{bmatrix}$이면, $A_1 = [-1 \ \ 2 \ \ 3]$이고 $A_2 = [5 \ \ 2 \ \ 9]$일 때 $A = \begin{bmatrix} A_1 \\ A_2 \end{bmatrix}$로 쓸 수 있다.

정의 5.11

$A = (a_{ij})_{m \times n}$이라 하자. A의 행공간은 A의 행에 의해 생성된 R^n(모든 n차 행벡터들의 집합)의 부분공간이다. A의 열공간은 A의 열에 의해 생성된 R^m(모든 n차 열벡터들의 집합)의 부분공간이다. A의 열공간은 A의 치역이라고 한다.

정의 5.12

A의 행공간의 차원은 A의 행계수라 불리고, A의 열공간의 차원은 A의 열계수라 한다.

행(열)공간의 기저와 행렬 A의 행(열)계수를 찾는 방법을 서술한다. 이 방법은 또한 행(열)벡터의 집합이 일차독립인지 아닌지를 검사하는 대안 방법을 제공한다. [정의 2.2] 행렬 A를 유형 Ⅰ, Ⅱ, 그리고 Ⅲ의 기본행연산으로 행사다리꼴 행렬로 만든다. A의 행에 의해 생성된 부분공간이 에첼론 행렬의 행에 의해 생성되거나 동등하게 사다리꼴 행렬의 0이 아닌 행에 의해 생성된 부분공간과 같고 행사다리꼴 행렬의 0이 아닌 행들은 항상 일차독립이다. A의 기본열연산과 열공간도 A에 열연산이 A의 전치 A^T에 행연산과 같다.

예제 5.9

(1) $A = \begin{bmatrix} 1 & 2 & 3 & -1 \\ 3 & 5 & 8 & -2 \\ 1 & 1 & 2 & 0 \end{bmatrix}$이라 하자. A의 행공간의 기저와 열공간의 기저를 구하여라

(2) $\begin{bmatrix} 1 \\ 2 \\ 0 \end{bmatrix}$, $\begin{bmatrix} 1 \\ 1 \\ 1 \end{bmatrix}$, 그리고 $\begin{bmatrix} -1 \\ 0 \\ -2 \end{bmatrix}$에 의해 생성된 부분공간의 기저를 찾아라.

Solution

(1) A의 행들은 R^4의 행벡터들이다. 즉, R^4에서 행벡터이다.
A의 행공간은 A의 세 개의 행 A_1, A_2, A_3에 의해 생성된 부분공간 $\langle A_1, A_2, A_3 \rangle$이다.
A에서 기본행연산을 수행한다.

$$A = \begin{bmatrix} 1 & 2 & 3 & -1 \\ 3 & 5 & 8 & -2 \\ 1 & 1 & 2 & 0 \end{bmatrix} \underset{R_3 + (-1)R_1}{\overset{R_2 + (-3)R_1}{\longrightarrow}} \begin{bmatrix} 1 & 2 & 3 & -1 \\ 0 & -1 & -1 & 1 \\ 0 & -1 & -1 & 1 \end{bmatrix}$$

$$\underset{R_3 + (-1)R_2}{\longrightarrow} \begin{bmatrix} 1 & 2 & 3 & -1 \\ 0 & -1 & -1 & 1 \\ 0 & 0 & 0 & 0 \end{bmatrix}$$

A의 행공간은 $\langle [1, 2, 3, -1], [0, -1, -1, 1] \rangle$이다. 생성집합은 일차독립이다.
따라서 A의 행공간의 차원은 2이다. 따라서 A의 행계수는 2이다.

다음에 A의 열공간의 기저를 찾는다.

$A^T = \begin{bmatrix} 1 & 3 & 1 \\ 2 & 5 & 1 \\ 3 & 8 & 2 \\ -1 & -2 & 0 \end{bmatrix}$이라 쓰고 A^T에 기본행연산을 수행한다.

이들 연산들은 A에서 기본열연산들과 같다. A의 열들은 A^T의 행이기 때문이다.

$$A^T = \begin{bmatrix} 1 & 3 & 1 \\ 2 & 5 & 1 \\ 3 & 8 & 2 \\ -1 & -2 & 0 \end{bmatrix} \begin{matrix} R_2+(-2)R_1 \\ \rightarrow \\ R_3+(-3)R_1 \\ R_4+R_1 \end{matrix} \begin{bmatrix} 1 & 3 & 1 \\ 0 & -1 & -1 \\ 0 & -1 & -1 \\ 0 & 1 & 1 \end{bmatrix} \begin{matrix} R_3+(-1)R_2 \\ \rightarrow \\ R_4+R_2 \end{matrix} \begin{bmatrix} 1 & 3 & 1 \\ 0 & -1 & -1 \\ 0 & 0 & 0 \\ 0 & 0 & 0 \end{bmatrix}$$

행렬 A^T는 행에첼론 형태로 줄여져 왔다.

행에첼론 행렬의 전치는 A의 열에첼론 형태인 $\begin{bmatrix} 1 & 0 & 0 & 0 \\ 3 & -1 & 0 & 0 \\ 1 & -1 & 0 & 0 \end{bmatrix}$이다.

그래서 A의 열공간은 $\left\langle \begin{bmatrix} 1 \\ 3 \\ 1 \end{bmatrix}, \begin{bmatrix} 0 \\ -1 \\ -1 \end{bmatrix} \right\rangle$과 같다. 두 열벡터 $\begin{bmatrix} 1 \\ 3 \\ 1 \end{bmatrix}, \begin{bmatrix} 0 \\ -1 \\ -1 \end{bmatrix}$은 일차독립이고, 열공간의 기저를 만든다. 또한, 열공간의 차원은 2이고, 이것은 열에첼론 행렬에서 0이 아닌 열들의 수이다. 그러므로 A의 열계수는 2이다.

(2) 열들이 주어진 열벡터인 행렬 $A = \begin{bmatrix} 1 & 2 & -1 \\ 2 & 1 & 0 \\ 0 & 1 & -2 \end{bmatrix}$을 쓴다. 주어진 벡터들에 의해 생성된 부분공간의 기저는 A의 열공간의 기저와 같다.

$A^T = \begin{bmatrix} 1 & 2 & 0 \\ 1 & 1 & 1 \\ -1 & 0 & -2 \end{bmatrix}$를 쓰고 이것을 열에첼론 형태로 줄인다.

$$\begin{bmatrix} 1 & 2 & 0 \\ 1 & 1 & 1 \\ -1 & 0 & -2 \end{bmatrix} \begin{matrix} R_2+(-1)R_1 \\ \rightarrow \\ R_3+R_1 \end{matrix} \begin{bmatrix} 1 & 2 & 0 \\ 0 & -1 & 1 \\ 0 & 2 & -2 \end{bmatrix} \begin{matrix} R_3+2R_2 \\ \rightarrow \end{matrix} \begin{bmatrix} 1 & 2 & 0 \\ 0 & -1 & 1 \\ 0 & 0 & 0 \end{bmatrix}.$$

이 행에첼론 행렬의 전치는 $\begin{bmatrix} 1 & 0 & 0 \\ 2 & -1 & 0 \\ 0 & 1 & 0 \end{bmatrix}$이다. A의 열공간의 기저는 $\left\{ \begin{bmatrix} 1 \\ 2 \\ 0 \end{bmatrix}, \begin{bmatrix} 0 \\ -1 \\ 1 \end{bmatrix} \right\}$이다.

정리 5.1

행공간과 열공간은 같은 차원을 같는다. A가 $m \times n$행렬이라면 A의 행공간과 열공간은 같은 차원을 갖는다.

정의 5.13

행렬 A의 행공간의 차원을 A의 계수라고 부른다. 그리고 $rank(A)$라고 쓴다.

정리 5.2

$A\mathrm{x}= b$에서 행렬A의 계수가 확대행렬 $[A \mid b]$의 계수와 같다면 $A\mathrm{x}= b$는 해가 존재한다.

연습 문제 5.5

[EX 01] 다음의 행렬에서 행과 열공간의 기저와 계수를 찾아라.

(1) $A=\begin{bmatrix}1&2\\3&4\end{bmatrix}$ (2) $A=\begin{bmatrix}1&0&1\\3&2&1\end{bmatrix}$

(3) $A=\begin{bmatrix}2&3\\4&5\\6&8\end{bmatrix}$ (4) $A=\begin{bmatrix}1&2&0\\-1&3&4\\0&4&3\end{bmatrix}$

(5) $A=\begin{bmatrix}5&6&7\\0&5&6\\0&0&5\end{bmatrix}$

[EX 02] 다음의 행렬에서 행과 열공간의 기저와 계수를 찾아라.

(1) $A=\begin{bmatrix}2&3&4&5\\0&1&5&6\\0&0&7&8\\0&0&5&3\end{bmatrix}$ (2) $B=\begin{bmatrix}1&2&3&4\\2&4&6&8\\3&5&7&9\\4&6&8&10\end{bmatrix}$

(3) A와 B가 위와 같을 때, $C=[A\ \ B]$

[EX 03] 주어진 벡터들에 의해 생성된 부분집합의 기저를 찾아라.

(1) $[1\ 1\ 1],\ [2\ 2\ 2],\ [0\ 0\ 0]$ (2) $[3\ 2\ 1],\ [4\ 3\ 2],\ [1\ 1\ 1]$

(3) $\left\{\begin{bmatrix}2\\7\\0\end{bmatrix},\ \begin{bmatrix}3\\5\\1\end{bmatrix},\ \begin{bmatrix}1\\0\\0\end{bmatrix}\right\}$

[EX 04] 다음의 동차 LS의 답들을 구성하는 부분공간의 기저를 구하라.

(1) $x_1 + x_2 - x_3 = 0$

(2) $\begin{aligned} 2x + y + z &= 0 \\ x \quad\;\; - z &= 0 \end{aligned}$

(3) $\begin{aligned} x_1 + 2x_2 + 3x_3 &= 0 \\ 4x_1 + 5x_2 + 6x_3 &= 0 \\ x_1 - x_2 + x_3 &= 0 \end{aligned}$

(4) $\begin{aligned} x_1 + 2x_2 \qquad\quad + 3x_4 &= 0 \\ 2x_1 + 5x_2 + 2x_3 + x_4 &= 0 \\ x_1 + 3x_2 + x_3 - x_4 &= 0 \end{aligned}$

[EX 05] 다음의 동차 LS의 답들을 구성하는 부분공간의 기저를 구하고, 해집합을 그려라.

$$\begin{aligned} x_1 + 2x_2 \qquad\quad &= 0 \\ 2x_1 - x_2 + 3x_3 &= 0 \end{aligned}$$

[EX 06] $A\mathrm{x} = 0$의 해집합의 기저를 구하여라.

(1) $A = \begin{bmatrix} 1 & 5 \\ 2 & 6 \end{bmatrix}$

(2) $A = \begin{bmatrix} 2 & 3 & 5 \\ 4 & 0 & 1 \end{bmatrix}$

(3) $A = \begin{bmatrix} 0 & 1 & 2 \\ 3 & 0 & 1 \\ 0 & 0 & 1 \end{bmatrix}$

(4) $A = [1 \;\; 2 \;\; 3 \;\; 4]$

5.6 영공간과 영차원(퇴화차수)

A가 $m\times n$행렬이라 하고, $W=\{\mathrm{x}\in R^n \mid A\mathrm{x}=0\}$이 동차 연립방정식 $A\mathrm{x}=0$의 해집합이라 하자. W는 부분공간이다.

정의 5.14

A가 $m\times n$행렬이라 하자. $W=\{\mathrm{x}\in R^n \mid A\mathrm{x}=0\}$는 영공간 또는 A의 해공간이라 하고 A의 영공간의 차원을 A의 영차원이라 한다.

정리 5.3

A가 $m\times n$행렬이라 하자. A의 계수$+A$의 영차원$=n$이다.

예제 5.10

(1) 방정식 $x_1+x_2+x_3=0$에 의해 주어진 방정식들의 연립방정식의 영공간의 차원을 구하여라.

(2) $A=\begin{bmatrix}2&3&1\\5&6&7\end{bmatrix}$의 영공간의 기저를 구하라.

(3) LS의 해공간의 차원을 찾아라. $\begin{aligned}x_1+x_2-\ \ x_3+x_4&=0\\ x_2-2x_3-x_4&=0\end{aligned}$

(4) 동차 LS $\begin{aligned}x_1+2x_2+\ \ x_3+3x_4&=0\\ 2x_1+5x_2+2x_3+\ \ x_4&=0\\ x_1+3x_2+\ \ x_3-\ \ x_4&=0\end{aligned}$ **의 해집합으로 생성된 부분공간의 기저를 구하라.**

(5) 계수행렬이 다음과 같은 동차 LS의 해에 의해 생성된 부분공간의 기저를 찾아라.

$$\begin{bmatrix}1&2&1&0\\2&5&3&-1\\2&2&0&2\\0&1&1&-1\end{bmatrix}$$

Solution

(1) 계수행렬은 $A=[1\ \ 1\ \ 1]$이고 A의 계수는 1이다. 한 개의 방정식과 세 개의 미지수가 있기 때문

에, 두 개의 자유변수 $x_2 = t, x_3 = s$ 로 하자. 계수-영차원이론에 의해서, 영차원은 $3-1=2$ 이다. 영차원이 $A\mathrm{x}=b$의 해에서 자유변수의 미지수의 수이다.

(2) 처음에 A를 행에첼론 형태로 줄인다.

$$\begin{bmatrix} 2 & 3 & 1 \\ 5 & 6 & 7 \end{bmatrix} \underset{\rightarrow}{\frac{1}{2}R_1} \begin{bmatrix} 1 & \frac{3}{2} & \frac{1}{2} \\ 5 & 6 & 7 \end{bmatrix} \underset{\rightarrow}{R_2+(-5)R_1} \begin{bmatrix} 1 & \frac{3}{2} & \frac{1}{2} \\ 0 & -\frac{3}{2} & \frac{9}{2} \end{bmatrix} \underset{\rightarrow}{-\frac{2}{3}R_2} \begin{bmatrix} 1 & \frac{3}{2} & \frac{1}{2} \\ 0 & 1 & -3 \end{bmatrix}$$

$LS\ A\mathrm{x}=0$은 다음으로 변형된다. $x_1 + \frac{3}{2}x_2 + \frac{1}{2}x_3 = 0$
$\qquad x_2 - \ 3x_3 = 0$

마지막 방정식이 두개의 미지수를 가지기 때문에, $x_3 = t$라고 하자. 그러면 $x_2 = 3t$, 그리고

$x_1 = -5t$이다. 따라서 $A\mathrm{x}=0$의 해는 $\mathrm{x} = \begin{bmatrix} x_1 \\ x_2 \\ x_3 \end{bmatrix}$ $\mathrm{x} = \begin{bmatrix} -5t \\ 3t \\ t \end{bmatrix} = t\begin{bmatrix} -5 \\ 3 \\ 1 \end{bmatrix}$이다.

그러므로 A의 영공간의 기저는 $\begin{bmatrix} -5 \\ 3 \\ 1 \end{bmatrix}$이다. 따라서 A의 영차원은 1이다.

(3) $A = \begin{bmatrix} 1 & 1 & -1 & 1 \\ 0 & 1 & -2 & -1 \end{bmatrix}$가 이미 행에첼론 형태이다. 따라서 $x_1 + x_2 - \ x_3 + x_4 = 0$, $x_2 - 2x_3 - x_4 = 0$ 를 풀어야 한다.

마지막 방정식이 세 개의 미지수를 가지기 때문에, 우리는 어떤 두 개의 미지의 값을 할당해야 한다. 따라서 $x_4 = t_1,\ x_3 = t_2$라 하자.

$x_2 = 2t_2 + t_1$이며 $x_1 = -x_2 + x_3 - x_4$
$\qquad x_1 = -2t_2 - t_1 + t_2 - t_1 = -t_2 - 2t_1$ 이다.

그러므로 $A\mathrm{x}=0$의 해공간은 다음과 같다.

$$x = \begin{bmatrix} x_1 \\ x_2 \\ x_3 \\ x_4 \end{bmatrix} = \begin{bmatrix} -t_2 - 2t_1 \\ 2t_2 + t_1 \\ t_2 \\ t_1 \end{bmatrix} = \begin{bmatrix} -t_2 \\ 2t_2 \\ t_2 \\ 0 \end{bmatrix} + \begin{bmatrix} -2t_1 \\ t_1 \\ 0 \\ t_1 \end{bmatrix} = t_2\begin{bmatrix} -1 \\ 2 \\ 1 \\ 0 \end{bmatrix} + t_1\begin{bmatrix} -2 \\ 1 \\ 0 \\ 1 \end{bmatrix}$$

그러므로 해공간은 $\begin{bmatrix} -1 \\ 2 \\ 1 \\ 0 \end{bmatrix}, \begin{bmatrix} -2 \\ 1 \\ 0 \\ 1 \end{bmatrix}$이다. 따라서 해공간의 차원은 2이다.

(4) LS의 행렬을 기본행연산으로써 행사다리꼴을 구하면

$$\begin{bmatrix} 1 & 2 & 1 & 3 \\ 2 & 5 & 2 & 1 \\ 1 & 3 & 1 & -1 \end{bmatrix} \underset{R_3 - R_1}{\overset{R_2 - 2R_1}{\rightarrow}} \begin{bmatrix} 1 & 2 & 1 & 3 \\ 0 & 1 & 0 & -5 \\ 0 & 1 & 0 & -4 \end{bmatrix} \overset{R_3 - R_2}{\rightarrow} \begin{bmatrix} 1 & 2 & 1 & 3 \\ 0 & 1 & 0 & -5 \\ 0 & 0 & 0 & 1 \end{bmatrix}$$

따라서 행사다리꼴에 대응하는 연립 1차방정식은 $x_1 + 2x_2 + x_3 + 3x_4 = 0$, $x_2 - 5x_4 = 0$, $x_4 = 0$ 후진대입법으로 풀면, $x_4 = 0$, $x_2 = 0$, $x_3 = t$, $x_1 = -t$이다.

해공간은 t가 매개변수, 즉, 임의수인 벡터 $\begin{bmatrix} -t \\ 0 \\ t \\ 0 \end{bmatrix} = t\begin{bmatrix} -1 \\ 0 \\ 1 \\ 0 \end{bmatrix}$의 집합이다. $\begin{bmatrix} -1 \\ 0 \\ 1 \\ 0 \end{bmatrix}$은 해들의 부분공간의 기저이고, 따라서 그 차원은 1이다.

(5) 행렬은 에첼론 형태로 줄인다.

$$\begin{bmatrix} 1 & 2 & 1 & 0 \\ 0 & 1 & 1 & -1 \\ 0 & -2 & -2 & 2 \\ 0 & 1 & 1 & -1 \end{bmatrix} \underset{R_3 - 2R_1}{\overset{R_2 - 2R_1}{\rightarrow}} \begin{bmatrix} 1 & 2 & 1 & 0 \\ 0 & 1 & 1 & -1 \\ 0 & 0 & 0 & 0 \\ 0 & 1 & 1 & -1 \end{bmatrix} \underset{R_4 - R_2}{\overset{R_3 + 2R_2}{\rightarrow}} \begin{bmatrix} 1 & 2 & 1 & 0 \\ 0 & 1 & 1 & -1 \\ 0 & 0 & 0 & 0 \\ 0 & 0 & 0 & 0 \end{bmatrix}$$

따라서 동차 LS는 다음의 LS와 같다. $x_1 + 2x_2 + x_3 = 0$, $x_2 + x_3 - x_4 = 0$ 후진대입법으로 풀면, 다음 일반해를 얻는다. $x_4 = t$, $x_3 = u$, $x_2 = t - u$, $x_1 = -2t + u$,

즉, 일반해는 t와 u가 임의수일 때, $\begin{bmatrix} -2t+u \\ t-u \\ u \\ t \end{bmatrix}$이다. 따라서 해들에 의해 형성된 부분공간은 기저 $\left\{ \begin{bmatrix} -2 \\ 1 \\ 0 \\ 1 \end{bmatrix}, \begin{bmatrix} 1 \\ -1 \\ 1 \\ 0 \end{bmatrix} \right\}$를 갖는다.

연습 문제 5.6

[EX 01] 다음의 각 행렬에서 영공간의 차원과 기저를 구하라.

(1) $\begin{bmatrix} 1 & 1 & 1 \end{bmatrix}$ (2) $\begin{bmatrix} 1 & 2 \\ 0 & 1 \end{bmatrix}$ (3) $\begin{bmatrix} 0 & 1 & 1 \\ 1 & 0 & 0 \end{bmatrix}$

(4) $\begin{bmatrix} 2 & 5 \\ 3 & 6 \\ 4 & 7 \end{bmatrix}$ (5) $\begin{bmatrix} 0 & -1 & 1 \\ 2 & 1 & 2 \\ 3 & 0 & -1 \end{bmatrix}$

[EX 02] 동차 LS $\begin{aligned} x_1 + x_2 - 2x_3 + x_4 &= 0 \\ 2x_1 - x_2 \qquad + x_4 &= 0 \end{aligned}$ 의 해공간의 차원을 구하라.

[EX 03] 다음의 선형계의 자명하지 않은 해가 있는지를 결정하라.

(1) $\begin{aligned} 2x_1 + x_2 - 3x_3 + x_4 &= 0 \\ 3x_1 - x_2 + x_3 - x_4 &= 0 \\ 5x_1 + x_2 + x_3 + 9x_4 &= 0 \\ 10x_1 + x_2 - x_3 + 9x_4 &= 0 \end{aligned}$

(2) $\begin{aligned} x + y + z &= 0 \\ 2y - z &= 0 \\ 2x + 4y + z &= 0 \end{aligned}$

(3) $x_1 + x_2 + x_3 + x_4 = 0.$

[EX 04] 다음의 행렬들의 영공간의 기저를 구하라.

(1) $\begin{bmatrix} 1 & -1 & 2 & 0 \\ 2 & 1 & 3 & 7 \\ 1 & -1 & 3 & 2 \end{bmatrix}$ (2) $\begin{bmatrix} 1 & 1 & 1 & 1 & 1 \\ 1 & 2 & 1 & 2 & 1 \\ 1 & 3 & 3 & 1 & 1 \\ 1 & 4 & 4 & 1 & 1 \end{bmatrix}$ (3) $\begin{bmatrix} 1 & 2 & 3 & 4 & 5 \\ 2 & 3 & 4 & 5 & 1 \\ 1 & 1 & 1 & 1 & 2 \\ 2 & 3 & 4 & 5 & 4 \end{bmatrix}$

[EX 05] 다음의 행렬들에서 행계수와 열계수를 찾고, 그들이 같음을 보여라. 또한 계수-퇴화차수 이론을 사용하여 퇴화차수를 구하라.

(1) $\begin{bmatrix} 1 & 2 & 3 & -1 \\ 3 & 5 & 8 & -1 \\ 1 & 1 & 2 & 0 \end{bmatrix}$ (2) $\begin{bmatrix} 2 & 4 & 8 & 0 \\ 1 & 3 & -1 & 2 \\ 1 & 2 & 4 & 0 \\ 1 & 2 & 2 & 4 \end{bmatrix}$ (3) $\begin{bmatrix} 1 & 2 & 3 & 1 \\ 2 & 5 & 7 & 1 \\ 1 & 0 & 1 & 3 \end{bmatrix}$

예제 중심의 **선형대수학 제2판**

LINEAR ALGEBRA

CHAPTER 6

내적공간

6.1 내적공간

4.3절에서 보인 바와 같이 3차원 좌표공간에서의 길이 및 각은 내적 u·v를 써서 정의했다. 이 절에서는 임의의 벡터공간에서 내적의 개념을 설명하며 일반화된 벡터공간에서의 각, 길이, 거리의 개념을 정의할 수 있다.

정의 6.1

임의의 벡터공간 V에 대해 다음 조건을 만족하는 함수 $V\times V\to R$을 V 위의 내적이라 한다.
임의의 벡터 u, v, w∈V와 스칼라 $k\in R$에 대해
(1) ⟨u,v⟩= ⟨v,u⟩
(2) ⟨u+v,w⟩= ⟨u,v⟩+⟨v,w⟩
(3) ⟨ku,v⟩= ⟨u,kv⟩=k⟨u,v⟩
(4) ⟨u,u⟩≧0 그리고 ⟨u,u⟩= 0⇔u=0

이와 같이 내적이 정의된 벡터공간을 내적공간이라 부른다. 좌표공간의 내적은 분명히 위의 네 가지 조건을 만족하므로, 좌표공간은 내적공간이다. 좌표공간의 내적 u·v를 흔히 내적이라 부른다.

예제 6.1

$\mathrm{u}=(u_1,\ u_2)$와 $\mathrm{v}=(v_1,\ v_2)$가 R^2 내의 벡터들이면 $\langle \mathrm{u},\mathrm{v}\rangle = 3u_1v_1+2u_2v_2$는 내적공간임을 보여라.

Solution

(1) $\langle \mathrm{v},\mathrm{u}\rangle = 3v_1u_1+2v_2u_2 = 3u_1v_1+2u_2v_2 = \langle \mathrm{u},\mathrm{v}\rangle$

(2) $\mathrm{w}=\langle w_1, w_2\rangle$라고 하면

$\langle \mathrm{u}+\mathrm{v},\mathrm{w}\rangle = 3(u_1+v_1)w_1+2(u_2+v_2)w_2$

$\qquad = (3u_1w_1+2u_2w_2)+(3v_1w_1+2v_2w_2) = \langle \mathrm{u},\mathrm{w}\rangle + \langle \mathrm{v},\mathrm{w}\rangle$

(3) $\langle k\mathrm{u},\mathrm{v}\rangle = 3(ku_1)v_1+2(ku_2)v_2 = k(3u_1v_1+2u_2v_2) = k\langle \mathrm{u},\mathrm{v}\rangle$

(4) $\langle \mathrm{u},\mathrm{u}\rangle = 3u_1^2+2u_2^2 \geq 0$이고, 또한 $\langle \mathrm{u},\mathrm{u}\rangle = 3u_1^2+2u_2^2 \geq 0$이기 위한 필요충분조건 $u_1=0$, $u_2=0$이다. 즉, $\mathrm{u}=(u_1,u_2)=0$이다. 따라서 내적이 된다.

예제 6.2

R^2에서의 두 벡터 $\mathrm{u} = (u_1, u_2)$, $\mathrm{v} = (v_1, v_2)$에 대해 $\langle \mathrm{u}, \mathrm{v} \rangle = u_1v_1 + 2u_2v_2$로 정의되는 함수는 또 하나의 내적임을 보여라.

Solution

(1) 실수의 곱은 가환적이기 때문에 $\langle \mathrm{u}, \mathrm{v} \rangle = u_1v_1 + 2u_2v_2 = v_1u_1 + 2v_2u_2 = \langle \mathrm{v}, \mathrm{u} \rangle$

(2) $\mathrm{w} = (w_1, w_2)$에 대해 $\langle \mathrm{u}, \mathrm{v}+\mathrm{w} \rangle$

$$= u_1(v_1 + w_1) + 2u_2(v_2 + w_2) = u_1v_1 + u_1w_1 + 2u_2v_2 + 2u_2w_2$$

$$= (u_1v_1 + 2u_2v_2) + (u_1w_1 + 2u_2w_2) = \langle \mathrm{u}, \mathrm{v} \rangle + \langle \mathrm{u}, \mathrm{w} \rangle$$

(3) 임의의 스칼라 c에 대해 $\mathrm{c}\langle \mathrm{u}, \mathrm{v} \rangle = c(u_1v_1 + 2u_2v_2) = (cu_1)v_1 + 2(cu_2)v_2 = \langle \mathrm{cu}, \mathrm{v} \rangle$

(4) 실수의 제곱은 음이 아니기 때문에 $\langle \mathrm{v}, \mathrm{v} \rangle = v_1^2 + 2v_2^2 \geq 0$ 등호가 성립할 필요충분조건은 $v = 0$ (즉 $v_1 = v_2 = 0$) 따라서 내적공간이다.

예제 6.3

R^3에서 두 벡터 u=(u_1, u_2, u_3), v=(v_1, v_2, v_3)에 대해 ⟨u,v⟩=$u_1v_1 - 2u_2v_2 + u_3v_3$ 로 정의되는 함수는 내적공간이 아님을 보여라.

Solution

[정의 6.1]의 (4)가 만족되지 않음을 보이자.
예를 들어 $\mathrm{v} = (1, 2, 1)$이라 하면 $\langle \mathrm{v}, \mathrm{v} \rangle = (1)(1) - 2(2)(2) + (1)(1) = -6 < 0$

예제 6.4

벡터공간 $M_{2,2}$의 두 행렬 $A = \begin{bmatrix} a_{11} & a_{12} \\ a_{21} & a_{22} \end{bmatrix}$, $B = \begin{bmatrix} b_{11} & b_{12} \\ b_{21} & b_{22} \end{bmatrix}$에 대해

$\langle A, B \rangle = a_{11} \times b_{11} + a_{12} \times b_{12} + a_{21} \times b_{21} + a_{22} \times b_{22}$ 로 정의되는 함수는 내적공간임을 밝혀라.

Solution

[정의 6.1]의 공리 (1), (2), (3), (4)가 성립하므로 내적공간이다.

내적이 정의된 내적공간 V에서 '길이'와 '각'을 형식적으로 정의해 보자. 즉 벡터 u의 길이 (length) 또는 노음(Norm) $\| u \|$ 는

$$\| u \| = < u , u >^{1/2}$$

두 벡터 u와 v 사이의 각 θ는 $\cos\theta = \dfrac{< u , v >}{\| u \| \| v \|}$로 정의한다.

특히 두 벡터 u와 v가 직교(orthogonal)하기 위한 조건은 $\langle u, v \rangle = 0$이다.

정리 6.1

내적공간에서 두 벡터 u와 v가 서로 직교하면 $\| u + v \|^2 = \| u \|^2 + \| v \|^2$ 이 성립한다.

증명

가정에 의하면 $< u , v > = < v , u > = 0$이다. 따라서

$$\begin{aligned} \| u + v \|^2 &= < (u + v), (u + v) > \\ &= \| u \|^2 + 2 < u, v > + \| v \|^2 = \| u \|^2 + \| v \|^2 \end{aligned}$$

위의 정리를 다음과 같이 확장할 수 있다. 즉 서로 직교하는 벡터 $u_1, u_2, \ldots, u_n$에 대해 $\| u_1 + u_2 + \cdots + u_n \|^2 = \| u_1 \|^2 + \| u_2 \|^2 + \cdots + \| u_n \|^2$이 성립한다.

정의 6.2

V가 내적공간이라면 두 벡터 u와 v 사이의 거리를 $d(u, v) = \| u - v \|$로 정의한다. 위 정의로부터 서로 직교하는 두 벡터 u와 v에 대해 $\| u - v \| = \| u + v \|$가 성립함을 쉽게 알 수 있다.

정의 6.3

$\mathrm{u} = (u_1, u_2, \ldots, u_n)$과 $\mathrm{v} = (v_1, v_2, \ldots, v_n)$을 내적공간에 의한 R^n의 벡터들이라면
$\| \mathrm{u} \| = < \mathrm{u}, \mathrm{u} >^{1/2} = \sqrt{u_1^2 + u_2^2 + \cdots + u_n^2}$ 이며,

$$d(\mathrm{u}, \mathrm{v}) = \| \mathrm{u} - \mathrm{v} \| = < \mathrm{u} - \mathrm{v}, \mathrm{u} - \mathrm{v} >^{1/2}$$

$$= \sqrt{(u_1 - v_1)^2 + (u_2 - v_2)^2 + \cdots + (u_n - v_n)^2}$$ 이다.

정리 6.2

내적공간의 두 벡터 u와 v에 대해 다음 부등식이 성립한다.

$$\langle \mathrm{u}, \mathrm{v} \rangle^2 \leq \| \mathrm{u} \|^2 \| \mathrm{v} \|^2$$

증명

만약 $\mathrm{u} = 0$이면 양변 모두 0과 같으므로 위의 부등식은 성립한다.
이제, $\mathrm{u} \neq 0$이라고 하자. $a = \langle \mathrm{u}, \mathrm{u} \rangle, b = 2\langle \mathrm{u}, \mathrm{v} \rangle, c = \langle \mathrm{v}, \mathrm{v} \rangle$라 두고 t를 임의의 실수라고 한다면
$0 \leq < (t\mathrm{u} + \mathrm{v}), (t\mathrm{u} + \mathrm{v}) \geq < \mathrm{u}, \mathrm{u} > t^2 + 2 < \mathrm{u}, \mathrm{v} > t + < \mathrm{v}, \mathrm{v} \geq at^2 + bt + c$ 이다.

이 부등식 2차 다항식 $at^2 + bt + c$는 실근을 갖지 않거나 중근을 갖지 않거나 둘 중 하나임을 뜻한다.

따라서 이것의 판별식은 $b^2 - 4ac \leq 0$이며,

a, b, c를 u, v로 나타내면 $4 < \mathrm{u}, \mathrm{v} >^2 - 4 < \mathrm{u}, \mathrm{v} >< \mathrm{u}, \mathrm{v} > \leq 0$이며,

$\langle \mathrm{u}, \mathrm{v} \rangle^2 \leqq \langle \mathrm{u}, \mathrm{u} \rangle \langle \mathrm{v}, \mathrm{v} \rangle = \| \mathrm{u} \|^2 \| \mathrm{v} \|^2$ 이다.

정리 6.3

내적공간의 임의의 두 벡터 u, v에 대해 다음 부등식이 성립한다.

$$\| u + v \| \le \| u \| + \| v \|$$

증명

정의에 의해

$\| u + v \|^2 = \langle u + v, u + v \rangle = \langle u, u \rangle + 2\langle u, v \rangle + \langle v, v \rangle$이고, Schwarz의 부등식에 의하면 $\langle u, v \rangle \le \| u \| \| v \|$이다.

따라서 $\| u + v \|^2 \le \langle u, u \rangle + 2\| u \| \| v \| + \langle v, v \rangle = (\| u \| + \| v \|)^2$

즉, $\| u + v \| \le \| u \| + \| v \|$이 성립한다.

R^2와 R^2에서 이 결과들은 삼각형의 두 변의 합은 다른 한 변보다 크다는 비슷한 기하학적인 사실로 증명된다.

연습 문제 6.1

[EX 01] R^n에서 정의된 내적에 대해 (a) $\langle u,v\rangle$, (b) $\| u \|$, (c) $\| v \|$, (d) d(u,v)를 구하라.

(1) $u = \langle 3, 4\rangle, v = \langle 5, -12\rangle, \langle u, v\rangle = u \cdot v$

(2) $u = \langle -4, 3\rangle, v = \langle 0, 5\rangle, \langle u, v\rangle = 3u_1v_1 + u_2v_2$

(3) $u = \langle 0, 9, 4\rangle, v = \langle 9, -2, -4\rangle, \langle u, v\rangle = u \cdot v$

(4) $u = \langle 1, 1, 1\rangle, v = \langle 2, 5, 2\rangle, \langle u, v\rangle = u_1v_1 + 2u_2v_2 + u_3v_3$

[EX 02] 내적이 $\langle A, B\rangle = 2a_{11}b_{11} + a_{12}b_{12} + a_{21}b_{21} + 2a_{22}b_{22}$로 정의될 때 (1) $\langle A, B\rangle$, (2) $\| \boldsymbol{A} \|$, (3) $\| \boldsymbol{B} \|$, (4) $\boldsymbol{d(A,B)}$를 구하라.

$$A = \begin{bmatrix} -1 & 3 \\ 4 & -2 \end{bmatrix}, B = \begin{bmatrix} 0 & -2 \\ 1 & 1 \end{bmatrix}$$

[EX 03] P_2에서의 다항식 p, q에 대하여 내적이 $\langle p, q\rangle = a_0b_0 + a_1b_1 + a_2b_2$로 정의될 때 (1) $\langle p, q\rangle$, (2) $\| \boldsymbol{p} \|$, (3) $\| \boldsymbol{q} \|$, (4) $d(p, q)$를 구하라.

$$p(x) = 1 - x + 3x^2, q(x) = x - x^2$$

[EX 04] 두 벡터 사이의 각을 구하라.

(1) $u = \langle 3, 4\rangle, v = \langle 5, -12\rangle, \langle u, v\rangle = u \cdot v$

(2) $u = \langle 1, 1, 1\rangle, v = \langle 2, -2, 2\rangle, \langle u, v\rangle = u_1v_1 + 2u_2v_2 + u_3v_3$

[EX 05] R^2, R^3, R^4가 내적공간을 가진다면 X와 Y의 사잇각의 $\cos\theta$를 구하라.

(1) $X = (1, -3)$ $Y = (2, 4)$

(2) $X = (4, 1, 8)$ $Y = (1, 0, -3)$

(3) $X = (1, 0, 1, 0)$ $Y = (-3, -3, -3, -3)$

[EX 06] R^4가 내적공간을 가진다면 $\mathrm{X} = (2, 1, -4, 0)$, $\mathrm{Y} = (-1, -1, 2, 2)$, $\mathrm{Z} = (3, 2, 5, 4)$와 직교하는 노음(norm)이 1인 두 벡터를 구하라.

[EX 07] $\mathrm{X} = (x_1, x_2, x_3)$, $\mathrm{Y} = (y_1, y_2, y_3)$라 할 때 다음 중 어느 것이 R^3에서의 내적이 되는지를 결정하고 되지 않는 것은 어느 공리를 만족하지 않는지를 밝혀라.

(1) $< \mathrm{X}, \mathrm{Y} > = x_1 y_1 + x_3 y_3$

(2) $< \mathrm{X}, \mathrm{Y} > = {x_1}^2 {y_1}^2 + {x_2}^2 {y_2}^2 + {x_3}^3 {y_3}^3$

(3) $< \mathrm{X}, \mathrm{Y} > = 2x_1 y_1 + x_2 y_2 + 4x_3 y_3$

(4) $< \mathrm{X}, \mathrm{Y} > = x_1 y_1 - x_2 y_2 + x_3 y_3$

6.2 직교기저: Gram-schmidt의 직교화 과정

R^n의 부분공간 W가 표준기저의 벡터가 아닌 표준기저와 같은 성질을 갖는 기저를 갖는다는 사실을 이 절에서 설명하려 한다.

정의 6.4

내적공간 내의 벡터들의 집합은, 집합 내의 모든 벡터들이 서로 직교할 때 직교집합이라 한다. 또 단위벡터만으로 이뤄진 직교집합을 정규직교집합이라 한다.

예제 6.5

$v_1 = \langle 1, 0, 2 \rangle$, $v_2 = \langle -2, 0, 1 \rangle$, $v_3 = \langle 0, 1, 0 \rangle$일 때 $\{v_1, v_2, v_3\}$에서 R^3의 정규직교집합을 구하여라.

Solution

벡터 $u_1 = \left\langle \frac{1}{\sqrt{5}}, 0, \frac{2}{\sqrt{5}} \right\rangle$와 $u_2 = \left\langle \frac{-2}{\sqrt{5}}, 0, \frac{1}{\sqrt{5}} \right\rangle$은 각각 v_1과 v_2의 방향을 갖는 단위벡터이며 v_3는 역시 단위벡터이므로 $u_3 = \langle 0,1,0 \rangle$ 따라서, $\{u_1, u_2, u_3\}$는 정규직교집합이다.

예제 6.6

다음 집합은 R^3에서의 정규직교기저임을 보여라.

$$S = \left\{ \left\langle \frac{1}{\sqrt{2}}, \frac{1}{\sqrt{2}}, 0 \right\rangle, \left\langle -\frac{\sqrt{2}}{6}, \frac{\sqrt{2}}{6}, \frac{2\sqrt{2}}{3} \right\rangle, \left\langle \frac{2}{3}, -\frac{2}{3}, \frac{1}{3} \right\rangle \right\}$$

Solution

$u_1 \cdot u_2 = -\frac{1}{6} + \frac{1}{6} + 0 = 0$ $\qquad$ $u_1 \cdot u_3 = \frac{2}{3\sqrt{2}} - \frac{2}{3\sqrt{2}} + 0 = 0$

$u_2 \cdot u_3 = -\frac{\sqrt{2}}{9} - \frac{\sqrt{2}}{9} + \frac{2\sqrt{2}}{9} = 0$ 이므로 임의의 두 벡터는 직교한다.

그리고 $\|u_1\| = \sqrt{u_1 \cdot u_1} = \sqrt{\frac{1}{2} + \frac{1}{2} + 0} = 1$ 이므로 모두 단위벡터이다.

$\|u_2\| = \sqrt{u_2 \cdot u_2} = \sqrt{\frac{2}{36} + \frac{2}{36} + \frac{8}{9}} = 1$

$\|u_3\| = \sqrt{u_3 \cdot u_3} = \sqrt{\frac{4}{9} + \frac{4}{9} + \frac{1}{9}} = 1$

따라서 S는 정규직교집합이다. 세 벡터들은 같은 평면에 없으므로 R^3를 생성한다.
따라서 S는 R^3의 표준기저가 아닌 정규직교기저이다.

정리 6.4

$S=\{\mathrm{v}_1, \mathrm{v}_2, \cdots, \mathrm{v}_n\}$이 내적공간 V에 대한 한 정규직교기저이며 x가 V 내의 임의의 벡터라 하면

$$\mathrm{v} = \langle \mathrm{v}, \mathrm{v}_1\rangle \mathrm{v}_1 + \langle \mathrm{v}, \mathrm{v}_2\rangle \mathrm{v}_2 + \cdots + \langle \mathrm{v}, \mathrm{v}_n\rangle \mathrm{v}_n$$

이다.

증명

$S=\{\mathrm{v}_1, \mathrm{v}_2, \cdots, \mathrm{v}_n\}$는 기저이므로 벡터 v는 $\mathrm{v} = k_1\mathrm{v}_1 + k_2\mathrm{v}_2 + \cdots + k_n\mathrm{v}_n$의 꼴로 나타낼 수 있다. $k_i = \langle \mathrm{v}, \mathrm{v}_i\rangle\ (i=1,2,\ldots,n)$임을 보이자.

S 내의 각 벡터 v_i에 대해

$\langle \mathrm{v}, \mathrm{v}_i\rangle = \langle k_1\mathrm{v}_1 + k_2\mathrm{v}_2 + \cdots + k_n\mathrm{v}_n, \mathrm{v}_i\rangle = k_1\langle \mathrm{v}_1, \mathrm{v}_i\rangle + k_2\langle \mathrm{v}_2, \mathrm{v}_i\rangle + \cdots + k_n\langle \mathrm{v}_n, \mathrm{v}_i\rangle$가 됨을 알 수 있다.

$S=\{\mathrm{v}_1, \mathrm{v}_2, \cdots, \mathrm{v}_n\}$는 정규직교기저 집합이므로
$\langle \mathrm{v}_i, \mathrm{v}_i\rangle = \|\mathrm{v}_i\|^2 = 1$, $\langle \mathrm{v}_i, \mathrm{v}_j\rangle = 0\ (i \neq j)$이다. 따라서 위 식은 $\langle \mathrm{v}, \mathrm{v}_i\rangle = k_i$가 된다.

예제 6.7

$\mathrm{v}_1 = \langle 0, 1, 0\rangle$, $\mathrm{v}_2 = \left\langle -\frac{4}{5}, 0, \frac{3}{5}\right\rangle$, $\mathrm{v}_3 = \left\langle \frac{3}{5}, 0, \frac{4}{5}\right\rangle$일 때, $S=\{\mathrm{v}_1, \mathrm{v}_2, \mathrm{v}_3\}$는 R^3에 대한 정규직교기저임을 알 수 있다. 벡터 $\mathrm{v} = \langle 1, 1, 1\rangle$를 S 내의 벡터들이 1차 결합으로 표시하라.

Solution

$\langle \mathrm{v}, \mathrm{v}_1\rangle = 1$, $\langle \mathrm{v}, \mathrm{v}_2\rangle = -\frac{1}{5}$, $\langle \mathrm{v}, \mathrm{v}_3\rangle = \frac{7}{5}$ 이므로 [정리 6.4]에 의해서

$\mathrm{v} = \mathrm{v}_1 - \frac{1}{5}\mathrm{v}_2 + \frac{7}{5}\mathrm{v}_3$이다.

따라서 $\langle 1, 1, 1\rangle = \langle 0, 1, 0\rangle - \frac{1}{5}\left\langle -\frac{4}{5}, 0, \frac{3}{5}\right\rangle + \frac{7}{5}\left\langle \frac{3}{5}, 0, \frac{4}{5}\right\rangle$

정리 6.5

Gram-Schmidt 정규직교화 과정

(1) $B=\{\mathrm{v}_1, \mathrm{v}_2, \cdots, \mathrm{v}_n\}$를 내적공간 V의 기저라 하자.

(2) $B'=\{\mathrm{w}_1, \mathrm{w}_2, \cdots, \mathrm{w}_n\}$의 각 벡터가 다음과 같다고 하자.

$$\mathrm{w}_1 = \mathrm{v}_1$$
$$\mathrm{w}_2 = \mathrm{v}_2 - \frac{\langle \mathrm{v}_2, \mathrm{w}_1 \rangle}{\langle \mathrm{w}_1, \mathrm{w}_1 \rangle}\mathrm{w}_1$$
$$\mathrm{w}_3 = \mathrm{v}_3 - \frac{\langle \mathrm{v}_3, \mathrm{w}_1 \rangle}{\langle \mathrm{w}_1, \mathrm{w}_1 \rangle}\mathrm{w}_1 - \frac{\langle \mathrm{v}_3, \mathrm{w}_2 \rangle}{\langle \mathrm{w}_2, \mathrm{w}_2 \rangle}\mathrm{w}_2$$
$$\vdots$$
$$\mathrm{w}_n = \mathrm{v}_n - \frac{\langle v_n, \mathrm{w}_1 \rangle}{\langle \mathrm{w}_1, \mathrm{w}_1 \rangle}\mathrm{w}_1 - \frac{\langle \mathrm{v}_n, \mathrm{w}_2 \rangle}{\langle \mathrm{w}_2, \mathrm{w}_2 \rangle}\mathrm{w}_2 - \cdots - \frac{\langle \mathrm{v}_n, \mathrm{w}_{n-1} \rangle}{\langle \mathrm{w}_{n-1}, \mathrm{w}_{n-1} \rangle}\mathrm{w}_{n-1}$$

그러면 B'은 직교기저이다.

(3) $\mathrm{u}_i = \dfrac{\mathrm{w}_i}{\| \mathrm{w}_i \|}$라 하면 $B''=\{\mathrm{u}_1, \mathrm{u}_2, \cdots, \mathrm{u}_n\}$은 정규직교기저이다.

더욱이 모든 $k=1,2,\cdots,n$에 대해 $\{\mathrm{v}_1, \mathrm{v}_2, \cdots, \mathrm{v}_k\} = span\{\mathrm{u}_1, \mathrm{u}_2, \cdots, \mathrm{u}_k\}$이다.

예제 6.8

R^3에서 두 벡터 $\mathrm{v}_1 = \langle 0,1,0 \rangle$과 $\mathrm{v}_2 = \langle 1,1,1 \rangle$은 한 평면을 생성한다. 이 부분공간에 대한 정규직교기저를 구하라.

Solution

Gram-Schmidt 정규직교화 과정을 적용하자;

$$\mathrm{w}_1 = \mathrm{v}_1 = \langle 0,1,0 \rangle \quad \mathrm{w}_2 = \mathrm{v}_2 - \frac{\langle \mathrm{v}_2 \cdot \mathrm{w}_1 \rangle}{\langle \mathrm{w}_1 \cdot \mathrm{w}_1 \rangle}\mathrm{w}_1 = \langle 1,1,1 \rangle - \frac{1}{1}\langle 0,1,0 \rangle = \langle 1,0,1 \rangle$$

w_1과 w_2를 정규화하면 $\mathrm{u}_1 = \dfrac{\mathrm{w}_1}{\| \mathrm{w}_1 \|} = \langle 0,1,0 \rangle$

$$\mathrm{u}_2 = \frac{\mathrm{w}_2}{\| \mathrm{w}_2 \|} = \frac{1}{\sqrt{2}}\langle 0,1,0 \rangle = \left\langle \frac{\sqrt{2}}{2}, 0, \frac{\sqrt{2}}{2} \right\rangle$$

따라서 구하는 정규직교기저는 $\{\mathrm{u}_1, \mathrm{u}_2\}$이다.

예제 6.9

다음 연립 1차방정식의 해공간에 대한 정규직교기저를 구하라.

$$\begin{aligned} x_1 + x_2 \qquad\quad + 7x_4 &= 0 \\ 2x_1 + x_2 + 2x_3 + 6x_4 &= 0 \end{aligned}$$

Solution

확대계수행렬은 다음과 같이 변형된다. $\begin{bmatrix} 1 & 1 & 0 & 7 & 0 \\ 2 & 1 & 2 & 6 & 0 \end{bmatrix} \Rightarrow \begin{bmatrix} 1 & 0 & 2 & -1 & 0 \\ 0 & 1 & -2 & 8 & 0 \end{bmatrix}$

$x_3 = s,\ x_4 = t$로 놓으면 연립방정식의 해는 다음과 같다. $\begin{bmatrix} x_1 \\ x_2 \\ x_3 \\ x_4 \end{bmatrix} = \begin{bmatrix} -2s+t \\ 2s-8t \\ s \\ t \end{bmatrix} = s\begin{bmatrix} -2 \\ 2 \\ 1 \\ 0 \end{bmatrix} + t\begin{bmatrix} 1 \\ -8 \\ 0 \\ 1 \end{bmatrix}$

그러므로 다음은 해공간에 대한 하나의 기저이다. $B = \{ \mathrm{v}_1, \mathrm{v}_2 \} = \{ \langle -2, 2, 1, 0 \rangle, \langle 1, -8, 0, 1 \rangle \}$

정규직교기저 $B' = \{ \mathrm{u}_1, \mathrm{u}_2 \}$를 구하기 위해 다음과 같이 정규직교화 과정을 이용하자.

$$\mathrm{w}_1 = \mathrm{v}_1 = \langle -2, 2, 1, 0 \rangle \quad \mathrm{w}_2 = \mathrm{v}_2 - \frac{\langle \mathrm{v}_2, \mathrm{w}_1 \rangle}{\langle \mathrm{w}_1, \mathrm{w}_1 \rangle}\mathrm{w}_1 = \langle 1, -8, 0, 1 \rangle - \frac{(-18)}{9}\langle -2, 2, 1, 0 \rangle$$

$$= \langle 1, -8, 0, 1 \rangle - \langle -4, 4, 2, 0 \rangle = \langle -3, -4, 2, 1 \rangle$$

w_1와 w_2를 정규화하면

$$\mathrm{u}_1 = \frac{\mathrm{w}_1}{\| \mathrm{w}_1 \|} = \left\langle -\frac{2}{3}, \frac{2}{3}, \frac{1}{3}, 0 \right\rangle$$

$$\mathrm{u}_2 = \frac{\mathrm{w}_2}{\| \mathrm{w}_2 \|} = \frac{1}{\sqrt{30}}\langle -3, -4, 2, 1 \rangle = \left\langle -\frac{3}{\sqrt{30}}, -\frac{4}{\sqrt{30}}, \frac{2}{\sqrt{30}}, \frac{1}{\sqrt{30}} \right\rangle$$

연습 문제 6.2

[EX 01] R^n의 벡터들의 집합이 직교 혹은 정규직교인지, 그렇지 않은지를 결정하라.

(1) $\{\langle -4, 6\rangle, \langle 5, 0\rangle\}$

(2) $\left\{\left\langle \frac{3}{5}, \frac{4}{5}\right\rangle, \left\langle -\frac{4}{5}, \frac{3}{5}\right\rangle\right\}$

(3) $\{\langle 4, -1, 1\rangle, \langle -1, 0, 4\rangle, \langle -4, -17, -1\rangle\}$

(4) $\left\{\left\langle \frac{\sqrt{2}}{3}, 0, -\frac{\sqrt{2}}{6}\right\rangle, \left\langle 0, \frac{2\sqrt{5}}{5}, -\frac{\sqrt{5}}{5}\right\rangle, \left\langle \frac{\sqrt{5}}{5}, 0, \frac{1}{2}\right\rangle\right\}$

(5) $\left\{\left\langle \frac{\sqrt{2}}{2}, 0, 0, \frac{\sqrt{2}}{2}\right\rangle, \left\langle 0, \frac{\sqrt{2}}{2}, \frac{\sqrt{2}}{2}, 0\right\rangle, \left\langle -\frac{1}{2}, \frac{1}{2}, -\frac{1}{2}, \frac{1}{2}\right\rangle\right\}$

[EX 02] Gram-schmidt 정규직교화 과정을 이용하여 주어진 R^n의 기저를 정규직교기저로 변환하라.

(1) $B=\{\langle 3, 4\rangle, \langle 1, 0\rangle\}$

(2) $B=\{\langle 1, -2, 2\rangle, \langle 2, 2, 1\rangle, \langle 2, -1, -2\rangle\}$

(3) $B=\{\langle 4, -3, 0\rangle, \langle 1, 2, 0\rangle, \langle 0, 0, 4\rangle\}$

[EX 03] Gram-Schmidt 정규직교화 과정을 이용하여 R^n의 한 부분공간에 대한 기저를 그 부분공간에 대한 정규직교기저로 변환하라.

(1) $B=\{\langle -8, 3, 5\rangle\}$

(2) $B=\{\langle 3, 4, 0\rangle, \langle 1, 0, 0\rangle\}$

(3) $B=\{\langle 1, 2, -1, 0\rangle, \langle 2, 2, 0, 1\rangle\}$

[EX 04] 동차 연립 1차방정식의 해공간에 대한 정규직교기저를 구하라.

(1)
$$\begin{aligned} 2x_1+2x_2-6x_3+4x_4&=0\\ x_1+2x_2-3x_3+4x_4&=0\\ x_1+x_2-3x_3+2x_4&=0 \end{aligned}$$

(2)
$$\begin{aligned} x_1+x_2-x_3-x_4&=0\\ 2x_1+x_2-2x_3-2x_4&=0 \end{aligned}$$

6.3 최소제곱문제

W는 R^n의 부분공간으로 원점을 지나고, 한 점 P에서 W에 수선을 내려 $\mathrm{u} = \overrightarrow{OP}$ 라 한다.

그러면 점 P와 W 사이의 거리는 $\|\mathrm{u}-proj_W\mathrm{u}\|$ 이다.

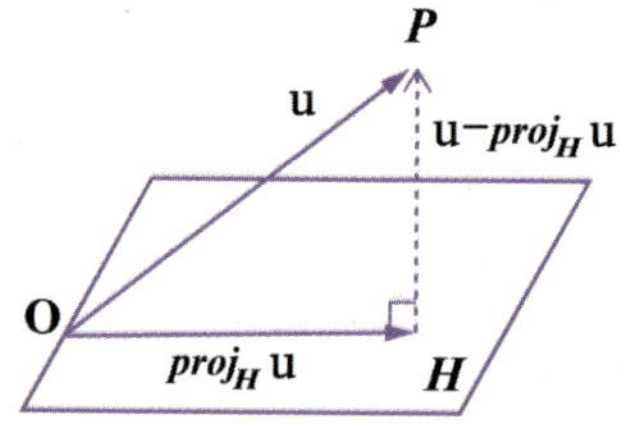

그림 6.1

W에 u와 다른 벡터 h가 있어서 $\|\mathrm{u}-\mathrm{h}\|$ 를 최소화한다면 u가 W 위에 없는 한 u-h는 영벡터가 아니다.

그러나 $\mathrm{h} = proj_W\mathrm{u}$라 한다면 $\|\mathrm{u}-\mathrm{h}\| = \|\mathrm{u}-proj_W\mathrm{u}\|$ 가 되어 $proj_W\mathrm{u}$는 u의 W에 대한 최소의 근사가 된다.

이때 $proj_W\mathrm{u}$를 W에 대한 u의 최적근사라 한다.

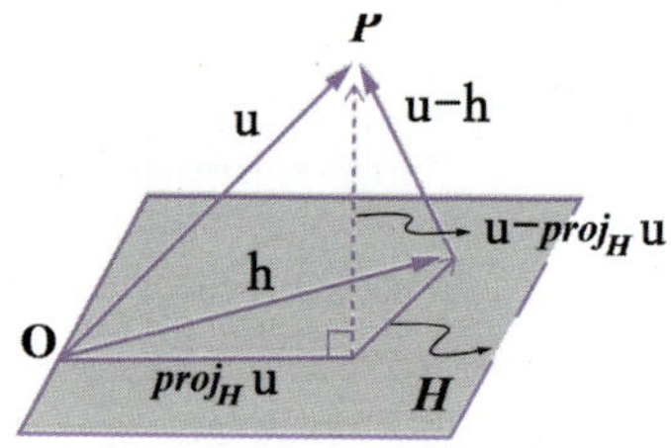

그림 6.2

그림 6.2에서

$\mathrm{u}-\mathrm{h} = \mathrm{u} - proj_W\mathrm{u} + proj_W\mathrm{u} - \mathrm{h}$이고,

두 벡터 $\mathrm{u}-proj_W\mathrm{u}$와 $proj_W\mathrm{u} - \mathrm{h}$는 수직이므로

$\|\mathrm{u}-\mathrm{h}\|^2 = \|\mathrm{u}-proj_W\mathrm{u}\|^2 + \|proj_W\mathrm{u}-\mathrm{h}\|^2$ 이다.

$proj_W\mathrm{u}-\mathrm{h} \neq 0$ 이면 $\|\mathrm{u}-\mathrm{h}\|^2 > \|\mathrm{u}-proj_W\mathrm{u}\|^2$ 이다.

그러므로 $\|\mathrm{u}-proj_W\mathrm{u}\| < \|\mathrm{u}-\mathrm{h}\|$ 이다. 이상을 정리하면 다음과 같다.

정리 6.6

W는 R^n의 부분공간이고 u가 R^n의 벡터일 때 W의 벡터 $proj_W\mathrm{u}$는 u의 W에 대한 최적근사이다. W의 또 다른 벡터를 h라 할 때

$$\|\mathrm{u}-proj_W\mathrm{u}\| < \|\mathrm{u}-\mathrm{h}\|$$

다음 연립 1차방정식을 생각해 보자.

$A\mathrm{x} = b$ 해가 정확한 값을 갖지 않고 근사적인 값을 구하고자 한다.

여기서 $\| A\mathrm{x}-b \|$ 가 최소화하는 x를 찾게 된다. $\| A\mathrm{x}-b \| = 0$이면 x는 $A\mathrm{x} = b$ 의 정확한 해이다. 그렇지 않다면 $A\mathrm{x} = b$의 해는 $\| A\mathrm{x}-b \|$ 를 최소로 하는 x이다. 이때의 x를 $A\mathrm{x} = b$의 최소제곱해라 한다. 이제 최소제곱해를 구해 보자.

W를 A의 열공간이라 한다. $n \times 1$행렬 x에 대해서 $A\mathrm{x}$는 A의 열벡터의 일차결합이다. 최적근사에 대한 [정리 6.6]에 의하면 $A\mathrm{x} = b$의 최소제곱해 x에 대하여 $A\mathrm{x} = proj_W b$임을 알 수 있다.

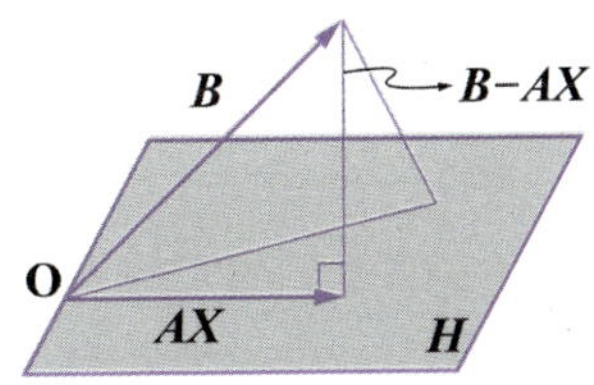

그림 6.3

최소제곱해를 $\hat{\mathrm{x}}$로 나타내면 모든 x에 대해서
$A\mathrm{x} \perp (b - A\hat{\mathrm{x}})$이므로 $A\mathrm{x} \cdot (b - A\hat{\mathrm{x}}) = 0$이다.

$A\mathrm{x}$, $b - A\hat{\mathrm{x}}$는 n개의 성분을 갖는 열벡터이다.

그러므로 $(A\mathrm{x})^T(b - A\hat{\mathrm{x}}) = 0$

$$\mathrm{x}^T A^T (b - A\hat{\mathrm{x}}) = 0$$

$$\mathrm{x}^T (A^T b - A^T A\hat{\mathrm{x}}) = 0$$

이것은 모든 $\mathrm{x} \in R^n$ 대해서 성립하므로 $A^T b - A^T A\hat{\mathrm{x}} = 0$이다.

따라서 $\hat{\mathrm{x}} = (A^T A)^{-1} A^T b$ 이상을 정리하면 다음과 같다.

정리 6.7

연립 1차방정식 $A\mathrm{x} = b$가 있다. $m \times n$ 행렬 A의 열벡터가 일차독립이면 $m \times 1$행렬 b에 대하여 이 연립 1차방정식의 최소제곱해 $\hat{\mathrm{x}}$는

$$\hat{\mathrm{x}} = (A^T A)^{-1} A^T b \text{이다.}$$

[정리 6.7]의 W가 A의 열공간이면 W에서 b의 정사영은

$$proj_W b = A\hat{\mathrm{x}} = A(A^T A)^{-1} A^T b \text{ 임을 알 수 있다.}$$

예제 6.10

다음 연립방정식의 최소제곱해를 구하여라. A의 열공간으로의 b의 정사영도 구하여라.

$$\begin{aligned} 2x_1 - \ \ x_2 &= 1 \\ x_1 + 3x_2 &= -1 \\ 3x_1 - 4x_2 &= 2 \end{aligned}$$

Solution

$$A = \begin{bmatrix} 2 & -1 \\ 1 & 3 \\ 3 & -4 \end{bmatrix},\ \mathrm{x} = \begin{bmatrix} x_1 \\ x_2 \end{bmatrix},\ b = \begin{bmatrix} 1 \\ -1 \\ 2 \end{bmatrix}$$

$$A^TA = \begin{bmatrix} 2 & 1 & 3 \\ -1 & 3 & -4 \end{bmatrix}\begin{bmatrix} 2 & -1 \\ 1 & 3 \\ 3 & -4 \end{bmatrix} = \begin{bmatrix} 14 & -11 \\ -11 & 26 \end{bmatrix} \quad (A^TA)^{-1} = \frac{1}{243}\begin{bmatrix} 26 & 11 \\ 11 & 14 \end{bmatrix}$$

$$A^Tb = \begin{bmatrix} 2 & 1 & 3 \\ -1 & 3 & -4 \end{bmatrix}\begin{bmatrix} 1 \\ -1 \\ 2 \end{bmatrix} = \begin{bmatrix} 7 \\ -12 \end{bmatrix}$$

그러므로 최소제곱해 $\hat{\mathrm{x}}$는 $\hat{\mathrm{x}} = \begin{bmatrix} \hat{x_1} \\ \hat{x_2} \end{bmatrix} = (A^TA)^{-1}A^Tb = \frac{1}{243}\begin{bmatrix} 26 & 11 \\ 11 & 14 \end{bmatrix}\begin{bmatrix} 7 \\ -12 \end{bmatrix}$

즉, $\hat{x_1} = \frac{50}{243},\ \hat{x_2} = -\frac{91}{243}$

A의 열공간으로의 b의 정사영은 $A\hat{\mathrm{x}} = \begin{bmatrix} 2 & -1 \\ 1 & 3 \\ 3 & -4 \end{bmatrix}\begin{bmatrix} \frac{50}{243} \\ -\frac{91}{243} \end{bmatrix} = \begin{bmatrix} 191/243 \\ -223/243 \\ 514/243 \end{bmatrix}$

예제 6.11

다음 연립방정식의 최소제곱해를 구하여라. A의 열공간으로의 b의 정사영도 구하여라.

$$\begin{aligned} -3x_1 + x_2 &= 2 \\ x_1 - 2x_2 &= 2 \\ 4x_1 - x_2 &= -4 \end{aligned}$$

Solution

$$A = \begin{bmatrix} -3 & 1 \\ 1 & -2 \\ 4 & -1 \end{bmatrix},\ \mathrm{x} = \begin{bmatrix} x_1 \\ x_2 \end{bmatrix},\ b = \begin{bmatrix} 2 \\ 2 \\ -4 \end{bmatrix}$$

$$A^TA = \begin{bmatrix} -3 & 1 & 4 \\ 1 & -2 & -1 \end{bmatrix}\begin{bmatrix} -3 & 1 \\ 1 & -2 \\ 4 & -1 \end{bmatrix} = \begin{bmatrix} 26 & -9 \\ -9 & 6 \end{bmatrix} \ (A^TA)^{-1} = \frac{1}{75}\begin{bmatrix} 6 & 9 \\ 9 & 26 \end{bmatrix}$$

$$A^Tb = \begin{bmatrix} -3 & 1 & 4 \\ 1 & -2 & -1 \end{bmatrix}\begin{bmatrix} 2 \\ 2 \\ -4 \end{bmatrix} = \begin{bmatrix} 8 \\ 2 \end{bmatrix}$$

$$\hat{\mathrm{x}} = \begin{bmatrix} \widehat{x_1} \\ \widehat{x_2} \end{bmatrix} = \frac{1}{75}\begin{bmatrix} 6 & 9 \\ 9 & 26 \end{bmatrix}\begin{bmatrix} 8 \\ 2 \end{bmatrix} = \frac{1}{75}\begin{bmatrix} 66 \\ 124 \end{bmatrix} \ \widehat{x_1} = \frac{22}{25}, \ \widehat{x_2} = \frac{124}{75}$$

$$proj_W b = A\hat{\mathrm{x}} = \begin{bmatrix} -3 & 1 \\ 1 & -2 \\ 4 & -1 \end{bmatrix}\begin{bmatrix} \frac{22}{25} \\ \frac{124}{75} \end{bmatrix} = \begin{bmatrix} 58/75 \\ -182/75 \\ 140/75 \end{bmatrix}$$

한 직선 또는 곡선 위에 있지 않은 몇 개의 점을 주고 이 점들에 가장 가까운 직선 또는 곡선을 찾는 문제를 해결해 보자. 찾으려는 직선과 곡선은 일반적으로 다음과 같이 세 가지 모양으로 나타낼 수 있다.

(1) 직선 : $y = \alpha + \beta x$

(2) 이차다항식 : $y = \alpha + \beta x + \gamma x^2$

(3) 삼차다항식 : $y = \alpha + \beta x + \gamma x^2 + \delta x^3$

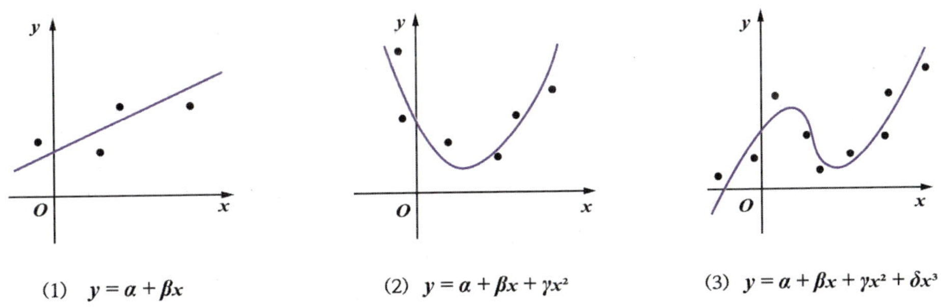

그림 6.4

먼저 직선에 대하여 다루어 보자. $(x_1, y_1), (x_2, y_2), \cdots, (x_n, y_n)$인 점들이 주어지고 이 점들에 가장 가까운 직선을 $y = \alpha + \beta x$라 한다. 주어진 점들이 이 직선 위에 있다고 하면

$y_1 = \alpha + \beta x_1$
$y_2 = \alpha + \beta x_2$
$\vdots$
$y_n = \alpha + \beta x_n$ 이다.

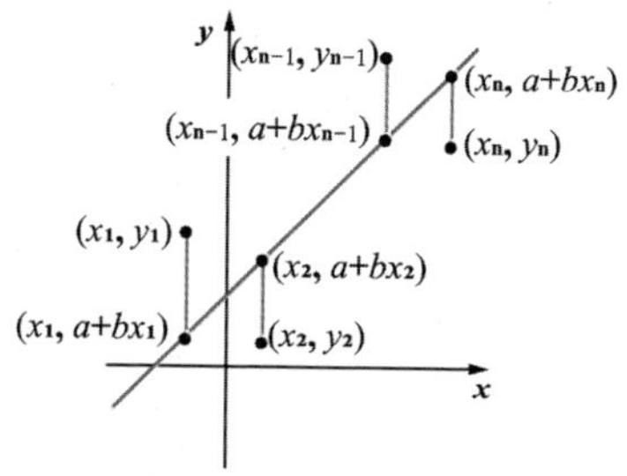

그림 6.5

여기서 α, β에 가장 적합한 값을 정하면 된다.

이것을 행렬로 나타내면 $\begin{bmatrix} y_1 \\ y_2 \\ \vdots \\ y_n \end{bmatrix} = \begin{bmatrix} 1 & x_1 \\ 1 & x_2 \\ \vdots & \vdots \\ 1 & x_n \end{bmatrix} \begin{bmatrix} \alpha \\ \beta \end{bmatrix}$ ①

이다.

$y = \begin{bmatrix} y_1 \\ y_2 \\ \vdots \\ y_n \end{bmatrix}$, $A = \begin{bmatrix} 1 & x_1 \\ 1 & x_2 \\ \vdots & \vdots \\ 1 & x_n \end{bmatrix}$, $\mathrm{x} = \begin{bmatrix} \alpha \\ \beta \end{bmatrix}$로 하면 ①은 $y = A\mathrm{x}$이고 이것을 만족하는 최소제곱해 $\hat{x}$를 구하는 문제가 된다.

따라서 [정리 6.9]에 의하여 $\hat{\mathrm{x}} = \begin{bmatrix} \hat{a} \\ \hat{b} \end{bmatrix} = (A^TA)^{-1}A^Ty$임을 알 수 있다.

주어진 점들에 가장 근접한 직선은

$\| y - A\mathrm{x} \| = (y_1 - \alpha - \beta x_1)^2 + (y_2 - \alpha - \beta x_2)^2 + \cdots + (y_n - \alpha - \beta x_n)^2$을 최소로 하는 α, β를 정하는 문제라는 뜻이다.

이렇게 정한 $\hat{\alpha}$, $\hat{\beta}$에 대하여 점 $(x_1, y_1), (x_2, y_2), \cdots, (x_n, y_n)$에 가장 근접한 직선은 $y = \hat{\alpha} + \hat{\beta}x$이고 이 직선을 최소제곱직선(least squares straight line)이라고도 한다.

예제 6.12

네 점(−1, −2), (0,5), (1,3), (2,2)에 가장 근접한 최적의 직선을 구하여라.

Solution

$A = \begin{bmatrix} 1 & -1 \\ 1 & 0 \\ 1 & 1 \\ 1 & 2 \end{bmatrix}$, $y = \begin{bmatrix} -2 \\ 5 \\ 3 \\ 2 \end{bmatrix}$ 이므로

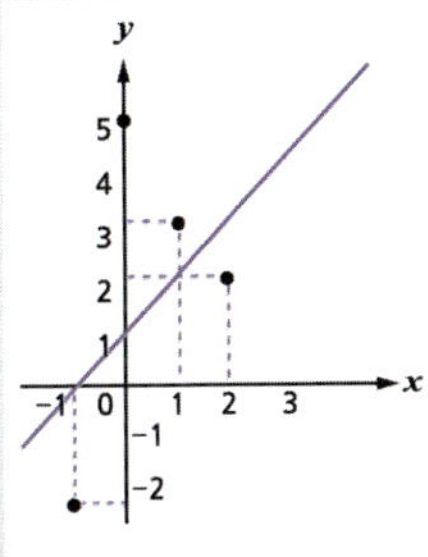
그림 6.6

$$A^TA = \begin{bmatrix} 1 & 1 & 1 & 1 \\ -1 & 0 & 1 & 2 \end{bmatrix} \begin{bmatrix} 1 & -1 \\ 1 & 0 \\ 1 & 1 \\ 1 & 2 \end{bmatrix} = \begin{bmatrix} 4 & 2 \\ 2 & 6 \end{bmatrix}$$

$$(A^TA)^{-1} = \frac{1}{20}\begin{bmatrix} 6 & -2 \\ -2 & 4 \end{bmatrix}$$

$$A^T\mathrm{y} = \begin{bmatrix} 1 & 1 & 1 & 1 \\ -1 & 0 & 1 & 2 \end{bmatrix} \begin{bmatrix} -2 \\ 5 \\ 3 \\ 2 \end{bmatrix} = \begin{bmatrix} 8 \\ 9 \end{bmatrix}$$

$$\hat{\mathrm{x}} = (A^TA)^{-1}A^T\mathrm{y} = \frac{1}{20}\begin{bmatrix} 6 & -2 \\ -2 & 4 \end{bmatrix}\begin{bmatrix} 8 \\ 9 \end{bmatrix} = \frac{1}{20}\begin{bmatrix} 30 \\ 20 \end{bmatrix} = \begin{bmatrix} \frac{3}{2} \\ 1 \end{bmatrix}$$

따라서 $\mathrm{y} = A\mathrm{x}$의 최소제곱해는 $\hat{\mathrm{x}} = \begin{bmatrix} \hat{\alpha} \\ \hat{\beta} \end{bmatrix} = (A^TA)^{-1}A^T\mathrm{y} = \begin{bmatrix} \frac{3}{2} \\ 1 \end{bmatrix}$

그러므로 구하는 최소세곱직선은 $y - \dfrac{3}{2} + x$

예제 6.13

다음 주어진 점들에 가장 근접한 최적의 직선(최소제곱직선)을 각각 구하여라.

(1) (0, 0), (1, 2), (2, 5)

(2) (1, 1), (2, 3), (3, 5), (4, 9)

Solution

(1) $A = \begin{bmatrix} 1 & 0 \\ 1 & 1 \\ 1 & 2 \end{bmatrix}$, $y = \begin{bmatrix} 0 \\ 2 \\ 5 \end{bmatrix}$ $\qquad A^TA = \begin{bmatrix} 1 & 1 & 1 \\ 0 & 1 & 2 \end{bmatrix}\begin{bmatrix} 1 & 0 \\ 1 & 1 \\ 1 & 2 \end{bmatrix} = \begin{bmatrix} 3 & 3 \\ 3 & 5 \end{bmatrix}$

$(A^TA)^{-1} = \frac{1}{6}\begin{bmatrix} 5 & -3 \\ -3 & 3 \end{bmatrix}$ $\qquad A^Ty = \begin{bmatrix} 1&1&1 \\ 0&1&2 \end{bmatrix}\begin{bmatrix} 0 \\ 2 \\ 5 \end{bmatrix} = \begin{bmatrix} 7 \\ 12 \end{bmatrix}$ 따라서

$y = A\mathrm{x}$의 최소제곱해는 $\hat{\mathrm{x}} = \begin{bmatrix} \hat{\alpha} \\ \hat{\beta} \end{bmatrix} = (A^TA)^{-1}A^Ty = \frac{1}{6}\begin{bmatrix} 5 & -3 \\ -3 & 3 \end{bmatrix}\begin{bmatrix} 7 \\ 12 \end{bmatrix} = \frac{1}{6}\begin{bmatrix} -1 \\ 15 \end{bmatrix}$

그러므로 구하는 최소제곱직선은 $y = -\frac{1}{6} + \frac{5}{2}x$

(2) $A = \begin{bmatrix} 1&1 \\ 1&2 \\ 1&3 \\ 1&4 \end{bmatrix}$, $y = \begin{bmatrix} 1 \\ 3 \\ 5 \\ 9 \end{bmatrix}$ $\qquad A^TA = \begin{bmatrix} 1&1&1&1 \\ 1&2&3&4 \end{bmatrix}\begin{bmatrix} 1&1 \\ 1&2 \\ 1&3 \\ 1&4 \end{bmatrix} = \begin{bmatrix} 4 & 10 \\ 10 & 30 \end{bmatrix}$

$(A^TA)^{-1} = \frac{1}{20}\begin{bmatrix} 30 & -10 \\ -10 & 4 \end{bmatrix}$ $\qquad A^Ty = \begin{bmatrix} 1&1&1&1 \\ 1&2&3&4 \end{bmatrix}\begin{bmatrix} 1 \\ 3 \\ 5 \\ 9 \end{bmatrix} = \begin{bmatrix} 18 \\ 58 \end{bmatrix}$

$y = A\mathrm{x}$의 최소제곱해는 $\hat{\mathrm{x}} = \begin{bmatrix} \hat{\alpha} \\ \hat{\beta} \end{bmatrix} = (A^TA)^{-1}A^Ty = \frac{1}{20}\begin{bmatrix} 30 & -10 \\ -10 & 4 \end{bmatrix}\begin{bmatrix} 18 \\ 58 \end{bmatrix} = \begin{bmatrix} -2 \\ \frac{13}{5} \end{bmatrix}$

최소제곱직선은 $y = -2 + \frac{13}{5}x$

다음 주어진 n개의 점 $(x_1, y_1), (x_2, y_2), \cdots, (x_n, y_n)$에 가장 근접한 최적의 이차다항식으로 나타내는 이차곡선(포물선) $y = \alpha + \beta x + \gamma x^2$을 구하는 방법을 생각하자.

n개의 점이 포물선 위의 점이라 하면 $\begin{aligned} y_1 &= \alpha + \beta x_1 + \gamma x_1^2 \\ y_2 &= \alpha + \beta x_2 + \gamma x_2^2 \\ &\vdots \\ y_n &= \alpha + \beta x_n + \gamma x_n^2 \end{aligned}$ ② 이다.

$y = \begin{bmatrix} y_1 \\ y_2 \\ \vdots \\ y_n \end{bmatrix}$, $A = \begin{bmatrix} 1 & x_1 & x_1^2 \\ 1 & x_2 & x_2^2 \\ \vdots & \vdots & \vdots \\ 1 & x_n & x_n^2 \end{bmatrix}$, $\mathrm{x} = \begin{bmatrix} \alpha \\ \beta \\ \gamma \end{bmatrix}$로 하면 ②는 $y = A\mathrm{x}$이다. 주어진 n개의 점에 가장 근접한 포물선을 찾는 것은 $y = A\mathrm{x}$를 만족하는 최소제곱해 $\hat{\mathrm{x}} = \begin{bmatrix} \hat{\alpha} \\ \hat{\beta} \\ \hat{\gamma} \end{bmatrix}$를 구하는 문제가 된다.

따라서 $\hat{\mathrm{x}} = \begin{bmatrix} \hat{\alpha} \\ \hat{\beta} \\ \hat{\gamma} \end{bmatrix} = (A^TA)^{-1}A^Ty$임을 알 수 있다.

그러므로 구하는 최적의 포물선은 $y = \hat{\alpha} + \hat{\beta}x + \hat{\gamma}x^2$이다.

예제 6.14

네 점 (1,6), (2,1), (3,2), (4,5)에 가장 근접한 최적의 이차곡선을 구하여라.

Solution

$$A = \begin{bmatrix} 1 & x_1 & x_1^2 \\ 1 & x_2 & x_2^2 \\ 1 & x_3 & x_3^2 \\ 1 & x_4 & x_4^2 \end{bmatrix} = \begin{bmatrix} 1 & 1 & 1 \\ 1 & 2 & 4 \\ 1 & 3 & 9 \\ 1 & 4 & 16 \end{bmatrix},\ y = \begin{bmatrix} y_1 \\ y_2 \\ y_3 \\ y_4 \end{bmatrix} = \begin{bmatrix} 6 \\ 1 \\ 2 \\ 5 \end{bmatrix}$$

$$A^TA = \begin{bmatrix} 1 & 1 & 1 & 1 \\ 1 & 2 & 3 & 4 \\ 1 & 4 & 9 & 16 \end{bmatrix}\begin{bmatrix} 1 & 1 & 1 \\ 1 & 2 & 4 \\ 1 & 3 & 9 \\ 1 & 4 & 16 \end{bmatrix} = \begin{bmatrix} 4 & 10 & 30 \\ 10 & 30 & 100 \\ 30 & 100 & 354 \end{bmatrix} \quad (A^TA)^{-1} = \frac{1}{20}\begin{bmatrix} 155 & -135 & 25 \\ -135 & 129 & -25 \\ 25 & -25 & 5 \end{bmatrix}$$

그리고 $A^Ty = \begin{bmatrix} 1 & 1 & 1 & 1 \\ 1 & 2 & 3 & 4 \\ 1 & 4 & 9 & 16 \end{bmatrix}\begin{bmatrix} 6 \\ 1 \\ 2 \\ 5 \end{bmatrix} = \begin{bmatrix} 14 \\ 34 \\ 108 \end{bmatrix}$

$$\therefore\ (A^TA)^{-1}A^Ty = \frac{1}{20}\begin{bmatrix} 155 & -135 & 25 \\ -135 & 129 & -25 \\ 25 & -25 & 5 \end{bmatrix}\begin{bmatrix} 14 \\ 34 \\ 108 \end{bmatrix} = \frac{1}{20}\begin{bmatrix} 280 \\ -204 \\ 40 \end{bmatrix} = \begin{bmatrix} 14 \\ -10.2 \\ 2 \end{bmatrix}$$

따라서

$y = A\mathrm{x}$의 최소제곱해는

$\hat{\mathrm{x}} = \begin{bmatrix} \hat{\alpha} \\ \hat{\beta} \\ \hat{\gamma} \end{bmatrix} = (A^TA)^{-1}A^Ty = \begin{bmatrix} 14 \\ -10.2 \\ 2 \end{bmatrix}$ 이다.

그러므로 구하는 포물선은 $y = 14 - 10.2x + 2x^2$

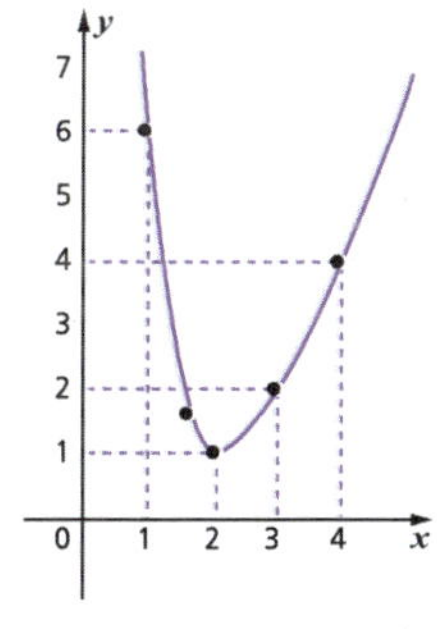

그림 6.7

연습 문제 6.3

[EX 01] 연립 1차방정식에서
$$\begin{aligned} x_1 - x_2 &= 4 \\ 3x_1 + 2x_2 &= 1 \\ -2x_1 + 4x_2 &= 3 \end{aligned}$$
$A\mathrm{x} = b$의 최소제곱해와 b에서 A의 열공간으로의 정사영을 구하여라.

[EX 02] 다음에 주어진 연립 1차방정식에 동반된 정규연립방정식을 구하여라.

(1) $\begin{bmatrix} 1 & -1 \\ 2 & 3 \\ 4 & 5 \end{bmatrix}\begin{bmatrix} x_1 \\ x_2 \end{bmatrix} = \begin{bmatrix} 2 \\ -1 \\ 5 \end{bmatrix}$

(2) $\begin{bmatrix} 2 & -1 & 0 \\ 3 & 1 & 2 \\ 1 & 2 & 4 \end{bmatrix}\begin{bmatrix} x_1 \\ x_2 \\ x_3 \end{bmatrix} = \begin{bmatrix} -1 \\ 0 \\ 1 \end{bmatrix}$

[EX 03] 연립 1차방정식 $A\mathrm{x} = b$의 제곱해를 구하고 b에서 A의 열공간의 정사영을 구하여라.

(1) $A = \begin{bmatrix} 1 & 1 \\ -1 & 1 \\ -1 & 2 \end{bmatrix}, b = \begin{bmatrix} 7 \\ 0 \\ -7 \end{bmatrix}$

(2) $A = \begin{bmatrix} 2 & -2 \\ 1 & 1 \\ 3 & 1 \end{bmatrix}, b = \begin{bmatrix} 2 \\ -1 \\ 1 \end{bmatrix}$

(3) $A = \begin{bmatrix} 1 & 0 & -1 \\ 2 & 1 & -2 \\ 1 & 1 & 0 \\ 1 & 1 & -1 \end{bmatrix}, b = \begin{bmatrix} 6 \\ 0 \\ 9 \\ 3 \end{bmatrix}$

(4) $A = \begin{bmatrix} 2 & 0 & -1 \\ 1 & -2 & 2 \\ 2 & -1 & 0 \\ 0 & 1 & -1 \end{bmatrix}, b = \begin{bmatrix} 0 \\ 6 \\ 0 \\ 6 \end{bmatrix}$

[EX 04] 다음에 주어진 점들에 근사한 직선을 구하여라.
$(0,0), (1,2), (2,5)$

[EX 05] 다음 주어진 점들에 가장 근접한 최적의 직선(최소제곱직선)을 각각 구하여라.

(1) (1, -2), (3, 2), (4, 5)

(2) (0, 2), (2, -3), (4, -4), (6, -2)

[EX 06] 다음에 주어진 점들에 근사한 이차곡선을 구하여라.

$(2,0), (3,-10), (5,-48), (6,-76)$

예제 중심의 **선형대수학 제2판**

LINEAR ALGEBRA

CHAPTER 7

고유치와 고유벡터

7.1 고유치와 고유벡터

정의 7.1

행렬 A를 $n \times n$행렬에 대하여

$$Ax = \lambda x \tag{1}$$

가 $O \in R^n$이 아닌 벡터 x가 존재할 때 스칼라 λ를 A의 고유치(eigenvalue)라 하고 x는 λ에 관련된 고유벡터(eigenvector)라고 한다.

예제 7.1

다음 행렬의 고유치와 고유벡터를 구하여라. $\begin{bmatrix} 1 & 2 \\ 3 & 2 \end{bmatrix}$

Solution

A의 모든 고유치와 이에 대응하는 고유벡터를 구하기 위해서는 식 (1)을 만족하는 모든 실수 λ와 영이 아닌 모든 벡터 $x = \begin{bmatrix} x_1 \\ x_2 \end{bmatrix}$를 구하면 된다. $\begin{bmatrix} 1 & 2 \\ 3 & 2 \end{bmatrix}\begin{bmatrix} x_1 \\ x_2 \end{bmatrix} = \lambda \begin{bmatrix} x_1 \\ x_2 \end{bmatrix}$을 만족하는 $\begin{bmatrix} x_1 \\ x_2 \end{bmatrix} \neq 0$와 λ를 구하자.

$$\begin{cases} x_1 + 2x_2 = \lambda x_1 \\ 3x_1 + 2x_2 = \lambda x_2 \end{cases} \quad \therefore \begin{cases} (1-\lambda)x_1 + 2x_2 = 0 \\ 3x_1 + (2-\lambda)x_2 = 0 \end{cases} \tag{2}$$

(2)는 동차 선형연립방정식이므로 (2)가 0이 아닌 해를 가질 필요충분조건은 계수행렬의 행렬식이 0이 되는 것이다. 즉, $\begin{bmatrix} 1-\lambda & 2 \\ 3 & 2-\lambda \end{bmatrix} = 0 \ \therefore (\lambda - 4)(\lambda + 1) = 0$

따라서 A의 고유치는 $\lambda_1 = 4, \ \lambda_2 = -1$이 된다.

이제 $\lambda_1 = 4$에 대응하는 고유벡터를 구해보자. 이를 나타내는 선형연립방정식은 $Ax = 4x$

$\begin{bmatrix} 1 & 2 \\ 3 & 2 \end{bmatrix}\begin{bmatrix} x_1 \\ x_2 \end{bmatrix} = 4\begin{bmatrix} x_1 \\ x_2 \end{bmatrix}$이므로 $\begin{matrix} 3x_1 - 2x_2 = 0 \\ -3x_1 + 2x_2 = 0 \end{matrix}$ 이 된다.

그런데 이 식은 λ 대신 4를 (2)에 대입하면 간단히 구할 수 있다. 이 제차 선형연립방정식을 풀어서 $\lambda_1 = 2$에 대응하는 A의 고유벡터를 구하면 $x_1 = \begin{bmatrix} 2 \\ 3 \end{bmatrix}$이 되고 같은 방법을 적용하면, $\lambda_2 = -1$

에 대응하는 A의 고유벡터는 $x_2 = \begin{bmatrix} 1 \\ -1 \end{bmatrix}$이다.

고유치와 고유벡터를 구하는 방법은 다음과 같다.

(1) 식은 다음과 동치이다.

$$Ax - \lambda x = 0 \text{ 또는 } (A - \lambda I)x = 0,\ \ x \neq 0 \qquad (3)$$

단 I는 $(n \times n)$항등행렬이다. (3) 식이 비자명해를 가지기 위해서는 $(n \times n)$행렬 $A - \lambda I$가 비정칙행렬이어야 한다. 따라서 고유치 문제는 다음의 두 부분으로 되어 있다.

(*i*) $A - \lambda I$가 비정칙행렬이 되게 하는 모든 λ를 구하라.

(*ii*) (*i*)에서 구한 모든 λ에 대해 $(A - \lambda I)x = 0$의 비자명해를 구하라.

만일 A의 고유치를 구했다면, 이것에 대응하는 고유벡터는 2장에서 설명한 변수소거법을 써서 쉽게 구할 수 있다.

정의 7.2

$A = [a_{ij}]$를 $n \times n$행렬이라 하자. 이제 임의의 n차 정방행렬은 적어도 한 개, 많아야 n개의 서로 다른 실수의 고유치를 갖는다는 것을 보이자. 이를 위하여 식 (1)을 풀어 쓰면

$$\begin{aligned} a_{11}x_1 + a_{12}x_2 + \cdots + a_{1n}x_n &= \lambda x_1 \\ a_{21}x_1 + a_{22}x_2 + \cdots + a_{2n}x_n &= \lambda x_2 \\ \cdots\cdots\cdots\cdots\cdots\cdots\cdots\cdots \\ a_{n1}x_1 + a_{n2}x_2 + \cdots + a_{nn}x_n &= \lambda x_n \end{aligned}$$

(4)이고, 좌변의 항을 우변으로 이항하여

$$\begin{aligned} (\lambda - a_{11})x_1 - a_{12}x_2 - \cdots - a_{1n}x_n &= 0 \\ -a_{21}x_1 + (\lambda - a_{22})x_2 - \cdots - a_{2n}x_n &= 0 \\ \cdots\cdots\cdots\cdots\cdots\cdots\cdots\cdots\cdots\cdots \\ -a_{n1}x_1 - a_{n2}x_2 - \cdots + (\lambda - a_{nn})x_n &= 0 \end{aligned}$$

(5)을 얻는다.

행렬의 기호를 사용하면 $[\lambda I_n - A]x = 0$이다. 이 제차 연립방정식이 0 아닌 해를 가질 충분조건은 이에 대응하는 계수행렬식이 영인 것이다. 즉,

$$f(\lambda)=|\lambda I_n - A| = \begin{vmatrix} \lambda-a_{11} & -a_{12} & \cdots & -a_{1n} \\ -a_{21} & a-a_{22} & \cdots & -a_{2n} \\ \cdots & \cdots & \cdots & \cdots \\ -a_{n1} & -a_{n2} & \cdots & \lambda-a_{nn} \end{vmatrix} \quad (6)\text{이다.}$$

여기서 $f(\lambda)$를 특성행렬식이라 하고, 식 (6)를 A에 대응하는 특정방정식이라 부른다. 행렬식 $f(\lambda)$를 전개하면 λ에 관한 n차 다항식을 얻는다. 이것을 A에 대응하는 특성다항식이라 한다. A의 특성다항식에서 λ^n의 계수는 1이다. 따라서 특성다항식을

$$f(\lambda)=|\lambda I_n - A| = \lambda^n + a_1\lambda^{n-1} + a_2\lambda^{n-2} + \cdots + a_{n-1}\lambda + a_n$$

과 같이 쓸 수 있다.

예제 7.2

다음 행렬 A의 고유값과 대응하는 고유벡터를 구하라. $A=\begin{bmatrix} 2 & -12 \\ 1 & -5 \end{bmatrix}$

Solution

A의 특성다항식은 $|\lambda I - A| = \begin{bmatrix} \lambda-2 & 12 \\ -1 & \lambda+5 \end{bmatrix} = (\lambda-2)(\lambda+5)-(-12)$

$$= \lambda^2+3\lambda-10+12 = \lambda^2+3\lambda+2 = (\lambda+1)(\lambda+2)$$

따라서 특성방정식은 $(\lambda+1)(\lambda+2)=0$이다.

$\lambda_1=-1$과 $\lambda_2=-2$는 A의 고유값이다. 대응하는 고유벡터를 구하기 위해서는 동차 연립방정식 $(\lambda I - A)=0$을 풀어야 하는데 $Gauss-Jordan$ 소거법을 이용한다.

$\lambda_1=-1$일 경우 계수행렬은 $(-1)I-A=\begin{bmatrix} -1-2 & 12 \\ -1 & -1+5 \end{bmatrix} = \begin{bmatrix} -3 & 12 \\ -1 & 4 \end{bmatrix}$이고 기약행렬은 $\begin{bmatrix} 1 & -4 \\ 0 & 0 \end{bmatrix}$이다. 따라서 $x_1-4x_2=0$이고, $x_2=t$로 두면 $x_1=4t$이다.

λ_1의 모든 고유벡터는 $x=\begin{bmatrix} x_1 \\ x_2 \end{bmatrix}=\begin{bmatrix} 4t \\ t \end{bmatrix}=t\begin{bmatrix} 4 \\ 1 \end{bmatrix}$, $t\neq 0$ $x_1=\begin{bmatrix} 4 \\ 1 \end{bmatrix}$이다.

$\lambda_2=-2$일 경우는 $(-2)I-A=\begin{bmatrix} -2-2 & 12 \\ -1 & -2+5 \end{bmatrix}=\begin{bmatrix} -4 & 12 \\ -1 & 3 \end{bmatrix}\rightarrow\begin{bmatrix} 1 & -3 \\ 0 & 0 \end{bmatrix}$이 된다.

$x_2=t$로 두면 λ_2의 모든 고유벡터는 $x=\begin{bmatrix} x_1 \\ x_2 \end{bmatrix}=\begin{bmatrix} 3t \\ t \end{bmatrix}=t\begin{bmatrix} 3 \\ 1 \end{bmatrix}$, $t\neq 0$ $x_2=\begin{bmatrix} 3 \\ 1 \end{bmatrix}$가 됨을 알 수 있다.

예제 7.3

다음 행렬 A의 고유값과 대응되는 고유벡터를 구하라. $A=\begin{bmatrix}1&-3&3\\3&-5&3\\6&-6&4\end{bmatrix}$

Solution

특성방정식은 $\begin{bmatrix}\lambda-1&3&-3\\-3&\lambda+5&-3\\-6&6&\lambda-4\end{bmatrix}=(\lambda+2)^2(\lambda-4)=0$

그러므로 고유치는 -2와 4이다.

$\lambda_1=-2$의 경우에는 $\begin{cases}-3x_1+3x_2-3x_3=0\\-3x_1+3x_2-3x_3=0\\-6x_1+6x_2-6x_3=0\end{cases}$ $\therefore x_1-x_2+x_3=0$

이 방정식의 1차 독립인 해는 $\begin{bmatrix}x_1\\x_2\\x_3\end{bmatrix}=\begin{bmatrix}1\\1\\0\end{bmatrix},\ \begin{bmatrix}-1\\0\\1\end{bmatrix}$이고, 이것은 −2에 대응하는 고유벡터이다.

$\lambda_2=4$의 경우에는 $\begin{cases}3x_1+3x_2-3x_3=0\\-3x_1+9x_2-3x_3=0\\-6x_1+6x_2\qquad=0\end{cases}$ $\therefore \begin{cases}x_1+x_2-x_3=0\\x_1-x_2\qquad=0\end{cases}$

이 방정식의 1차 독립인 해는 $\begin{bmatrix}x_1\\x_2\\x_3\end{bmatrix}=\begin{bmatrix}1\\1\\2\end{bmatrix}$이고, 이것은 4에 대응하는 고유벡터이다.

예제 7.4

다음 행렬의 고유값을 구하라. 또 대응하는 각 고유벡터를 구하라. $A=\begin{bmatrix}1&0&0&0\\0&1&5&-10\\1&0&2&0\\1&0&0&3\end{bmatrix}$

Solution

A의 특성다항식은 $|\lambda I-A|=\begin{vmatrix}\lambda-1&0&0&0\\0&\lambda-1&-5&10\\-1&0&\lambda-2&0\\-1&0&0&\lambda-3\end{vmatrix}=(\lambda-1)^2(\lambda-2)(\lambda-3)$이다.

따라서 특성방정식은 $(\lambda-1)^2(\lambda-2)(\lambda-3)=0$이므로 고유값은 $\lambda_1=1,\ \lambda_2=2,\ \lambda_3=3$ ($\lambda_1=1$

의 중복도는 2이다).

$\lambda_1 = 1$의 고유공간의 기저를 구하면 $I - A = \begin{bmatrix} 0 & 0 & 0 & 0 \\ 0 & 0 & -5 & 10 \\ -1 & 0 & -1 & 0 \\ -1 & 0 & 0 & -2 \end{bmatrix} \rightarrow \begin{bmatrix} 1 & 0 & 0 & 2 \\ 0 & 0 & 1 & -2 \\ 0 & 0 & 0 & 0 \\ 0 & 0 & 0 & 0 \end{bmatrix}$

$x_2 = s,\ x_4 = t$로 두면 $\mathrm{x} = \begin{bmatrix} x_1 \\ x_2 \\ x_3 \\ x_4 \end{bmatrix} = \begin{bmatrix} 0s - 2t \\ s + 0t \\ 0s + 2t \\ 0s + t \end{bmatrix} = s\begin{bmatrix} 0 \\ 1 \\ 0 \\ 0 \end{bmatrix} + t\begin{bmatrix} -2 \\ 0 \\ 2 \\ 1 \end{bmatrix}$

따라서 $\lambda_1 = 1$에 대응하는 고유공간의 기저는 $B_1 = \{(0,1,0,0),\ (-2,0,2,1)\}$이다.

$\lambda_2 = 2$와 $\lambda_3 = 3$일 경우도 마찬가지로 하면 기저는 각각 $\lambda_2 = 2$일 때 기저 $B_2 = \{(0,5,1,0)\}$, $\lambda_3 = 3$일 때 기저 $B_3 = \{(0,-5,0,1)\}$이다.

연습 문제 7.1

[EX 01] λ_i는 A의 고유값임을 보이고 또 x_i는 대응하는 고유벡터임을 보여라.

(1) $A = \begin{bmatrix} 1 & 0 \\ 0 & -1 \end{bmatrix}$

$\lambda_1 = 1,\ \mathrm{x}_1 = (1, 0)$
$\lambda_2 = -1,\ \mathrm{x}_2 = (0, 1)$

(2) $A = \begin{bmatrix} 1 & 1 \\ 1 & 1 \end{bmatrix}$

$\lambda_1 = 0,\ \mathrm{x}_1 = (1, -1)$
$\lambda_2 = 2,\ \mathrm{x}_2 = (1, 1)$

(3) $A = \begin{bmatrix} -2 & 2 & -3 \\ 2 & 1 & -6 \\ -1 & -2 & 0 \end{bmatrix}$

$\lambda_1 = 5,\ \mathrm{x}_1 = (1, 2, -1)$
$\lambda_2 = -3,\ \mathrm{x}_2 = (-2, 1, 0)$
$\lambda_3 = 3,\ \mathrm{x}_3 = (3, 0, 1)$

[EX 02] x가 A의 고유벡터인지 확인하라.

(1) $A = \begin{bmatrix} 7 & 2 \\ 2 & 4 \end{bmatrix}$ $(a)\ \mathrm{x} = (1,2)$, $(b)\ \mathrm{x} = (2,1)$, $(c)\ \mathrm{x} = (1,-2)$, $(d)\ \mathrm{x} = (-1,0)$

(2) $A = \begin{bmatrix} -1 & -1 & 1 \\ -2 & 0 & -2 \\ 3 & -3 & 1 \end{bmatrix}$

$(a)\ \mathrm{x} = (2,-4,6)$, $(b)\ \mathrm{x} = (2,0,6)$, $(c)\ \mathrm{x} = (2,2,0)$, $(d)\ \mathrm{x} = (-1,0,1)$

[EX 03] (a) 특성방정식을 구하고, (b) 고유값과 고유벡터를 구하라

(1) $\begin{bmatrix} 6 & -3 \\ -2 & 1 \end{bmatrix}$

(2) $\begin{bmatrix} 1 & -\frac{3}{2} \\ \frac{1}{2} & -1 \end{bmatrix}$

(3) $\begin{bmatrix} 2 & 0 & 1 \\ 0 & 3 & 4 \\ 0 & 0 & 1 \end{bmatrix}$

(4) $\begin{bmatrix} 1 & 2 & -2 \\ -2 & 5 & -2 \\ -6 & 6 & -3 \end{bmatrix}$

[EX 04] 다음 행렬식의 고유치와 고유벡터를 구하여라.

(1) $A = \begin{bmatrix} 2 & -1 \\ 3 & -2 \end{bmatrix}$

(2) $A = \begin{bmatrix} 2 & 1 \\ 3 & -2 \end{bmatrix}$

(3) $A = \begin{bmatrix} 2t & t \\ t & 2t \end{bmatrix}$

(4) $A = \begin{bmatrix} 3 & 1 & 2 \\ 0 & 0 & 0 \\ 1 & 1 & 2 \end{bmatrix}$

(5) $A = \begin{bmatrix} 3 & 2 & 1 \\ 0 & 4 & 0 \\ 0 & 1 & 5 \end{bmatrix}$

(6) $A = \begin{bmatrix} 2 & 4 & 2 & -1 \\ 0 & 1 & 0 & 0 \\ 0 & 3 & 3 & -1 \\ 0 & 2 & 0 & 4 \end{bmatrix}$

[EX 05] 다음 행렬의 고유치와 고유벡터를 구하여라. 중복도(multi-plicity)에 주의하여라.

(1) $A = \begin{bmatrix} 4 & 2 & 3 \\ 2 & 1 & 2 \\ -1 & -2 & 0 \end{bmatrix}$

(2) $A = \begin{bmatrix} 2 & 2 & 3 & 4 \\ 0 & 2 & 3 & 2 \\ 0 & 0 & 1 & 1 \\ 0 & 0 & 0 & 1 \end{bmatrix}$

(3) $A = \begin{bmatrix} 0 & 2 & 2 \\ 2 & 0 & 2 \\ 2 & 2 & 0 \end{bmatrix}$

[EX 06] A를 정방행렬이라 하자. A가 정칙행렬이 아닐 필요충분조건은 A가 영(zero)인 고유치가 있는 것이다(고유벡터는 영일 수 없어도 고유치는 영일 수 있다).

7.2 고유치와 고유벡터를 이용한 행렬곱셈의 간소화

정리 7.1

n차 정방행렬 A가 n개의 1차 독립인 고유벡터를 가지면

$$A = PDP^{-1}$$

을 만족시키는 정칙행렬 P와 대각행렬 D가 존재한다.

증명

행렬 A의 n개의 1차 독립인 고유벡터들을 $p_1,\ p_2,\ \cdots,\ p_n$라 하고, 각각의 $p_j(j=1,\ \cdots,\ n)$는 고유치 λ_j에 속하는 고유벡터라 하자.

벡터 p_j를 $p_j = \begin{bmatrix} p_{1j} \\ p_{2j} \\ \vdots \\ p_{nj} \end{bmatrix}$로 표시하고, 행렬 $P = [\,p_1,\ p_2,\ \cdots,\ p_n\,] = \begin{bmatrix} p_{11} & p_{12} \cdots & p_{1n} \\ p_{21} & p_{22} \cdots & p_{2n} \\ & \cdots\cdots & \\ p_{n1} & p_{n2} \cdots & p_{nn} \end{bmatrix}$라 하자.

행렬 P의 제j열이 p_j이다.

p_j가 λ_j에 속하는 고유벡터이므로 $Ap_1 = \lambda_1 p_1,\ Ap_2 = \lambda_2 p_2,\ \cdots,\ Ap_n = \lambda_n p_n$가 성립하며, p_j를 P의 부분행렬로 보고 곱셈을 하여

$$\begin{aligned} AP &= [\,Ap_1,\ Ap_2,\ \cdots,\ Ap_n\,] \\ &= [\,\lambda_1 p_1,\ \lambda_2 p_2,\ \cdots,\ \lambda_n p_n\,] \\ &= \begin{bmatrix} \lambda_1 p_{11} & \lambda_2 p_{12} & \cdots & \lambda_1 p_{1n} \\ \lambda_1 p_{21} & \lambda_2 p_{22} & \cdots & \lambda_1 p_{2n} \\ & \cdots\cdots & & \\ \lambda_1 p_{n1} & \lambda_2 p_{n2} & \cdots & \lambda_n p_{nn} \end{bmatrix} = \begin{bmatrix} p_{11} & p_{12} & \cdots & p_{1n} \\ p_{21} & p_{22} & \cdots & p_{2n} \\ & \cdots\cdots & & \\ p_{n1} & p_{n2} & \cdots & p_{nn} \end{bmatrix} \begin{bmatrix} \lambda_1 & 0 \cdots & 0 \\ 0 & \lambda_2 \cdots & 0 \\ & \cdots\cdots & \\ 0 & 0 \cdots & \lambda_n \end{bmatrix} \end{aligned}$$

가 성립한다.

대각선행렬 $D = \begin{bmatrix} \lambda_1 & 0 \cdots & 0 \\ 0 & \lambda_2 \cdots & 0 \\ & \cdots\cdots & \\ 0 & 0 \cdots & \lambda_n \end{bmatrix}$라 놓으면, $AP = PD$ (7)가 성립하고,

P의 모든 열의 집합 $\{p_1,\ p_2,\ \cdots,\ p_n\}$가 1차 독립이므로 행렬식 $|P| \neq 0$이다.

따라서, P는 정칙행렬이 되어 P^{-1}가 존재한다. P^{-1}를 등식 (7)의 양변에 오른쪽으로부터 곱하면 $A = PDP^{-1}$을 얻는다.

이 증명으로부터 n개의 1차 독립인 고유벡터를 갖는 n차 정방행렬 A에 대해서 $A = PDP^{-1}$을 만족시키는 대각선행렬 D와 정칙행렬 P를 찾는 방법을 알았다.

그 방법은, 요약하면 다음과 같다.

(1) 행렬 A의 고유치 $\lambda_1, \lambda_2, \cdots, \lambda_n$를 구하고 (중복도가 m인 고유치는 m번 쓴다)

$$D = \begin{bmatrix} \lambda_1 & 0 & \cdots & 0 \\ 0 & \lambda_2 & \cdots & 0 \\ & \cdots\cdots & & \\ 0 & 0 & \cdots & \lambda_n \end{bmatrix}$$ 라 놓는다.

(2) $\lambda_1, \lambda_2, \cdots, \lambda_n$에 속하는 1차 독립인 고유벡터 $p_1, p_2, \cdots, p_n$를 각각 구하여, p_j를 제j열 $(j = 1, 2, \cdots, n)$로 갖는 행렬 P를 구한다.

예제 7.5

행렬 $A = \begin{bmatrix} 3 & 2 & 0 \\ 2 & 3 & 0 \\ 0 & 0 & 1 \end{bmatrix}$ **일 때,** $A = PDP^{-1}$**가 되는 대각행렬** D**와 정칙행렬** P**를 구하여라.**

Solution

행렬 A의 고유치를 구하면, $\lambda_1 = \lambda_2 = 1,\ \lambda_3 = 5$이다. $\lambda_1 = \lambda_2 = 1$에 속하는 1차 독립인 고유벡터는 $p_1 = \begin{bmatrix} -1 \\ 1 \\ 0 \end{bmatrix},\ p_2 = \begin{bmatrix} 0 \\ 0 \\ 1 \end{bmatrix}$이고, $\lambda_3 = 5$에 속하는 고유벡터는 $p_3 = \begin{bmatrix} 1 \\ 1 \\ 0 \end{bmatrix}$이다.

$D = \begin{bmatrix} 1 & 0 & 0 \\ 0 & 1 & 0 \\ 0 & 0 & 5 \end{bmatrix},\ P = \begin{bmatrix} -1 & 0 & 1 \\ 1 & 0 & 1 \\ 0 & 1 & 0 \end{bmatrix}$라 놓고, 실제로 $A = PDP^{-1}$가 되는지 계산해 보자.

P^{-1}를 구하면 $P^{-1} = \begin{bmatrix} -\frac{1}{2} & \frac{1}{2} & 0 \\ 0 & 0 & 1 \\ \frac{1}{2} & \frac{1}{2} & 0 \end{bmatrix}$이다.

$$PDP^{-1} = \begin{bmatrix} -1 & 0 & 1 \\ 1 & 0 & 1 \\ 0 & 1 & 0 \end{bmatrix} \begin{bmatrix} 1 & 0 & 0 \\ 0 & 1 & 0 \\ 0 & 0 & 5 \end{bmatrix} \begin{bmatrix} -\frac{1}{2} & \frac{1}{2} & 0 \\ 0 & 0 & 1 \\ \frac{1}{2} & \frac{1}{2} & 0 \end{bmatrix} = \begin{bmatrix} -1 & 0 & 5 \\ 1 & 0 & 5 \\ 0 & 1 & 0 \end{bmatrix} \begin{bmatrix} -\frac{1}{2} & \frac{1}{2} & 0 \\ 0 & 0 & 1 \\ \frac{1}{2} & \frac{1}{2} & 0 \end{bmatrix}$$

$$= \begin{bmatrix} 3 & 2 & 0 \\ 2 & 3 & 0 \\ 0 & 0 & 1 \end{bmatrix} = A$$ 가 되므로 $A = PDP^{-1}$임을 알았다.

참고

앞의 [예제 7.5]에서

$D = \begin{bmatrix} 1 & 0 & 0 \\ 0 & 5 & 0 \\ 0 & 0 & 1 \end{bmatrix}$이라 놓고, $P = \begin{bmatrix} 0 & 1 & -1 \\ 0 & 1 & 1 \\ 1 & 0 & 0 \end{bmatrix}$라 놓아도 $A = PDP^{-1}$가 성립한다.

이때 $P^{-1} = \begin{bmatrix} 0 & 0 & 1 \\ \frac{1}{2} & \frac{1}{2} & 1 \\ -\frac{1}{2} & \frac{1}{2} & 0 \end{bmatrix}$이고

$$PDP^{-1} = \begin{bmatrix} 0 & 1 & -1 \\ 0 & 1 & 1 \\ 1 & 0 & 0 \end{bmatrix} \begin{bmatrix} 1 & 0 & 0 \\ 0 & 5 & 0 \\ 0 & 0 & 1 \end{bmatrix} \begin{bmatrix} 0 & 0 & 1 \\ \frac{1}{2} & \frac{1}{2} & 0 \\ -\frac{1}{2} & \frac{1}{2} & 0 \end{bmatrix}$$

$$= \begin{bmatrix} 0 & 5 & -1 \\ 0 & 5 & 1 \\ 1 & 0 & 0 \end{bmatrix} \begin{bmatrix} 0 & 0 & 1 \\ \frac{1}{2} & \frac{1}{2} & 0 \\ -\frac{1}{2} & \frac{1}{2} & 0 \end{bmatrix} = \begin{bmatrix} 3 & 2 & 0 \\ 2 & 3 & 0 \\ 0 & 0 & 1 \end{bmatrix} = A$$가 된다.

즉, D와 P를 구할 때 고유치 λ_1, λ_2, λ_3의 순서는 상관없지만, λ_1을 대각행렬의 제$(j,\ j)$ 성분으로 정하면 λ_1에 속하는 고유벡터를 P의 제j열로 정하면 된다. 또한, $\lambda_1 = \lambda_2$일 경우, p_1과 p_2를 1차 독립인 벡터로 정하여야 한다.

위의 경우, $P = \begin{bmatrix} 0 & 1 & 2 \\ 0 & 1 & -2 \\ 1 & 0 & 0 \end{bmatrix}$라 놓아도 $\begin{bmatrix} 0 \\ 0 \\ 1 \end{bmatrix}$, $\begin{bmatrix} 2 \\ -2 \\ 0 \end{bmatrix}$은 $\lambda_1 = \lambda_2 = 1$에 속하는 1차 독립인 고유벡터이므로 $A = PDP^{-1}$가 성립한다.

예제 7.6

행렬 $A = \begin{bmatrix} 3 & 2 & 0 \\ 2 & 3 & 0 \\ 0 & 0 & 1 \end{bmatrix}$ **일 때** A^{99}**을 계산하여라.**

Solution

A를 99번 행렬곱셈을 할려면 굉장히 시간이 걸린다.

그러나 [예제 7.5]에서 $D = \begin{bmatrix} 1 & 0 & 0 \\ 0 & 1 & 0 \\ 0 & 0 & 5 \end{bmatrix}$, $P = \begin{bmatrix} -1 & 0 & 1 \\ 1 & 0 & 1 \\ 0 & 1 & 0 \end{bmatrix}$ 라 놓으면 $A = PDP^{-1}$임을 알았다.

$A^{99} = (PDP^{-1})(PDP^{-1})\cdots(PDP^{-1})$ (99번 곱한 것)

$= PD(P^{-1}P)D(P^{-1}P)\cdots(P^{-1}P)DP^{-1}$ (결합율에 의해서)

$= PD^{99}P^{-1}$ 이다.

대각행렬의 곱셈은 매우 간단하며

$$A^{99} = \begin{bmatrix} -1 & 0 & 1 \\ 1 & 0 & 1 \\ 0 & 1 & 0 \end{bmatrix}\begin{bmatrix} 1^{99} & 0 & 0 \\ 0 & 1^{99} & 0 \\ 0 & 0 & 5^{99} \end{bmatrix}\begin{bmatrix} -\frac{1}{2} & \frac{1}{2} & 0 \\ 0 & 0 & 1 \\ \frac{1}{2} & \frac{1}{2} & 0 \end{bmatrix}$$

$$= \begin{bmatrix} -1 & 0 & 5^{99} \\ 1 & 0 & 5^{99} \\ 0 & 1 & 0 \end{bmatrix}\begin{bmatrix} -\frac{1}{2} & \frac{1}{2} & 0 \\ 0 & 0 & 1 \\ \frac{1}{2} & \frac{1}{2} & 0 \end{bmatrix} = \frac{1}{2}\begin{bmatrix} 5^{99}+1 & 5^{99}-1 & 0 \\ 5^{99}-1 & 5^{99}+1 & 0 \\ 0 & 0 & 2 \end{bmatrix}$$

이 예에서 본 바와 같이, 고유치와 고유벡터를 이용하면 행렬의 곱셈이 간소화될 수 있다. 그뿐 아니라, 행렬을 연구할 때 가장 큰 난점은 행렬곱셈이 복잡한 데에 있는데 행렬곱셈을 쉽게 할 수 있는 방법을 알면 행렬의 연구가 쉬워지고, 행렬의 응용이 쉬워지는 것이다. 고유치를 모르면 행렬을 응용하여 문제를 풀기가 거의 불가능하다.

예제를 몇 개 더 보자.

예제 7.7

행렬 $A=\begin{bmatrix}1 & 2\\4 & 3\end{bmatrix}$일 때 A^{915}을 계산하여라.

Solution

행렬곱셈을 직접 써서 계산하려면 얼마나 시간이 걸릴지 상상하여 보아라. 쉬운 방법이 있는지 보자. A의 고유치는 $\lambda_1=-1$, $\lambda_2=5$이고, $\lambda_1=-1$과 $\lambda_2=5$에 속하는 고유벡터가 각각 $x_1=\begin{bmatrix}-1\\1\end{bmatrix}$, $x_2=\begin{bmatrix}1\\2\end{bmatrix}$임을 알았다. 서로 다른 고유치에 속하는 고유벡터는 1차 독립이므로 $\{x_1, x_2\}$는 1차 독립으로서 2개의 1차 독립인 고유벡터를 2차 정방행렬 A가 가지고 있다.

따라서, $D=\begin{bmatrix}-1 & 0\\0 & 5\end{bmatrix}$, $P=\begin{bmatrix}-1 & 1\\1 & 2\end{bmatrix}$라 놓으면 $A=PDP^{-1}$ 가 된다.

그런데, $A^{915}=PD^{915}P^{-1}$ $P^{-1}=\begin{bmatrix}-\frac{2}{3} & \frac{1}{3}\\ \frac{1}{3} & \frac{1}{3}\end{bmatrix}$이므로,

$$A^{915}=\begin{bmatrix}-1 & 1\\1 & 2\end{bmatrix}\begin{bmatrix}(-1)^{915} & 0\\0 & 5^{915}\end{bmatrix}\begin{bmatrix}-\frac{2}{3} & \frac{1}{3}\\ \frac{1}{3} & \frac{1}{3}\end{bmatrix}=\frac{1}{3}\begin{bmatrix}5^{915}-2 & 5^{915}+1\\2\cdot 5^{915}+2 & 2\cdot 5^{915}-1\end{bmatrix}$$ 이다.

예제 7.8

행렬 $A=\begin{bmatrix}1 & 2\\4 & 3\end{bmatrix}$일 때 $4A^{15}+2A^{7}+I$를 계산하여라(I는 2차 단위행렬이다).

Solution

$A=PDP^{-1}$가 되는 행렬 P와 D를 구하였다. 따라서,

$$4A^{15}+2A^{7}+I=4PD^{15}P^{-1}+2PD^{7}P^{-1}+PP^{-1}$$

$$=P(4D^{15}+2D^{7}+I)P^{-1}$$

$$=\begin{bmatrix}-1 & 1\\1 & 2\end{bmatrix}\begin{bmatrix}4\cdot(-1)^{15}+2\cdot(-1)^{7}+1 & 0\\0 & 4\cdot 5^{15}+2\cdot 5^{7}+1\end{bmatrix}\begin{bmatrix}-\frac{2}{3} & \frac{1}{3}\\ \frac{1}{3} & \frac{1}{3}\end{bmatrix}$$

$$=\frac{1}{3}\begin{bmatrix}4\cdot 5^{15}+2\cdot 5^{7}-9 & 4\cdot 5^{15}+2\cdot 5^{7}+6\\8\cdot 5^{15}+4\cdot 5^{7}+12 & 8\cdot 5^{15}+4\cdot 5^{7}-3\end{bmatrix}.$$

예제 7.9

다음 행렬들에 $A = PDP^{-1}$이 성립하는 대각행렬 D와 정칙행렬 P를 구하여라.

(1) $A = \begin{bmatrix} 1 & 0 & 0 \\ 4 & 3 & 2 \\ 4 & 2 & 3 \end{bmatrix}$ (2) $A = \begin{bmatrix} 2 & -1 & 1 \\ 3 & -2 & 1 \\ 0 & 0 & 1 \end{bmatrix}$

Solution

(1) 고유치 $\lambda_1 = \lambda_2 = 1,\ \lambda_3 = 5$와 각각의 고유치에 속하는 고유벡터

$x_1 = \begin{bmatrix} 1 \\ 0 \\ -2 \end{bmatrix}$, $x_2 = \begin{bmatrix} 0 \\ 1 \\ -1 \end{bmatrix}$, $x_3 = \begin{bmatrix} 0 \\ 1 \\ 1 \end{bmatrix}$을 구하였다.

$D = \begin{bmatrix} 1 & 0 & 0 \\ 0 & 1 & 0 \\ 0 & 0 & 5 \end{bmatrix}$, $P = \begin{bmatrix} 1 & 0 & 0 \\ 0 & 1 & 1 \\ -2 & -1 & 1 \end{bmatrix}$이다.

(2) 고유치 $\lambda_1 = \lambda_2 = 1,\ \lambda_3 = -1$과 각각의 고유치에 속하는 1차 독립인 고유벡터

$x_1 = x_2 = \begin{bmatrix} 1 \\ 1 \\ 0 \end{bmatrix}$, $x_3 = \begin{bmatrix} 1 \\ 3 \\ 0 \end{bmatrix}$을 얻는다.

3차 정방행렬 A의 1차 독립인 고유벡터가 2개 밖에 없으므로 대각행렬 D와 정칙행렬 P를 구할 수 없다.

연습 문제 7.2

[EX 01] 다음 행렬 A에 대해서 $A = PDP^{-1}$가 되는 대각행렬 D와 정칙행렬 P가 있는지 확인하여라.

(1) $A = \begin{bmatrix} 19 & -9 & -6 \\ 25 & -11 & -9 \\ 17 & -9 & -4 \end{bmatrix}$ (2) $A = \begin{bmatrix} -1 & 4 & -2 \\ -3 & 4 & 0 \\ -3 & 1 & 3 \end{bmatrix}$

(3) $A = \begin{bmatrix} 5 & 0 & 0 \\ 1 & 5 & 0 \\ 0 & 1 & 5 \end{bmatrix}$ (4) $A = \begin{bmatrix} 0 & 0 & 0 \\ 0 & 0 & 0 \\ 3 & 0 & 1 \end{bmatrix}$

(5) $A = \begin{bmatrix} -2 & 0 & 0 & 0 \\ 0 & -2 & 0 & 0 \\ 0 & 0 & 3 & 0 \\ 0 & 0 & 1 & 3 \end{bmatrix}$ (6) $A = \begin{bmatrix} -2 & 0 & 0 & 0 \\ 0 & -2 & 5 & -5 \\ 0 & 0 & 3 & 0 \\ 0 & 0 & 1 & 3 \end{bmatrix}$

[EX 02] A를 다음과 같은 행렬이라 하자. $A = \begin{bmatrix} 0 & 1 \\ -2 & 3 \end{bmatrix}$

(1) A^{27}을 계산하여라.

(2) $A^{17} - 3A^5 + 2A^2 + I$를 계산하여라(I는 2차 단위행렬이다).

[EX 03] A는 $n \times n$ 대각화 가능행렬이고 P는 $n \times n$ 가역행렬로서 $B = P^{-1}AP$는 A의 대각행렬꼴이다. 다음을 증명하라.

(1) $B^k = P^{-1}A^kP$, k는 양의 정수

(2) $A^k = PB^kP^{-1}$, k는 양의 정수

[EX 04] [연습 문제 3]의 결과를 이용하여 주어진 A의 거듭제곱의 값을 구하라.

(1) $A = \begin{bmatrix} 10 & 18 \\ -6 & -11 \end{bmatrix}$ (2) $A = \begin{bmatrix} 3 & 2 & -3 \\ -3 & -4 & 9 \\ -1 & -2 & 5 \end{bmatrix}$, A^8

7.3 닮음행렬과 대각화

7.3.1 닮음행렬(similar matrix)

n차 정방행렬 A가 n개의 1차 독립인 고유벡터를 가지고 있을 때,

$$A = PDP^{-1}$$

을 만족하는 대각행렬 D와 정칙행렬 P가 존재하며, 이 성질을 이용하면 행렬의 곱셈을 간소화할 수 있는 경우가 있다는 것을 알았다. 놀랍게도 이때에 행렬 A와 행렬 D가 여러 가지 비슷한 성질을 가지고 있어, 거의 같은 행렬이라 보아도 무방할 정도이다.
따라서, 행렬 A를 공부하는 대신에 대각행렬 D를 공부하면 훨씬 간단하다. 왜냐하면, 대각선행렬은 행렬곱셈이 간단하여 그 성질을 쉽게 알 수 있는 까닭이다.
행렬 A와 행렬 D를 서로 닮았다(similar each other)고 말한다. 좀 더 정확한 정의를 내려보자. 닮은 행렬의 개념은 정방행렬에 한해서 정의된다.

정의 7.3

두 행렬 A와 B에 대해서

$$A = PBP^{-1}$$

를 만족하는 정칙행렬 P가 존재할 때 행렬 A는 행렬 B와 닮았다고 말한다.

예제 7.10

다음 두 행렬 A와 B는 서로 닮았는지 보아라. $A = \begin{bmatrix} 4 & 3 \\ -2 & -1 \end{bmatrix}$, $B = \begin{bmatrix} 5 & -4 \\ 3 & -2 \end{bmatrix}$

Solution

$A = PBP^{-1}$를 성립시키는 정칙행렬 P가 존재하느냐를 알아야 한다. 이는, $PA = BP$를 만족하는 정칙행렬 P가 존재하는지를 알아내는 것과 마찬가지이다.

$P = \begin{bmatrix} a & b \\ c & d \end{bmatrix}$라 하자.

$AP=PB$를 계산하면 $\begin{bmatrix} 4a-3c & 4b+3d \\ -2a-c & -2b-d \end{bmatrix}=\begin{bmatrix} 5a+3b & -4a-2b \\ 5c+3d & -4c-2d \end{bmatrix}$

두 행렬이 같으려면 대응하는 성분이 같아야 하므로

$$\begin{aligned} 4a+3c &= 5a+3b \\ 4b+3d &= -4a-2b \\ -2a-c &= 5c+3d \\ -2b-d &= -4c-2d \end{aligned}$$

이 연립방정식을 풀어, 한 해로서 $a=-\dfrac{3}{10}d$, $b=-\dfrac{3}{10}d$, $c=-\dfrac{4}{10}d$, d는 임의의 스칼라를 얻는다.

$\mathrm{P}=\begin{bmatrix} a & b \\ b & d \end{bmatrix}=\dfrac{d}{10}\begin{bmatrix} -3 & -3 \\ -4 & 10 \end{bmatrix}$ P가 정칙행렬이어야 하므로 $d\neq 0$이라야 한다.

$d\neq 0$이면 P^{-1}가 존재하고 $\mathrm{A}=\mathrm{PBP}^{-1}$가 성립한다. A와 B는 서로 닮았다.

정리 7.2

서로 닮음행렬들의 고유방정식들은 모두 같다. 또는, 고유치들이 중복도를 포함해서 모두 같다.

증명

A와 B가 서로 닮은 행렬이라 하자. A의 고유방정식은 $|\mathrm{A}-\lambda\mathrm{I}|=0$이고 B의 고유방정식은 $|\mathrm{B}-\lambda\mathrm{I}|=0$이므로 $|\mathrm{A}-\lambda\mathrm{I}|=|\mathrm{B}-\lambda\mathrm{I}|$를 증명하면 된다. A와 B가 서로 닮음행렬이므로, $\mathrm{A}=\mathrm{P}^{-1}\mathrm{BP}$를 만족하는 정칙행렬 P가 존재하며

$$\lambda\mathrm{I}=\lambda\mathrm{P}^{-1}\mathrm{P}=\mathrm{P}^{-1}\lambda\mathrm{IP}$$

가 된다. 따라서,

$$\begin{aligned} |\mathrm{A}-\lambda\mathrm{I}| &= |\mathrm{P}^{-1}\mathrm{BP}-\mathrm{P}^{-1}\lambda\mathrm{IP}|=|\mathrm{P}^{-1}(\mathrm{B}-\lambda\mathrm{I})\mathrm{P}| \\ &= |\mathrm{P}^{-1}||\mathrm{B}-\lambda\mathrm{I}||\mathrm{P}| \\ &= \frac{1}{|\mathrm{P}|}|\mathrm{B}-\lambda\mathrm{I}||\mathrm{P}| \\ &= |\mathrm{B}-\lambda\mathrm{I}| \end{aligned}$$

예제 7.11

다음 행렬 A와 B가 서로 닮았는지 보아라. $A=\begin{bmatrix}1&2\\4&3\end{bmatrix}$, $B=\begin{bmatrix}1&4\\3&2\end{bmatrix}$

Solution

A의 고유방정식 $|A-\lambda I|=0$은 $\lambda^2-4\lambda-5=0$와 같이 되고, B의 고유방정식 $|B-\lambda I|=0$은 $\lambda^2-3\lambda-10=0$와 같다. 고유방정식이 다른 행렬들은 서로 닮을 수 없다.
따라서, A와 B는 서로 닮은 행렬이 아니다.

7.3.2 대각화가능행렬(diagonalizable matrix)

대각행렬과 닮은 행렬을 대각화가능행렬(diagonalizable matrix)이라 한다. 이미 [예제 7.5], [예제 7.6]에서 그 예를 배웠고, [정리 7.1]에서 n차 정방행렬이 n개의 1차 독립인 고유벡터를 가지고 있을 때, 그 행렬과 닮음 대각행렬을 구하는 방법을 배웠다. 이 장의 제1절에서 말했듯이, 대각화가능행렬은 대각행렬과 비슷한 성질을 가지고 있고, 대각행렬은 간단하므로 대각행렬의 성질을 쉽게 알 수 있어서 이를 보고 대각화행렬의 성질을 쉽게 알 수 있는 것이다. 예를 들면, [예제 7.6]에서 대각행렬의 성질을 이용하여 대각화행렬의 99승을 쉽게 계산할 수 있었던 것과 같다. 그뿐 아니라 대각화가능행렬은 고유치에 의해서 분류된다.

즉, 중복도까지 포함해서 같은 고유치를 가진 대각화가능행렬은 모두가 서로 닮음행렬이 되어 성질들이 같다. 따라서, 대각화가능행렬은 고유치만 알면 그 행렬을 알았다고 해도 과언이 아니다.

정의 7.4

대각행렬과 닮음 정방행렬은 대각화가능행렬(diagonalizable matrix)이라 부른다. 즉, 정방행렬 A가 대각화가능행렬이라 함은,

$$D=P^{-1}AP \text{ 또는 } A=PDP^{-1}$$

를 성립시키는 대각행렬 D와 정칙행렬 P가 존재한다는 말이다.

n차 정방행렬이 대각화가능행렬인지 아닌지를 구별하는 방법 중에 제일 간단한 방법은 그 정방행렬이 n개의 1차 독립인 고유벡터를 가지고 있는지 아닌지를 보는 것이다. 다음 정리는 [정리 7.1]의 역(逆)도 성립한다는 것을 보여준다.

정리 7.3

n차 정방행렬이 대각화가능행렬일 필요충분조건은 n개의 1차 독립인 고유벡터를 갖는다는 것이다.

정리 7.4

두 대각화가능행렬이 서로 닮을 필요충분조건은 그들의 고유방정식이 같다는 것, 또는 같은 말이지만, (중복도를 포함하여) 고유치가 같다는 것이다.

예제 7.12

다음 A와 B는 대각화가능행렬이다. A와 B가 서로 닮았는지 알아보아라.

(1) $A = \begin{bmatrix} 4 & 3 \\ -2 & -1 \end{bmatrix}$, $B = \begin{bmatrix} 5 & -4 \\ 3 & -2 \end{bmatrix}$

(2) $A = \begin{bmatrix} 1 & 2 & -1 \\ 1 & 0 & 1 \\ 4 & -4 & 5 \end{bmatrix}$, $B = \begin{bmatrix} 3 & 2 & 0 \\ -\frac{1}{2} & \frac{3}{2} & \frac{1}{2} \\ \frac{3}{2} & \frac{5}{2} & \frac{3}{2} \end{bmatrix}$

(3) $A = \begin{bmatrix} 1 & 0 & 0 \\ 4 & 3 & 2 \\ 4 & 2 & 3 \end{bmatrix}$, $B = \begin{bmatrix} 5 & 0 & 0 \\ 0 & 5 & 0 \\ 0 & 0 & 1 \end{bmatrix}$

Solution

(1) A와 B의 고유방정식이 $\lambda^2 - 3\lambda + 2 = 0$으로 서로 같다. 따라서, A와 B는 서로 닮았다.

(2) A와 B의 고유방정식이 $-\lambda^3 + 6\lambda^2 - 11\lambda + 6 = 0$으로서 서로 같다. 따라서, A와 B는 서로 닮았다.

(3) A의 고유방정식은 $-\lambda^3 + 7\lambda^2 - 11\lambda - 5 = 0$이고
B의 고유방정식은 $(5-\lambda)^2(1-\lambda) = -\lambda^3 + 11\lambda^2 + 15\lambda + 25 = 0$으로서 서로 다르다.
따라서, A와 B는 서로 닮지 않았다.

연습 문제 7.3

[EX 01] 다음 A와 B는 서로 닮음행렬이 아님을 증명하여라.

$$A=\begin{bmatrix}3&0\\0&3\end{bmatrix},\ B=\begin{bmatrix}3&1\\0&3\end{bmatrix}$$

[EX 02] 다음 A와 B가 서로 닮은 행렬인지 아닌지 보아라.

(1) $A=\begin{bmatrix}3&5\\3&1\end{bmatrix},\ B=\begin{bmatrix}2&4\\4&2\end{bmatrix}$

(2) $A=\begin{bmatrix}3&0\\0&3\end{bmatrix},\ B=\begin{bmatrix}6&3\\1&4\end{bmatrix}$

(3) $A=\begin{bmatrix}1&1\\4&2\end{bmatrix},\ B=\begin{bmatrix}1&1\\2&4\end{bmatrix}$

(4) $A=\begin{bmatrix}3&1&2\\1&-2&1\\0&0&1\end{bmatrix},\ B=\begin{bmatrix}3&1&0\\4&1&0\\2&1&1\end{bmatrix}$

[EX 03] 다음 행렬들이 대각화가능행렬인지 보고 닮음행렬들이 있는지 보아라.

$$A=\begin{bmatrix}2&2&0\\1&1&2\\1&1&2\end{bmatrix}\qquad B=\begin{bmatrix}1&0&0\\1&1&0\\0&1&1\end{bmatrix}$$

$$C=\begin{bmatrix}0&0&-2\\0&1&4\\0&0&4\end{bmatrix}\qquad D=\begin{bmatrix}1&0&0\\4&3&2\\4&2&3\end{bmatrix}$$

[EX 04] $P^{-1}AP$를 계산하며 A가 대각화 가능함을 보여라.

(1) $A=\begin{bmatrix}-11&36\\-3&10\end{bmatrix},\ P=\begin{bmatrix}-3&-4\\-1&-1\end{bmatrix}$

(2) $A=\begin{bmatrix}-1&1&0\\0&3&0\\4&-2&5\end{bmatrix},\ P=\begin{bmatrix}0&1&-3\\0&4&0\\1&2&2\end{bmatrix}$

[EX 05] 각 행렬 A에 대해서 $P^{-1}AP$가 대각행렬이 되는 정칙행렬 P를 구하라. 또 $P^{-1}AP$는 주대각선이 고유값인 대각행렬임을 보여라.

(1) $A=\begin{bmatrix} 1 & -\frac{3}{2} \\ \frac{1}{2} & -1 \end{bmatrix}$

(2) $A=\begin{bmatrix} 1 & 2 & -2 \\ -2 & 5 & -2 \\ -6 & 6 & -3 \end{bmatrix}$

(3) $A=\begin{bmatrix} 0 & -3 & 5 \\ -4 & -4 & -10 \\ 0 & 0 & 4 \end{bmatrix}$

7.4 대칭행렬과 직교대각화

7.4.1 대칭행렬

정의 7.5

정방행렬 A가 그 전치행렬과 같을 때 대칭행렬(symmetric matrix)이라고 부른다. 즉 $A=A^T$일 때 A는 대칭행렬이다.

대칭행렬의 판단은 주대각선을 중심으로 해서 양변의 성분을 비교함으로써 간단히 알 수 있다.

예제 7.13

대칭행렬인가? $A=\begin{bmatrix} 0 & 1 & -2 \\ 1 & 3 & 0 \\ -2 & 0 & 5 \end{bmatrix}$, $B=\begin{bmatrix} 4 & 3 \\ 3 & 1 \end{bmatrix}$, $C=\begin{bmatrix} 3 & 2 & 1 \\ 1 & -4 & 0 \\ 1 & 0 & 5 \end{bmatrix}$

Solution

A와 B는 대칭행렬이고 C는 아니다.

정리 7.5

A가 $n\times n$대칭행렬이면 다음 성질을 가진다.

(1) A는 대각화 가능이다.

(2) A의 모든 고유값은 실수이다.

(3) 만일 λ가 중복도 k인 A의 고유값이면 λ는 k개의 1차 독립인 고유벡터를 가진다.
다시 말하면 λ의 고유공간의 차원은 k이다.

[정리 7.5]를 실 스펙트럼 정리(real spectral theorem)라고 한다. 또 A의 고유값의 집합을 A의 스펙트럼(spectrum)이라고 부른다.

예제 7.14

다음 대칭행렬 A의 고유값을 구하라. 또 대응하는 고유공간의 차원을 구하라.

$$A=\begin{bmatrix} 1 & -2 & 0 & 0 \\ -2 & 1 & 0 & 0 \\ 0 & 0 & 1 & -2 \\ 0 & 0 & -2 & 1 \end{bmatrix}$$

Solution

A의 특성다항식은 $|\lambda I - A| = \begin{vmatrix} \lambda-1 & 2 & 0 & 0 \\ 2 & \lambda-1 & 0 & 0 \\ 0 & 0 & \lambda-1 & 2 \\ 0 & 0 & 2 & \lambda-1 \end{vmatrix} = (\lambda+1)^2(\lambda-3)^2$이다.

따라서 A의 고유값은 $\lambda_1=-1$, $\lambda_2=3$이다. 각 고유값의 중복도는 2이므로 [정리 7.5]에 의해서 대응하는 고유공간의 차원도 2가 된다.

실제로 $\lambda_1=-1$의 고유공간의 현기저 $B_1=\{(1,1,0,0),(0,0,1,1)\}$이고, $\lambda_2=3$의 고유공간의 기저 B_2는 $B_2=\{(1,-1,0,0),(0,0,1,-1)\}$이 된다.

예제 7.15

행렬 $A=\begin{bmatrix} 3 & -2 & 0 \\ -2 & 3 & 0 \\ 0 & 0 & 5 \end{bmatrix}$의 고유공간에 관한 기저를 구하라.

Solution

A의 특성다항식은 $(\lambda-1)(\lambda-5)^2=0$이다. 따라서 A의 고유치는 $\lambda_1=1$, $\lambda_2=\lambda_3=5$이다.
즉 $\lambda_2=5$의 중복도는 2이다.

정의에 의해서 $\mathrm{x}=\begin{bmatrix} x_1 \\ x_2 \\ x_3 \end{bmatrix}$가 λ와 관련된 A의 고유벡터가 되는 것은 벡터 x가 $(\lambda I_3 - A)\mathrm{x}=0$의 비자명해일 때이다. 즉 $\begin{bmatrix} \lambda-3 & 2 & 0 \\ 2 & \lambda-3 & 0 \\ 0 & 0 & \lambda-5 \end{bmatrix}\begin{bmatrix} x_1 \\ x_2 \\ x_3 \end{bmatrix}=\begin{bmatrix} 0 \\ 0 \\ 0 \end{bmatrix}$ (1)이다.

만약 $\lambda=5$이면 식 (1)은 $\begin{bmatrix} 2 & 2 & 0 \\ 2 & 2 & 0 \\ 0 & 0 & 0 \end{bmatrix}\begin{bmatrix} x_1 \\ x_2 \\ x_3 \end{bmatrix}=\begin{bmatrix} 0 \\ 0 \\ 0 \end{bmatrix}$가 된다.

이를 풀면 임의의 실수 s,t에 대해 $x_1=-s$, $x_2=s$, $x_3=t$이다. 따라서 $\lambda=5$에 관련된 고유벡터는

$\mathrm{x} = \begin{bmatrix} -s \\ s \\ t \end{bmatrix} = \begin{bmatrix} -s \\ s \\ 0 \end{bmatrix} + \begin{bmatrix} 0 \\ 0 \\ t \end{bmatrix} = s\begin{bmatrix} -1 \\ 1 \\ 0 \end{bmatrix} + t\begin{bmatrix} 0 \\ 0 \\ 1 \end{bmatrix}$ 모양의 0이 아닌 벡터이다.

그리고 $\mathrm{x}_2 = \begin{bmatrix} -1 \\ 1 \\ 0 \end{bmatrix}$과 $\mathrm{x}_3 = \begin{bmatrix} 0 \\ 0 \\ 1 \end{bmatrix}$은 1차 독립이기 때문에 그들은 $\lambda = 5$에 관련된 고유공간에 관한 기저를 형성한다. 또 $\lambda = 1$에 관련된 고유벡터는 $\mathrm{x} = \begin{bmatrix} t \\ t \\ 0 \end{bmatrix} = t\begin{bmatrix} 1 \\ 1 \\ 0 \end{bmatrix}$ 모양의 0이 아닌 벡터이다.

따라서 $\mathrm{x}_1 = \begin{bmatrix} 1 \\ 1 \\ 0 \end{bmatrix}$는 $\lambda = 1$에 관련된 고유공간에 관한 기저이다. $\mathrm{x}_1, \mathrm{x}_2, \mathrm{x}_3$는 1차 독립이다.

즉 A는 대각화 가능행렬이다.

7.4.2 직교행렬

정방행렬 A를 대각화하기 위해서 $P^{-1}AP$가 대각행렬이 되는 가역행렬 P를 구해야 한다. 특히 대칭행렬에서는 이 행렬 P가 $P^{-1} = P^T$인 성질을 만족시킨다. 이와 같은 특별한 성질을 만족시키는 행렬은 아래와 같다.

정의 7.6

정방행렬 P가 정칙이고 $P^{-1} = P^T$를 만족시킬 때 직교행렬(orthogonal matrix)이라 부른다.

예제 7.16

직교행렬인가를 판별하라.

(1) $P = \begin{bmatrix} 0 & 1 \\ -1 & 0 \end{bmatrix}$　　(2) $P = \begin{bmatrix} \frac{3}{5} & 0 & -\frac{4}{5} \\ 0 & 1 & 0 \\ \frac{4}{5} & 0 & \frac{3}{5} \end{bmatrix}$

Solution

(1) 행렬 $P = \begin{bmatrix} 0 & 1 \\ -1 & 0 \end{bmatrix}$은 직교행렬이다. 왜냐하면 $P^{-1} = P^T = \begin{bmatrix} 0 & -1 \\ 1 & 0 \end{bmatrix}$이기 때문이다.

(2) 행렬 $P=\begin{bmatrix} \frac{3}{5} & 0 & -\frac{4}{5} \\ 0 & 1 & 0 \\ \frac{4}{5} & 0 & \frac{3}{5} \end{bmatrix}$는 $P^{-1}=P^T=\begin{bmatrix} \frac{3}{5} & 0 & \frac{4}{5} \\ 0 & 1 & 0 \\ -\frac{4}{5} & 0 & \frac{3}{5} \end{bmatrix}$이므로 직교행렬이다.

위의 예 (1), (2)에서 행렬 P의 열은 각각 R^2, R^3에서 정규직교집합이다. 이 결과로 다음과 같은 정리를 얻을 수 있다. P의 열벡터의 크기가 1이면서 서로 직교하는 벡터들의 행렬을 정규직교 행렬이라 한다.

정리 7.6

$n \times n$행렬 P가 정규직교행렬이 될 필요충분조건은 열벡터가 정규직교집합이 되는 것이다.

증명

P의 열벡터가 정규직교집합이라고 하자.

$$P=[\mathrm{p}_1 : \mathrm{p}_2 : \dots : \mathrm{p}_n]=\begin{bmatrix} p_{11} & p_{12} \cdots p_{1n} \\ p_{21} & p_{22} \cdots p_{2n} \\ \vdots & \vdots & \vdots \\ p_{n1} & p_{n2} \cdots p_{nn} \end{bmatrix}$$

이라 하고 P^TP를 구하면

$$P^TP=\begin{bmatrix} p_{11} & p_{21} \cdots p_{n1} \\ p_{12} & p_{22} \cdots p_{n2} \\ \vdots & \vdots & \vdots \\ p_{1n} & p_{2n} \cdots p_{nn} \end{bmatrix}\begin{bmatrix} p_{11} & p_{12} \cdots p_{1n} \\ p_{21} & p_{22} \cdots p_{2n} \\ \vdots & \vdots & \vdots \\ p_{n1} & p_{n2} \cdots p_{nn} \end{bmatrix}=\begin{bmatrix} \mathrm{p}_1 \bullet \mathrm{p}_1 & \mathrm{p}_1 \bullet \mathrm{p}_2 \dots & \mathrm{p}_1 \bullet \mathrm{p}_n \\ \mathrm{p}_2 \bullet \mathrm{p}_1 & \mathrm{p}_2 \bullet \mathrm{p}_2 \dots & \mathrm{p}_2 \bullet \mathrm{p}_n \\ \vdots & \vdots & \vdots \\ \mathrm{p}_n \bullet \mathrm{p}_1 & \mathrm{p}_n \bullet \mathrm{p}_2 \dots & \mathrm{p}_n \bullet \mathrm{p}_n \end{bmatrix}$$

한편, 집합 $\{\mathrm{p}_1, \mathrm{p}_2, \dots, \mathrm{p}_n\}$는 정규직교이므로 $\mathrm{p}_i\mathrm{p}_j=0,\ i \neq j,\ \mathrm{p}_i\mathrm{p}_j=\|\mathrm{p}_i\|^2=1$이다.

따라서 내적에 의해서 행렬을 구하면 $P^TP=\begin{bmatrix} 1 & 0 \dots 0 \\ 0 & 1 \dots 0 \\ 0 & 0 \dots 1 \end{bmatrix}=I_n$이다. 이 사실로부터 $P^T=P^{-1}$이고 P는 직교행렬이 된다.

역으로 만일 P가 직교행렬이면 위의 순서를 거꾸로 해나가면 P의 열벡터는 정규직교집합이 됨을 쉽게 증명할 수 있다.

예제 7.17

다음 행렬 P는 $PP^T = I$가 됨을 보이고 또 P의 열벡터 $P = \begin{bmatrix} \frac{1}{3} & \frac{2}{3} & \frac{2}{3} \\ \frac{-2}{\sqrt{5}} & \frac{1}{\sqrt{5}} & 0 \\ \frac{-2}{3\sqrt{5}} & \frac{-4}{3\sqrt{5}} & \frac{5}{3\sqrt{5}} \end{bmatrix}$ **는 정규 직교집합임을 보여라.**

Solution

$$PP^T = \begin{bmatrix} \frac{1}{3} & \frac{2}{3} & \frac{2}{3} \\ \frac{-2}{\sqrt{5}} & \frac{1}{\sqrt{5}} & 0 \\ \frac{-2}{3\sqrt{5}} & \frac{-4}{3\sqrt{5}} & \frac{5}{3\sqrt{5}} \end{bmatrix} \begin{bmatrix} \frac{1}{3} & \frac{-2}{\sqrt{5}} & \frac{-2}{3\sqrt{5}} \\ \frac{2}{3} & \frac{1}{\sqrt{5}} & \frac{-4}{3\sqrt{5}} \\ \frac{2}{3} & 0 & \frac{5}{3\sqrt{5}} \end{bmatrix} = \begin{bmatrix} 1 & 0 & 0 \\ 0 & 1 & 0 \\ 0 & 0 & 1 \end{bmatrix} = I_3$$ 이므로 $P^T = P^{-1}$이다.

따라서 P는 직교행렬이다.

또 $\mathrm{p}_1 = \begin{bmatrix} \frac{1}{3} \\ \frac{-2}{\sqrt{5}} \\ \frac{-2}{3\sqrt{5}} \end{bmatrix}$, $\mathrm{p}_2 = \begin{bmatrix} \frac{2}{3} \\ \frac{1}{\sqrt{5}} \\ \frac{-4}{3\sqrt{5}} \end{bmatrix}$, $\mathrm{p}_3 = \begin{bmatrix} \frac{2}{3} \\ 0 \\ \frac{5}{3\sqrt{5}} \end{bmatrix}$ 로부터

$\mathrm{p}_1 \cdot \mathrm{p}_2 = \mathrm{p}_1 \cdot \mathrm{p}_3 = \mathrm{p}_2 \cdot \mathrm{p}_3 = 0 \quad \|\mathrm{p}_1\| = \|\mathrm{p}_2\| = \|\mathrm{p}_3\| = 1$가 됨을 알 수 있다.

따라서 $\{\mathrm{p}_1, \mathrm{p}_2, \mathrm{p}_3\}$는 [정리 7.6]에 의해 정규직교집합이다.

7.4.3 직교대각화

행렬 A가 $P^{-1}AP = D$가 대각행렬이 되는 직교행렬 P가 존재할 때 A를 직교대각화 가능(orthogonally diagonalizable)이라고 한다. 다음 정리에서 직교대각화 가능행렬의 집합은 실제로 대칭행렬의 집합과 동치임을 알 수 있다.

정리 7.7

A가 직교대각화 가능한 $n \times n$행렬이면 A는 대칭행렬이다.

정리 7.8

A가 대칭행렬이면 서로 다른 고유공간으로부터 얻은 고유벡터는 직교한다.

이 정리의 결과로 대칭행렬을 직교대각화하기 위한 순서를 생각해 보자.

1단계: A의 특성다항식에서 고유값을 구한다.

2단계: A의 각 고유공간에 관한 기저를 구한다.

3단계: 각 고유공간에 관한 정규직교 기저를 얻기 위해 이 기저들 각각에 Gram-Schmidt 과정을 적용한다.

4단계: 그들의 열이 3단계에서 구한 기저벡터들로 이루어진 행렬 P를 만든다.

예제 7.18

다음 행렬 A를 직교대각화시키는 직교행렬 P를 구하라. $A=\begin{bmatrix}-2 & 2\\ 2 & 1\end{bmatrix}$

Solution

단계 1: A의 특성다항식은 $|\lambda I-A|=\begin{vmatrix}\lambda+2 & -2\\ -2 & \lambda-1\end{vmatrix}=(\lambda+3)(\lambda-2)$이므로 고유값은 $\lambda_1=-3$과 $\lambda_2=2$이다.

단계 2: 각 고유값에 대해 $\lambda I-A$를 기약행 사다리꼴로 바꿔서 고유벡터를 구하면,

$$-3I-A=\begin{bmatrix}-1 & -2\\ -2 & -4\end{bmatrix}\to\begin{bmatrix}1 & 2\\ 0 & 0\end{bmatrix}\to\begin{bmatrix}-2\\ 1\end{bmatrix}$$

$$2I-A=\begin{bmatrix}4 & -2\\ -2 & 1\end{bmatrix}\to\begin{bmatrix}1 & -\frac{1}{2}\\ 0 & 0\end{bmatrix}\to\begin{bmatrix}1\\ 2\end{bmatrix}$$

이다. 고유벡터(−2,1)과 (1,2)는 R^2에 대한 직교기저이다.

단계 3: 이 고유벡터를 정규화시켜서 정규직교기저를 구하면,

$$\mathrm{p}_1=\frac{(-2,1)}{\|(-2,1)\|}=\frac{1}{\sqrt{5}}(-2,1)=\left(\frac{-2}{\sqrt{5}},\frac{1}{\sqrt{5}}\right)$$

$$\mathrm{p}_2=\frac{(1,2)}{\|(1,2)\|}=\frac{1}{\sqrt{5}}(1,2)=\left(\frac{1}{\sqrt{5}},\frac{2}{\sqrt{5}}\right)$$

단계 4: p_1, p_2를 열 벡터로 하는 행렬 P를 만들면 $P=\begin{bmatrix}\frac{-2}{\sqrt{5}} & \frac{1}{\sqrt{5}}\\ \frac{1}{\sqrt{5}} & \frac{2}{\sqrt{5}}\end{bmatrix}$이고 $P^{-1}AP=P^TAP$를 계산

하면 대각행렬 $P^TAP=\begin{bmatrix}\frac{-2}{\sqrt{5}} & \frac{1}{\sqrt{5}} \\ \frac{1}{\sqrt{5}} & \frac{2}{\sqrt{5}}\end{bmatrix}\begin{bmatrix}-2 & 2 \\ 2 & 1\end{bmatrix}\begin{bmatrix}\frac{-2}{\sqrt{5}} & \frac{1}{\sqrt{5}} \\ \frac{1}{\sqrt{5}} & \frac{2}{\sqrt{5}}\end{bmatrix}=\begin{bmatrix}-3 & 0 \\ 0 & 2\end{bmatrix}$를 얻는다.

예제 7.19

다음 행렬 A를 대각화시키는 직교행렬 P를 구하라. $A=\begin{bmatrix}2 & 2 & -2 \\ 2 & -1 & 4 \\ -2 & 4 & -1\end{bmatrix}$

Solution

단계 1: A의 특성다항식은 $|\lambda I-A|=(\lambda-3)^2(\lambda+6)$이므로 고유값은 $\lambda_1=-6$과 $\lambda_2=3$이고, λ_1의 중복도는1, λ_2의 중복도는 2이다.

단계 2: $\lambda_1=-6$에서 고유벡터는 $v_1=(1,-2,2)$이고 $\lambda_2=3$에서 두 고유벡터는 $v_2=(2,1,0)$, $v_3=(-2,0,1)$이다.

단계 3: λ_1에 대한 고유벡터는 $v_1=(1,-2,2)$이고 정규화하면 $u_1=\frac{v_1}{\|v_1\|}=\left(\frac{1}{3},-\frac{2}{3},\frac{2}{3}\right)$이다.

λ_2에 대한 두 고유벡터는 $v_2=(2,1,0)$, $v_3=(-2,0,1)$이다. 여기서 v_1은 v_2와 v_3에 대해서 수직이다. 그러나 v_2와 v_3는 서로 수직이 아니다.

λ_2에 대한 정규직교 고유벡터를 구하기 위해 아래와 같이 Gram–schmidt 과정을 하면

$w_2=v_2=(2,1,0)$ $w_3=v_3-(\frac{v_3\cdot w_2}{w_2\cdot w_2})w_2=(-\frac{2}{5},\frac{4}{5},1)$이고 이 벡터를 정규화

시키면 $u_2=\frac{w_2}{\|w_2\|}=\left(\frac{2}{\sqrt{5}},\frac{1}{\sqrt{5}},0\right)$,

$u_3=\frac{w_3}{\|w_3\|}=(\frac{-2}{3\sqrt{5}},\frac{4}{3\sqrt{5}},\frac{5}{3\sqrt{5}})$

단계 4: P는 u_1,u_2,u_3를 열벡터로 하면 $P=\begin{bmatrix}\frac{1}{3} & \frac{2}{\sqrt{5}} & \frac{-2}{3\sqrt{5}} \\ \frac{-2}{3} & \frac{1}{\sqrt{5}} & \frac{4}{3\sqrt{5}} \\ \frac{2}{3} & 0 & \frac{5}{3\sqrt{5}}\end{bmatrix}$이다.

대각행렬을 구하면, $P^{-1}AP=P^TAP=\begin{bmatrix}-6 & 0 & 0 \\ 0 & 3 & 0 \\ 0 & 0 & 3\end{bmatrix}$

예제 7.20

$A=\begin{bmatrix} 0 & 0 & -2 \\ 0 & -2 & 0 \\ -2 & 0 & 0 \end{bmatrix}$ 을 대각화하라.

Solution

고유치는 $\lambda_1=-2, \lambda_2=4, \lambda_3=-1$이다. A의 고유벡터의 집합은 $\left\{\begin{bmatrix}0\\1\\0\end{bmatrix}, \begin{bmatrix}-1\\0\\2\end{bmatrix}, \begin{bmatrix}2\\0\\1\end{bmatrix}\right\}$이고 이것은 직교행렬임은 분명하다.

이것을 정규화하면 $\left\{\begin{bmatrix}0\\1\\0\end{bmatrix}, \begin{bmatrix}-\frac{1}{\sqrt{5}}\\0\\\frac{2}{\sqrt{5}}\end{bmatrix}, \begin{bmatrix}\frac{2}{\sqrt{5}}\\0\\\frac{1}{\sqrt{5}}\end{bmatrix}\right\}$은 정규직교계를 이룬다.

$P^{-1}AP$가 대각행렬이 되도록 하는 행렬 P는 $P=\begin{bmatrix} 0 & -\frac{1}{\sqrt{5}} & \frac{2}{\sqrt{5}} \\ 1 & 0 & 0 \\ 0 & \frac{2}{\sqrt{5}} & \frac{1}{\sqrt{5}} \end{bmatrix}$이 된다.

따라서 $P^{-1}AP=P^TAP=\begin{bmatrix} -2 & 0 & 0 \\ 0 & 4 & 0 \\ 0 & 0 & -1 \end{bmatrix}$이다.

연습 문제 7.4

[EX 01] 주어진 행렬이 대칭인지 아닌지 판별하라.

(1) $\begin{bmatrix} 1 & 3 \\ 3 & -1 \end{bmatrix}$ (2) $\begin{bmatrix} 4 & -2 & 1 \\ 3 & 1 & 2 \\ 1 & 2 & 1 \end{bmatrix}$ (3) $\begin{bmatrix} 0 & 1 & 2 & -1 \\ 1 & 0 & -3 & 2 \\ 2 & -3 & 0 & 1 \\ -1 & 2 & 1 & -2 \end{bmatrix}$

[EX 02] 다음 대칭행렬의 고유값을 구하라. 또 각 고유값에 대해서 대응하는 고유공간의 차원을 구하라.

(1) $\begin{bmatrix} 3 & 1 \\ 1 & 3 \end{bmatrix}$ (2) $\begin{bmatrix} 3 & 0 & 0 \\ 0 & 2 & 0 \\ 0 & 0 & 2 \end{bmatrix}$ (3) $\begin{bmatrix} 0 & 2 & 2 \\ 2 & 0 & 2 \\ 2 & 2 & 0 \end{bmatrix}$

[EX 03] 주어진 행렬이 직교행렬인지 아닌지 판별하라.

(1) $\begin{bmatrix} \frac{\sqrt{2}}{2} & \frac{\sqrt{2}}{2} \\ -\frac{\sqrt{2}}{2} & \frac{\sqrt{2}}{2} \end{bmatrix}$ (2) $\begin{bmatrix} -4 & 0 & 3 \\ 0 & 1 & 0 \\ 3 & 0 & 4 \end{bmatrix}$ (3) $\begin{bmatrix} \frac{\sqrt{2}}{2} & -\frac{\sqrt{6}}{6} & \frac{\sqrt{3}}{3} \\ 0 & \frac{\sqrt{6}}{3} & \frac{\sqrt{3}}{3} \\ \frac{\sqrt{2}}{2} & \frac{\sqrt{6}}{6} & -\frac{\sqrt{3}}{3} \end{bmatrix}$

[EX 04] P^TAP가 대각행렬이 되는 직교행렬 P를 구하라. 또 P^TAP를 구하라.

(1) $A = \begin{bmatrix} 1 & 1 \\ 1 & 1 \end{bmatrix}$ (2) $A = \begin{bmatrix} 2 & \sqrt{2} \\ \sqrt{2} & 1 \end{bmatrix}$ (3) $A = \begin{bmatrix} 0 & 10 & 10 \\ 10 & 5 & 0 \\ 10 & 0 & -5 \end{bmatrix}$

[EX 05] $A=\begin{bmatrix}1 & -3 & 2\\ 4 & -6 & 1\end{bmatrix}$에서 A^TA와 AA^T을 구하라.

[EX 06] 임의의 각 θ에 대해 행렬 $A=\begin{bmatrix}\cos\theta & -\sin\theta\\ \sin\theta & \cos\theta\end{bmatrix}$는 직교행렬임을 보여라.

[EX 07] 다음 대칭행렬 A를 대각화하라. 또 P^TAP가 대각행렬이 되도록 직교행렬 P를 구하라.

$$A=\begin{bmatrix}2 & 1 & 1\\ 1 & 2 & 1\\ 1 & 1 & 2\end{bmatrix}$$

예제 중심의 **선형대수학 제2판**

LINEAR ALGEBRA

CHAPTER 8

선형변환과 행렬

8.1 선형변환의 정의와 행렬

8.1.1 선형변환의 정의

이 장에서는 선형변환이라 불리우는, 벡터공간에서 벡터공간으로 가는 함수들의 성질을 연구한다. 특히 물리학, 공학, 사회학 및 수학의 여러 분야에서 중요하게 응용되는 특수한 집합에 관심 관심을 두기로 한다.

정의 8.1

V와 W가 벡터공간이고 V에 있는 각 벡터에 대해서 W에 있는 유일한 한 벡터와 결합시키는 함수를 T라 하면 T는 V를 W로 사상(mapping)한다 말하고

$$T : V \to W$$

로 나타낸다. 사상이란 함수와 동의어이다. 더욱이 T가 벡터 W를 벡터 V와 결합시키면 W = T(V)로 표시하고 W는 T에 의한 V의 상이라 한다.

예제 8.1

임의의 $v = (v_1, v_2) \in R^2$에 대하여 $T : R^2 \to R^3$, $T(v_1, v_2) = (2v_2 - v_1, \ v_1, v_2)$라 할 때

(1) $v = (0, 6)$의 상을 구하여라.

(2) $w = (3, 1, 2)$의 원상을 구하라.

Solution

(1) $T(0, 6) = (2 \cdot 6 - 0, \ 0, \ 6) = (12, \ 0, \ 6)$

(2) $T(v_1, v_2) = (2v_2 - v_1, \ v_1, \ v_2) = (3, 1, 2)$이므로 $2v_2 - v_1 = 3$ 이다.

$$v_1 = 1$$
$$v_2 = 2$$

따라서 $v_1 = 1, \ v_2 = 2$ 원상은 $(1, 2)$이다.

정의 8.2

V, W는 벡터공간이다. 함수 $T: V \to W$가 다음 두 성질을 만족시킬 때 T를 선형변환이라고 부른다.

임의의 $\mathrm{u}, \mathrm{v} \in V$, 임의의 스칼라 c에 대해

(1) $T(\mathrm{u}+\mathrm{v}) = T(\mathrm{u}) + T(\mathrm{v})$

(2) $T(c\mathrm{u}) = c\,T(\mathrm{u})$

예제 8.2

사상 $\mathrm{T}(v_1, v_2) = (-v_1, 2v_2)$는 R^2에서 R^2로의 선형변환임을 보여라.

Solution

$\mathrm{u} = (u_1, u_2)$, $\mathrm{v} = (v_1, v_2)$를 R^2의 원소, α를 임의실수라고 하였을 때

$\mathrm{u} = (u_1, u_2) \to (-u_1, 2u_2) = \mathrm{T}(\mathrm{u})$ ①

$\mathrm{v} = (v_1, v_2) \to (-v_1, 2v_2) = \mathrm{T}(\mathrm{v})$ ②

$\mathrm{u}+\mathrm{v} = (u_1+v_1, u_2+2v_2) \to (-(u_1+v_1), 2(u_2+v_2)) = \mathrm{T}(\mathrm{u}+\mathrm{v})$ ③

$\alpha\mathrm{u} = (\alpha u_1, \alpha u_2) \to (-\alpha u_1, 2\alpha u_2) = \mathrm{T}(\alpha\mathrm{u})$ ④

①, ②, ③에 의해 $\mathrm{T}(\mathrm{u}+\mathrm{v}) = \mathrm{T}(\mathrm{u}) + \mathrm{T}(\mathrm{v})$이고 ①, ④에 의해 $\mathrm{T}(\alpha\mathrm{u}) = \alpha\mathrm{T}(\mathrm{u})$

그러므로 T는 선형변환이다.

예제 8.3

사상 $\mathrm{T}(a, b) = (a^2, b+1)$이 선형변환인가를 보여라.

Solution

$\mathrm{u} = (u_1, u_2) \to ({u_1}^2, u_2+1) = \mathrm{T}(\mathrm{u})$ ①

$\mathrm{v} = (v_1, v_2) \to ({v_1}^2, v_2+1) = \mathrm{T}(\mathrm{v})$ ②

$\mathrm{u}+\mathrm{v} = (u_1+v_1, u_2+v_2) \to ((u_1+v_1)^2, u_2+v_2+1) = \mathrm{T}(\mathrm{u}+\mathrm{v})$ ③

$\alpha\mathrm{u} = (\alpha u_1, \alpha u_2) \to (\alpha^2 {u_1}^2, \alpha u_2+1) = \mathrm{T}(\alpha\mathrm{u})$ ④

①, ②, ③에 의해 $\mathrm{T}(\mathrm{u}+\mathrm{v}) \neq \mathrm{T}(\mathrm{u}) + \mathrm{T}(\mathrm{v})$이므로 선형변환이 아니다.

예제 8.4

A가 $m\times n$행렬이라 할 때 $T : R^n \to R^m$을 $T(\mathrm{x}) = A\mathrm{x}\ (\mathrm{x}\in R^n)$로 정의하면, T는 선형변환이다.

Solution

이를 증명하기 위해 x, y는 $n\times 1$행렬이고 k가 임의의 스칼라이면 행렬의 곱의 성질에 의해 $A(\mathrm{x}+\mathrm{y}) = A\mathrm{x}+A\mathrm{y}$, $A(k\mathrm{x}) = kA(\mathrm{x})$이므로 $T(\mathrm{x}+\mathrm{y}) = T(\mathrm{x})+T(\mathrm{y})$, $T(k\mathrm{x}) = kT(\mathrm{x})$
따라서 선형변환이다.

8.1.2 선형변환과 행렬

함수 f의 정의역 R^n이고 그 공변역이 R^m일 때 (m과 n은 같을 수도 있다) f를 R^n에서 R^m으로의 변환(transformation)이라 하고, 이 경우 f는 R^n으로 사상(map)한다고 하고 이것을 $f : \mathrm{R}^n \to \mathrm{R}^m$으로 표기한다.

변환이 나타나는 한 가지 중요한 방법을 설명하기 위해 $f_1, f_2, \cdots, f_m$을 n개의 실변수의 실수값 함수, 즉,

$$\begin{aligned} w_1 &= f_1(x_1,\ x_2,\ \cdots,\ x_n) \\ w_2 &= f_2(x_1,\ x_2,\ \cdots,\ x_n) \\ &\ \ \vdots \\ w_m &= f_m(x_1,\ x_2,\ \cdots,\ x_n) \end{aligned} \qquad (1)$$

이라 하자.

이들 m개 방정식을 R^n의 각 점 $(x_1,\ x_2,\ \cdots,\ x_n)$에 R^m의 유일한 점$(w_1,\ w_2,\ \cdots,\ w_m)$을 대응시킨다. 따라서 이것은 R^n에서 R^m으로의 변환을 정의한다. 이 변환을 T로 표시하면 $\mathrm{T} : \mathrm{R}^n \to \mathrm{R}^m$이고 $\mathrm{T}(x_1,\ x_2,\ \cdots,\ x_n) = (w_1,\ w_2,\ \cdots,\ w_m)$이다.

특히 식 (1)의 각 방정식이 선형인 경우 이들 방정식에 의해 정의되는 변환 $\mathrm{T} : \mathrm{R}^n \to \mathrm{R}^m$을 선형변환(linear transformation)이라 한다.

$\mathrm{T} : \mathrm{R}^n \to \mathrm{R}^m$은 형식이

$$\begin{aligned} w_1 &= a_{11}x_1 + a_{12}x_2 + \cdots + a_{1n}x_n \\ w_2 &= a_{21}x_1 + a_{22}x_2 + \cdots + a_{2n}x_n \\ &\ \ \vdots \\ w_m &= a_{m1}x_1 + a_{m2}x_2 + \cdots + a_{mn}x_n \end{aligned} \qquad (2)$$

인 방정식으로 정의되고,

행렬기호 $\begin{bmatrix} w_1 \\ w_2 \\ \vdots \\ w_m \end{bmatrix} = \begin{bmatrix} a_{11} & a_{12} & \cdots & a_{1n} \\ a_{21} & a_{22} & \cdots & a_{2n} \\ & \vdots & & \\ a_{m1} & a_{m2} & \cdots & a_{mn} \end{bmatrix} \begin{bmatrix} x_1 \\ x_2 \\ \vdots \\ x_n \end{bmatrix}$ (3)으로서 정의되며,

더 간단하게는 $T(\mathrm{x}) = A\mathrm{x}$ (4)로 정의된다.

행렬 $A = [a_{ij}]$를 선형변환 T의 표준행렬(standard matrix)이라 한다.

예제 8.5

다음 방정식으로 주어지는 선형변환 $T : R^3 \to R^3$의 표준행렬을 구하라.

$$\begin{aligned} w_1 &= 3x_1 + 5x_2 - x_3 \\ w_2 &= 4x_1 - \ x_2 + x_3 \\ w_3 &= 3x_1 + 2x_2 - x_3 \end{aligned}$$

그리고 $T(-1, 2, 4)$를 직접 이 방정식에 대입하여, 행렬곱에 의해서도 계산하라.

Solution

표준행렬은 A이다. $T(\mathrm{x}) = A\mathrm{x} = \begin{bmatrix} 3 & 5 & -1 \\ 4 & -1 & 1 \\ 3 & 2 & -1 \end{bmatrix} \begin{bmatrix} x_1 \\ x_2 \\ x_3 \end{bmatrix}$ $T(-1, 2, 4) = \begin{bmatrix} 3 & 5 & -1 \\ 4 & -1 & 1 \\ 3 & 2 & -1 \end{bmatrix} \begin{bmatrix} -1 \\ 2 \\ 4 \end{bmatrix} = \begin{bmatrix} 3 \\ -2 \\ -3 \end{bmatrix}$

예제 8.6

다음 선형변환 T의 표준행렬을 구하라.

(1) $T(x_1, x_2, x_3, x_4) = (7x_1 + 2x_2 - x_3 + x_4, x_2 + x_3, -x_1)$

(2) $T(x_1, x_2, x_3, x_4) = (x_4, x_1, x_3, x_2, x_1 - x_3)$

Solution

(1) $\begin{bmatrix} 7 & 2 & -1 & 1 \\ 0 & 1 & 1 & 0 \\ -1 & 0 & 0 & 0 \end{bmatrix}$ (2) $\begin{bmatrix} 0 & 0 & 0 & 1 \\ 1 & 0 & 0 & 0 \\ 0 & 0 & 1 & 0 \\ 0 & 1 & 0 & 0 \\ 1 & 0 & -1 & 0 \end{bmatrix}$

예제 8.7

다음에서 주어진 선형변환 T의 표준행렬 A를 사용하여 $T(\mathrm{x})$를 구하라.

(1) $A = \begin{bmatrix} -1 & 2 & 0 \\ 3 & 1 & 5 \end{bmatrix}$; $\mathrm{x} = \begin{bmatrix} -1 \\ 1 \\ 3 \end{bmatrix}$　　(2) $A = \begin{bmatrix} -2 & 1 & 4 \\ 3 & 5 & 7 \\ 6 & 0 & -1 \end{bmatrix}$; $\mathrm{x} = \begin{bmatrix} \mathrm{x}_1 \\ \mathrm{x}_2 \\ \mathrm{x}_3 \end{bmatrix}$

Solution

(1) $T(\mathrm{x}) = \begin{bmatrix} -1 & 2 & 0 \\ 3 & 1 & 5 \end{bmatrix} \begin{bmatrix} -1 \\ 1 \\ 3 \end{bmatrix} = \begin{bmatrix} 3 \\ 13 \end{bmatrix}$

(2) $T(\mathrm{x}) = \begin{bmatrix} -2 & 1 & 4 \\ 3 & 5 & 7 \\ 6 & 0 & -1 \end{bmatrix} \begin{bmatrix} x_1 \\ x_2 \\ x_3 \end{bmatrix} = \begin{bmatrix} -2x_1 + x_2 + 4x_3 \\ 3x_1 + 5x_2 + 7x_3 \\ 6x_1 - x_3 \end{bmatrix}$

예제 8.8

다음 각각의 T의 표준행렬을 사용하여 $T(\mathrm{x})$를 구하고 그 결과를 직접 $T(\mathrm{x})$를 계산하여 검산하라.

(1) $T(x_1, x_2) = (-x_1 + x_2, x_2)$; $\mathrm{x} = (-1, 4)$

(2) $T(x_1, x_2, x_3) = (2x_1 - x_2 + x_3, x_2 + x_3, 0)$; $\mathrm{x} = (2, 1, -3)$

Solution

(1) $T(-1, 4) = \begin{bmatrix} -1 & 1 \\ 0 & 1 \end{bmatrix} \begin{bmatrix} -1 \\ 4 \end{bmatrix} = \begin{bmatrix} 5 \\ 4 \end{bmatrix}$

(2) $T(2, 1, -3) = \begin{bmatrix} 2 & -1 & 1 \\ 0 & 1 & 1 \\ 0 & 0 & 0 \end{bmatrix} \begin{bmatrix} 2 \\ 1 \\ -3 \end{bmatrix} = \begin{bmatrix} 0 \\ -2 \\ 0 \end{bmatrix}$

연습 문제 8.1

[EX 01] 주어진 함수 T를 써서 (a) v의 상 (b) w의 원상을 각각 구하라.

(1) $T(v_1, v_2) = (v_1 + v_2, v_1 - v_2)$, $\mathrm{v} = (3, -4)$, $\mathrm{w} = (3, 19)$

(2) $T(v_1, v_2, v_3) = (v_2 - v_1, v_1 + v_2, 2v_1)$, $\mathrm{v} = (2, 3, 0)$, $\mathrm{w} = (-11, -1, 10)$

(3) $T(v_1, v_2, v_3) = (4v_2 - v_1, 4v_1 + 5v_2)$, $\mathrm{v} = (2, -3, -1)$, $\mathrm{w} = (3, 9)$

[EX 02] $T: R^2 \to R^2$은 선형변환인지를 결정하라.

(1) $T(x, y) = (2x, y)$

(2) $T(x, y) = (2x + y, x - y)$

(3) $T(x, y) = (x^2, y)$

(4) $T(x_1, x_2) = (x_1 + 2x_2, 3x_1 - x_2)$

[EX 03] $T: R^3 \to R^2$은 선형변환인지를 결정하라.

(1) $T(x, y, z) = (x, x + y + z)$

(2) $T(x, y, z) = (1, 1)$

(3) $T(x_1, x_2, x_3) = (2x_1 - x_2 + x_3, x_2 - 4x_3)$

[EX 04] $T: R^3 \to R^3$는 선형변환이고 $T(1, 0, 0) = (2, 4, -1)$, $T(0, 1, 0) = (1, 3, -2)$, $T(0, 0, 1) = (0, -2, 2)$이다. 다음 값을 구하라.

(1) $T(0, 3, -1)$

(2) $T(2, -4, 1)$

[EX 05] $T: R^n \to R^m$, $T(\mathrm{v}) = A\mathrm{v}$는 선형변환이다. R^n과 R^m의 차수를 구하라.

(1) $A = \begin{bmatrix} 0 & 1 & -2 & 1 \\ -1 & 4 & 5 & 0 \\ 0 & 1 & 3 & 1 \end{bmatrix}$

(2) $A = \begin{bmatrix} -2 & 2 & 1 & 3 & 4 \\ 0 & 0 & 2 & -1 & 0 \end{bmatrix}$

(3) $A = \begin{bmatrix} 0 & -1 \\ -1 & 0 \end{bmatrix}$

[EX 06] 선형변환 T에 대한 표준행렬을 구하라.

(1) $T(x, y) = (x + 2y, x - 2y)$

(2) $T(x, y) = (2x - 3y, x - y, y - 4x)$

(3) $T(x, y, z) = (x + y, x - y, z - x)$

(4) $T(x, y, z) = (3z - 2y, 4x + 11z)$

[EX 07] 선형변환 T에 대한 표준행렬을 사용하여 벡터 v의 상을 구하라.

(1) $T(x, y, z) = (13x - 9y + 4z, 6x + 5y - 3z)$, $\mathrm{v} = (1, -2, 1)$

(2) $T(x_1, x_2, x_3, x_4) = (x_1 + x_2, x_3 + x_4)$, $\mathrm{v} = (1, -1, 1, -1)$

[EX 08] (a) 선형변환 T에 대한 표준행렬 A를 구하라.
(b) A를 이용하여 벡터 v의 상을 구하라.

(1) $T(x, y, z) = (2x + 3y - z, 3x - 2z, 2x - y + z)$, $\mathrm{v} = (1, 2, -1)$

(2) $T(x_1, x_2, x_3, x_4) = (x_1 - x_2, x_3, x_1 + 2x_2 - x_4, x_4)$, $\mathrm{v} = (1, 0, 1, -1)$

8.2 선형변환의 핵과 치역

이 절에서는 선형변환의 기본적 성질을 전개하고, 특히 선형변환에 의하여 기저벡터들의 상들이 일단 구해지면 공간 내의 나머지 벡터들의 상들도 구할 수 있음을 보인다.

정리 8.1

$T : V \to W$가 선형변환이면(0은 영벡터)

(i) $T(0) = 0$

(ii) $T(-x) = -T(x),\ x \in V$

증명

(i) $T(0) = T(0+0) = T(0) + T(0)$이므로 $T(0) = 0$

(ii) $0 = T(0) = T(x + (-x)) = T(x) + T(-x)$이므로 $T(-x) = -T(x)$

정의 8.3

$T : V \to W$가 선형변환일 때 T가 0(0은 영벡터)으로 사상되는 V 내의 모든 벡터들의 집합을 T의 핵이라 하고 $Ker(T)$로 표시한다. 즉,

$$Ker(T) = \{x \in V \mid T(x) = 0\}$$이다.

예제 8.9

$T : R^3 \to R^3$를 $T(x, y, z) = (x + 2y - z,\ y + z,\ x + y - 2z)$의 핵을 구하여라.

Solution

$T(x) = 0$(0은 영벡터)이라면 $\begin{aligned} x + 2y - z &= 0 \\ y + z &= 0 \\ x + y - 2z &= 0 \end{aligned}$ 또는 $\begin{aligned} x + 2y - z &= 0 \\ y + z &= 0 \end{aligned}$이므로

$Ker(T)$는 $(3t, -t, t)$의 형태를 갖는 모든 벡터들의 집합이다. 여기서 t는 임의의 실수이다.

예제 8.10

$T : R^2 \rightarrow R^2$를 $T\left(\begin{bmatrix} x \\ y \end{bmatrix}\right) = \begin{bmatrix} x+y \\ x-y \end{bmatrix}$의 핵을 구하여라.

Solution

$\mathrm{Ker}(T)$는 $T(\mathrm{x}) = 0$(0은 영벡터)을 만족하는 모든 R^2의 벡터 x로 이루어진다. 그런데 선형연립방정식 $x+y=0$, $x-y=0$의 유일한 해는 $(0, 0)$이므로 $\mathrm{Ker}(T) = \{(0, 0)\}$이다.

예제 8.11

선형변환 $T : R^3 \rightarrow R^2$를 $\left(\begin{bmatrix} x_1 \\ x_2 \\ x_3 \end{bmatrix}\right) = \begin{bmatrix} x_1 - x_2 - 2x_3 \\ -x_1 + 2x_2 + 3x_3 \end{bmatrix}$의 핵을 구하라.

Solution

$T(\mathrm{x}) = 0$(0은 영벡터)이라면 $\quad x_1 - x_2 + 2x_3 = 0$

$$-x_1 + 2x_2 + 3x_3 = 0$$

또는 이 방정식을 기약행 사다리꼴 행렬로 고쳐서 $\begin{bmatrix} 1 & 0 & -1 & 0 \\ 0 & 1 & 1 & 0 \end{bmatrix} \Rightarrow \begin{matrix} x_1 = x_3 \\ x_2 = -x_3 \end{matrix}$

매개변수 $x_3 = t$를 써서 해집합을 구하면 $\begin{bmatrix} x_1 \\ x_2 \\ x_3 \end{bmatrix} = \begin{bmatrix} t \\ -t \\ t \end{bmatrix} = t\begin{bmatrix} 1 \\ -1 \\ 1 \end{bmatrix}$이다.

따라서 T의 핵은 $\ker(T) = \{t(1, -1, 1) \mid t\text{는 실수}\} = \mathrm{span}\{(1, -1, 1)\}$이다.

다음 예는 행렬에 의해 정의되는 선형변환의 핵의 기저를 구하는 방법이다.

예제 8.12

$T: R^5 \rightarrow R^4$, $T(\mathrm{x}) = A\mathrm{x}$ 단, $\mathrm{x} \in R^5$이고 $A = \begin{bmatrix} 1 & 2 & 0 & 1 & -1 \\ 2 & 1 & 3 & 1 & 0 \\ -1 & 0 & -2 & 0 & 1 \\ 0 & 0 & 0 & 2 & 8 \end{bmatrix}$이다.

R^5의 부분공간으로서 $\ker(T)$의 기저를 구하라.

Solution

행렬 $[A:0]$를 기본행연산으로 다음과 같은 사다리꼴로 바꿀 수 있다.

$$\begin{bmatrix} 1 & 0 & 2 & 0 & -1 & 0 \\ 0 & 1 & -1 & 0 & -2 & 0 \\ 0 & 0 & 0 & 1 & 4 & 0 \\ 0 & 0 & 0 & 0 & 0 & 0 \end{bmatrix} \Rightarrow \begin{aligned} x_1 &= -2x_3 + x_5 \\ x_2 &= \ \ x_3 + 2x_5 \\ x_4 &= \qquad -4x_5 \end{aligned}$$

$x_3 = s,\ x_5 = t$를 두면 $\mathrm{x} = \begin{bmatrix} x_1 \\ x_2 \\ x_3 \\ x_4 \\ x_5 \end{bmatrix} = \begin{bmatrix} -2s+t \\ s+2t \\ s+0t \\ 0s-4t \\ 0s+t \end{bmatrix} = s\begin{bmatrix} -2 \\ 1 \\ 1 \\ 0 \\ 0 \end{bmatrix} + t\begin{bmatrix} 1 \\ 2 \\ 0 \\ -4 \\ 1 \end{bmatrix}$이다.

따라서 T의 핵의 기저는 $B = \{(-2,1,1,0,0),\ (1,2,0,-4,1)\}$이다.

[예제 8.12]를 푸는 과정에서 결국 T의 핵의 기저를 구하는 것은 식 $A\mathrm{x} = 0$을 푸는 것이라는 사실을 알 수 있다. 이 과정은 $A\mathrm{x} = 0$의 해공간을 구하는 과정과 동일하다. T의 핵은 행렬 A의 영공간과 같다(0은 영벡터).

정의 8.4

T에 의한 V 내의 적어도 한 벡터의 상들이 되는 W 내의 모든 벡터들의 집합을 T의 치역이라 하고 R(T)로 표시한다. 즉,

$$\mathrm{R(T)} = \{\mathrm{T(x)} \in \mathrm{W} \mid \mathrm{x} \in \mathrm{V}\}$$이다.

예제 8.13

$\mathrm{T} : \mathrm{R}^2 \to \mathrm{R}^2$를 $\mathrm{T}\left(\begin{bmatrix} a \\ b \end{bmatrix}\right) = \begin{bmatrix} a \\ 0 \end{bmatrix}$의 치역을 구하여라.

Solution

$\mathrm{R(T)} = \left\{\begin{bmatrix} a \\ 0 \end{bmatrix} \mid a \in \mathrm{R}\right\}$이다. $\begin{bmatrix} 1 \\ 2 \end{bmatrix} \not\in \mathrm{R(T)}$, $\begin{bmatrix} 0 \\ 1 \end{bmatrix} \not\in \mathrm{R(T)}$이다.

예제 8.14

$T : R^2 \to R^2$를 $T\left(\begin{bmatrix} a \\ b \end{bmatrix}\right) = \begin{bmatrix} 2a \\ 3b \end{bmatrix}$의 치역을 구하여라.

Solution

$R(T) = \left\{ \begin{bmatrix} 2a \\ 3b \end{bmatrix} \mid a, b \in R \right\}$ 임의의 $\begin{bmatrix} c \\ d \end{bmatrix} \in R^2$에서 $\begin{bmatrix} 2(\frac{c}{2}) \\ 3(\frac{d}{3}) \end{bmatrix}$로 다시 쓸 수 있으므로

$\begin{bmatrix} c \\ d \end{bmatrix} \in R(T)$이다. 따라서 $R(T) = R^2$이다.

$T(\mathrm{x}) = A\mathrm{x}$로 정의되는 선형변환의 치역의 기저를 구해보자. 치역은 식 $A\mathrm{x} = \mathrm{b}$가 성립하는 모든 벡터 b이다.

이것을 적어보면 식 $\begin{bmatrix} a_{11} & a_{12} & \dots & a_{1n} \\ a_{21} & a_{22} & \dots & a_{2n} \\ \vdots & \vdots & & \vdots \\ a_{m1} & a_{m2} & \dots & a_{mn} \end{bmatrix} \begin{bmatrix} x_1 \\ x_2 \\ \vdots \\ x_n \end{bmatrix} = \begin{bmatrix} b_1 \\ b_2 \\ \vdots \\ b_m \end{bmatrix}$은

$$A\mathrm{x} = x_1 \begin{bmatrix} a_{11} \\ a_{21} \\ \vdots \\ a_{m1} \end{bmatrix} + x_2 \begin{bmatrix} a_{12} \\ a_{22} \\ \vdots \\ a_{m2} \end{bmatrix} + \cdots + x_n \begin{bmatrix} a_{1n} \\ a_{2n} \\ \vdots \\ a_{mn} \end{bmatrix} = \begin{bmatrix} b_1 \\ b_2 \\ \vdots \\ b_m \end{bmatrix} = b$$
로 적을 수 있으므로

b가 T의 치역에 들어갈 필요충분조건은 b가 행렬 A의 열벡터들의 일차결합으로 표시되는 것이다. 따라서 행렬 A의 열공간이 바로 T의 치역과 일치한다.

예제 8.15

$T : R^3 \to R^3$를 $T(x_1, x_2, x_3) = (x_1 + 2x_2 - x_3,\ x_2 + x_3,\ x_1 + x_2 - 2x_3)$로 정의하자. T의 치역의 기저를 구하여라.

Solution

$T(\mathrm{x}) = A\mathrm{x}$에서 $A = \begin{bmatrix} 1 & 2 & -1 \\ 0 & 1 & 1 \\ 1 & 1 & -2 \end{bmatrix}$이다. 행렬 A^T를 행사다리꼴 행렬로 만들면

$$A^T = \begin{bmatrix} 1 & 0 & 1 \\ 2 & 1 & 1 \\ -1 & 1 & -2 \end{bmatrix} \to \begin{bmatrix} 1 & 0 & 1 \\ 0 & -1 & 1 \\ 0 & 1 & -1 \end{bmatrix} \to \begin{bmatrix} 1 & 0 & 1 \\ 0 & 1 & -1 \\ 0 & 1 & -1 \end{bmatrix} \to \begin{bmatrix} 1 & 0 & 1 \\ 0 & 1 & -1 \\ 0 & 0 & 0 \end{bmatrix}$$
이므로

$\{(1, 0, 1), (0, 1, -1)\}$은 치역(range)의 기저이다.

예제 8.16

$T: R^4 \to R^4,\ T(\mathrm{x}) = A\mathrm{x}$, 단 $\mathrm{x} \in R^4$이고 $A = \begin{bmatrix} 1 & 2 & -1 & 4 \\ 3 & 1 & 2 & -1 \\ -4 & -3 & -1 & -3 \\ -1 & -2 & 1 & 1 \end{bmatrix}$이다. T의 핵의 기저와 치역의 기저를 구하라.

Solution

$T(\mathrm{x}) = \begin{bmatrix} 1 & 2 & -1 & 4 \\ 3 & 1 & 2 & -1 \\ -4 & -3 & -1 & -3 \\ -1 & -2 & 1 & 1 \end{bmatrix} \begin{bmatrix} x_1 \\ x_2 \\ x_3 \\ x_4 \end{bmatrix} = \begin{bmatrix} 0 \\ 0 \\ 0 \\ 0 \end{bmatrix}$ 행렬 $[A:0]$을 기본행연산으로 다음과 같은 사다리꼴로 바꿀 수 있다.

$\begin{bmatrix} 1 & 2 & -1 & 4 & 0 \\ 0 & 1 & -1 & \frac{13}{5} & 0 \\ 0 & 0 & 0 & 1 & 0 \\ 0 & 0 & 0 & 0 & 0 \end{bmatrix} \Rightarrow \begin{aligned} x_1 + 2x_2 - x_3 + 4x_3 &= 0 \\ x_2 - x_3 + \frac{13}{5}x_4 &= 0 \\ x_4 &= 0 \end{aligned}$ $x_2 = x_3 = t$로 두면 $x = \begin{bmatrix} x_1 \\ x_2 \\ x_3 \\ x_4 \end{bmatrix} = \begin{bmatrix} -t \\ t \\ t \\ 0 \end{bmatrix} = t\begin{bmatrix} -1 \\ 1 \\ 1 \\ 0 \end{bmatrix}$는 $(-t, t, t, 0)$ 형태의 해를 갖는다.

따라서 $\ker(T) = \{(-1,1,1,0)\}$이다. $A^T = \begin{bmatrix} 1 & 3 & -4 & -1 \\ 2 & 1 & -3 & -2 \\ -1 & 2 & -1 & 1 \\ 4 & -1 & -3 & 1 \end{bmatrix} \Rightarrow \begin{bmatrix} 1 & 0 & -1 & 0 \\ 0 & 1 & -1 & 0 \\ 0 & 0 & 0 & 1 \\ 0 & 0 & 0 & 0 \end{bmatrix}$이다.

$\mathrm{R}(T)$의 기저는 $\{(1,0,-1,0), (0,1,-1,0), (0,0,0,1)\}$ 또는 행렬 A의 1, 2, 4열이 사용될 수 있다.

선형변환의 핵의 차수와 치역의 차수는 다음과 같이 정의된다.

정의 8.5

$T: V \to W$는 선형변환이다.
T의 핵의 차수는 T의 영공간의 차원(nullity)이라 하고 $\mathrm{nullity}(T)$로 나타낸다.
T의 치역의 차수를 T의 계수(rank)라고 하고 $\mathrm{rank}(T)$(또는 $\dim[R(T)]$)는 표시한다.

[예제 8.15]에서 T의 영공간의 차원과 계수는 T의 정의역의 차수와 연관이 있다. 즉,

$$\mathrm{rank}(T) + \mathrm{nullity}(T) = 3 + 1 = 4 = \text{정의역의 차수}$$

이 관계는 유한벡터 공간에서의 모든 선형변환에 대해서도 성립한다.

정리 8.2

T : V→W가 선형변환이면

$$\dim[\mathrm{Ker}(T)] + \dim[R(T)] = \dim V \text{이다.}$$

T가 유한차원 벡터공간 V에서 벡터공간 W로의 선형변환일 때 dim[R(T)]와 dim[Ker(T)]는 때로 각각 T의 계수(rank) (rank(T)) 및 무효수(nullity) (nullity(T))라 말하기도 한다.

즉, T : V→W가 선형변환이면 T의 치역을 차원을 T의 계수라 하고, 핵의 차원을 T의 무효수라 한다.

예제 8.17

$T: R^3 \to R^3$는 행렬 $A = \begin{bmatrix} 1 & 0 & -2 \\ 0 & 1 & 1 \\ 0 & 0 & 0 \end{bmatrix}$로 정의되는 선형변환이다. 선형변환의 계수와 영공간의 차원을 구하라.

Solution

A는 행사다리꼴이고 0이 아닌 행이 2개이므로 계수는 2이다. 따라서 T의 계수는 2이고 영공간의 차원은 dim(정의역) − 계수 = 3 − 2 = 1이다.

예제 8.18

$T: R^5 \to R^3$은 선형변환이다.

(1) 치역의 차수가 2이면 T의 핵의 차수는 얼마인가?

(2) T의 영공간의 차원이 4이면 T의 계수는 얼마인가?

(3) $\ker(T) = \{0\}$이면 T의 계수는 얼마인가?

Solution

(1) [정리 8.2]에서 $n = 5$이므로 dim(핵) = n − dim(치역) = 5 − 2 = 3

(2) [정리 8.2]에서 $\mathrm{rank}(T) = n - \mathrm{nullity}(T) = 5 - 4 = 1$

(3) 이 경우는 T의 영공간의 차원이므로 $\mathrm{rank}(T) = n - \mathrm{nullity}(T) = 5 - 0 = 5$

연습 문제 8.2

[EX 01] 선형변환의 핵을 구하라.

(1) $T: R^3 \to R^3,\ T(x,y,z) = (0,0,0)$

(2) $T: P_3 \to R,\ T(a_0 + a_1x + a_2x^2 + a_3x^3) = a_0$

(3) $T: R^2 \to R^2,\ T(x,\ y) = (x+2y,\ y-x)$

[EX 02] 선형변환 T는 $T(\mathrm{v}) = A\mathrm{v}$이다. ($a$) T의 핵의 기저를 구하라. (b) T의 치역의 기저를 구하라.

(1) $A = \begin{bmatrix} 1 & 2 \\ 3 & 4 \end{bmatrix}$　　(2) $A = \begin{bmatrix} 1 & -1 & 2 \\ 0 & 1 & 2 \end{bmatrix}$

[EX 03] $\mathrm{T} : \mathrm{R}^2 \to \mathrm{R}^2$가 $\begin{bmatrix} 2 & -1 \\ -8 & 4 \end{bmatrix}$에 의한 곱이라 할 때 $\mathrm{R(T)}$에 속하는 것은 어느 것인가?

(1) $\begin{bmatrix} 1 \\ -4 \end{bmatrix}$　　(2) $\begin{bmatrix} 5 \\ 0 \end{bmatrix}$　　(3) $\begin{bmatrix} -3 \\ 12 \end{bmatrix}$

[EX 04] $\mathrm{T} : \mathrm{R}^2 \to \mathrm{R}^2$가 [연습 문제 3]과 같은 선형변환일 때 $\mathrm{Ker(T)}$에 속하는 것은 어느 것인가?

(1) $\begin{bmatrix} 5 \\ 10 \end{bmatrix}$　　(2) $\begin{bmatrix} 3 \\ 2 \end{bmatrix}$　　(3) $\begin{bmatrix} 1 \\ 1 \end{bmatrix}$

[EX 05] $\mathrm{T} : \mathrm{R}^3 \to \mathrm{R}^3$을 $\mathrm{T}\left(\begin{bmatrix} x \\ y \\ z \end{bmatrix}\right) = \begin{bmatrix} x - y \\ x + 2y \\ z \end{bmatrix}$와 같이 정의할 때

(1) $\mathrm{Ker(T)}$의 기저를 구하라.

(2) $\mathrm{R(T)}$의 기저를 구하라.

[EX 06] T : $R^4 \to R^3$를 $T\left(\begin{bmatrix} x_1 \\ x_2 \\ x_3 \\ x_4 \end{bmatrix}\right) = \begin{bmatrix} x_1 - x_2 + x_3 + x_4 \\ x_1 + 2x_3 - x_4 \\ x_1 + x_2 + 3x_3 - 3x_4 \end{bmatrix}$와 같이 정의할 때

(1) Ker(T)의 기저를 구하여라.

(2) R(T)의 기저를 구하여라.

[EX 07] (a) ker(T) (b) nullity(T) (c) R(T) (d) rank(T)를 각각 구하라.

(1) $A = \begin{bmatrix} -1 & 1 \\ 1 & 1 \end{bmatrix}$

(2) $A = \begin{bmatrix} 5 & -3 \\ 1 & 1 \\ 1 & -1 \end{bmatrix}$

(3) $A = \begin{bmatrix} 0 & -2 & 3 \\ 4 & 0 & 11 \end{bmatrix}$

(4) $A = \begin{bmatrix} \frac{9}{10} & \frac{3}{10} \\ \frac{3}{10} & \frac{1}{10} \end{bmatrix}$

(5) $A = \begin{bmatrix} \frac{4}{9} & -\frac{4}{9} & \frac{2}{9} \\ -\frac{4}{9} & \frac{4}{9} & -\frac{2}{9} \\ \frac{2}{9} & -\frac{2}{9} & \frac{1}{9} \end{bmatrix}$

[EX 08] 선형변환 T의 영공간의 차원을 구하라.

(1) $T: R^4 \to R^2$, $\text{rank}(T) = 2$

(2) $T: R^4 \to R^4$, $\text{rank}(T) = 0$

[EX 09] T : $R^4 \to R^6$이 선형변환일 때

(1) dim(Ker(T)) = 2이면 dim(R(T))는 무엇인가?

(2) dim(R(T)) = 3이면 dim(Ker(T))는 무엇인가?

8.3 선형변환의 합성과 역변환

8.3.1 선형변환의 합성

$T_1 : R^n \to R^k$와 $T_2 : R^k \to R^m$이 선형변환이면 R^n의 각 x에 대해서 R^k인 벡터 $T_1(\mathrm{x})$를 계산한 다음에 R^m의 벡터인 $T_2(T_1(\mathrm{x}))$를 계산할 수 있다. 따라서 T_1 다음에 T_2를 합성하면 R^n에서 R^m으로의 변환이다. 이 변환을 T_2와 T_1의 합성(composition)이라 하고 $T_2 \circ T_1$로 표기한다. 따라서 $(T_2 \circ T_1)(\mathrm{x}) = T_2(T_1(\mathrm{x}))$이다.

합성 $T_2 \circ T_1$는 $T_2 \circ T_1(\mathrm{x}) = T_2(T_1(\mathrm{x})) = A_2(A_1\mathrm{x}) = (A_2A_1)\mathrm{x}$이므로 선형이다.

$T_2 \circ T_1$의 표준행렬은 A_2A_1이다. 따라서

$$T_2 \circ T_1 = T_{A_2A_1}$$

예제 8.19

T_1, T_2는 다음과 같이 R^3에서 R^3로의 선형변환이다.

$$T_1(x, y, z) = (2x + y, y, x + z),\ T_2(x, y, z) = (x - y, z, y)$$

$T = T_2 \circ T_1$과 $T' = T_1 \circ T_2$의 표준행렬을 각각 구하라.

Solution

T_1, T_2의 표준행렬은 각각 $A_1 = \begin{bmatrix} 2 & 1 & 0 \\ 0 & 1 & 0 \\ 1 & 0 & 1 \end{bmatrix}$, $A_2 = \begin{bmatrix} 1 & -1 & 0 \\ 0 & 0 & 1 \\ 0 & 1 & 0 \end{bmatrix}$이다.

T의 표준행렬은 $A = A_2A_1 = \begin{bmatrix} 1 & -1 & 0 \\ 0 & 0 & 1 \\ 0 & 1 & 0 \end{bmatrix}\begin{bmatrix} 2 & 1 & 0 \\ 0 & 1 & 0 \\ 1 & 0 & 1 \end{bmatrix} = \begin{bmatrix} 2 & 0 & 0 \\ 1 & 0 & 1 \\ 0 & 1 & 0 \end{bmatrix}$이고

T'의 표준행렬은 $A' = A_1A_2 = \begin{bmatrix} 2 & 1 & 0 \\ 0 & 1 & 0 \\ 1 & 0 & 1 \end{bmatrix}\begin{bmatrix} 1 & -1 & 0 \\ 0 & 0 & 1 \\ 0 & 1 & 0 \end{bmatrix} = \begin{bmatrix} 2 & -2 & 1 \\ 0 & 0 & 1 \\ 1 & 0 & 0 \end{bmatrix}$이다.

예제 8.20

$T_1 : R^2 \to R^2$을 y축에 관한 반사연산자, $T_2 : R^2 \to R^2$을 x축에 관한 반사연산자라 하자. 이 경우 $T_1 \circ T_2$와 $T_2 \circ T_1$의 표준행렬을 각각 구하라.

Solution

$(T_1 \circ T_2)(x, y) = T_1(x, -y) = (-x, -y)$

$(T_2 \circ T_1)(x, y) = T_2(-x, y) = (-x, -y)$

$T_1 \circ T_2$와 $T_2 \circ T_1$의 동일성은 또한 T_1과 T_2의 표준행렬이 가환임이 증명된다. 즉

$$[T_1 \circ T_2] = A_1 A_2 = \begin{bmatrix} -1 & 0 \\ 0 & 1 \end{bmatrix} \begin{bmatrix} 1 & 0 \\ 0 & -1 \end{bmatrix} = \begin{bmatrix} -1 & 0 \\ 0 & -1 \end{bmatrix}$$

$$[T_2 \circ T_1] = A_2 A_1 = \begin{bmatrix} 1 & 0 \\ 0 & -1 \end{bmatrix} \begin{bmatrix} -1 & 0 \\ 0 & 1 \end{bmatrix} = \begin{bmatrix} -1 & 0 \\ 0 & -1 \end{bmatrix}$$

8.3.2 역 선형변환

정의 8.6

$T_1 : R^n \to R^n$, $T_2 : R^n \to R^n$은 선형변환으로서 모든 $\mathrm{v} \in R^n$에 대해 $T_2(T_1(\mathrm{v})) = \mathrm{v}$, $T_1(T_2(\mathrm{v})) = \mathrm{v}$ 일 때 T_2는 T_1의 역(inverse)이라고 부른다. 또 T_1는 정칙이라 한다.

모든 선형변환이 역을 항상 가지는 것은 아니다. 만일 선형변환 T가 정칙이면 그 역은 단 하나밖에 없고 이것을 T^{-1}로 표시한다. 실수상에서의 역함수와 같이 선형변환 T의 역함수도 함수 T의 값으로 정할 수 있다.

예를 들어서 T가 R^3에서 R^3로의 선형변환이고 $T(1, 4, -5) = (1, 2, 3)$이라고 하자.
T^{-1}가 존재하면 T^{-1}는 $(1, 2, 3)$을 T에 대한 원상으로 다시 대응시킨다. 즉,

$T^{-1}(1, 2, 3) = (1, 4, -5)$이다.

다음 정리는 선형변환이 정칙일 필요충분조건은 그것이 동형사상(전단사)이라는 사실을 보여준다.

정리 8.3

$T: R^n \to R^n$은 표준행렬이 A인 선형변환이다. 다음은 모두 동치이다.

(1) T는 정칙이다.

(2) T는 동형사상이다.

(3) A는 정칙행렬이다.

또 만일 T가 정칙이고 표준행렬이 A라면 T^{-1}의 표준행렬은 A^{-1}이다.

예제 8.21

방정식 $\begin{aligned} w_1 &= 2x_1 + x_2 \\ w_2 &= 3x_1 + 4x_2 \end{aligned}$ 에 의해 정의되는 선형연산자 $T: R^2 \to R^2$은 1대 1임을 밝히고 $T^{-1}(w_1, w_2)$를 구하라.

Solution

방정식의 행렬형은 $\begin{bmatrix} w_1 \\ w_2 \end{bmatrix} = \begin{bmatrix} 2 & 1 \\ 3 & 4 \end{bmatrix} \begin{bmatrix} x_1 \\ x_2 \end{bmatrix}$이므로 T의 표준행렬은 $A = \begin{bmatrix} 2 & 1 \\ 3 & 4 \end{bmatrix}$이다.

이 행렬은 정칙이고 T^{-1}의 표준행렬은 $A^{-1} = \begin{bmatrix} \frac{4}{5} & -\frac{1}{5} \\ -\frac{3}{5} & \frac{2}{5} \end{bmatrix}$이다.

따라서 $A^{-1}\begin{bmatrix} w_1 \\ w_2 \end{bmatrix} = \begin{bmatrix} \frac{4}{5} & -\frac{1}{5} \\ -\frac{3}{5} & \frac{2}{5} \end{bmatrix} \begin{bmatrix} w_1 \\ w_2 \end{bmatrix} = \begin{bmatrix} \frac{4}{5}w_1 - \frac{1}{5}w_2 \\ -\frac{3}{5}w_1 + \frac{2}{5}w_2 \end{bmatrix}$이고,

$T^{-1}(w_1, w_2) = (\frac{4}{5}w_1 - \frac{1}{5}w_2,\ -\frac{3}{5}w_1 + \frac{2}{5}w_2)$이다.

예제 8.22

선형변환 $T: R^3 \to R^3$는 다음과 같다.

$$T(x_1, x_2, x_3) = (2x_1 + 3x_2 + x_3,\ 3x_1 + 3x_2 + x_3,\ 2x_1 + 4x_2 + x_3)$$

T는 정칙임을 보이고 그 역을 구하라.

Solution

T의 표준행렬은 $A=\begin{bmatrix}2&3&1\\3&3&1\\2&4&1\end{bmatrix}$이다.

$|A|\neq 0$이므로, A는 정칙이고 그 역행렬은 $A^{-1}=\begin{bmatrix}-1&1&0\\-1&0&1\\6&-2&-3\end{bmatrix}$가 됨을 알 수 있다.

따라서 T는 정칙이고 T^{-1} 표준행렬은 A^{-1}이다.

예제 8.23

$T: R^3 \to R^3$을 공식 $T(x_1, x_2, x_3) = (3x_1 + x_2, -2x_1 - 4x_2 + 3x_3,\ 5x_1 + 4x_2 - 2x_3)$로 정의되는 선형연산자라 할 때 T는 1대 1인가를 결정하고 1대 1인 경우에는 $T^{-1}(x_1, x_2, x_3)$를 구하라.

Solution

T의 표준행렬은 $A=\begin{bmatrix}3&1&0\\-2&-4&3\\5&4&-2\end{bmatrix}$이다.

이 행렬은 정칙이고 T^{-1}의 표준행렬은 $A^{-1}=\begin{bmatrix}4&-2&-3\\-11&6&9\\-12&7&10\end{bmatrix}$이다.

따라서 $T^{-1}\left(\begin{bmatrix}x_1\\x_2\\x_3\end{bmatrix}\right)=A^{-1}\begin{bmatrix}x_1\\x_2\\x_3\end{bmatrix}=\begin{bmatrix}4&-2&-3\\-11&6&9\\-12&7&10\end{bmatrix}\begin{bmatrix}x_1\\x_2\\x_3\end{bmatrix}=\begin{bmatrix}4x_1&-2x_2&-3x_3\\-11x_1&+6x_2&+9x_3\\-12x_1&+7x_2&+10x_3\end{bmatrix}$가 성립하고,

이 결과를 수평기호로 표현하면 다음을 얻는다.

$T^{-1}(x_1,x_2,x_3)=(4x_1-2x_2-3x_3,-11x_1+6x_2+9x_3,-12x_1+7x_2+10x_3)$

연습 문제 8.3

[EX 01] $T = T_2 \circ T_1$와 $T' = T_1 \circ T_2$의 표준행렬을 구하라.

(1) $T_1 : R^2 \to R^2,\ T_1(x, y) = (x - 2y, 2x + 3y)$
$T_2 : R^2 \to R^2,\ T_2(x, y) = (2x, x - y)$

(2) $T_1 : R^2 \to R^3,\ T_1(x, y) = (-x + 2y, x + y, x - y)$
$T_2 : R^3 \to R^2,\ T_2(x, y, z) = (x - 3y, z + 3x)$

[EX 02] 다음에서 (1)은 $(T_2 \circ T_1)(x, y)$, (2)는 $T_2 \circ T_1(x, y, z)$를 구하라.

(1) $T_1(x, y) = (2x, 3y),\ T_2(x, y) = (x - y, x + y)$

(2) $T_1(x, y, z) = (x - y, y + z, x - z),\ T_2(x, y, z) = (0, x + y + z)$

[EX 03] 다음에서 $(T_3 \circ T_2 \circ T_1)(x, y)$를 구하라.

(1) $T_1(x, y) = (-2y, 3x, x - 2y),\ T_2(x, y, z) = (y, z, x),\ T_3(x, y, z) = (x + z, y - z)$

(2) $T_1(x, y) = (x + y, y, -x),\ T_2(x, y, z) = (0, x + y + z, 3y)$

$T_3(x, y, z) = (3x + 2y, 4z \quad x \quad 3y)$

[EX 04] 선형변환이 정칙인지 조사하고, 만일 정칙이라면 그 역을 구하라.

(1) $T(x, y) = (x + y, x - y)$

(2) $T(x, y) = (2x, 0)$

(3) $T(x, y) = (5x, 5y)$

[EX 05] 다음 방정식에 의해 정의되는 선형연산자 $T: R^2 \to R^2$은 1대 1인지를 결정하라. 만약에 1대 1인 경우에는 그 역연산자의 표준행렬을 구하고 $T^{-1}(w_1, w_2)$를 구하라.

(1) $\begin{aligned} w_1 &= x_1 + 2x_2 \\ w_2 &= -x_1 + x_2 \end{aligned}$

(2) $\begin{aligned} w_1 &= 4x_1 + 6x_2 \\ w_2 &= -2x_1 + 3x_2 \end{aligned}$

(3) $\begin{aligned} w_1 &= -x_2 \\ w_2 &= -x_1 \end{aligned}$

(4) $\begin{aligned} w_1 &= 3x_1 \\ w_2 &= -5x_1 \end{aligned}$

[EX 06] 다음 방정식에 의해 정의되는 선형연산자 $T: R^3 \to R^3$은 1대 1인지를 결정하라. 만일 1대 1인 경우에는 그 역연산자의 표준행렬을 구하고 $T^{-1}(w_1, w_2, w_3)$를 구하라.

(1) $\begin{aligned} w_1 &= x_1 - 2x_2 + 2x_3 \\ w_2 &= 2x_1 + x_2 + x_3 \\ w_3 &= x_1 + x_2 \end{aligned}$

(2) $\begin{aligned} w_1 &= x_1 - 3x_2 + 4x_3 \\ w_2 &= -x_1 + x_2 + x_3 \\ w_3 &= -2x_2 + 5x_3 \end{aligned}$

(3) $\begin{aligned} w_1 &= x_1 + 4x_2 - x_3 \\ w_2 &= 2x_1 + 7x_2 + x_3 \\ w_3 &= x_1 + 3x_2 \end{aligned}$

(4) $\begin{aligned} w_1 &= x_1 + 2x_2 + x_3 \\ w_2 &= -2x_1 + x_2 + 4x_3 \\ w_3 &= 7x_1 + 4x_2 - 5x_3 \end{aligned}$

8.4 선형변환의 응용

이 절에서는 2×2기본행렬로 표시되는 선형변환의 가하학적인 성질에 대해 알아보자. 여러 가지 2×2기본행렬의 성질은 다음 예에서 하나씩 살펴보겠다. 기본적인 것은 다음과 같다.

평면에서의 선형변환에 대한 기본행렬

y축에 대칭

$$A=\begin{bmatrix}-1 & 0\\ 0 & 1\end{bmatrix}$$

x축에 대칭

$$A=\begin{bmatrix}1 & 0\\ 0 & -1\end{bmatrix}$$

원점에 대칭

$$A=\begin{bmatrix}-1 & 0\\ 0 & -1\end{bmatrix}$$

$y=x$축에 대칭

$$A=\begin{bmatrix}0 & 1\\ 1 & 0\end{bmatrix}$$

$y=-x$축 대칭

$$A=\begin{bmatrix}0 & -1\\ -1 & 0\end{bmatrix}$$

수평확대$(k>1)$

수평축소$(0<k<1)$

$$A=\begin{bmatrix}k & 0\\ 0 & 1\end{bmatrix}$$

수직확대$(k>1)$

수직축소$(0<k<1)$

$$A=\begin{bmatrix}1 & 0\\ 0 & k\end{bmatrix}$$

수평층밀림

$$A=\begin{bmatrix}1 & k\\ 0 & 1\end{bmatrix}$$

수직층밀림

$$A=\begin{bmatrix}1 & 0\\ k & 1\end{bmatrix}$$

회전변환

$$\begin{bmatrix}\cos\theta & -\sin\theta\\ \sin\theta & \cos\theta\end{bmatrix}$$

예제 8.24

다음 행렬에 의해서 정의되는 변환을 대칭(reflections)이라고 한다. 대칭은 평면 위의 점을 y축, 원점에 대해 대칭이나 직선 $y=-x$에 대해서 기본행렬을 유도하라.

Solution

(1) y축에 대칭 $T(x,y)=(-x,y)$ $\begin{bmatrix}-1 & 0\\ 0 & 1\end{bmatrix}\begin{bmatrix}x\\ y\end{bmatrix}=\begin{bmatrix}-x\\ y\end{bmatrix}$

(2) 원점에 대칭 $T(x,y)=(-x,-y)$ $\begin{bmatrix}-1 & 0\\ 0 & -1\end{bmatrix}\begin{bmatrix}x\\ y\end{bmatrix}=\begin{bmatrix}-x\\ -y\end{bmatrix}$

(3) 직선 $y=-x$에 대칭 $T(x,y)=(-y,-x)$ $\begin{bmatrix}0 & -1\\ -1 & 0\end{bmatrix}\begin{bmatrix}x\\ y\end{bmatrix}=\begin{bmatrix}-y\\ -x\end{bmatrix}$

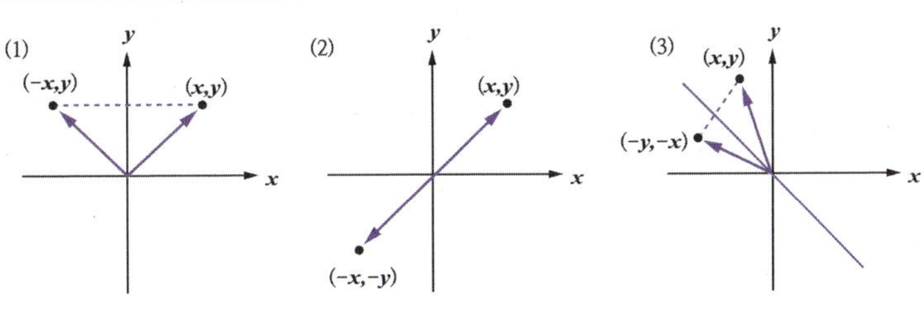

그림 8.1

예제 8.25

행렬에 의해 정의되는 변환을 확대(expansions) 또는 축소(contractions)이라고 한다. 수평확대, 축소 및 수직확대, 축소행렬을 유도하라. 이것은 양의 스칼라 k의 값에 의해서 정해진다.

Solution

(1) 수평으로의 확대와 축소 $T(x,y) = (kx, y)$ $\begin{bmatrix} k & 0 \\ 0 & 1 \end{bmatrix}\begin{bmatrix} x \\ y \end{bmatrix} = \begin{bmatrix} kx \\ y \end{bmatrix}$

(2) 수직으로의 확대와 축소 $T(x,y) = (x, ky)$ $\begin{bmatrix} 1 & 0 \\ 0 & k \end{bmatrix}\begin{bmatrix} x \\ y \end{bmatrix} = \begin{bmatrix} x \\ ky \end{bmatrix}$

[그림 8.2]와 [그림 8.3]에서 보면 점 (x, y)는 k의 값에 비례하여 좌우로 혹은 상하로 움직인다. 예를 들어 선형변환 $T(x, y) = (2x, y)$에 의해서는 (1, 2)는 오른편으로 3배 움직이고 (4, 3)은 오른편으로 역시 2배만큼 움직인다.

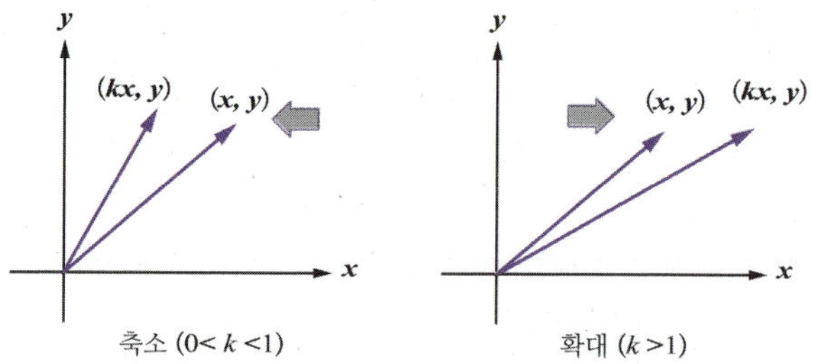

그림 8.2

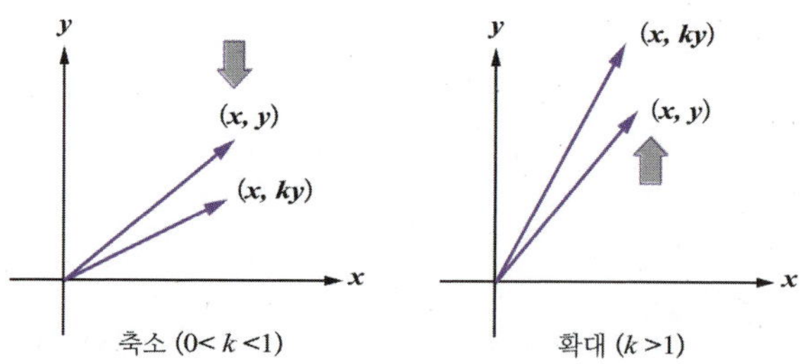

그림 8.3

평면에서 기본행렬에 대응되는 선형변환은 [예제 8.25]에 나타나는 것과 같은 층밀림(shear)이다.

예제 8.26

아래 행렬에 의해 정의되는 변환이 층밀림이다. 간단하게 설명하라.

(1) $T(x, y) = (x + ky, y)$ (2) $T(x, y) = (x, kx + y)$

$$\begin{bmatrix}1 & k\\0 & 1\end{bmatrix}\begin{bmatrix}x\\y\end{bmatrix}=\begin{bmatrix}x+ky\\y\end{bmatrix} \qquad \begin{bmatrix}1 & 0\\k & 1\end{bmatrix}\begin{bmatrix}x\\y\end{bmatrix}=\begin{bmatrix}x\\kx+y\end{bmatrix}$$

Solution

(1) $T(x, y) = (x+2y, y)$로 주어지는 수평층밀림은 [그림 8.4]에 나타나 있다. 이 변환에 의해서 양의 y좌표들은 오른편으로 y값에 비례해서 밀린다. 마찬가지로 음의 y좌표들은 왼편으로 $2|y|$만큼 밀린다. y축 위의 점은 움직이지 않는다.

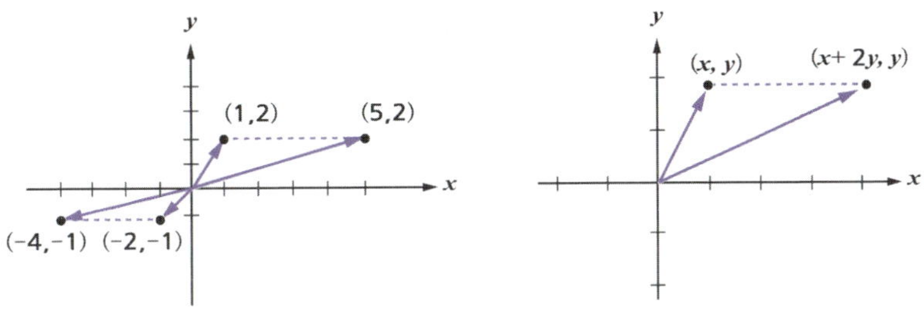

그림 8.4

(2) $T(x, y) = (x, 2x+y)$로 주어지는 수직층밀림은 [그림 8.5]에 나타나 있다. 이 변환은 양의 x좌표들은 x값에 비례해서 위로 밀려 올라간다. 또 y음의 x좌표들은 아래로 $2|x|$만큼 내려간다. x축 위의 점은 움직이지 않는다.

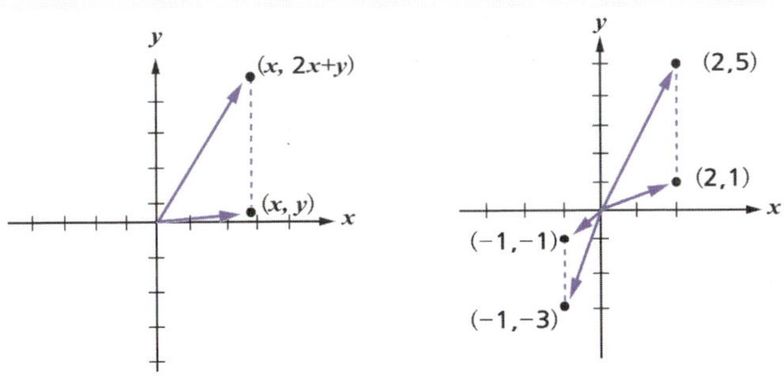

그림 8.5

예제 8.27

R^2의 각 벡터를 각도 $\pi/6(=30^\circ)$만큼 회전시키면, 벡터의 상 w을 구하라.

Solution

$$\mathrm{w}=\begin{bmatrix}\cos\pi/6 & -\sin\pi/6\\ \sin\pi/6 & \cos\pi/6\end{bmatrix}\begin{bmatrix}x\\ y\end{bmatrix}=\begin{bmatrix}\frac{\sqrt{3}}{2} & -1/2\\ 1/2 & \frac{\sqrt{3}}{2}\end{bmatrix}\begin{bmatrix}x\\ y\end{bmatrix}=\begin{bmatrix}\frac{\sqrt{3}}{2}x - \frac{1}{2}y\\ \frac{1}{2}x + \frac{\sqrt{3}}{2}y\end{bmatrix}$$ 이다.

벡터 $\mathrm{x}=\begin{bmatrix}1\\1\end{bmatrix}$의 상 w는 다음과 같다. $\mathrm{w}=\begin{bmatrix}\frac{\sqrt{3}-1}{2}\\ \frac{1+\sqrt{3}}{2}\end{bmatrix}$

예제 8.28

다음 회전변환 행렬을 구하라.

(1) T는 R^2에서 시계반대방향으로 180° 회전, $\mathrm{v}=(1,2)$

(2) T는 R^2에서 시계반대방향으로 45° 회전, $\mathrm{v}=(2,2)$

Solution

(1) $$\begin{pmatrix}\cos180 & -\sin180\\ \sin180 & \cos180\end{pmatrix}\begin{pmatrix}1\\2\end{pmatrix}=\begin{pmatrix}-1 & 0\\ 0 & -1\end{pmatrix}\begin{pmatrix}1\\2\end{pmatrix}=\begin{pmatrix}-1\\-2\end{pmatrix}$$

(2) $$\begin{pmatrix}\cos45 & -\sin45\\ \sin45 & \cos45\end{pmatrix}\begin{pmatrix}2\\2\end{pmatrix}=\begin{pmatrix}\frac{\sqrt{2}}{2} & -\frac{\sqrt{2}}{2}\\ \frac{\sqrt{2}}{2} & \frac{\sqrt{2}}{2}\end{pmatrix}\begin{pmatrix}2\\2\end{pmatrix}=\begin{pmatrix}0\\ 2\sqrt{2}\end{pmatrix}$$

연습 문제 8.4

[EX 01] $T: R^2 \to R^2$ 은 x축에 대한 대칭이다. 다음 각 점의 상을 구하라.

(1) (3, 5)　　(2) (2, -1)　　(3) $(a, 0)$　　(4) $(-c, d)$

[EX 02] $T: R^2 \to R^2$에 직선 $y = x$에 대한 대칭이다. 다음 각 점의 상을 구하라.

(1) (0, 1)　　(2) $(a, 0)$　　(3) $(-c, d)$

[EX 03] $T(1, 0) = (0, 1)$, $T(0, 1) = (1, 0)$이다.

(1) 임의의 (x, y)에 대해서 $T(x, y)$를 구하라.

(2) T의 결과를 그림으로 표시하라.

[EX 04] 꼭짓점이 (0, 0), (1, 0), (1, 1), (0, 1)인 정사각형을 아래와 같이 변환시킬 때 그 모양을 그려라.

(1) T는 x축에 대하여 대칭　　(2) T는 $T(x, y) = (\frac{x}{2}, y)$로 주어지는 축소

(3) T는 $T(x, y) = (x + 2y, y)$로 주어지는 층밀림

[EX 05] 대각행렬의 주대각선의 원소가 모두 양수인 행렬로 정의되는 선형변환을 확대라고 한다. $A = \begin{bmatrix} 2 & 0 \\ 0 & 3 \end{bmatrix}$ 으로 정의되는 선형변환으로 점 (1, 0), (0, 1), (2, 2)를 변환시킬 때 그 상을 구하고 또 그 결과를 그림으로 나타내라.

[EX 06] (a) 선형변환 T에 대한 표준행렬 A를 구하라. (b) A를 이용하여 벡터 v의 상을 구하라.

(1) T는 R^2에서 원점에 대한 대칭 : $T(x, y) = (-x, -y)$, $\mathrm{v} = (3, 4)$

(2) T는 R^2에서 직선 $y = x$에 대칭 : $T(x, y) = (y, x)$, $\mathrm{v} = (3, 4)$

(3) T는 R^2에서 시계반대방향으로 135° 회전, $\mathrm{v} = (4, 4)$

(4) T는 R^3에서 $xy-$평면에 대한 대칭 $T: (x, y, z) = (x, y, -z)$, $\mathrm{v} = (3, 2, 2)$

(5) T는 R^3에서 $yz-$평면에 대한 대칭 : $T(x, y, z) = (-x, y, z)$, $\mathrm{v} = (2, 3, 4)$

(6) T는 R^2에서 시계반대방향으로 180° 회전, $\mathrm{v} = (1, 2)$

CHAPTER 9

2차형식

9.1 2차형식

이제까지 주로 1차방정식, 즉 형식이 $a_1x_1+a_2x_2+\cdots+a_nx_n=b$인 방정식을 다루어 왔다. 이 방정식의 좌변, $a_1x_1+a_2x_2+\cdots a_nx_n$은 1차형식(linear form)이라 불리우는 n변수 함수이다. 1차형식에 있어서 모든 변수는 1차로 나타나고 이 식에 있어서 변수들의 곱은 존재하지 않는다.

이 절에서는 함수가

$$a_1x_1^2+a_2x_x^2+\cdots\ a_nx_n^2+(i<j\text{에 대해서 형식 } a_kx_ix_j\text{인 모든 가능한 항}) \tag{1}$$

의 형식인 2차형식(quadratic form)을 다루게 될 것이다.

예컨대, 변수 x_1과 x_2의 2차형식은

$$a_1x_1^2+a_2x_2^2+a_3x_1x_2 \tag{2}$$

이고, 변수x_1, x_2와 x_3의 2차형식은

$$a_1x_1^2+a_2x_2^2+a_3x_3^2+a_4x_1x_2+a_5x_1x_3+a_6x_2x_3 \tag{3}$$

이다. 상이한 변수의 곱을 수반한 2차형식의 항을 혼합항(cross-product terms)이라 한다.

따라서 (2)에 있어서 마지막 항은 혼합항이고, (3)에 있어서 마지막 세 개의 항도 역시 혼합항이다. 1×1행렬에 관하여 각 형식의 괄호를 생략한다는 규약에 따르면, (2)는 행렬 형식으로

$$[x_1\ \ x_2]\begin{bmatrix} a_1 & a_3/2 \\ a_3/2 & a_2 \end{bmatrix}\begin{bmatrix} x_1 \\ x_2 \end{bmatrix} \tag{4}$$

로 표기될 수 있으며, (3)은

$$[x_1\ x_2\ x_3]\begin{bmatrix} a_1 & a_4/2 & a_5/2 \\ a_4/2 & a_2 & a_6/2 \\ a_5/2 & a_6/2 & a_3 \end{bmatrix}\begin{bmatrix} x_1 \\ x_2 \\ x_3 \end{bmatrix} \tag{5}$$

로 표기될 수 있다. (4)와 (5)에 있어서 곱은 모두 x^TAx인 형식인데, 여기서 x는 변수의 열벡터이고 A는 대칭행렬로서 그의 대각성분은 제곱항들의 계수이고 두 대각선을 제외한 성분은 모두 혼합항인 계수의 1/2임을 유의하기 바란다. 더욱 상세히 말하자면, i행과 j열에 있는 대각선 이외의 성분은 곱 x_ix_j인 계수의 1/2이다.

이제 몇 가지 예를 들기로 한다.

예제 9.1

2차형식의 행렬표현 하여라.

(1) $2x^2+6xy-7y^2$ (2) $4x^2-5y^2$

(3) xy (4) $x_1^2+7x_2^2-3x_3^2+4x_1x_2-2x_1x_3+6x_2x_3$

Solution

(1) $2x^2+6xy-7y^2 = [x\ \ y]\begin{bmatrix} 2 & 3 \\ 3 & -7 \end{bmatrix}\begin{bmatrix} x \\ y \end{bmatrix}$

(2) $4x^2-5y^2 = [x\ \ y]\begin{bmatrix} 4 & 0 \\ 0 & -5 \end{bmatrix}\begin{bmatrix} x \\ y \end{bmatrix}$

(3) $xy = [x\ \ y]\begin{bmatrix} 0 & \frac{1}{2} \\ \frac{1}{2} & 0 \end{bmatrix}\begin{bmatrix} x \\ y \end{bmatrix}$

(4) $x_1^2+7x_2^2-3x_3^2+4x_1x_2-2x_1x_3+6x_2x_3 = [x_1\ \ x_2\ \ x_3]\begin{bmatrix} 1 & 2 & -1 \\ 2 & 7 & 3 \\ -1 & 3 & -3 \end{bmatrix}\begin{bmatrix} x_1 \\ x_2 \\ x_3 \end{bmatrix}$

정리 9.1

A를 $n\times n$대칭행렬이라 하고, 그 고유값은 크기가 감소하는 순서로 $\lambda_1 \geq \lambda_2 \geq \cdots \geq \lambda_n$이라 하자. 만일 x가 R^n의 유클리드 내적에 관하여 $\| x \| = 1$로 제약되었다면,

(1) $\lambda_1 \geq x^TAx \geq \lambda_n$

(2) x가 λ_n에 대응하는 A의 고유벡터이면 $x^TAx = \lambda_n$이고 x가 λ_1에 대응하는 A의 고유벡터이면 $x^TAx = \lambda_1$이다.

위 정리는 제약조건

$$\| x \| = (x_1^2+x_2^2+\cdots+x_n^2)^{1/2} = 1$$

에서 2차형식 x^TAx는 λ_1인 최댓값(최대의 고유값)과 λ_n인 최솟값(최소의 고유값)을 갖는다.

예제 9.2

제약조건을 $x_1^2+x_2^2=1$로 하여 2차형식 $x_1^2+x_2^2+4x_1x_2$의 최댓값과 최솟값을 구하고 최댓값과 최솟값이 나타내는 x_1과 x_2의 값을 결정하여라.

Solution

2차형식은 $x_1^2+x_2^2+4x_1x_2=x^TAx=[x_1\ \ x_2]\begin{bmatrix}1&2\\2&1\end{bmatrix}\begin{bmatrix}x_1\\x_2\end{bmatrix}$로 표현할 수 있다.

A의 특성방정식은

$\det(\lambda I-A)=\det\begin{bmatrix}\lambda-1&-2\\-2&\lambda-1\end{bmatrix}=\lambda^2-2\lambda-3=(\lambda-3)(\lambda+1)=0$이다.

따라서 A의 고유값은 $\lambda=3$과 $\lambda=-1$이고 이들은 각각 제약조건을 갖는 2차형식의 최댓값과 최솟값이다. 이들의 극치가 나타나는 x_1과 x_2의 값을 구하기 위해서 이들 고유값에 대응하는 고유벡터를 구하여 이들 고유벡터가 조건 $x_1^2+x_2^2=1$을 만족하도록 정규화해야 한다.

고유공간의 기저는 $\lambda=3:\begin{bmatrix}1\\1\end{bmatrix}$, $\quad\lambda=-1:\begin{bmatrix}1\\-1\end{bmatrix}$

이들 고유벡터를 정규화하면 $\begin{bmatrix}1/\sqrt{2}\\1/\sqrt{2}\end{bmatrix}$, $\quad\begin{bmatrix}1/\sqrt{2}\\-1/\sqrt{2}\end{bmatrix}$이다.

따라서 제약조건을 $x_1^2+x_2^2=1$로 하는 경우 2차형식의 최댓값은 $\lambda=3$이고,

이것은 $x_1=1/\sqrt{2}$, $x_2=1/\sqrt{2}$일 때 나타나고, 최솟값은 $\lambda=-1$이며,

이것은 $x_1=1/\sqrt{2}$, $x_2=-1/\sqrt{2}$일 때 나타난다.

고유공간에 대한 다른 기저는 위 기저벡터에 −1을 곱하여 얻어질 수 있다.

따라서 최댓값 $\lambda=3$은 또한 $x_1=-1/\sqrt{2}$, $x_2=-1/\sqrt{2}$일 때 나타나고,

최솟값 $\lambda=-1$은 또한 $x_1=-1/\sqrt{2}$, $x_2=1/\sqrt{2}$일 때 나타난다.

예제 9.3

다음 $x^2+y^2=1$ 조건하에서 2차형식의 최댓값과 최솟값을 구하여라.

$$z=5x^2+5y^2+4xy$$

Solution

2차형식은 $z=5x^2+5y^2+4xy=x^TAx=[x\ \ y]\begin{bmatrix}5&2\\2&5\end{bmatrix}\begin{bmatrix}x\\y\end{bmatrix}$로 표현할 수 있다.

A의 특성방정식은 $\det(\lambda I-A)=0$에서 $\lambda_1=7$, $\lambda_2=3$이고 조건 $x_1^2+x_2^2=1$을 만족하도록 정규화해야 한다. 각 고유벡터를 정규화하면 다음과 같다.

고유공간의 기저는 $\lambda_1=7:\begin{bmatrix}1\\1\end{bmatrix}$, $\quad\lambda_2=3:\begin{bmatrix}-1\\1\end{bmatrix}$

$$\lambda_1=7:\begin{bmatrix}\frac{1}{\sqrt{2}}\\\frac{1}{\sqrt{2}}\end{bmatrix},\quad \lambda_2=3:\begin{bmatrix}-\frac{1}{\sqrt{2}}\\\frac{1}{\sqrt{2}}\end{bmatrix}$$

따라서 최댓값 $\lambda_1=7$은 $(\frac{1}{\sqrt{2}},\frac{1}{\sqrt{2}})$일 때 나타나고, 최솟값 $\lambda_2=3$은 $(-\frac{1}{\sqrt{2}},\frac{1}{\sqrt{2}})$일 때 나타난다.

연습 문제 9.1

[EX 01] A가 대칭행렬일 때 다음 2차형식을 행렬기호 x^TAx로 표현하여라.

(1) $9x_1^2 - x_2^2 + 4x_3^2 + 6x_1x_2 - 8x_1x_3 + x_2x_3$

(2) $x_1x_2 + x_1x_3 + x_2x_3$

(3) $x_1^2 + x_2^2 - x_3^2 - x_4^2 + 2x_1x_2 - 10x_1x_4 + 4x_3x_4$

[EX 02] 다음 각각에서 행렬을 사용하지 않는 2차형식의 식을 구하여라.

(1) $[x \ \ y]\begin{bmatrix} 2 & -3 \\ -3 & 5 \end{bmatrix}\begin{bmatrix} x \\ y \end{bmatrix}$

(2) $[x \ \ y \ \ z]\begin{bmatrix} 1 & 0 & 0 \\ 0 & -3 & 0 \\ 0 & 0 & 5 \end{bmatrix}\begin{bmatrix} x \\ y \\ z \end{bmatrix}$

(3) $[x_1 \ \ x_2 \ \ x_3 \ \ x_4]\begin{bmatrix} 0 & 1 & 1 & 1 \\ 1 & 0 & 1 & 1 \\ 1 & 1 & 0 & 1 \\ 1 & 1 & 1 & 0 \end{bmatrix}\begin{bmatrix} x_1 \\ x_2 \\ x_3 \\ x_4 \end{bmatrix}$

[EX 03] 다음 각각에서 제약조건을 $x_1^2 + x_2^2 = 1$로 하는 2차형식의 최댓값과 최솟값을 구하고, 최댓값과 최솟값이 나타나는 x_1과 x_2의 값을 구하여라.

(1) $5x_1^2 - x_2^2$

(2) $5x_1^2 + 2x_2^2 - x_1x_2$

[EX 04] 다음 각각에서 제약조건을 $x_1^2 + x_2^2 + x_3^2 = 1$로 하는 2차형식의 최댓값과 최솟값을 구하고, 최댓값과 최솟값이 나타내는 x_1, x_2, x_3의 값을 결정하여라.

(1) $x_1^2 + x_2^2 + 2x_3^2 - 2x_1x_2 + 4x_1x_3 + 4x_2x_3$

(2) $2x_1^2 + x_2^2 + x_3^2 + 2x_1x_3 + 2x_1x_2$

9.2 2차형식의 대각화 : 원추(뿔)곡선

이 절에서는 변수변환에 의하여 2차형식의 혼합형을 소거하는 방법을 설명하고, 그 결과를 사용하여 원뿔곡선의 그래프를 공부하기로 한다.

2차형식의 대각화 2차형식을

$$x^TAx = [x_1\ x_2\ \cdots\ x_n]\begin{bmatrix} a_{11} & a_{12} & \cdots & a_{1n} \\ a_{21} & a_{22} & \cdots & a_{2n} \\ \vdots & \vdots & & \vdots \\ a_{n1} & a_{n2} & \cdots & a_{nn} \end{bmatrix}\begin{bmatrix} x_1 \\ x_2 \\ \vdots \\ x_n \end{bmatrix} \tag{1}$$

이라 하자. 여기서 A는 대칭행렬이다. A를 대각화하는 직교행렬 P가 존재한다.

즉, $P^TAP = D = \begin{bmatrix} \lambda_1 & 0 & \cdots & 0 \\ 0 & \lambda_2 & \cdots & 0 \\ \vdots & \vdots & & \vdots \\ 0 & 0 & \cdots & \lambda_n \end{bmatrix}$이고, 여기서 $\lambda_1, \lambda_2, \cdots \lambda_n$은 A의 고유값이다.

$y_1, y_2, \cdots, y_n$을 새로운 변수라 할 때 $y = \begin{bmatrix} y_1 \\ y_2 \\ \vdots \\ y_n \end{bmatrix}$이라 하고 $x = Py$를 (1)에 대입하면

$x^TAx = (Py)^TAPy = y^TP^TAPy = y^TDy$를 얻는다.

그런데, $y^TDy = [y_1\, y_2 \cdots y_n]\begin{bmatrix} \lambda_1 & 0 & \cdots & 0 \\ 0 & \lambda_2 & \cdots & 0 \\ \vdots & \vdots & & \vdots \\ 0 & 0 & \cdots & \lambda_n \end{bmatrix}\begin{bmatrix} y_1 \\ y_2 \\ \vdots \\ y_n \end{bmatrix} = \lambda_1 y_1^2 + \lambda_2 y_2^2 + \ \cdots\ + \lambda_n y_n^2$이고, 이것은 혼합형을 갖지 않는 2차형식이다.

정리 9.2

A가 대칭행렬일 때 x^TAx를 변수 $x_1, x_2, \cdots, x_n$에 관한 2차형식이라 하자. P가 A를 직교대각화하고 새로운 변수 $y_1, y_2, \cdots, y_n$이 방정식 $x = Py$로 정의될 때, 이 방정식을 x^TAx에 대입하면 $x^TAx = y^TDy = \lambda_1 y_1^2 + \lambda_2 y_2^2 + \cdots + \lambda_n y_n^2$ 으로 된다.

여기서 $\lambda_1, \lambda_2, \cdots, \lambda_n$은 A의 고유값이고 $D = P^TAP = \begin{bmatrix} \lambda_1 & 0 & \cdots & 0 \\ 0 & \lambda_2 & \cdots & 0 \\ \vdots & \vdots & & \vdots \\ 0 & 0 & \cdots & \lambda_n \end{bmatrix}$이다.

이 정리의 행렬 P는 2차형식을 직교대각화한다(orthogonally diagonalize) 또는 2차형식을 제곱합으로 변형한다(reduce the quadratic form to a sum of squares)고 말한다.

예제 9.4

2차형식 $x_1^2 - x_3^2 - 4x_1x_2 + 4x_2x_3$를 제곱합으로 변형하는 변수변환을 구하고 그 2차형식을 새로운 변수항으로 표현하여라.

Solution

이 2차형식은 $[x_1\, x_2\, x_3]\begin{bmatrix} 1 & -2 & 0 \\ -2 & 0 & 2 \\ 0 & 2 & -1 \end{bmatrix}\begin{bmatrix} x_1 \\ x_2 \\ x_3 \end{bmatrix}$와 같이 표현될 수 있다.

3×3행렬의 특성방정식은 $\begin{vmatrix} \lambda-1 & 2 & 0 \\ 2 & \lambda & -2 \\ 0 & -2 & \lambda+1 \end{vmatrix} = \lambda^3 - 9\lambda = \lambda(\lambda+3)(\lambda-3) = 0$이므로

고유값은 $\lambda = 0, \lambda = -3, \lambda = 3$이다.

이 세 고유공간에 대한 정규직교기저가 $\lambda = 0 : \begin{bmatrix} \frac{2}{3} \\ \frac{1}{3} \\ \frac{2}{3} \end{bmatrix}$, $\lambda = -3 : \begin{bmatrix} -\frac{1}{3} \\ -\frac{2}{3} \\ \frac{2}{3} \end{bmatrix}$, $\lambda = 3 : \begin{bmatrix} -\frac{2}{3} \\ \frac{2}{3} \\ \frac{1}{3} \end{bmatrix}$

따라서 혼합항을 소거하기 위하여 $x = Py$를 대입하면 $\begin{bmatrix} x_1 \\ x_2 \\ x_3 \end{bmatrix} = \begin{bmatrix} \frac{2}{3} & -\frac{1}{3} & -\frac{2}{3} \\ \frac{1}{3} & -\frac{2}{3} & \frac{2}{3} \\ \frac{2}{3} & \frac{2}{3} & \frac{1}{3} \end{bmatrix}\begin{bmatrix} y_1 \\ y_2 \\ y_3 \end{bmatrix}$

즉, $\begin{aligned} x_1 &= \frac{2}{3}y_1 - \frac{1}{3}y_2 - \frac{2}{3}y_3 \\ x_2 &= \frac{1}{3}y_1 - \frac{2}{3}y_2 + \frac{2}{3}y_3 \\ x_3 &= \frac{2}{3}y_1 + \frac{2}{3}y_2 + \frac{1}{3}y_3 \end{aligned}$ 이다. 새로운 2차형식은 $[y_1\, y_2\, y_3]\begin{bmatrix} 0 & 0 & 0 \\ 0 & -3 & 0 \\ 0 & 0 & 3 \end{bmatrix}\begin{bmatrix} y_1 \\ y_2 \\ y_3 \end{bmatrix}$

즉, $-3y_2^2 + 3y_3^2$

원추곡선

이제 2차형식에 대한 결과를 적용하여 $a, b, c, \cdots, f$가 실수고, a, b, c 중에 적어도 하나가 영이 아닐 때 다음 형태의 방정식을 살펴보자.

$$ax^2 + 2bxy + cy^2 + dx + ey + f = 0 \qquad (2)$$

이와 같은 형태의 방정식을 x, y에 관한 2차방정식(quadratic equation)이라 하고, $ax^2 + 2bxy + cy^2$을 부수된 2차형식(associated quadratic form)이라 한다.

예제 9.5

2차방정식 $2x^2 + y^2 - 12x - 4y + 18 = 0$을 그려라.

Solution

$(2x^2 - 12x) + (y^2 - 4y) + 18 = 0$ 즉, $2(x^2 - 6x) + (y^2 - 4y) = -18$이고 괄호 속에 있는 두 항을 제곱형식으로 고치면 $2(x^2 - 6x + 9) + (y^2 - 4y + 4) = -18 + 18 + 4$ 즉, $2(x-3)^2 + (y-2)^2 = 4$ (3)이다.

평행이동방정식, $x' = x - 3$, $y' = y - 2$에 의하여 좌표축을 이동시키면 (3)은 $2x'^2 + y'^2 = 4$ 즉, $\dfrac{x'^2}{2} + \dfrac{y'^2}{4} = 1$로 되고, 이것은 $x'y'$계에 있어서 표준위치에 있는 타원의 방정식이고 이 타원은 [그림 9.1]에 그려졌다.

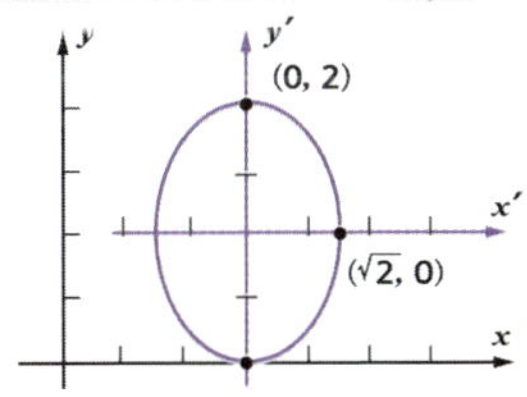

그림 9.1

혼합항의 소거법

이제 표준위치에서 회전된 원뿔곡선의 식별법을 생각하기로 하자. 모든 1×1행렬에 대한 괄호를 생략하면 (2)는 행렬형으로 다음과 같이 쓸 수 있다.

$$[x\ y]\begin{bmatrix} a & b \\ c & d \end{bmatrix}\begin{bmatrix} x \\ y \end{bmatrix} + [d\ e]\begin{bmatrix} x \\ y \end{bmatrix} + f = 0$$

즉, $x^TAx+Kx+f=0$ 여기서 $x=\begin{bmatrix}x\\y\end{bmatrix}$, $A=\begin{bmatrix}a\ b\\c\ d\end{bmatrix}$, $K=[d\,e]$.

이제 xy좌표계에 있어서 방정식이 $x^TAx+Kx+f=0$ (4)인 원뿔곡선 C를 생각하자. xy좌표축을 회전시켜서 얻은 새로운 $x'y'$좌표계에서 이 원뿔곡선 방정식이 혼합항을 갖지 않도록 하고자 한다. 그 수행방법은 다음과 같다.

단계 1 행렬 A를 직교대각화하는 행렬 $P=\begin{bmatrix}p_{11}\ p_{12}\\p_{21}\ p_{22}\end{bmatrix}$를 구한다.

단계 2 필요에 따라서 P의 열을 교환하여 $\det(P)=1$이 되게 한다. 이 사실은 직교좌표변환

$x=Px'$, 즉, $\begin{bmatrix}x\\y\end{bmatrix}=P\begin{bmatrix}x'\\y'\end{bmatrix}$ (5)가 회전임을 말해준다.

단계 3 $x'y'$계에 있어서 C에 대한 방정식을 얻기 위하여 (5)를 (4)에 대입하면

$(Px')^TA(Px')+K(Px')+f=0$ 즉, $(x')^T(P^TAP)x'+(KP)x'+f=0$ (6)이다.

P는 A를 직교대각화하므로 $P^TAP=\begin{bmatrix}\lambda_1\ 0\\0\ \lambda_2\end{bmatrix}$이고, 여기서 λ_1과 λ_2는 A의 고유값이다. 따라서 (6)은 다음과 같이 쓸 수 있다.

$$[x'\ y']\begin{bmatrix}\lambda_1 & 0\\0 & \lambda_2\end{bmatrix}\begin{bmatrix}x'\\y'\end{bmatrix}+[d\,e]\begin{bmatrix}p_{11} & p_{12}\\p_{21} & p_{22}\end{bmatrix}\begin{bmatrix}x'\\y'\end{bmatrix}+f=0$$

즉, $\lambda_1x'^2+\lambda_2y'^2+d'x'+e'y'+f=0$

(여기서 $d'=dp_{11}+ep_{21}$이고, $e'=dp_{12}+ep_{22}$)이 되는데, 이 방정식은 혼합항을 갖지 않는다.

정리 9.3

원뿔곡선 C의 방정식을 $ax^2+2bxy+cy^2+dx+ey+f=0$이라 하고, $x^TAx=ax^2+2bxy+cy^2$을 부수된 2차형식이라 하자.

이 경우 좌표축은 새로운 $x'y'$좌표계에 있어서 C의 방정식이 λ_1과 λ_2가 A의 고유값일 때, $\lambda_1x'^2+\lambda_2y'^2+d'x'+e'y'+f=0$인 형태가 되도록 회전될 수 있다.

그 회전은 다음 치환에 의하여 이루어진다. $x=Px'$

여기서 P는 A를 직교대각화하고 $\det(P)=1$이다.

예제 9.6

방정식이 $5x^2-4xy+8y^2-36=0$인 원뿔곡선을 그려라.

Solution

이 방정식의 행렬형은 $x^TAx-36=0$ (7)이고, 여기서 $A=\begin{bmatrix}5&-2\\-2&8\end{bmatrix}$

A의 특성방정식은 $\det(\lambda I-A)=\det\begin{bmatrix}\lambda-5&2\\2&\lambda-8\end{bmatrix}=(\lambda-9)(\lambda-4)=0$이다.

따라서 A의 고유값은 $\lambda=4$와 $\lambda=9$이다.

이들 고유공간에 대한 정규직교기저가 $\lambda=4:\begin{bmatrix}2/\sqrt{5}\\1/\sqrt{5}\end{bmatrix}$, $\lambda=9:\begin{bmatrix}-1/\sqrt{5}\\2/\sqrt{5}\end{bmatrix}$임을 밝히는 것은 독자에게 맡긴다.

따라서, $P=\begin{bmatrix}2/\sqrt{5}&-1\sqrt{5}\\1/\sqrt{5}&2/\sqrt{5}\end{bmatrix}$는 A를 직교대각화한다.

또한 $\det(P)=1$이므로 직교좌표변환 $x=Px'$ (8)은 회전이다.

(8)을 (7)에 대입하면 $(Px')^TA(Px')-36=0$ 즉, $(x')^T(P^TAP)x'-36=0$이다.

$P^TAP=\begin{bmatrix}4&0\\0&9\end{bmatrix}$이므로, 이 방정식은 다음과 같이 쓸 수 있다.

$[x'\ y']\begin{bmatrix}4&0\\0&9\end{bmatrix}\begin{bmatrix}x'\\y'\end{bmatrix}-36=0$ 즉, $4x'^2+9y'^2-36=0$.

이 방정식을 다시 고쳐 쓰면 $\dfrac{x'^2}{9}+\dfrac{y'^2}{4}=1$이고, 이것은 [그림 9.2]에 그려진 타원의 방정식이다.

그림에 있어서 벡터 v_1과 v_2는 P의 열벡터이다.

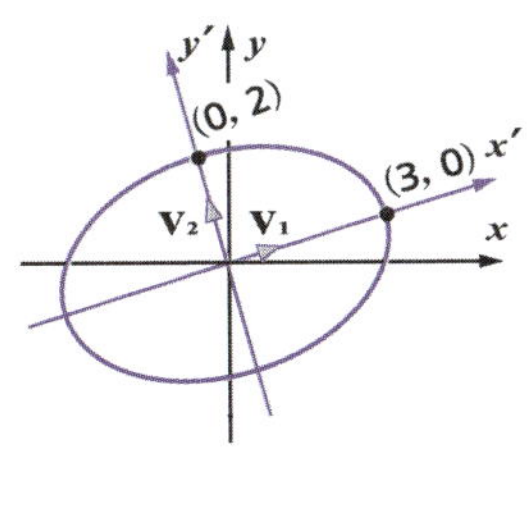

그림 9.2

예제 9.7

방정식이 $5x^2-4xy+8y^2+4\sqrt{5}x-16\sqrt{5}y+4=0$**인 원뿔곡선** C**를 그려라.**

Solution

이 방정식의 행렬형은 $x^TAx+Kx+4=0$ (9)이며,

여기서 $A=\begin{bmatrix}5 & -2\\ -2 & 8\end{bmatrix}$이고, $K=[4\sqrt{5}\ -16\sqrt{5}]$이다.

[예제 9.6]에서 밝힌 바와 같이 $P=\begin{bmatrix}\frac{2}{\sqrt{5}} & -\frac{1}{\sqrt{5}}\\ \frac{1}{\sqrt{5}} & \frac{2}{\sqrt{5}}\end{bmatrix}$는 A를 직교대각화하고, 행렬식 값은 1이다.

$x=Px'$를 (9)에 대입하면 $(Px')^TA(Px')+K(Px')+4=0$

즉, $(x')^T(P^TAP)x'+(KP)x'+4=0$ (10)으로 되고,

$P^TAP=\begin{bmatrix}4 & 0\\ 0 & 9\end{bmatrix}$이며, $KP=\begin{bmatrix}\frac{20}{\sqrt{5}} & -\frac{80}{\sqrt{5}}\end{bmatrix}\begin{bmatrix}\frac{2}{\sqrt{5}} & -\frac{1}{\sqrt{5}}\\ \frac{1}{\sqrt{5}} & \frac{2}{\sqrt{5}}\end{bmatrix}=[-8\ -36]$이므로,

(10)은 다음과 같이 쓸 수 있다. $4x'^2+9y'^2-8x'-36y'+4=0$ (11)이 원뿔곡선을 표준위치에 있도록 하기 위해서는 $x'y'$축은 평행이동되어야 한다.

(11)은 $4(x'^2-2x'+1)+9(y'^2-4y')=-4$로 고쳐 쓸 수 있고 제곱형식으로 만들면
$4(x'^2-2x'+1)+9(y'^2-4y'+4)=-4+4+36$
즉, $4(x'-1)^2+9(y'-2)^2=36$ (12)이다.

평행이동방정식 $x''=x'-1$, $y''=y'-2$에 의하여
좌표축을 평행이동하면

(12)는 $4x''^2+9y''^2=36$ 즉, $\frac{x''^2}{9}+\frac{y''^2}{4}=1$이 되는데,
이것은 [그림 9.3]에 그려진 타원의 방정식이다.

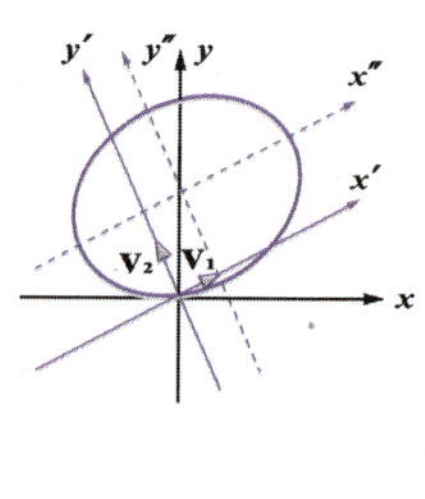

그림 9.3

그림에 있어서 벡터 v_1과 v_2는 A의 고유벡터인 P의 열벡터이다.

연습 문제 9.2

[EX 01] 다음 각각에서 2차형식을 제곱의 합 또는 차로 고치는 변수변환을 구하고 그 2차형식을 새로운 변수의 항으로 표현하여라.

(1) $2x_1^2+2x_2^2-2x_1x_2$ (2) $5x_1^2+2x_2^2+4x_1x_2$

(3) $2x_1x_2$

[EX 02] 다음 각각에서 2차형식을 제곱의 합 또는 차로 고치는 변수변환을 구하고 그 2차형식을 새로운 변수의 항으로 표현하여라.

(1) $3x_1^2+4x_2^2+5x_3^2+4x_1x_2-4x_2x_3$ (2) $-5x_1^2+x_2^2-x_3^2+6x_1x_3+4x_1x_2$

[EX 03] 각 2차방정식을 행렬형 $x^TAx+Kx+f=0$으로 나타내어라.

(1) $2x^2-3xy+4y^2-7x+2y+7=0$ (2) $5xy=8$

(3) $y^2+7x-8y-5=0$

[EX 04] 다음 각각에서 평행이동변환에 의하여 원뿔곡선을 표준위치에 있도록 할 것이다. 원뿔곡선의 종류를 말하고 이동된 좌표계에 있어서 원뿔곡선의 방정식을 구하여라.

(1) $9x^2+4y^2-36x-24y+36=0$ (2) $y^2-8x-14y+49=0$

(3) $2x^2-3y^2+6x+20y=-41$

[EX 05] 필요에 따라 좌표축을 이동하고 회전시켜 원뿔곡선을 표준위치에 있도록 하여라. 원뿔곡선의 명칭과 최종 좌표계에 있어서 그 방정식을 구하여라.

(1) $9x^2-4xy+6y^2-10x-20y=5$ (2) $2x^2-4xy-y^2-4x-8y=-14$

(3) $x^2-6xy-7y^2+10x+2y+9=0$ (4) $4x^2-20xy+25y^2-15x-6y=0$

9.3 2차곡면

$a, b, \cdots, f$가 모두 영이 아닐 때,
형식 $ax^2+by^2+cz^2+2dxy+2exz+2fyz+gx+hy+iz+j=0$ (1)인 방정식을 x, y와 z에 관한 2차방정식(quadratic equation)이라 하고, 식 $ax^2+by^2+cz^2+2dxy+2exz+2fyz$를 부수된 2차형식(associated quadratic form)이라 한다.

방정식 (1)은 행렬형 $[x\ y\ z]\begin{bmatrix} a & d & e \\ d & b & f \\ e & f & c \end{bmatrix}\begin{bmatrix} x \\ y \\ z \end{bmatrix}+[g\ h\ i]\begin{bmatrix} x \\ y \\ z \end{bmatrix}+j=0$

즉, $x^TAx+Kx+j=0$으로 쓸 수 있고, 여기서 $x=\begin{bmatrix} x \\ y \\ z \end{bmatrix}$, $A=\begin{bmatrix} a & d & e \\ d & b & f \\ e & f & c \end{bmatrix}$, $K=[g\ h\ i]$이다.

예제 9.8

2차방정식 $3x^2+2y^2-z^2+4xy+3xz-8yz+7x+2y+3z-7=0$의 부수된 2차형식을 구하여라

Solution

$3x^2+2y^2-z^2+4xy+3xz-8yz$이다.

예제 9.9

방정식이 $4x^2+36y^2-9z^2-16x-216y+304=0$인 2차곡면을 기술하여라.

Solution

항을 정돈하면 $4(x^2-4x)+36(y^2-6y)-9z^2=-304$이고,
제곱형식으로 쓰면 $4(x^2-4x+4)+36(y^2-6y+9)-9z^2=-304+16+324$ 또는
$4(x-2)^2+36(y-3)^2-9z^2=36$ 즉, $\frac{(x-2)^2}{9}+(y-3)^2-\frac{z^2}{4}=1$로 된다.
평행이동방정식 $x'=x-2$, $y'=(y-3)$, $z'=z$에 의하여 축을 평행이동시키면,

$\dfrac{x'^2}{9} + y'^2 - \dfrac{z'^2}{4} = 1$이 되고, 이것은 한잎 쌍곡면의 방정식이다.

혼합항의 소거법

표준위치에서 회전된 2차형식을 식별하는 과정은 원뿔곡선에서의 방법과 같다.

xyz좌표계에 있어서 방정식 $x^T Ax + Kx + j = 0$ (2)으로 주어지는 2차곡면이라 하자.

xyz좌표축을 회전시켜서 새로운 $x'y'z'$좌표계에서의 2차방정식이 혼합항을 갖지 않도록 하고자 한다. 이는 다음과 같이 수행할 수 있다.

단계 1 $x^T Ax$를 직교대각화하는 행렬 P를 구한다.

단계 2 필요에 따라 P의 두 열을 교환하여 $\det(P) = 1$이 되게 한다.

이것은 직교좌표변환 $x = Px'$, 즉, $\begin{bmatrix} x \\ y \\ z \end{bmatrix} = P\begin{bmatrix} x' \\ y' \\ z' \end{bmatrix}$ (3)이 회전임을 나타낸다.

단계 3 (3)을 (2)에 대입한다. 이 결과 $x'y'z'$좌표계의 2차방정식은 혼합항을 갖지 않는다.

다음 정리는 위 결과를 요약한 것이다.

정리 9.4

2차곡면 Q의 방정식을 $ax^2 + by^2 + cz^2 + 2bxy + 2exz + 2fyz + gx + hy + iz + j = 0$이라 하고, $x^T Ax = ax^2 + by^2 + cz^2 + 2dxy + 2exz + 2fyz$를 부수된 2차형식이라 하자.

이 경우 좌표축은 $x'y'z'$좌표계에 있어서 Q의 방정식이 $\lambda_1, \lambda_2, \lambda_3$를 A의 고유값이라 할 때 $\lambda_1 x'^2 + \lambda_2 y'^2 + \lambda_3 z'^2 + g'x' + h'y' + i'z' + j = 0$이 되도록 회전될 수 있다.

이 회전은 치환 $x = Px'$에 의하여 수행될 수 있고, 여기서 P는 A를 직교대각화하고 $\det(P) = 1$이다.

예제 9.10

방정식이 $4x^2 + 4y^2 + 4z^2 + 4xy + 4xz + 4yz - 3 = 0$인 2차곡면을 기술하여라.

Solution

위 2차방정식의 행렬형은 $x^TAx-3=0$ (4)이고, 여기서 $A=\begin{bmatrix}4&2&2\\2&4&2\\2&2&4\end{bmatrix}$ 이다.

특성방정식$(\lambda-2)^2(\lambda-8)=0$에서 A의 고유값은 $\lambda=2$와 $\lambda=8$이고 A는 행렬에 의하여 직교대각화된다. $\lambda=2$: $\begin{bmatrix}-1\\1\\0\end{bmatrix}$. $\begin{bmatrix}-1\\0\\1\end{bmatrix}$

그램-슈미트 방법을 적용하면 정규직교 고유벡터$\begin{bmatrix}-1/\sqrt{2}\\1/\sqrt{2}\\0\end{bmatrix}$, $\begin{bmatrix}-1/\sqrt{6}\\-1/\sqrt{6}\\2/\sqrt{6}\end{bmatrix}$ $\lambda=8$: $\begin{bmatrix}1\\1\\1\end{bmatrix}$,

그램-슈미트를 적용하면 $\begin{bmatrix}1/\sqrt{3}\\1/\sqrt{3}\\1/\sqrt{3}\end{bmatrix}$ $P=\begin{bmatrix}-1/\sqrt{2}&-1/\sqrt{6}&1/\sqrt{3}\\1/\sqrt{2}&-1/\sqrt{6}&1/\sqrt{3}\\0&2/\sqrt{6}&1/\sqrt{3}\end{bmatrix}$

여기서 P의 처음 두 열은 $\lambda=2$에 대응하는 고유벡터이고, 셋째 열벡터는 $\lambda=8$에 대응하는 고유벡터이다.

$\det(P)=1$이므로 직교좌표변환 $x=Px'$은 회전이다. 위 식을 (4)에 대입하면 $(Px')^TA(Px')-3=0$이고, 즉 $(x')^T(P^TAP)x'-3=0$ (5)이다.

그런데 $P^TAP=\begin{bmatrix}2&0&0\\0&2&0\\0&0&8\end{bmatrix}$ 이므로, (5)는 $[x'\ y'\ z']\begin{bmatrix}2&0&0\\0&2&0\\0&0&8\end{bmatrix}\begin{bmatrix}x'\\y'\\z'\end{bmatrix}-3=0$

즉, $2x'^2+2y'^2+8y'^2=3$이 된다. 이것은 $\dfrac{x'^2}{3/2}+\dfrac{y'^2}{3/2}+\dfrac{z'^2}{3/8}=1$과 같이 고쳐 쓸 수 있고 타원면의 방정식이다.

연습 문제 9.3

[EX 01] 주어진 각 2차방정식을 $x^T Ax + Kx + j = 0$인 행렬형으로 표현하여라.

(1) $x^2 + 2y^2 - z^2 + 4xy - 5yz + 7x + 2z = 3$

(2) $xy + xz + yz = 1$

(3) $3z^2 + 3xz - 14y + 9 = 0$

[EX 02] 다음 각각에서 2차곡면이 표준위치에 있도록 하는 평행이동방정식을 결정하고, 평행이동된 좌표계에서 2차곡면의 방정식을 구하여라. 2차곡면을 명명하여라.

(1) $9x^2 + 36y^2 + 4z^2 - 18x - 144y - 24z + 153 = 0$

(2) $3x^2 - 3y^2 - z^2 + 42x + 144 = 0$

(3) $x^2 + 16y^2 + 2x - 32y - 16z - 15 = 0$

(4) $x^2 + y^2 + z^2 - 2x + 4y - 6z = 11$

[EX 03] 다음 각각에서 혼합항을 소거하는 회전 $x = Px'$를 구하고, $x'y'z'$계에 있어서 그 방정식을 구하여라. 2차곡면을 명명하여라.

(1) $2x^2 + 3y^2 + 23z^2 + 72xz + 150 = 0$

(2) $4x^2 + 4y^2 + 4z^2 + 4xy + 4xz + 4yz - 5 = 0$

[EX 04] 좌표축을 회전하고 평행이동하여 2차곡면이 표준위치에 있도록 하여라. 2차곡면을 명명하고 결과의 좌표계에 있어서 그 방정식을 구하여라.

(1) $2xy + 2xz + 2yz - 6x - 6y - 4z = -9$

(2) $2xy - 6x + 10y + z - 31 = 0$

(3) $2x^2 + 2y^2 + 5z^2 - 4xy - 2xz + 2yz + 10x - 26y - 2z = 0$

예제 중심의 **선형대수학 제2판**

LINEAR ALGEBRA

CHAPTER 10

행렬의 분해

10.1 최대계수인자분해(Full-Rank Factorization)

10.1 정의 최대열(행)계수

$rank(A)$와 A의 열의 개수와 같은 행렬 A가 존재한다면 A를 최대열계수행렬이라 정의한다. 최대열계수와 최대행계수행렬도 똑같이 정의한다.

예제 10.1

다음 행렬의 최대열(행)계수를 구하여라.

(1) $A = [1\ 2\ 3]$　　　　(2) $A = \begin{bmatrix} 1 & 0 \\ 1 & 0 \\ 1 & 1 \end{bmatrix}$

Solution

(1) $rank(A) = 1$이므로 최대행계수행렬이다.
(2) $rank(A) = 2$이므로 최대열계수행렬이다.

10.2 정의 최대계수인자분해

A는 계수 r인 $m \times n$행렬이라 하자. $A = FG$, F는 계수 $r(i, e$ 최대열계수$)$인 $m \times r$행렬, G는 계수 $r(i, c$ 최대행계수$)$인 $r \times n$행렬이면 $A = FG$를 A의 최대계수인자분해라 정의한다.

최대계수인자분해 하는 방법은 다음 단계로 요약한다.

단계 1 기본행연산 $E_1, E_2, \cdots, E_m$을 실행하여 행기본제형(row echelon form)을 만든다.

즉, $A \xrightarrow{E_1} [\ ] \xrightarrow{E_2} \cdots \xrightarrow{E_m} \begin{bmatrix} G \\ 0 \end{bmatrix}$

단계 2 단위행렬 I에 $E_m^{-1}, \cdots, E_1^{-1}$을 행연산을 실행하여 P^{-1}를 얻는다.

즉, $I \xrightarrow{E_m^{-1}} [\ ] \xrightarrow{E_{m-1}^{-1}} \cdots \xrightarrow{E_1^{-1}} [\ ] = P^{-1}$

단계 3 r은 G의 행의 수이면, P^{-1}의 처음 r개의 열을 가진 $m \times r$행렬 F를 생성한다.

단계 4 $A = FG$이다.

Note 기본행연산의 역은 다음과 같다.

(1) $R_i \leftrightarrow R_j$의 역은 $R_i \leftrightarrow R_j$

(2) αR_i의 역은 $\dfrac{1}{\alpha}R_j$

(3) $R_i + \alpha R_j$의 역은 $R_i - \alpha R_j$

예제 10.2

다음 행렬을 최대계수인자분해를 구하여라.

(1) $\begin{bmatrix} 1 & 1 \\ 0 & 0 \end{bmatrix}$ (2) $\begin{bmatrix} 1 & 2 & 3 \\ 1 & 1 & 0 \\ 2 & 3 & 3 \end{bmatrix}$

Solution

(1) $A = \begin{bmatrix} 1 & 1 \\ 0 & 0 \end{bmatrix}$에서 $G = [1 \ 1]$ F를 구하기 위해서 $I = \begin{bmatrix} 1 & 0 \\ 0 & 1 \end{bmatrix}$

$rankA = 1$이므로 $F = \begin{bmatrix} 1 \\ 0 \end{bmatrix}$이 $A = \begin{bmatrix} 1 \\ 0 \end{bmatrix}[1 \ 1]$의 최대계수인자분해이다.

(2) $A = \begin{bmatrix} 1 & 2 & 3 \\ 1 & 1 & 0 \\ 2 & 3 & 3 \end{bmatrix}$

단계 1: $A = \begin{bmatrix} 1 & 2 & 3 \\ 1 & 1 & 0 \\ 2 & 3 & 3 \end{bmatrix} \underset{R_3+(-2)R_1}{\overset{R_2+(-1)R_1}{\longrightarrow}} \begin{bmatrix} 1 & 2 & 3 \\ 0 & -1 & -3 \\ 0 & -1 & -3 \end{bmatrix} \overset{R_3+(-1)R_2}{\longrightarrow} \begin{bmatrix} 1 & 2 & 3 \\ 0 & -1 & -3 \\ 0 & 0 & 0 \end{bmatrix} = \begin{bmatrix} G \\ 0 \end{bmatrix}$

단계 2: $I = \begin{bmatrix} 1 & 0 & 0 \\ 0 & 1 & 0 \\ 0 & 0 & 1 \end{bmatrix} \overset{R_3+R_2}{\longrightarrow} \begin{bmatrix} 1 & 0 & 0 \\ 0 & 1 & 0 \\ 0 & 1 & 1 \end{bmatrix} \underset{R_3+2R_1}{\overset{R_2+1R_1}{\longrightarrow}} \begin{bmatrix} 1 & 0 & 0 \\ 1 & 1 & 0 \\ 2 & 1 & 1 \end{bmatrix}$

단계 3: 따라서 $rankA = 2$이므로 $F = \begin{bmatrix} 1 & 0 \\ 1 & 1 \\ 2 & 1 \end{bmatrix}$

단계 4: $A = FG = \begin{bmatrix} 1 & 0 \\ 1 & 1 \\ 2 & 1 \end{bmatrix} \begin{bmatrix} 1 & 2 & 3 \\ 0 & -1 & -3 \end{bmatrix}$이 A의 최대계수인자분해이다.

연습 문제 10.1

다음 각 행렬의 최대계수인자분해 하여라.

(1) $\begin{bmatrix} 1 & 2 & 3 \end{bmatrix}$

(2) $\begin{bmatrix} 1 & 2 \\ 3 & 4 \end{bmatrix}$

(3) $\begin{bmatrix} 1 & 2 & 4 \\ 3 & 0 & 1 \\ 1 & -4 & -7 \end{bmatrix}$

(4) $\begin{bmatrix} 1 & 2 & 5 \\ 6 & 0 & 1 \end{bmatrix}$

(5) $\begin{bmatrix} 2 & 1 & -1 & 0 \\ 1 & 0 & 2 & 3 \\ -1 & 1 & 0 & 4 \\ 3 & 0 & 1 & 0 \\ 1 & 2 & 3 & 4 \end{bmatrix}$

10.2 QR분해

A가 1차독립인 열벡터를 갖는 $m \times n$행렬이고 Q가 A의 열벡터에 그램-슈미트 방법을 적용하여 얻어진 정규직교열벡터를 갖는 행렬이라 할 때 A와 Q 사이에 관계가 존재한다면 어떠한 관계가 존재하는가?

이 문제를 풀기 위하여 A의 열벡터는 $v_1,\ v_2,\ \cdots,\ v_n$이고 Q의 정규직교열벡터는 $q_1, q_2,\ \cdots, q_n$이라 하자. 즉, $A = [v_1|v_2|\cdots|v_n|]$이고, $Q = [q_1|q_2|\cdots|q_n]$이라 하자.
$v_1,\ v_2,\ \cdots,\ v_n$은 $q_1,\ q_2,\ \cdots,\ q_n$에 의하여

$$\begin{aligned} v_1 &= < v_1, q_1 > q_1 + < v_1, q_2 > q_2 + \cdots + < v_1, q_n > q_n \\ v_2 &= < v_2, q_1 > q_1 + < v_2, q_2 > q_2 + \cdots + < v_2, q_n > q_n \\ \vdots & \qquad \vdots \qquad\qquad \vdots \qquad\qquad\qquad \vdots \\ v_n &= < v_n, q_1 > q_1 + < v_n, q_2 > q_2 + \cdots + < v_n, q_n > q_n \end{aligned}$$

으로 표현될 수 있다.

행렬곱의 j번째 열벡터는 첫째 인수의 열벡터와 둘째인수의 j번째 열로 나타나는 계수와 1차결합임을 상기하면 이들 관계는 행렬형으로

$$[v_1|v_2|\cdots|v_n] = [q_1|q_2|\cdots|q_n]\begin{bmatrix} < v_1,q_1 > & < v_2,q_1 > & \cdots & < v_n,q_1 > \\ < v_1,q_2 > & < v_2,q_2 > & \cdots & < v_n,q_2 > \\ \vdots & \vdots & & \vdots \\ < v_1,q_n > & < v_2,q_n > & \cdots & < v_n,q_n > \end{bmatrix}$$

또는 더욱 간단히 $A = QR$로 표현될 수 있다.

그런데 $j \geqq 2$에 대해서 벡터 q_j는 $v_1, v_2,\ \cdots, v_{j-1}$에 직교한다는 것이 그램-슈미트의 방법이 갖는 특성이다. 따라서 R의 주대각선 아래의 모든 성분은 영이다. 즉,

$$R = \begin{bmatrix} < v_1,q_1 > & < v_2,q_1 > & \cdots & < v_n,q_1 > \\ 0 & < v_2,q_2 > & \cdots & < v_n,q_2 > \\ \vdots & \vdots & & \vdots \\ 0 & 0 & \cdots & < v_n,q_n > \end{bmatrix}$$

따라서 A를 정규직교열벡터를 갖는 행렬 Q와 가역인 상부3각행렬 R과의 인자분해이다.
이를 A의 QR분해(QR-decomposition of A)라 한다.
위 사실을 요약하여 다음 정리를 얻는다.

정리 10.1

A가 1차독립인 열벡터를 갖는 $m \times n$행렬이고 Q가 정규직교열벡터를 갖는 $m \times n$행렬이 R이 가역인 상부3각행렬일 때 A는

$$A = QR$$

로 인자분해가 된다.

A가 $n \times n$행렬이면 A의 가역성은 열벡터가 1차독립인 것과 동일함을 상기하면 모든 가역행렬은 QR분해를 가짐을 알 수 있다.

예제 10.3

다음 행렬 A의 QR분해를 구하여라. $A = \begin{bmatrix} 1 & 0 & 0 \\ 1 & 1 & 0 \\ 1 & 1 & 1 \end{bmatrix}$

Solution

A의 열벡터는 $v_1 = \begin{bmatrix} 1 \\ 1 \\ 1 \end{bmatrix}$, $v_2 = \begin{bmatrix} 0 \\ 1 \\ 1 \end{bmatrix}$, $v_3 = \begin{bmatrix} 0 \\ 0 \\ 1 \end{bmatrix}$이다.

이들 열벡터에 정규화를 수반하는 그램-슈미트 방법을 이들 열벡터에 적용하면 정규직교벡터

$q_1 = \begin{bmatrix} 1/\sqrt{3} \\ 1/\sqrt{3} \\ 1/\sqrt{3} \end{bmatrix}$, $q_2 = \begin{bmatrix} -2/\sqrt{6} \\ 1/\sqrt{6} \\ 1/\sqrt{6} \end{bmatrix}$, $q_3 = \begin{bmatrix} 0 \\ -1/\sqrt{2} \\ 1/\sqrt{2} \end{bmatrix}$이 얻어지고

행렬 R은 $R = \begin{bmatrix} <v_1, q_1> & <v_2, q_1> & <v_n, q_1> \\ 0 & <v_2, q_2> & <v_n, q_2> \\ 0 & 0 & <v_n, q_n> \end{bmatrix} = \begin{bmatrix} 3/\sqrt{3} & 2/\sqrt{3} & 1/\sqrt{3} \\ 0 & 2/\sqrt{6} & 1/\sqrt{6} \\ 0 & 0 & 1/\sqrt{2} \end{bmatrix}$이다.

따라서 A의 QR분해는 다음과 같다.

$$\begin{bmatrix} 1 & 0 & 0 \\ 1 & 1 & 0 \\ 1 & 1 & 1 \end{bmatrix} = \begin{bmatrix} 1/\sqrt{3} & -2/\sqrt{6} & 0 \\ 1/\sqrt{3} & 1/\sqrt{6} & -1/\sqrt{2} \\ 1/\sqrt{3} & 1/\sqrt{6} & 1/\sqrt{2} \end{bmatrix} \begin{bmatrix} 3/\sqrt{3} & 2/\sqrt{3} & 1\sqrt{3} \\ 0 & 2/\sqrt{6} & 1/\sqrt{6} \\ 0 & 0 & 1/\sqrt{2} \end{bmatrix}$$

예제 10.4

행렬 $A=\begin{bmatrix}1&1&0\\1&2&1\\0&0&2\end{bmatrix}$ 의 QR인자분해를 구하여라.

Solution

$q_1=(\sqrt{2}/2,\ \sqrt{2}/2, 0)$ $q_2=(-\sqrt{2}/2,\ \sqrt{2}/2, 0)$ $q_3=(0, 0, 1)$가 얻어진다.

이 벡터들은 행렬 Q의 열을 이룬다. $Q=\begin{bmatrix}\sqrt{2}/2 & -\sqrt{2}/2 & 0\\ \sqrt{2}/2 & \sqrt{2}/2 & 0\\ 0 & 0 & 1\end{bmatrix}$

상삼각행렬 R는 다음 내적으로 구성된다.

$\begin{bmatrix}<v_1\cdot q_1> & <v_2\cdot q_1> & <v_3\cdot q_1>\\ 0 & <v_2\cdot q_2> & <v_3\cdot q_2>\\ 0 & 0 & <v_3\cdot q_3>\end{bmatrix}=\begin{bmatrix}\sqrt{2} & 3\sqrt{2}/2 & \sqrt{2}/2\\ 0 & \sqrt{2}/2 & \sqrt{2}/2\\ 0 & 0 & 2\end{bmatrix}$ 이다.

따라서 A의 QR분해는 다음과 같다.

$$\begin{bmatrix}1&1&0\\1&2&1\\0&0&2\end{bmatrix}=\begin{bmatrix}\sqrt{2}/2 & -\sqrt{2}/2 & 0\\ \sqrt{2}/2 & \sqrt{2}/2 & 0\\ 0 & 0 & 1\end{bmatrix}\begin{bmatrix}\sqrt{2} & 3\sqrt{2}/2 & \sqrt{2}/2\\ 0 & \sqrt{2}/2 & \sqrt{2}/2\\ 0 & 0 & 2\end{bmatrix}$$

연습 문제 10.2

[EX 01] 다음 각 행렬들을 QR분해하여라.

(1) $\begin{bmatrix} 1 & -1 \\ 2 & 3 \end{bmatrix}$

(2) $\begin{bmatrix} 1 & 2 \\ 0 & 1 \\ 1 & 4 \end{bmatrix}$

(3) $\begin{bmatrix} 1 & 1 \\ -2 & 1 \\ 2 & 1 \end{bmatrix}$

(4) $\begin{bmatrix} 1 & 0 & 2 \\ 0 & 1 & 1 \\ 1 & 2 & 0 \end{bmatrix}$

(5) $\begin{bmatrix} 1 & 2 & 1 \\ 1 & 1 & 1 \\ 0 & 3 & 1 \end{bmatrix}$

[EX 02] 행렬 $A = \begin{bmatrix} 1 & -1 & -1 \\ 1 & 0 & 2 \\ 1 & -1 & 3 \end{bmatrix}$ 의 QR인자분해를 구하여라.

10.3 대칭행렬의 고유치-고유벡터분해(Spectrum Decomposition)

정리 10.2

$n \times n$대칭행렬 A는 n개의 고유치 $\lambda_1, \lambda_2, \cdots, \lambda_n$을 갖는다.
그리고

$$P^TAP = D \text{ 즉, } A = PDP^T$$

로 분해되면 이 식을 전개하면 여기서 $D = diag(\lambda_1, \lambda_2, \cdots, \lambda_n)$는 고유치를 대각원소로 갖는 대각행렬이고 $P = [x_1, x_2, \cdots, x_n]$는 고유벡터를 열로 하는 정규직교행렬이다.
(다시 말하여 $P^TP = I$, $PP^T = I$)

증명

$\lambda_1, \lambda_2, \cdots, \lambda_n$이 A의 서로 다른 고유치라 하자.
k_1이 λ_1의 중복도라면 그램-슈미트 과정을 적용하여 정규직교기저를 얻는다.
n개의 고유치에 대한 고유벡터의 정규직교행렬 P를 얻는다.

$$P = [x_1, x_2, \cdots, x_n]$$

$$\begin{aligned} AP &= [Ax_1, Ax_2, \cdots, Ax_n] \\ &= [\lambda_1 x_1, \lambda_2 x_2, \cdots, \lambda_n x_n] \\ &= [x_1, x_2, \cdots, x_n]D \end{aligned}$$

즉,

$$A = PDP^T = \sum_{i=1}^{n} \lambda_i x_i x_i{}' \text{이다.}$$

이 정리의 결과로 대칭행렬을 스펙트럼분해하기 위한 순서는 다음과 같다.

단계 1 A 특성다항식에서 고유치를 구한다.
단계 2 A의 고유치에 대한 고유벡터를 구한다.
단계 3 각 고유치에 대한 정규직교 고유벡터를 얻기 위해 각 벡터들에 그램-슈미트 과정을 적용한다.

단계 4 그들의 열이 3단계에서 구한 정규직교벡터들로 이루어진 행렬 P를 구한다.

따라서 $P^{-1}AP = D$ 즉, $A = PDP^T = \sum_{i=1}^{n} \lambda_i x_i x_i{}'$이다.

예제 10.5

아래 행렬 A를 직교대각화시키는 정규직교행렬 P를 구하라. $A = \begin{bmatrix} -2 & 2 \\ 2 & 1 \end{bmatrix}$

Solution

A의 특성다항식은 $|\lambda I - A| = \begin{vmatrix} \lambda+2 & -2 \\ -2 & \lambda-1 \end{vmatrix} = (\lambda+3)(\lambda-2)$이므로 고유값은 $\lambda_1 = -3$과 $\lambda_2 = 2$이다.

각 고유값에 대해서 고유벡터를 구하면 $(-3I - A)x = 0$에서 $v_1 = \begin{bmatrix} -2 \\ 1 \end{bmatrix}$

$(2I - A) = 0$에서 $v_2 = \begin{bmatrix} 1 \\ 2 \end{bmatrix}$

v_1, v_2를 정규화하여 행렬 P를 만들면 $P = \begin{vmatrix} \frac{-2}{\sqrt{5}} & \frac{1}{\sqrt{5}} \\ \frac{1}{\sqrt{5}} & \frac{2}{\sqrt{5}} \end{vmatrix}$이고 $P^{-1}AP = P^TAP$를 계산하면 대각행렬 $P^TAP = \begin{vmatrix} \frac{-2}{\sqrt{5}} & \frac{1}{\sqrt{5}} \\ \frac{1}{\sqrt{5}} & \frac{2}{\sqrt{5}} \end{vmatrix} \begin{vmatrix} -2 & 2 \\ 2 & 1 \end{vmatrix} \begin{vmatrix} \frac{-2}{\sqrt{5}} & \frac{1}{\sqrt{5}} \\ \frac{1}{\sqrt{5}} & \frac{2}{\sqrt{5}} \end{vmatrix} = \begin{vmatrix} -3 & 0 \\ 0 & 2 \end{vmatrix}$를 얻는다.

A의 스펙트럼분해는

$$A = PDP^T$$

$$= \begin{vmatrix} \frac{-2}{\sqrt{5}} & \frac{1}{\sqrt{5}} \\ \frac{1}{\sqrt{5}} & \frac{2}{\sqrt{5}} \end{vmatrix} \begin{vmatrix} -3 & 0 \\ 0 & 2 \end{vmatrix} \begin{vmatrix} \frac{-2}{\sqrt{5}} & \frac{1}{\sqrt{5}} \\ \frac{1}{\sqrt{5}} & \frac{2}{\sqrt{5}} \end{vmatrix}$$

$$= -3 \begin{bmatrix} \frac{-2}{\sqrt{5}} \\ \frac{1}{\sqrt{5}} \end{bmatrix} \begin{bmatrix} \frac{-2}{\sqrt{5}} & \frac{1}{\sqrt{5}} \end{bmatrix} + 2 \begin{bmatrix} \frac{1}{\sqrt{5}} \\ \frac{2}{\sqrt{5}} \end{bmatrix} \begin{bmatrix} \frac{1}{\sqrt{5}} & \frac{2}{\sqrt{5}} \end{bmatrix}$$

이다.

예제 10.6

다음 대칭행렬 A를 대각화하라.

또 P^TAP가 대각행렬이 되도록 직교행렬 P와 스펙트럼분해하여라. $A = \begin{bmatrix} 2 & 1 & 1 \\ 1 & 2 & 1 \\ 1 & 1 & 2 \end{bmatrix}$

Solution

A의 특성방정식은 $\begin{bmatrix} \lambda-2 & -1 & -1 \\ -1 & \lambda-2 & -1 \\ -1 & -1 & \lambda-2 \end{bmatrix} = (\lambda-1)^2(\lambda-4) = 0$

그러므로 고유치는 $\lambda_1 = 1$, $\lambda_2 = 1$, $\lambda_3 = 4$이다. 즉, 고유치 1의 중복도는 2이다.

λ_1과 λ_2에 대응하는 고유벡터를 구하기 위해서 동차 연립방정식 $(1I_3 - A)x = 0$

즉, $\begin{bmatrix} -1 & -1 & -1 \\ -1 & -1 & -1 \\ -1 & -1 & -1 \end{bmatrix}\begin{bmatrix} x_1 \\ x_2 \\ x_3 \end{bmatrix} = \begin{bmatrix} 0 \\ 0 \\ 0 \end{bmatrix}$ (1)을 풀면 (1)의 해공간의 기저로 고유벡터는 $v_1 = \begin{vmatrix} 1 \\ -1 \\ 0 \end{vmatrix}$,

$v_2 = \begin{vmatrix} 1 \\ 0 \\ -1 \end{vmatrix}$이다.

그런데 $v_1 \cdot v_2 \neq 0$이므로 v_1과 v_2는 서로 직교하지 않으므로 그램-슈미트 과정을 적용하면

$u_1 = \dfrac{1}{\sqrt{2}}\begin{vmatrix} 1 \\ -1 \\ 0 \end{vmatrix}$, $u_2 = \dfrac{1}{\sqrt{6}}\begin{vmatrix} 1 \\ 1 \\ -2 \end{vmatrix}$ (2)

이때 집합 u_1, u_2는 (1)의 해공간에 대한 A의 고유벡터의 정규직교기저가 된다.

이제 $(4l_3 - A)x = 0$ 즉, $\begin{bmatrix} 2 & -1 & -1 \\ -1 & 2 & -1 \\ -1 & 1 & -2 \end{bmatrix}\begin{bmatrix} x_1 \\ x_2 \\ x_3 \end{bmatrix} = \begin{bmatrix} 0 \\ 0 \\ 0 \end{bmatrix}$의 해공간의 기저를 구하면 이 기저는 벡

터 $v_3 = \begin{bmatrix} 1 \\ 1 \\ 1 \end{bmatrix}$ 하나만으로 이루어진다. 이 벡터를 정규화하면 (2)의 해공간에 대한 정규직교기저로서

고유벡터 $u_3 = \dfrac{1}{\sqrt{3}}\begin{bmatrix} 1 \\ 1 \\ 1 \end{bmatrix}$을 얻게 된다.

그러므로 $P = \begin{bmatrix} \frac{1}{\sqrt{2}} & \frac{1}{\sqrt{6}} & \frac{1}{\sqrt{3}} \\ -\frac{1}{\sqrt{2}} & \frac{1}{\sqrt{6}} & \frac{1}{\sqrt{3}} \\ 0 & -\frac{2}{\sqrt{6}} & \frac{1}{\sqrt{3}} \end{bmatrix}$ $P^{-1}AP = P^TAP = \begin{bmatrix} 1 & 0 & 0 \\ 0 & 1 & 0 \\ 0 & 0 & 4 \end{bmatrix}$

A의 스펙트럼분해는

$$A = PDP'$$

$$= \begin{bmatrix} \frac{1}{\sqrt{2}} & \frac{1}{\sqrt{6}} & \frac{1}{\sqrt{3}} \\ -\frac{1}{\sqrt{2}} & \frac{1}{\sqrt{6}} & \frac{1}{\sqrt{3}} \\ 0 & -\frac{2}{\sqrt{6}} & \frac{1}{\sqrt{3}} \end{bmatrix} \begin{bmatrix} 1 & 0 & 0 \\ 0 & 1 & 0 \\ 0 & 0 & 4 \end{bmatrix} \begin{bmatrix} \frac{1}{\sqrt{2}} & -\frac{1}{\sqrt{2}} & 0 \\ \frac{1}{\sqrt{6}} & \frac{1}{\sqrt{6}} & -\frac{2}{\sqrt{6}} \\ \frac{1}{\sqrt{3}} & \frac{1}{\sqrt{3}} & \frac{1}{\sqrt{3}} \end{bmatrix}$$

$$= 1\begin{bmatrix} \frac{1}{\sqrt{2}} \\ -\frac{1}{\sqrt{2}} \\ 0 \end{bmatrix}\begin{bmatrix} \frac{1}{\sqrt{2}} & -\frac{1}{\sqrt{2}} & 0 \end{bmatrix} + 1\begin{bmatrix} \frac{1}{\sqrt{6}} \\ \frac{1}{\sqrt{6}} \\ -\frac{2}{\sqrt{6}} \end{bmatrix}\begin{bmatrix} \frac{1}{\sqrt{6}} & \frac{1}{\sqrt{6}} & -\frac{2}{\sqrt{6}} \end{bmatrix} + 4\begin{bmatrix} \frac{1}{\sqrt{3}} \\ \frac{1}{\sqrt{3}} \\ \frac{1}{\sqrt{3}} \end{bmatrix}\begin{bmatrix} \frac{1}{\sqrt{3}} & \frac{1}{\sqrt{3}} & \frac{1}{\sqrt{3}} \end{bmatrix}$$

이다.

예제 10.7

$$A = \begin{bmatrix} 0 & 0 & -2 \\ 0 & -2 & 0 \\ -2 & 0 & 0 \end{bmatrix}$$

Solution

고유치는 $\lambda_1 = -2,\ \lambda_2 = 4,\ \lambda_3 = -1$이다.

$\begin{bmatrix} 0 \\ 1 \\ 0 \end{bmatrix}, \begin{bmatrix} -1 \\ 0 \\ 2 \end{bmatrix}, \begin{bmatrix} 2 \\ 0 \\ 1 \end{bmatrix}$ 이고 이것은 직교행임은 분명하다.

이것을 정규화하면 $\begin{bmatrix} 0 \\ 1 \\ 0 \end{bmatrix}, \begin{bmatrix} -\frac{1}{\sqrt{5}} \\ 0 \\ \frac{2}{\sqrt{5}} \end{bmatrix}, \begin{bmatrix} \frac{2}{\sqrt{5}} \\ 0 \\ \frac{1}{\sqrt{5}} \end{bmatrix}$ 은 정규직교계를 이룬다.

$P^{-1}AP$가 대각행렬이 되도록 하는 행렬 P는 $P = \begin{bmatrix} 0 & -\frac{1}{\sqrt{5}} & \frac{2}{\sqrt{5}} \\ 1 & 0 & 0 \\ 0 & \frac{2}{\sqrt{5}} & \frac{1}{\sqrt{5}} \end{bmatrix}$ 이 된다.

따라서 $P^{-1}AP = P^TAP = \begin{bmatrix} -2 & 0 & 0 \\ 0 & 4 & 0 \\ 0 & 0 & -1 \end{bmatrix}$ 이다.

연습 문제 10.3

[EX 01] 다음 행렬에서 정규직교행렬 P를 구하여라.

(1) $\begin{bmatrix} -4 & 4 & -2 \\ 4 & 2 & -4 \\ -2 & -4 & -4 \end{bmatrix}$

(2) $\begin{bmatrix} 2 & 0 & 0 & 0 \\ 0 & 1 & -2 & 2 \\ 0 & -2 & 1 & 2 \\ 0 & 2 & 2 & 1 \end{bmatrix}$

(3) $\begin{bmatrix} 6 & 0 & 0 & 0 \\ 0 & 6 & 1 & 1 \\ 0 & 1 & 6 & 1 \\ 0 & 1 & 1 & 6 \end{bmatrix}$

(4) $\begin{bmatrix} 1 & 1 & 0 \\ 1 & 1 & 0 \\ 0 & 0 & 2 \end{bmatrix}$

[EX 02] (1) 다음 행렬 A를 고유치분해하여라. $\begin{bmatrix} 1 & 1 & 1 \\ 1 & 1 & 1 \\ 1 & 1 & 1 \end{bmatrix}$

(2) (1)을 이용하여 A^{100}과 $\sqrt{A}$를 구하여라.

[EX 03] 다음 행렬 A에 대하여 P^TAP가 대각행렬이 되도록 정규직교행렬 P를 구하여라.

(1) $\begin{bmatrix} 0 & 2 & 2 \\ 2 & 0 & -2 \\ 2 & -2 & 0 \end{bmatrix}$

(2) $\begin{bmatrix} 1 & 2 \\ 2 & 1 \end{bmatrix}$

(3) $\begin{bmatrix} -1 & -3 & 0 \\ -3 & -1 & 0 \\ 0 & 0 & 2 \end{bmatrix}$

(4) $\begin{bmatrix} 0 & 2 & 2 \\ 2 & 4 & 2 \\ 2 & 2 & 0 \end{bmatrix}$

(5) (1)의 각 A에 대하여 A^{10}을 구하여라.

10.4 비정칙치분해(Singular Value Decomposition : SVD)

크기가 $m \times n$이고 계수가 r인 임의의 행렬 A는 다음과 같이 분해된다.

$$A = UDV^T$$

여기서 U는 AA^T의 고유벡터 $m \times m$정규직교행렬이고 V는 A^TA의 고유벡터 $n \times n$정규직교행렬이며 D는 $m \times n$행렬로 일반적인 형태는 $D = \begin{bmatrix} D_1 & 0 \\ 0 & 0 \end{bmatrix}$이고, 여기서 D_1은 크기가 $r \times r$이고 AA^T와 A^TA의 양수고유값의 제곱근 $\sqrt{\lambda_1}, \sqrt{\lambda_2}, \cdots, \sqrt{\lambda_r}$을 대각원소로 하는 대각행렬이다. 또한 $\sqrt{\lambda_1}, \sqrt{\lambda_2}, \cdots, \sqrt{\lambda_r}$을 A의 비정칙값(특이값, singular value)이라 한다(0은 영행렬).
즉,

$$A = UDV^T = \sqrt{\lambda_1}\mu_1 v_1^T + \sqrt{\lambda_2}\mu_2 v_2^T + \cdots + \sqrt{\lambda_r}\mu_r v_r^T \text{ 이다.}$$

예제 10.8

다음 행렬 A에 대하여 다음을 구하여라. $\begin{bmatrix} 1 & 2 \\ 1 & 2 \end{bmatrix}$

(1) A^TA와 AA^T의 고유치를 구하여라.

(2) A^TA와 AA^T의 정규직교벡터집합 V와 U를 구하여라.

(3) A의 비정칙분해를 하여라.

Solution

(1) $AA^T = \begin{bmatrix} 1 & 2 \\ 1 & 2 \end{bmatrix}\begin{bmatrix} 1 & 1 \\ 2 & 2 \end{bmatrix} = \begin{bmatrix} 5 & 5 \\ 5 & 5 \end{bmatrix}$이므로 AA^T의 특성다항식은

$|\lambda I - AA^T| = \begin{vmatrix} \lambda-5 & -5 \\ -5 & \lambda-5 \end{vmatrix} = \lambda(\lambda-10)$이므로 고유값은 $\lambda_1 = 0$과 $\lambda_2 = 10$이다.

또한 $A^TA = \begin{bmatrix} 1 & 1 \\ 2 & 2 \end{bmatrix}\begin{bmatrix} 1 & 2 \\ 1 & 2 \end{bmatrix} = \begin{bmatrix} 2 & 4 \\ 4 & 8 \end{bmatrix}$이므로 A^TA의 특성다항식은

$|\lambda I - A^TA| = \begin{vmatrix} \lambda-2 & -4 \\ -4 & \lambda-8 \end{vmatrix} = \lambda(\lambda-10)$이므로 고유값은 $\lambda_1 = 0$과 $\lambda_2 = 10$이다.

(2) AA^T의 각 고유값에 대해서 정규직교고유벡터를 구하면

$\lambda_1 = 0$일 때 $\begin{bmatrix} -5 & -5 \\ -5 & -5 \end{bmatrix}\begin{bmatrix} x \\ x \end{bmatrix} = \begin{bmatrix} 0 \\ 0 \end{bmatrix}$이므로 $-5x_1 - 5x_2 = 0$

$$x_1 = \begin{bmatrix} -t \\ t \end{bmatrix} = t\begin{bmatrix} -1 \\ 1 \end{bmatrix} \qquad v_1 = \begin{bmatrix} -\frac{1}{\sqrt{2}} \\ \frac{1}{\sqrt{2}} \end{bmatrix}$$

$\lambda_2 = 10$일 때 $\begin{bmatrix} 5 & -5 \\ -5 & 5 \end{bmatrix}\begin{bmatrix} x_1 \\ x_2 \end{bmatrix} = \begin{bmatrix} 0 \\ 0 \end{bmatrix}$에서 $5x_1 - 5x_2 = 0 \quad x_1 = x_2$

$$x_2 = \begin{bmatrix} t \\ t \end{bmatrix} = t\begin{bmatrix} 1 \\ 1 \end{bmatrix} \qquad v_2 = \begin{bmatrix} \frac{1}{\sqrt{2}} \\ \frac{1}{\sqrt{2}} \end{bmatrix}$$

$$U = \begin{bmatrix} -\frac{1}{\sqrt{2}} & \frac{1}{\sqrt{2}} \\ \frac{1}{\sqrt{2}} & \frac{1}{\sqrt{2}} \end{bmatrix}$$

A^TA의 각 고유값에 대해서 정규직교고유벡터를 AA^T처럼 구하면 $V = \begin{bmatrix} -\frac{2}{\sqrt{5}} & \frac{1}{\sqrt{5}} \\ \frac{1}{\sqrt{5}} & \frac{2}{\sqrt{5}} \end{bmatrix}$이다.

(3) $A = UDV^T = \sqrt{\lambda_1}\, u_1 v_1^T + \sqrt{\lambda_2}\, u_2 v_2^T$

$$= \sqrt{10}\, u_1 v_1^T + \sqrt{0}\, u_2 v_2^T$$

$$= \sqrt{10}\begin{bmatrix} \frac{1}{\sqrt{2}} \\ \frac{1}{\sqrt{2}} \end{bmatrix}\begin{bmatrix} \frac{1}{\sqrt{5}} & \frac{2}{\sqrt{5}} \end{bmatrix}$$

이다.

예제 10.9

다음 행렬 A에 대하여 다음을 구하여라. $\begin{bmatrix} 2 & 2 & 0 \\ -1 & 1 & 0 \\ 0 & 0 & 1 \end{bmatrix}$

(1) AA^T와 A^TA의 고유치를 구하여라.

(2) A^TA와 AA^T의 정규직교벡터집합 V와 U를 구하여라.

(3) A의 비정칙분해를 하여라.

Solution

(1) $AA^T = \begin{bmatrix} 2 & 2 & 0 \\ -1 & 1 & 0 \\ 0 & 0 & 1 \end{bmatrix}\begin{bmatrix} 2 & -1 & 0 \\ 2 & 1 & 0 \\ 0 & 0 & 1 \end{bmatrix} = \begin{bmatrix} 8 & 0 & 0 \\ 0 & 2 & 0 \\ 0 & 0 & 1 \end{bmatrix}$이므로 AA^T의 특성다항식은

$|\lambda I - AA^T| = \begin{bmatrix} \lambda-8 & 0 & 0 \\ 0 & \lambda-2 & 0 \\ 0 & 0 & \lambda-1 \end{bmatrix} = (\lambda-8)(\lambda-2)(\lambda-1)$이므로

고유값은 $\lambda_1 = 8,\ \lambda_2 = 2,\ \lambda_3 = 1$이다.

A^TA의 고유치도 같은 방법으로 구하면 $\lambda_1 = 8,\ \lambda_2 = 2,\ \lambda_3 = 1$이다.

(2) $\lambda = 8$일 때 $\begin{bmatrix} 0 & 0 & 0 \\ 0 & 6 & 0 \\ 0 & 0 & 7 \end{bmatrix}\begin{bmatrix} x_1 \\ x_2 \\ x_3 \end{bmatrix} = \begin{bmatrix} 0 \\ 0 \\ 0 \end{bmatrix}$이므로 $x_1 = t,\ x_2 = 0,\ x_3 = 0$

$x_1 = \begin{bmatrix} t \\ 0 \\ 0 \end{bmatrix} = t\begin{bmatrix} 1 \\ 0 \\ 0 \end{bmatrix},\ v_1 = \begin{bmatrix} 1 \\ 0 \\ 0 \end{bmatrix}$

$\lambda = 2$일 때 $\begin{bmatrix} -6 & 0 & 0 \\ 0 & 0 & 0 \\ 0 & 0 & 1 \end{bmatrix}\begin{bmatrix} x_1 \\ x_2 \\ x_3 \end{bmatrix} = \begin{bmatrix} 0 \\ 0 \\ 0 \end{bmatrix}$ 이므로 $x_1 = 0,\ x_2 = s,\ x_3 = 0$

$x_2 = \begin{bmatrix} 0 \\ s \\ 0 \end{bmatrix} = s\begin{bmatrix} 0 \\ 1 \\ 0 \end{bmatrix}, \qquad u_2 = \begin{bmatrix} 0 \\ 1 \\ 0 \end{bmatrix}$

$\lambda = 1$일 때 $\begin{bmatrix} -7 & 0 & 0 \\ 0 & -1 & 0 \\ 0 & 0 & 0 \end{bmatrix}\begin{bmatrix} x_1 \\ x_2 \\ x_3 \end{bmatrix} = \begin{bmatrix} 0 \\ 0 \\ 0 \end{bmatrix}$이므로 $x_1 = 0,\ x_2 = 0,\ x_3 = r$

$x_3 = \begin{bmatrix} 0 \\ 0 \\ r \end{bmatrix} = r\begin{bmatrix} 0 \\ 0 \\ 1 \end{bmatrix},\ u_3 = \begin{bmatrix} 0 \\ 0 \\ 1 \end{bmatrix}$

$U = \begin{bmatrix} 1 & 0 & 0 \\ 0 & 1 & 0 \\ 0 & 0 & 1 \end{bmatrix}$

A^TA의 각 고유값에 대해서 정규직교고유벡터 집합을 AA^T처럼 구하면

$$V = \begin{bmatrix} \frac{1}{\sqrt{2}} & -\frac{1}{\sqrt{2}} & 0 \\ \frac{1}{\sqrt{2}} & \frac{1}{\sqrt{2}} & 0 \\ 0 & 0 & 1 \end{bmatrix} \qquad D = \begin{bmatrix} \sqrt{8} & 0 & 0 \\ 0 & \sqrt{2} & 0 \\ 0 & 0 & \sqrt{1} \end{bmatrix}$$

(3) $A = UDV^T = \sqrt{\lambda_1}\, u_1 v_1^T + \sqrt{\lambda_2}\, u_2 v_2^T + \sqrt{\lambda_3}\, u_3 v_3^T$

$= \sqrt{8}\begin{bmatrix}1\\0\\0\end{bmatrix}\begin{bmatrix}\frac{1}{\sqrt{2}} & \frac{1}{\sqrt{2}} & 0\end{bmatrix} + \sqrt{2}\begin{bmatrix}0\\1\\0\end{bmatrix}\begin{bmatrix}-\frac{1}{\sqrt{2}} & \frac{1}{\sqrt{2}} & 0\end{bmatrix} + \sqrt{1}\begin{bmatrix}0\\0\\1\end{bmatrix}[0\ 0\ 1]$ 이다.

연습 문제 10.4

[EX 01] 다음 각 행렬에 대하여

$A = UDV^T = \sum_{i=1}^{r} \sqrt{\lambda_i} u_i v_i^T$인 AA^T와 A^TA의 정규직교행렬 U, V를 구하여라.

(1) $A = \begin{bmatrix} 2 & -2 \\ 3 & 3 \end{bmatrix}$

(2) $A = \begin{bmatrix} 6 & 3 & 0 \\ -6 & 0 & 3 \\ 0 & -6 & -6 \end{bmatrix}$

(3) $A = \begin{bmatrix} 2 & 0 & 0 \\ 0 & 2 & 1 \\ 0 & 1 & 2 \end{bmatrix}$

[EX 02] 다음 행렬을 비정칙분해하여라.

(1) $\begin{bmatrix} 2 & -1 \\ 2 & 2 \end{bmatrix}$

(2) $\begin{bmatrix} 2 & 3 \\ 0 & 2 \end{bmatrix}$

(3) $\begin{bmatrix} -3 & 1 \\ 6 & -2 \\ 6 & -2 \end{bmatrix}$

(4) $\begin{bmatrix} 1 & 1 \\ 0 & 1 \\ -1 & 1 \end{bmatrix}$

CHAPTER 11

정답 및 해설

CHAPTER 01. 행렬

연습 문제 1.1

EX 1

(1) $A-2B=\begin{bmatrix} -2 & -17 & -2 \\ 5 & 13 & -3 \end{bmatrix}$

$6A+7B=\begin{bmatrix} 26 & 69 & 26 \\ 11 & -36 & 39 \\ 20 & 26 & 13 \end{bmatrix}$

(2) $X=B-A-10I$

EX 2

(1) $X=\frac{1}{3}(B-4A)=\frac{1}{3}\begin{bmatrix} -4 & -7 & -12 \\ 6 & 3 & -1 \\ 2 & -4 & -5 \end{bmatrix}$

(2) $X=\frac{1}{5}(B-A)=\frac{1}{5}\begin{bmatrix} -1 & -1 & -3 \\ 6 & 6 & -1 \\ -1 & -1 & -2 \end{bmatrix}$

(3) $X=\frac{1}{7}\begin{bmatrix} 2 & 1 & 6 \\ -18 & -19 & 3 \\ 4 & 2 & 5 \end{bmatrix}$

EX 3

(1) $\begin{bmatrix} 3 & 19 & 5 \\ 13 & 17 & 20 \end{bmatrix}$ (2) $\begin{bmatrix} 6 & 21 & -9 \\ 1 & -2 & -3 \end{bmatrix}$

(3) $\begin{bmatrix} -2 & 7 & 1 \\ 3 & 6 & 7 \end{bmatrix}$

EX 4

(1) $X=\begin{bmatrix} -3 & -3 \\ 1 & -5 \end{bmatrix}$ (2) $X=\begin{bmatrix} -1 & -2 & -3 \\ -2 & 1 & -5 \end{bmatrix}$

(3) $X=B$

EX 5

(1) $\alpha=3$ (2) $\alpha=3$

EX 6 **EX 7** 생략

연습 문제 1.2

EX 1

(1) -2 (2) 23 (3) -3

EX 2

(1) 8 (2) 4

EX 3

(1) $x=-2,\ y=-4$ (2) $x=\frac{13}{7},\ y=\frac{3}{7}$

(3) $x=-1,\ y=\frac{9}{8},\ z=\frac{11}{8}$

(4) $x=\frac{t+1}{2},\ y=\frac{5t+3}{2},\ z=t$

EX 4

$AB=\begin{bmatrix} 30 & 38 & 10 \\ 15 & 21 & 16 \\ -21 & -27 & -9 \end{bmatrix},\ BA=\begin{bmatrix} 6 & 0 & 5 \\ 30 & 36 & 11 \\ -1 & -2 & 0 \end{bmatrix}$

EX 5

$CD=\begin{bmatrix} 21 & 24 & 27 \\ 47 & 54 & 61 \end{bmatrix}$, DC는 정의되지 않음

EX 6

$A = \begin{bmatrix} 0 & 1 \\ 0 & 0 \end{bmatrix}, B = \begin{bmatrix} 0 & 2 \\ 0 & 0 \end{bmatrix}$

EX 7

(1) $A\mathrm{x} = b, A = \begin{bmatrix} 1 & 2 & 3 \\ 5 & 1 & 6 \end{bmatrix}$

$b = \begin{bmatrix} 1 \\ 2 \end{bmatrix}, \mathrm{x} = \begin{bmatrix} x \\ y \\ z \end{bmatrix}$

(2) $A\mathrm{x} = b, A = \begin{bmatrix} 1 & -2 & 3 & 4 \\ 0 & 2 & -1 & 1 \\ 5 & 6 & 7 & 8 \end{bmatrix}$

$b = \begin{bmatrix} 1 \\ 2 \\ 9 \end{bmatrix}, \mathrm{x} = \begin{bmatrix} x_1 \\ x_2 \\ x_3 \\ x_4 \end{bmatrix}$

(3) $A\mathrm{x} = b, A = \begin{bmatrix} 2 & 3 & 5 \\ 1 & 1 & -7 \end{bmatrix}$

$b = \begin{bmatrix} 1 \\ 6 \end{bmatrix}, \mathrm{x} = \begin{bmatrix} u \\ v \\ w \end{bmatrix}$

EX 8

$A = \begin{bmatrix} 1 & 1 & 1 \\ 1 & 0 & 0 \\ 0 & 1 & 0 \end{bmatrix}$

EX 9

$A = \begin{bmatrix} 1 & 2 \\ 1 & 0 \end{bmatrix}, a_4 = 5$

EX 10

$A = \begin{bmatrix} 1 & 1 \\ 1 & 0 \end{bmatrix}$

EX 11

$P(n) = A^n P(0), P(n) = \begin{bmatrix} A_n \\ B_n \end{bmatrix}$

$A = \begin{bmatrix} 0.6 & 0.7 \\ 0.1 & 1.2 \end{bmatrix}$ 그리고 $P(0) = \begin{bmatrix} A_0 \\ B_0 \end{bmatrix} = \begin{bmatrix} 50{,}000 \\ 100{,}000 \end{bmatrix}$

EX 12

(i) $S_5 = 91{,}458, F_5 = 119{,}760,$
$S_6 = 111{,}926, F_6 = 141{,}883$

(ii) $S_5 = 77{,}946, F_5 = 79{,}412,$
$S_6 = 86{,}329, F_6 = 79{,}706$

EX 13 **EX 14** 생략

연습 문제 1.3

EX 1 **EX 2** 생략

EX 3 $A = \begin{bmatrix} 1 & 2 & 3 \\ 2 & 4 & 5 \\ 3 & 5 & 6 \end{bmatrix}, A = \begin{bmatrix} a & h & g \\ h & b & f \\ g & f & c \end{bmatrix}$

EX 4 $A = \begin{bmatrix} -1 & 1 \\ 1 & 1 \end{bmatrix}$

EX 5 $A = \begin{bmatrix} 5 & 3 \\ 3 & 1 \end{bmatrix}$

EX 6 $A = \begin{bmatrix} a & h & g \\ h & b & f \\ g & f & c \end{bmatrix}$

EX 7

(1) 생략 (2) 생략

(3) $A = \begin{bmatrix} 1 & 1 \\ 1 & 0 \end{bmatrix}, B = \begin{bmatrix} 1 & 1 \\ 1 & 1 \end{bmatrix}$

EX 8 생략

EX 9

(1) $A = \begin{bmatrix} 1 & 0 \\ 1 & 1 \end{bmatrix}, B = \begin{bmatrix} 1 & 1 \\ 0 & 1 \end{bmatrix}$ (2) 생략

CHAPTER 02.

연립 1차방정식 정칙행렬

연습 문제 2.1

EX 1

(1) (0,2) (2) (2,-1,-1)

(3) (-26,13,-7,4)

EX 2

(1) (3,2) (2) (4,-3,2)

(3) ϕ (4) (0, 2-4t, t)

EX 3

(1) (0, -t, t) (2) (-t, s, 0, t)

EX 4

(1) $k \neq -\frac{4}{3}$ (2) 모든 실수

EX 5

$$\begin{bmatrix} 1 & 1 & 0 & 2 \\ 0 & 1 & 1 & 2 \\ 1 & 0 & 1 & 2 \\ a & b & c & 0 \end{bmatrix} \to \begin{bmatrix} 1 & 0 & 0 & 1 \\ 0 & 1 & 0 & 1 \\ 0 & 0 & 1 & 1 \\ 0 & 0 & 0 & a+b+c \end{bmatrix}$$

$x=1,\ y=1,\ z=1,\ 0=a+b+c$

(1) $a+b+c=0$

(2) $a+b+c \neq 0$

(3) 무수히 많은 해를 가질 수 없다.

EX 6

(1) (0, 0, 0) (2) 비자명한 해

(3) 비자명한 해

연습 문제 2.2

EX 1

(1) $\begin{bmatrix} 1/2 & 0 \\ 0 & 1 \end{bmatrix}$ (2) $\begin{bmatrix} 1 & 0 \\ -3 & 1 \end{bmatrix}$

(3) $\begin{bmatrix} 0 & 1 & 0 \\ 1 & 0 & 0 \\ 0 & 0 & 1 \end{bmatrix}$ (4) $\begin{bmatrix} 1 & 0 & 0 \\ 0 & 1 & 3 \\ 0 & 0 & 1 \end{bmatrix}$

(5) $\begin{bmatrix} 1 & 0 & 0 & 0 \\ 0 & 1 & 0 & 0 \\ 0 & -1 & 1 & 0 \\ 0 & 0 & 0 & 1 \end{bmatrix}$

EX 2

(1) $\begin{bmatrix} -2 & 0 \\ 0 & 1 \end{bmatrix}$ (2) $\begin{bmatrix} 1 & 0 & 0 \\ 0 & 0 & 1 \\ 0 & 1 & 0 \end{bmatrix}$

(3) $\begin{bmatrix} 1 & 0 & 0 \\ 0 & 1 & 0 \\ 0 & 2 & 1 \end{bmatrix}$

EX 3

(1) $\begin{bmatrix} 0 & 0 & 1 \\ 0 & 1 & 0 \\ 1 & 0 & 0 \end{bmatrix}$ (2) $\begin{bmatrix} 1 & -3 \\ 0 & 1 \end{bmatrix}$

(3) $\begin{bmatrix} 1/2 & 0 & 0 \\ 0 & 1 & 0 \\ 0 & 0 & 1 \end{bmatrix}$

EX 4

(1) $\begin{bmatrix} 1/\lambda_1 & 0 & 0 & 0 \\ 0 & 1/\lambda_2 & 0 & 0 \\ 0 & 0 & 1/\lambda_3 & 0 \\ 0 & 0 & 0 & 1/\lambda_4 \end{bmatrix}$

(2) $\begin{bmatrix} 0 & 0 & 0 & 1/\lambda_1 \\ 0 & 0 & 1/\lambda_2 & 0 \\ 0 & 1/\lambda_3 & 0 & 0 \\ 1/\lambda_4 & 0 & 0 & 0 \end{bmatrix}$

연습 문제 2.3

EX 1

(1) $\begin{bmatrix} 7 & -2 \\ -3 & 1 \end{bmatrix}$ (2) $\begin{bmatrix} -19 & -33 \\ -4 & -7 \end{bmatrix}$

(3) $\begin{bmatrix} 1 & 1 & -1 \\ -3 & 2 & -1 \\ 3 & -3 & 2 \end{bmatrix}$ (4) No

(5) $\begin{bmatrix} -\frac{3}{2} & \frac{3}{2} & 1 \\ \frac{9}{2} & -\frac{7}{2} & -3 \\ -1 & 1 & 1 \end{bmatrix}$

EX 2

(1) (4, 8) (2) (0, 0)

(3) (-5, -40.5, 48) (4) (0, 0, 0)

EX 3 $x=4$

EX 4 $\begin{bmatrix} -1 & \frac{1}{2} \\ \frac{3}{4} & -\frac{1}{4} \end{bmatrix}$

EX 5 $\begin{bmatrix} \sin\theta & -\cos\theta \\ \cos\theta & \sin\theta \end{bmatrix}$

EX 6

$$a_{11}\, a_{22} \cdots a_{nn} \neq 0$$

$$\begin{bmatrix} \frac{1}{a_{11}} & 0 & 0 \cdots & 0 \\ 0 & \frac{1}{a_{22}} & 0 \cdots & 0 \\ \vdots & & & \\ 0 & 0 & 0 \cdots & \frac{1}{a_{nn}} \end{bmatrix}$$

EX 7

(1) $\begin{bmatrix} -1 & 0 & 0 \\ 0 & \frac{1}{3} & 0 \\ 0 & 0 & \frac{1}{2} \end{bmatrix}$ (2) $\begin{bmatrix} 2 & 0 & 0 \\ 0 & 3 & 0 \\ 0 & 0 & 4 \end{bmatrix}$

EX 8 $\begin{bmatrix} 1 & 0 \\ 26 & 27 \end{bmatrix}$, $\begin{bmatrix} 1 & 0 \\ -\frac{26}{27} & \frac{1}{27} \end{bmatrix}$, $\begin{bmatrix} 0 & 0 \\ 4 & 4 \end{bmatrix}$

EX 9 $\begin{bmatrix} \cos\theta & -\sin\theta \\ \sin\theta & \cos\theta \end{bmatrix}$

EX 10

(1) $x=\frac{15}{7},\ y=-\frac{26}{7},\ z=\frac{2}{7}$

(2) $x=\frac{16}{3}-t-2s,\ y=\frac{8}{3}-2t,\ z=t,\ w=s$

(3) $x=1,\ y=1,\ z=0$

(4) $x=1,\ y=\frac{2}{3},\ z=-\frac{2}{3}$

연습 문제 2.4

EX 1

(1) $f(x)=a_0+a_1x+a_2x^2$에서

$$a_0+a_1(2)+a_2(2)^2=a_0+2a_1+4a_2=4$$

$$a_0+a_1(3)+a_2(3)^2=a_0+3a_1+9a_2=6$$

$$a_0+a_1(5)+a_2(5)^2=a_0+5a_1+25a_2=10$$

첨가행렬에서 가우스—조르단 소거법을 사용

하면 $\begin{bmatrix} 1 & 2 & 4 & 4 \\ 1 & 3 & 9 & 6 \\ 1 & 5 & 25 & 10 \end{bmatrix} \Rightarrow \begin{bmatrix} 1 & 0 & 0 & 0 \\ 0 & 1 & 0 & 2 \\ 0 & 0 & 1 & 0 \end{bmatrix}$

그러므로 $f(x)=2x$

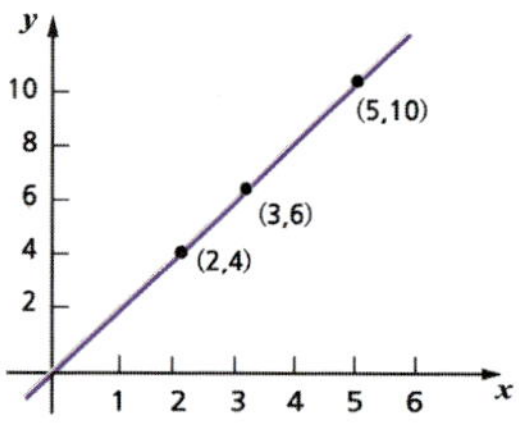

(2) $f(z)=a_0+a_1z+a_2z^2$에서

$a_0+a_1(-1)+a_2(-1)^2=a_0-a_1+a_2=5$

$a_0+a_1(0)+a_2(0)^2=a_0=7$

$a_0+a_1(1)+a_2(1)^2=a_0+a_1+a_2=12$

확대행렬은 $\begin{bmatrix} 1 & -1 & 1 & 5 \\ 1 & 0 & 0 & 7 \\ 1 & 1 & 1 & 12 \end{bmatrix}$

가우스—조르단 소거법을 적용한 행렬

$\begin{bmatrix} 1 & 0 & 0 & 7 \\ 0 & 1 & 0 & \frac{7}{2} \\ 0 & 0 & 1 & \frac{3}{2} \end{bmatrix}$ 그러므로 $f(z)=7+\frac{7}{2}z+\frac{3}{2}z^2$,

$f(x)=7+\frac{7}{2}(x-2002)+\frac{3}{2}(x-2002)^2$

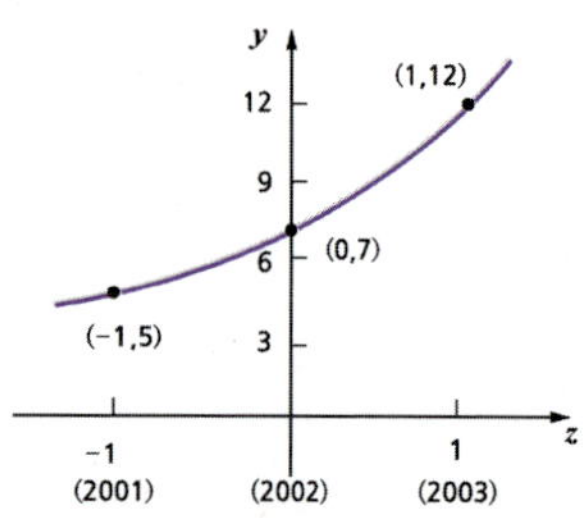

EX 2

(1) 회로의 6개의 교차점에서 다음 6개의 1차방정식이 얻어진다.

$600=x_1+x_3$

$x_1=x_2+x_4$

$x_2+x_5=500$

$x_3+x_6=600$

$x_4+x_7=x_6$

$500=x_5+x_7$

이 연립방정식의 첨가행렬과 가우스—조르단 소거법을 적용하면 다음 행렬을 얻는다.

$$\begin{bmatrix} 1 & 0 & 1 & 0 & 0 & 0 & 0 & 600 \\ 1 & -1 & 0 & -1 & 0 & 0 & 0 & 0 \\ 0 & 1 & 0 & 0 & 1 & 0 & 0 & 500 \\ 0 & 0 & 1 & 0 & 0 & 1 & 0 & 600 \\ 0 & 0 & 0 & 1 & 0 & -1 & 1 & 0 \\ 0 & 0 & 0 & 0 & 1 & 0 & 1 & 500 \end{bmatrix} \Rightarrow \begin{bmatrix} 1 & 0 & 0 & 0 & 0 & -1 & 0 & 0 \\ 0 & 1 & 0 & 0 & 0 & 0 & -1 & 0 \\ 0 & 0 & 1 & 0 & 0 & 1 & 0 & 600 \\ 0 & 0 & 0 & 1 & 1 & -1 & 1 & 0 \\ 0 & 0 & 0 & 0 & 0 & 0 & 1 & 500 \\ 0 & 0 & 0 & 0 & 0 & 0 & 0 & 0 \end{bmatrix}$$

$x_7=t,\ x_6=s$

$x_1=s$

$x_2=t,\ x_3=600-s$

$x_4=s-t$

$x_5=500-t$

$x_6=s$

$x_7=t$

(2) $x_6=x_7=0$이면 $x_1=0,\ x_2=0\ x_3=600,$

$x_4=0,\ x_5=500,\ x_6=0,\ x_7=0$

(3) $x_5=1000,\ x_6=0$이면

$x_1=0,\ x_2=-500,\ x_3=600,\ x_4=500,$

$x_5=1000,\ x_6=0,\ x_7=-500$

이다.

EX 3

회로의 5개의 교차점에서 다음 5개의 1차방정식이 얻어진다.

$x_1+x_2=20$	교차점 1
$x_3+20=x_4$	교차점 2
$x_2+x_3=20$	교차점 3
$x_1+10=x_5$	교차점 4
$x_5+10=x_4$	교차점 5

이 연립방정식의 첨가행렬은 다음과 같다.

$$\begin{bmatrix} 1 & 1 & 0 & 0 & 0 & 20 \\ 0 & 0 & 1 & -1 & 0 & -20 \\ 0 & 1 & 1 & 0 & 0 & 20 \\ 1 & 0 & 0 & 0 & -1 & -10 \\ 0 & 0 & 0 & -1 & 1 & -10 \end{bmatrix}$$

여기에 가우스–조르단 소거법을 적용하면 다음 행렬을 얻는다.

$$\begin{bmatrix} 1 & 0 & 0 & 0 & -1 & -10 \\ 0 & 1 & 0 & 0 & 1 & 30 \\ 0 & 0 & 1 & 0 & -1 & -10 \\ 0 & 0 & 0 & 1 & -1 & 10 \\ 0 & 0 & 0 & 0 & 0 & 0 \end{bmatrix}$$

$x_5 = t$라 하면

$x_1 = t-10, x_2 = -t+30, x_3 = t-10, x_4 = t+10, x_5 = t$

여기서, t는 임의의 실수이다. 이 연립방정식은 무수히 많은 해를 갖는다.

EX 4

(1) 각 교차점에 키르히호프의 제1법칙을 적용하면 $I_1 + I_3 = I_2$ 을 얻고, 제2법칙을 두 경로에 적용하면 $R_1I_1 + R_2I_2 = I_1 + 2I_2 = a$
$R_2I_2 + R_3I_3 = 2I_2 + 4I_3 = b$

따라서 첨가행렬은 $\begin{bmatrix} 1 & -1 & 1 & 0 \\ 1 & 2 & 0 & a \\ 0 & 2 & 4 & b \end{bmatrix}$

가우스–조르단 소거법을 적용하면

$$\begin{bmatrix} 1 & 0 & 0 & (3a-b)/7 \\ 0 & 1 & 0 & (4a+b)/14 \\ 0 & 0 & 1 & (3b-2a)14 \end{bmatrix}$$

$a=5, b=8$일 때 $I_1 = 1, I_2 = 2, I_3 = 1$

(2) $a=2,\ b=6,\ I_1 = 0,\ I_2 = 1,\ I_3 = 1$

EX 5

(1) $y = -\dfrac{1}{3} + 2x$

(2) $y = 1.3 + 0.6x$

(3) $y = 0.412x + 3$

(4) $y = -0.5x + 7.5$

EX 6

(1) $y = 685 - 240x$

(2) 349

CHAPTER 03. 행렬식

연습 문제 3.1

(1) 24

(2) 220

(3) 625

(4) 1080

(5) 1

(6) abcd

(7) -3

(8) -3

(9) -9

(10) 24

(11) abcd

연습 문제 3.2

EX 1

(1) $\det\begin{bmatrix}3&0&2\\-1&5&0\\1&9&6\end{bmatrix} = -\det\begin{bmatrix}1&9&6\\-1&5&0\\3&0&2\end{bmatrix}$

$(by\ R_1 \leftrightarrow R_3) = \det\begin{bmatrix}1&9&6\\0&14&6\\0&-27&-16\end{bmatrix}$

$(by\ R_2 + 1R_1,\ R_3 - 3R_1) =$

$-\det\begin{bmatrix}1&9&6\\0&14&6\\0&0&-\frac{62}{14}\end{bmatrix}(R_3 + \frac{27}{14}R_2) = 62$

(2) $\det\begin{bmatrix}1&2&-1\\0&1&0\\2&6&0\end{bmatrix} = \det\begin{bmatrix}1&2&-1\\0&1&0\\0&2&2\end{bmatrix}(R_3 - 2R_1)$

$= \det\begin{bmatrix}1&2&-1\\0&1&0\\0&0&2\end{bmatrix}(R_3 - 2R_2) = 2$

(3) 30

(4) -2

(5) 0

EX 2 생략

EX 3 -72

EX 4

$\det(A - xI) = 0,\ x^3 - 5x^2 - 4x + 20 = 0,\ x = 5, 2, -2$

연습 문제 3.3

EX 1

(1) det A = 0이므로 A^{-1}가 존재하지 않는다.

(2) $\det A = -1,\ A^{-1} = \frac{1}{-1}\begin{bmatrix}0&1\\0&-1\end{bmatrix}^T = \begin{bmatrix}-1&0\\0&1\end{bmatrix}$

(3) $A^{-1} = -1\begin{bmatrix}1&-1\\-3&2\end{bmatrix}^T = \begin{bmatrix}-1&3\\1&-1\end{bmatrix}$

(4) det A = 0이므로 A^{-1}가 존재하지 않는다.

(5) $\det A = -5$

$A^{-1} = -\frac{1}{5}\begin{pmatrix}-7&2&2\\3&2&-3\\1&-1&-1\end{pmatrix}^T = \frac{1}{5}\begin{pmatrix}7&-3&-1\\-2&-2&1\\-2&3&1\end{pmatrix}$

(6) $A^{-1} = \frac{1}{3}\begin{pmatrix} -1 & 14 & 3 \\ 1 & -2 & 0 \\ 1 & 1 & 0 \end{pmatrix}$

(7) $\frac{1}{9}\begin{bmatrix} 1 & 4 & 2 & -3 \\ 8 & -4 & 7 & -6 \\ -5 & -2 & -1 & 6 \\ -3 & -3 & -6 & 9 \end{bmatrix}$

(8) $\begin{bmatrix} -1 & 3 & -\frac{3}{2} & -1 \\ -2 & 3 & -1 & -1 \\ -2 & 4 & -1 & -2 \\ 1 & -2 & -6 & 1 \end{bmatrix}$

연습 문제 3.4

EX 1

$x = 1, y = -4, z = 5$

EX 2

$x = -\frac{1}{3}, y = \frac{17}{9}, z = -\frac{34}{9}$

EX 3

$x_1 = -\frac{1}{15}, x_2 = -\frac{13}{15}, x_3 = \frac{1}{3}$

EX 4

$x = 1, y = 2, z = -2$

EX 5

$x = 2, y = -2, z = 1$

EX 6

$x_1 = 0, x_2 = 1, x_3 = 0, x_4 = 1$

CHAPTER 04. 공간벡터

연습 문제 4.1

EX 1

(1) 사각형 ABCO, CDEO, DEFO는 모두 평행사변형이므로 벡터 $\overrightarrow{AB}$와 같은 것은 $\overrightarrow{OC}$, $\overrightarrow{ED}$, $\overrightarrow{FO}$

(2) 사각형 ABDE는 평행사변형이므로 벡터 $\overrightarrow{AE}$와 같은 것은 $\overrightarrow{BD}$

EX 2

(1) $\overrightarrow{DC}=\overrightarrow{AB}=\vec{a}$ (2) $\overrightarrow{FG}=\overrightarrow{AD}=\vec{b}$

(3) $\overrightarrow{BF}=\overrightarrow{AE}=\vec{c}$ (4) $\overrightarrow{HG}=\overrightarrow{AB}=\vec{a}$

(5) $\overrightarrow{EH}=\overrightarrow{AD}=\vec{b}$ (6) $\overrightarrow{CG}=\overrightarrow{AE}=\vec{c}$

EX 3

역벡터(크기가 같고 방향이 반대인 벡터)를 찾는다.

(1) $\overrightarrow{BA}=-\overrightarrow{AB}=-\vec{a}$

(2) $\overrightarrow{GH}=-\overrightarrow{HG}=-\overrightarrow{AB}=-\vec{a}$

(3) $\overrightarrow{HE}=-\overrightarrow{EH}=-\overrightarrow{AD}=-\vec{b}$

(4) $\overrightarrow{GF}=-\overrightarrow{FG}=-\overrightarrow{AD}=-\vec{b}$

(5) $\overrightarrow{FB}=-\overrightarrow{BF}=-\overrightarrow{AE}=-\vec{c}$

(6) $\overrightarrow{GC}=-\overrightarrow{CG}=-\overrightarrow{AE}=-\vec{c}$

EX 4

(1) $\overrightarrow{AB}=\overrightarrow{AO}+\overrightarrow{OB}=(-\vec{a})+\vec{b}=-\vec{a}+\vec{b}$

(2) $\overrightarrow{BC}=\overrightarrow{BO}+\overrightarrow{OC}=(-\vec{b})+(-\vec{a})=-\vec{a}-\vec{b}$

(3) $\overrightarrow{CD}=-\overrightarrow{AB}=-(-\vec{a}+\vec{b})=\vec{a}-\vec{b}$

EX 5

다음을 이용한다.

$\overrightarrow{AB}+\overrightarrow{BC}=\overrightarrow{AC}$, $\overrightarrow{OA}-\overrightarrow{OB}=\overrightarrow{BA}$

(1) $\overrightarrow{AG}=\overrightarrow{AC}+\overrightarrow{CG}=\overrightarrow{AB}+\overrightarrow{AD}+\overrightarrow{AE}=\vec{a}+\vec{b}+\vec{c}$

$\overrightarrow{BH}=\overrightarrow{BA}+\overrightarrow{AH}=-\overrightarrow{AB}+\overrightarrow{AD}+\overrightarrow{AE}=-\vec{a}+\vec{b}+\vec{c}$

*Note 다음과 같이 선을 따라 시점에서 종점을 찾아가는 방법을 써도 된다.

$\overrightarrow{AG}=\overrightarrow{AB}+\overrightarrow{BC}+\overrightarrow{CG}$, $\overrightarrow{BH}=\overrightarrow{BA}+\overrightarrow{AD}+\overrightarrow{DH}$

(2) ① $\vec{a}+\vec{b}+\vec{c}=(\overrightarrow{AB}+\overrightarrow{AD})+\overrightarrow{AE}=\overrightarrow{AC}+\overrightarrow{CG}=\overrightarrow{AG}$

② $\vec{a}-\vec{b}-\vec{c}=(\overrightarrow{AB}-\overrightarrow{AD})-\overrightarrow{AE}=\overrightarrow{DB}-\overrightarrow{DH}=\overrightarrow{HB}$

③ $-\vec{a}-\vec{b}-\vec{c}=-(\vec{a}+\vec{b}+\vec{c})=-\overrightarrow{AG}=\overrightarrow{GA}$

연습 문제 4.2

EX 1

(1) $2\vec{a}+3\vec{b}-4\vec{a}+\vec{b}=2\vec{a}-4\vec{a}+3\vec{b}+\vec{b}$ (교환법칙)

$=(2-4)\vec{a}+(3+1)\vec{b}$ (분배법칙)

$=-2\vec{a}+4\vec{b}$

(2) $2\vec{a}-\vec{b}+3\vec{a}+2\vec{b}=2\vec{a}+3\vec{a}-\vec{b}+2\vec{b}$ (교환법칙)

$=(2+3)\vec{a}+(-1+2)\vec{b}$ (분배법칙)

$=5\vec{a}+\vec{b}$

EX 2

$\vec{p}=\dfrac{3\vec{b}+2\vec{a}}{3+2}=\dfrac{1}{5}(2\vec{a}+3\vec{b})$, $\quad \vec{q}=\dfrac{3\vec{b}-2\vec{a}}{3-2}=-2\vec{a}+3\vec{b}$,

$\vec{d}=\dfrac{\vec{a}+\vec{b}}{2}=\dfrac{1}{2}\vec{a}+\dfrac{1}{2}\vec{b}$

EX 3

$m=0,\ n=0$

EX 4

(1) $\vec{p}=\dfrac{5}{2}\vec{a}-\dfrac{1}{2}\vec{b}$ (2) $\vec{q}=-\dfrac{1}{2}\vec{a}-\dfrac{5}{2}\vec{b}$

(3) $\vec{r}=\dfrac{1}{2}\vec{a}-\dfrac{3}{2}\vec{b}$

EX 5

$\overrightarrow{OA}=(1,\ -2)$, $\overrightarrow{OB}=(-4,\ 2)$이므로

(1) $3\overrightarrow{OA}-2\overrightarrow{OB}=3(1,\ -2)-2(-4,\ 2)$

$=(3,\ -6)+(8,\ -4)=(11,\ -10)$

(2) $-\overrightarrow{OA}-2\overrightarrow{OB}=-(1,\ -2)-2(-4,2)$

$=(-1,\ 2)+(8,\ -4)$

$=(7,\ -2)$

(3) $\overrightarrow{BA}=\overrightarrow{OA}-\overrightarrow{OB}=(1,\ -2)-(-4,\ 2)=(5,\ -4)$

$\therefore 2\overrightarrow{BA}=2(5,\ -4)=(10,\ -8)$

EX 6 생략

EX 7

(1) (-1,-1)

(2) (-5, 12, -6)

EX 8

(1) (-2, 1, -4)

(2) (-7, 1, 10)

(3) (132, -24, -72)

EX 9

(1) (3, 2, 0), $\sqrt{13}$ (2) (-2, 4, -5), $\sqrt{45}$

(3) (16, 0, 0), 16

EX 10

(1) $\sqrt{8}$ (2) $\sqrt{10}$

EX 11

(1) $\sqrt{5}$ (2) $\sqrt{50}$

EX 12

(1) $2\sqrt{3}$ (2) $4\sqrt{14}$

(3) $\left(\dfrac{1}{\sqrt{6}},\ \dfrac{1}{\sqrt{6}},\ -\dfrac{2}{\sqrt{6}}\right)$

EX 13

(1) (-1, 5, 2) (2) (-3, 5, 6)

(3) $c_1=1,\ c_2=-2,\ c_3=3$

EX 4

(1) $\sqrt{90}$

(2) (5, 8, 1)

(3) $3\sqrt{90}$

(4) $\left(\dfrac{5}{\sqrt{90}},\ \dfrac{-8}{\sqrt{90}},\ \dfrac{1}{\sqrt{90}}\right)$

(5) $k=\pm\dfrac{1}{\sqrt{10}}$

(6) $\left(\dfrac{1}{\sqrt{3}},\ \dfrac{1}{\sqrt{3}},\ \dfrac{1}{\sqrt{3}}\right)$

EX 15

(1) $\left(\frac{1}{\sqrt{6}}, \frac{2}{\sqrt{6}}, \frac{1}{\sqrt{6}}\right)$

(2) $\left(0, -\frac{1}{\sqrt{6}}, \frac{2}{\sqrt{6}}, -\frac{1}{\sqrt{6}}\right)$

연습 문제 4.3

EX 1

(1) 10 (2) 10

EX 2

(1) $\cos\theta = \frac{1}{\sqrt{26}}$ (2) $\cos\theta = -\frac{8}{\sqrt{234}}$

EX 3

(1) 직교하지 않음 (2) 직교

EX 4

(1) (1, 2) (2) (0, 1, 2)

EX 5

(1) 2, $\left(\frac{6}{5}, \frac{8}{5}\right)$

(2) $\frac{9}{5}$, $\frac{9}{25}(4i-3j)$

(3) $-\frac{8}{5}$, $-\frac{8}{25}(0, -3, 4)$

EX 6

(1) $\cos\theta = -\frac{11}{\sqrt{13}\sqrt{74}}$ (2) $\cos\theta = 0$

EX 7

(1) (0, 0) (2) $\frac{32}{26}(1, 0, 5)$

EX 8

(1) (6, 2) (2) $\left(\frac{55}{13}, 1, -\frac{11}{13}\right)$

EX 9

(1) $\frac{2}{5}$ (2) $\frac{43}{\sqrt{54}}$

EX 10

$\left(\frac{1}{\sqrt{3}}, \frac{1}{\sqrt{3}}, -\frac{1}{\sqrt{3}}\right)$ $\left(-\frac{1}{\sqrt{3}}, -\frac{1}{\sqrt{3}}, \frac{1}{\sqrt{3}}\right)$

연습 문제 4.4

EX 1

(1) (4, -3, -2) (2) (4, -2, 8)

EX 2

(1) $\pm\frac{1}{\sqrt{69}}(8, 1, -2)$

(2) $\pm\frac{1}{\sqrt{109}}(-3, -8, -6)$

EX 3

(1) 5 (2) 10

EX 4

(1) (32, -6, -4) (2) (27, 40, -42)

(3) (-44, 55, -22)

EX 5

(1) (18, 36, -18)　　(2) 생략

EX 6

(1) $\sqrt{59}$　　(2) $\sqrt{101}$

(3) 0

EX 7

(1) -10　　(2) -110

EX 8

(1) $\begin{vmatrix} 2 & -6 & 2 \\ 0 & 4 & -2 \\ 2 & 2 & -4 \end{vmatrix} = -16$　　(2) 45

부피 $= 16$

연습 문제 4.5

EX 1

(1) $x-1=2t,\ y-2=-t,\ z+3=4t$

또는 $x=1+2t,\ y=2-t,\ z=-3+4t$

$$\frac{x-1}{2}=\frac{y-2}{-1}=\frac{z+3}{4}$$

(2) $a=(4-2,\ 0-1,\ 4-3)=(2,-1,1)$

$x-2=2t,\ y-1=-t,\ z-3=t$

또는 $x=2+2t,\ y=1-t,\ z=3+t$

$$\frac{x-2}{2}=\frac{y-1}{-1}=\frac{z-3}{1}$$

(3) $a=(-3,0,1)$

$x-1=-3t,\ y-4=0,\ z-1=t$

또는 $x=1-3t,\ y=4,\ z=1+t$

$$\frac{x-1}{-3}=\frac{z-1}{1},\ y=4$$

(4) $a=(2,-1,3)$

$x-1=2t,\ y-2=-t,\ z+1=3t$

또는 $x=1+2t,\ y=2-t,\ z=-1+3t$

$$\frac{x-1}{2}=\frac{y-2}{-1}=\frac{z+1}{3}$$

EX 2

(1) $a_1=(-3,4,1)$ $a_2=(2,-2,1)$이므로

$a_1 \neq ca_2$

두 직선은 평행하지 않는다.

$a_1 \cdot a_2=(-3)(2)+(4)(-2)+(1)(1)=-13$

$|a_1|=\sqrt{26}$, $|a_2|=3$

$$\cos\theta=\frac{a_1 \cdot a_2}{|a_1|\times|a_2|}=\frac{-13}{3\sqrt{26}}$$

$$\theta=\cos^{-1}\left(\frac{-13}{3\sqrt{26}}\right)\fallingdotseq 2.59$$

(2) $a_1=(2,0,1)$, $a_2=(-1,5,2)$이므로

$a_1 \neq ca_2$

두 직선은 평행하지 않는다.

$a_1 \cdot a_2=(2)(-1)+(0)(5)+(1)(2)=0$

따라서 두 직선은 직교한다.

(3) $a_1=(2,4,-6)$ $a_2=(-1,-2,3)$이므로

$a_1=(-2)a_2$

두 직선은 평행한다.

EX 3

(1) $2(x-1)-(y-3)+5(z-2)=0$

(2) $P=(2,0,3),\ Q=(1,1,0),\ R=(3,2,-1)$

$\overrightarrow{PQ}=(-1,1,-3)$,

$\overrightarrow{PR}=(1,2,-4)$

$a=\overrightarrow{PQ}\times\overrightarrow{PR}$

$=\begin{vmatrix} i & j & k \\ -1 & 1 & -3 \\ 1 & 2 & -4 \end{vmatrix}$

$=\begin{vmatrix} 1 & -3 \\ 2 & -4 \end{vmatrix} i-\begin{vmatrix} -1 & -3 \\ 1 & -4 \end{vmatrix} j+\begin{vmatrix} -1 & 1 \\ 1 & 2 \end{vmatrix} k$

$=2i-7j-3k$

$=(-2,-7-,3)$

$2(x-2)-7y-3(z-3)$

$=0$

(3) $a=(1,3,-4)$

$(x-3)+3(y+2)-4(z-1)=0$

(4) $a=(1,2,-1)\times(2,0,-1)$

$=\begin{vmatrix} i & j & k \\ 1 & 2 & -1 \\ 2 & 0 & -1 \end{vmatrix}=\begin{vmatrix} 2 & -1 \\ 0 & -1 \end{vmatrix} i$

$-\begin{vmatrix} 1 & -1 \\ 2 & -1 \end{vmatrix} j+\begin{vmatrix} 1 & 2 \\ 2 & 0 \end{vmatrix} k$

$=-2i-j-4k$

$=(-2,-1,-4)$

$-2(x-3)-y-4(z+1)=0$

또는

$2(x-3)+y+4(z+1)=0$

EX 4

(1) 두 평면의 방정식을 z에 대해 풀면

$z=4-2x+y,\ z=-3x+2y$이다.

z에 관해서 위의 두 식을 같게 놓으면

$-4+2x+y=-3x+2y$이다.

이것을 y에 대해 풀면 $3y=5x-4$ 또는

$y=(\frac{5}{3})x-\frac{4}{3}$를 얻는다.

x의 식으로 z에 대해 풀면

$z=-3x+2\left(\frac{5}{3}x-\frac{4}{3}\right)=\frac{1}{3}x-\frac{8}{3}$이다.

$x=t$로 놓으면,

$x=t,\quad y=\frac{5}{3}t-\frac{4}{3},\quad z=\frac{1}{3}t-\frac{8}{3}$

(2) 두 평면의 방정식을 x에 대해서 풀면

$x=\frac{1}{3}-(\frac{4}{3})y,\ x=3-y+z$ 이다.

x에 관한 위의 두 식을 같게 놓으면

$\frac{1}{3}-(\frac{4}{3})y=3-y+z$ 이다.

이것을 y에 대해 풀면

$\left(\frac{1}{3}\right)y=-z-\frac{8}{3}$ 또는 $y=-3z-8$을 얻는다.

z의 식으로 x에 대해서 풀면

$x=3-(-3z-8)+z=4z+11$이다.

$z=t$로 놓으면 $x=4t+11,\ y=-3t-8,\ z=t$

EX 5

(1) $\dfrac{|(2)(2)+(-1)(0)+(2)(1)+(-4)|}{\sqrt{2^2+(-1)^2+2^2}}=\dfrac{2}{3}$

(2) $\dfrac{|(2)(0)+(-3)(-1)+(0)(1)+(-2)|}{\sqrt{2^2+(-3)^2+0^2}}=\dfrac{1}{\sqrt{13}}$

(3) 두 번째 평면상의 한 점 (1,0,0)을 택해 이 점과 나머지 평면과의 거리를 구하면

$\dfrac{|(1)(1)+(3)(0)+(-2)(0)+(-3)|}{\sqrt{1^2+3^2+(-2)^2}}=\dfrac{2}{\sqrt{14}}$이다.

EX 6

(1) $-2(x+1)+(y-3)-(z+2)=0$

(2) $(x-1)+9(y-1)+8(z-4)=0$

EX 7

(1) 평행하지 않다. (2) 평행하다.

EX 8

(1) 수직이 아니다. (2) 수직이다.

EX 9

(1) $z=t,\ x=-12-7t,\ y=-41-23t$

(2) $x=\frac{5}{2}t,\ y=0,\ z=t$

EX 10

$2x+3y-5z+36=0$

EX 11

$5x-2y+z-34=0$

EX 12

$x+5y+3z-18=0$

EX 13

$3x-y-z=2$

EX 14

$P(x, y, z)$라 하고

$A(-1, -4, -2),\ B(0, -2, 2)$

$\overline{AP}=\overline{BP}$에서

$2x+4y+8z+13=0$

EX 15

(1) $\frac{1}{\sqrt{29}}$ (2) $\frac{4}{\sqrt{3}}$

CHAPTER 05. 벡터공간

연습 문제 5.1

EX 1

(1) V (2) No 1), 2)

(3) V (4) V

EX 2

(1) No 9) (2) No 3),5),6),9)

(3) No 7), 9) (4) No 9)

(5) No 7), 10)

EX 3

No 6), 8), 9)

EX 4

[정리 5.1]에서 (1), (2), (3), (6)이 성립하지 않으므로 벡터공간이 아니다.

EX 5

[정리 5.1]의 연산을 모두 만족하므로 벡터공간이다.

연습 문제 5.2

EX 1

(1) $R_3 = -3R_1 + R_2$

(2) $x_1 = -\frac{1}{19},\ x_2 = 0,\ x_4 = \frac{14}{19}$

(3) $\alpha_2 = -1,\ \alpha_3 = -2,\ \alpha_4 = 2$

EX 2 생략

EX 3

(1) $x_1 = 1+6t,\ x_2 = --\frac{24}{5}t,\ x_3 = -\frac{13}{5}t$

$x_4 = t$

(2) $x_1 = 2,\ x_2 = 1,\ x_3 = -01,\ x_4 = 3$

EX 4 생략

연습 문제 5.3

EX 1

(1) $\mathrm{x} = [a\ \ b\ \ 0]$, $\mathrm{y} = [a'\ \ b'\ \ 0] \in W$라 하자

$\mathrm{x}+\mathrm{y} = [a+a'\ \ b+b'\ \ 0] \in W$

$\alpha \in R, \alpha\mathrm{x} = [\alpha a\ \ \alpha b\ \ 0] \in W$ 따라서 W는 부분공간

(2) $x=\begin{bmatrix}a\\b\\c\end{bmatrix}$, $y=\begin{bmatrix}a'\\b'\\c'\end{bmatrix}\in W$라 하자

$a+b+c=0,\ a'+b'+c'=0,\ \alpha\in R$

$x+y=\begin{bmatrix}a+a'\\b+b'\\c+c'\end{bmatrix}\in W,\ \alpha x=\begin{bmatrix}\alpha a\\\alpha b\\\alpha c\end{bmatrix}\in W$

W는 부분공간이다.

(3) $x=\begin{bmatrix}x_1\\x_2\\x_3\end{bmatrix}$, $y=\begin{bmatrix}y_1\\y_2\\y_3\end{bmatrix}$, $x_3=2x_1-x_2$,

$y_3=2y_1-y_2$

$x+y=\begin{bmatrix}x_1+y_1\\x_2+y_2\\x_3+y_3\end{bmatrix}$,

$x_3+y_3=2x_1-x_2+2y_1-y_2$

$=2(x_1+y_1)-(x_2+y_2)$

이므로 $x+y\in W$

마찬가지로 $\alpha\in R$, $\alpha x=\begin{bmatrix}\alpha x_1\\\alpha x_2\\\alpha x_3\end{bmatrix}$이고,

$\alpha x_3=\alpha(2x_1-x_2)=2(\alpha x_1)-(\alpha x_2)$이다.

$\alpha x\in W$ W는 부분공긴

(4) $x, y\in W,\ Ax=0,\ Ay=0$

$A(x+y)=Ax+Ay=0,\ x+y\in W$

$\alpha\in R,\ A(\alpha x)=\alpha(Ax)=0,\ \alpha x\in W$

그러므로 W는 부분공간이다.

EX 2

(1) 아니다 (2) 아니다

(3) 예

EX 3

$\sqrt{2}\begin{bmatrix}1\\1\\1\end{bmatrix}=\begin{bmatrix}\sqrt{2}\\\sqrt{2}\\\sqrt{2}\end{bmatrix}\notin W$이므로 W는부분공간이 아니다.

EX 4

$(1,\ 2)=\alpha(1,\ 0)+\beta(1,\ 1)+\gamma(-1,\ 0)$

$=(\alpha+\beta-\gamma, \beta)$

$1=\alpha+\beta-\gamma$

$2=\beta$는 해를 가지므로 (1, 2)는 (1, 0), (1, 1), (-1 0)에 의해 생성된 부분공간이다.

또 (1, 2)도 (1, 0), (1, 1)에 의해 생성된 부분공간이다. 그러나 (1, 2)는 (1, 0)에 의해 생성되지 않는다.

EX 5

부분공간이 아니다. 왜냐하면 $\begin{aligned}\alpha+4\beta+3\gamma&=1\\3\alpha+0\beta+\gamma&=1\\4\alpha+\beta+2\gamma&=1\end{aligned}$이 해가 존재하지 않는 연립 1차방정식이다.

EX 6

$(2,\ 0,\ 4,\ -2)=\alpha(0,\ 2,\ 1,\ -1)+\beta(1,\ -1,\ 1,\ -1)+\gamma(2,\ 1,\ 0,\ -2)$을 만족하는 해가 존재하지 않으므로 부분공간이 아니다.

EX 7

(1) 아니다

(2) $\begin{bmatrix}1\\0\\-1\end{bmatrix}$는 A의 열공간에 속하지 않지만 $\begin{bmatrix}0\\0\\0\end{bmatrix}$는 A의 열공간에 속하는 부분공간이다.

(3) 아니다

연습 문제 5.4

EX 1

$\alpha\begin{bmatrix}2\\6\\-2\end{bmatrix}+\beta\begin{bmatrix}3\\1\\2\end{bmatrix}+\gamma\begin{bmatrix}8\\16\\-3\end{bmatrix}=\begin{bmatrix}0\\0\\0\end{bmatrix}$에서

$2\alpha+3\beta+8\gamma=0$

$6\alpha+\beta+16\gamma=0$

$-2\alpha+2\beta-3\gamma=0$

계수행렬은 $\begin{bmatrix}2&3&8\\6&1&16\\-2&2&-3\end{bmatrix}\xrightarrow[R_3+R_1]{R_2-3R_1}\begin{bmatrix}2&3&8\\0&-8&-8\\0&5&5\end{bmatrix}$

$\xrightarrow{-\frac{1}{8}R_2}\begin{bmatrix}2&3&8\\0&1&1\\0&5&5\end{bmatrix}\xrightarrow{R_3-5R_2}\begin{bmatrix}2&3&8\\0&1&1\\0&0&0\end{bmatrix}$

따라서 $2\alpha+3\beta+8\gamma=0$
$\beta+\gamma=0$

$\gamma=1$이면 $\beta=-1,\ \alpha=-\frac{5}{2}$ 그러므로

$-\frac{5}{2}\begin{bmatrix}2\\6\\-2\end{bmatrix}-\begin{bmatrix}3\\1\\2\end{bmatrix}+\begin{bmatrix}8\\16\\-3\end{bmatrix}=\begin{bmatrix}0\\0\\0\end{bmatrix}$은 종속관계이므로 주어진 벡터들은 일차종속이다.

EX 2

$\alpha\begin{bmatrix}4\\5\\1\end{bmatrix}+\beta\begin{bmatrix}3\\0\\2\end{bmatrix}+\gamma\begin{bmatrix}a\\10\\9\end{bmatrix}=\begin{bmatrix}0\\0\\0\end{bmatrix}$

$4\alpha+3\beta+a\gamma=0$
$5\alpha+\quad 10\gamma=0$
$\alpha+2\beta+9\gamma=0$

$\begin{bmatrix}4&3&a\\5&0&10\\1&2&9\end{bmatrix}$을 행사다리꼴 형태로 기본행연산을 하면

$\begin{bmatrix}1&2&9\\0&1&\frac{7}{2}\\0&0&a-\frac{37}{2}\end{bmatrix}$이다.

$a=\frac{37}{2}$일 때 비자명한 해이다.

EX 3

$\alpha[2,\ 1,\ 1,\ 1]+\beta[3,\ -2,\ 1,\ 0]+\gamma[a,\ -1,\ 2,\ 0]=0$에서 $2\alpha+3\beta+a\gamma=0$이고 $3\beta+\alpha\gamma=0$이다.

$\alpha-2\beta-\gamma=0 \qquad -2\beta-\gamma=0$
$\alpha+\beta+2\gamma=0 \qquad \beta+2\gamma=0$
$\alpha=0$

$\beta=0,\ \gamma=0$이므로 모든 a에 대하여 일차독립이다.

EX 4

a는 0이 아닌 실수이고 $b\neq\frac{2}{3}$

EX 5

아니다.

예를 들어 $\begin{bmatrix}1\\2\end{bmatrix}$는 $\begin{bmatrix}1\\1\end{bmatrix}$의 선형결합이 아니다.

EX 6

예. 왜냐하면 일차독립이며 R^2을 생성한다.

EX 7

아니다. 왜냐하면 일차종속이다.

EX 8

아니다. $\begin{bmatrix}1\\0\end{bmatrix}$, $\begin{bmatrix}0\\1\end{bmatrix}$은 R^2의 기저이다.

EX 9

주어진 벡터들은 기저를 형성한다.

EX 10

벡터들이 일차독립이고 이 벡터들로 생성된 부분공간의 기저이다.

EX 11

(1) 1　　(2) 1

(3) 1　　(4) 2

EX 12

(1) 0　　(2) 0

(3) 0　　(4) 1

(5) 1　　(6) 2

(7) 1

EX 13

(1) 2　　(2) 2

EX 14

(1) 1　　(2) 0

EX 15

$$\begin{bmatrix} -1 & 2 & 3 & 1 & 11 \\ 0 & 2 & 3 & 4 & 8 \\ 1 & -2 & 3 & 1 & 1 \\ -1 & 2 & 3 & 1 & 11 \\ -1 & 2 & 3 & 1 & 11 \end{bmatrix} \xrightarrow[R_5 - R_1]{R_3 + R_1,\ R_4 - R_1} \begin{bmatrix} -1 & 2 & 3 & 1 & 11 \\ 0 & 2 & 3 & 4 & 8 \\ 0 & 0 & 6 & 0 & 12 \\ 0 & 0 & 0 & 0 & 0 \\ 0 & 0 & 0 & 0 & 0 \end{bmatrix}.$$

[-1, 2, 3, 1, 11], [0, 2, 3, 4, 8], [0, 0, 6, 0, 12] 이 A의 행공간의 기저이다.

EX 16

(1) (a) 2, 2　　(b) 4, 4

연습 문제 5.5

EX 1

(1) $\begin{bmatrix} 1 & 2 \\ 3 & 4 \end{bmatrix} \xrightarrow{R_2 - 3R_1} \begin{bmatrix} 1 & 2 \\ 0 & -2 \end{bmatrix}$ 행공간의 기저

{[1, 2],[0-2]}

주어진 행렬은 전치하여 기본행연산을 하여 0이 아닌 행이 열공간의 기저이다.

$\begin{bmatrix} 1 & 3 \\ 2 & 4 \end{bmatrix} \xrightarrow{R_2 - 2R_1} \begin{bmatrix} 1 & 3 \\ 0 & -2 \end{bmatrix}$ 열공간의 기저

$\left\{ \begin{bmatrix} 1 \\ 3 \end{bmatrix}, \begin{bmatrix} 0 \\ -2 \end{bmatrix} \right\}$

rank A = 2

(2) 행공간의 기저 {[1, 0, 1], [0, 2, -2]}

열공간의 기저 $\left\{ \begin{bmatrix} 1 \\ 3 \end{bmatrix}, \begin{bmatrix} 0 \\ 2 \end{bmatrix} \right\}$

rank A = 2

(3) $\begin{bmatrix} 2 & 3 \\ 4 & 5 \\ 6 & 8 \end{bmatrix} \xrightarrow[R_3 - 3R_1]{R_2 - 2R_1} \begin{bmatrix} 2 & 3 \\ 0 & -1 \\ 0 & -1 \end{bmatrix} \xrightarrow{R_3 - R_2} \begin{bmatrix} 2 & 3 \\ 0 & -1 \\ 0 & 0 \end{bmatrix}$

행공간의 기저 {[2, 3], [0, -1]}

주어진 행렬은 전치하여 기본행연산을 하여 0이 아닌 행이 열공간의 기저이다.

$\begin{bmatrix} 2 & 4 & 6 \\ 3 & 5 & 8 \end{bmatrix} \xrightarrow{R_2 - R_1} \begin{bmatrix} 2 & 4 & 6 \\ 1 & 1 & 2 \end{bmatrix} \xrightarrow{R_1 \leftrightarrow R_2} \begin{bmatrix} 1 & 1 & 2 \\ 2 & 4 & 6 \end{bmatrix} \xrightarrow{R_2 - 2R_1} \begin{bmatrix} 1 & 1 & 2 \\ 0 & 2 & 2 \end{bmatrix}$

열공간의 기저 $\left\{ \begin{bmatrix} 1 \\ 1 \\ 2 \end{bmatrix}, \begin{bmatrix} 0 \\ 2 \\ 2 \end{bmatrix} \right\}$

rank A = 2

(4) 행공간의 기저 {[1, 2, 0]. [0, 5, 4], [0, 0, -1]}

열공간의 기저 $\left\{ \begin{bmatrix} 5 \\ 0 \\ 0 \end{bmatrix}, \begin{bmatrix} 6 \\ 5 \\ 0 \end{bmatrix}, \begin{bmatrix} 7 \\ 5 \\ 6 \end{bmatrix} \right\}$

rank A = 3

EX 2

(1) $\begin{bmatrix} 2 & 3 & 4 & 5 \\ 0 & 1 & 5 & 6 \\ 0 & 0 & 7 & 8 \\ 0 & 0 & 5 & 3 \end{bmatrix} \overset{R_4 - \frac{5}{7}R_3}{\rightarrow}$

$\begin{bmatrix} 2 & 3 & 4 & 5 \\ 0 & 1 & 5 & 6 \\ 0 & 0 & 7 & 8 \\ 0 & 0 & 0 & -\frac{19}{7} \end{bmatrix} \overset{-\frac{7}{19}R_4}{\rightarrow}$

$\begin{bmatrix} 2 & 3 & 4 & 5 \\ 0 & 1 & 5 & 6 \\ 0 & 0 & 7 & 8 \\ 0 & 0 & 0 & 1 \end{bmatrix}$

행공간의 기저

{[2, 3, 4, 5], [0, 1, 5, 6], [0, 0, 7, 8], [0, 0, 0, 1]}

행렬을 전치하여 생각하면 열공간은

$\left\{ \begin{bmatrix} 2 \\ 0 \\ 0 \\ 0 \end{bmatrix}, \begin{bmatrix} 0 \\ 1 \\ 0 \\ 0 \end{bmatrix}, \begin{bmatrix} 0 \\ 0 \\ 7 \\ 5 \end{bmatrix}, \begin{bmatrix} 0 \\ 0 \\ 0 \\ 1 \end{bmatrix} \right\}$이다.

rank A = 4

(2) $\begin{bmatrix} 1 & 2 & 3 & 4 \\ 2 & 4 & 6 & 8 \\ 3 & 5 & 7 & 9 \\ 4 & 6 & 8 & 10 \end{bmatrix} \begin{matrix} R_2 - 2R_1 \\ \rightarrow \\ R_3 - 3R_1 \\ R_4 - 4R_1 \end{matrix}$

$\begin{bmatrix} 1 & 2 & 3 & 4 \\ 0 & 0 & 0 & 0 \\ 0 & -1 & -2 & -3 \\ 0 & -2 & -4 & -6 \end{bmatrix} \overset{R_2 \leftrightarrow R_4}{\rightarrow}$

$\begin{bmatrix} 1 & 2 & 3 & 4 \\ 0 & -2 & -4 & -6 \\ 0 & -1 & -2 & -3 \\ 0 & 0 & 0 & 0 \end{bmatrix} \overset{R_3 - \frac{1}{2}R_2}{\rightarrow}$

$\begin{bmatrix} 1 & 2 & 3 & 4 \\ 0 & -2 & -4 & -6 \\ 0 & 0 & 0 & 0 \\ 0 & 0 & 0 & 0 \end{bmatrix} \overset{-\frac{1}{2}R_2}{\rightarrow}$

$\begin{bmatrix} 1 & 2 & 3 & 4 \\ 0 & 1 & 2 & 3 \\ 0 & 0 & 0 & 0 \\ 0 & 0 & 0 & 0 \end{bmatrix}$ 행공간의 기저는

{[1, 2, 3, 4], [0, 1, 2, 3]}이다.

주어진 행렬은 전치하여 기본행연산을 하여 0이 아닌 행이 열공간의 기저이다.

열공간의 기저 $\left\{ \begin{bmatrix} 1 \\ 2 \\ 3 \\ 4 \end{bmatrix}, \begin{bmatrix} 0 \\ 0 \\ -1 \\ -2 \end{bmatrix} \right\}$

rank A = 2

(3) 생략

EX 3

(1) $A = \begin{bmatrix} 1 & 1 & 1 \\ 2 & 2 & 2 \\ 0 & 0 & 0 \end{bmatrix} \rightarrow \begin{bmatrix} 1 & 1 & 1 \\ 0 & 0 & 0 \\ 0 & 0 & 0 \end{bmatrix} \rightarrow [111]$

(2) $\begin{bmatrix} 3 & 2 & 1 \\ 4 & 3 & 2 \\ 1 & 1 & 1 \end{bmatrix} \overset{R_1 \leftrightarrow R_3}{\rightarrow} \begin{bmatrix} 1 & 1 & 1 \\ 4 & 3 & 2 \\ 3 & 2 & 1 \end{bmatrix} \begin{matrix} R_2 - 4R_1 \\ \rightarrow \\ R_3 - 3R_1 \end{matrix} \begin{bmatrix} 1 & 1 & 1 \\ 0 & -1 & -2 \\ 0 & -1 & -2 \end{bmatrix}$

$\overset{R_3 + (-1)R_2}{\rightarrow} \begin{bmatrix} 1 & 1 & 1 \\ 0 & -1 & -2 \\ 0 & 0 & 0 \end{bmatrix}$, 따라서 $\{[1, 1, 1]\}$,

$\{[0, -1, -2]\}$

(3) $\left\{ \begin{bmatrix} 2 \\ 7 \\ 0 \end{bmatrix}, \begin{bmatrix} 3 \\ 5 \\ 1 \end{bmatrix}, \begin{bmatrix} 1 \\ 0 \\ 0 \end{bmatrix} \right\}$

EX 4

(1) $x_3 = x_1 + x_2$이므로

$\begin{bmatrix} x_1 \\ x_2 \\ x_3 \end{bmatrix} = \begin{bmatrix} x_1 \\ x_2 \\ x_1 + x_2 \end{bmatrix} = \begin{bmatrix} 1 \\ 0 \\ 1 \end{bmatrix} x_1 + \begin{bmatrix} 0 \\ 1 \\ 1 \end{bmatrix} x_2$이다.

$\begin{bmatrix} 1 \\ 0 \\ 1 \end{bmatrix}, \begin{bmatrix} 0 \\ 1 \\ 1 \end{bmatrix}$

(2) $x = \begin{bmatrix} t \\ -3t \\ t \end{bmatrix} = t \begin{bmatrix} 1 \\ -3 \\ 1 \end{bmatrix}, \begin{bmatrix} 1 \\ -3 \\ 1 \end{bmatrix}$

(3) $x_1 = x_2 = x_3 = 0$ 해공간은 영공간이다.

영공간의 기저는 $\varnothing$이다.

(4) $\begin{bmatrix}1&2&0&3\\2&5&2&1\\1&3&1&-1\end{bmatrix}\overset{R_2-2R_1}{\underset{R_3-R_1}{\to}}$

$\begin{bmatrix}1&2&0&3\\0&1&2&-5\\0&1&1&-4\end{bmatrix}\overset{R_3-R_2}{\to}$

$\begin{bmatrix}1&2&0&3\\0&1&2&5\\0&0&-1&1\end{bmatrix}$

방정식으로 나타내면

$$\begin{aligned}x_1+2x_2+0x_3+3x_4&=0,\\x_2+2x_3+5x_4&=0,\\-x_3+x_4&=0\end{aligned}$$

$x_4=t\quad x_3=t,\quad x_2=3t$

$x_1=-9t,\ x=\begin{bmatrix}-9t\\3t\\t\\t\end{bmatrix}=t\begin{bmatrix}-9\\3\\1\\1\end{bmatrix},\ \begin{bmatrix}-9\\3\\1\\1\end{bmatrix}$

EX 5

$\begin{bmatrix}1&2&3\\2&-1&3\end{bmatrix}\overset{R_2-2R_1}{\to}\begin{bmatrix}1&2&0\\0&-5&3\end{bmatrix}$

$$\begin{aligned}x_1+2x_2+0x_3&=0,\\-5x_2+3x_3&=0,\end{aligned}$$

$x_3=t\ \ x_2=\frac{3}{5}t,\ x_1=-\frac{6}{5}t.$

$x=\begin{bmatrix}-\frac{6}{5}t\\\frac{3}{5}t\\t\end{bmatrix}=\frac{t}{5}\begin{bmatrix}-6\\3\\5\end{bmatrix}\quad\begin{bmatrix}-6\\3\\5\end{bmatrix}$

EX 6

(1) $\begin{bmatrix}1&5\\2&6\end{bmatrix}\overset{R_2-2R_1}{\to}\begin{bmatrix}1&5\\0&-4\end{bmatrix}$

$$\begin{aligned}x_1+5x_2&=0\\-4x_2&=0\end{aligned}$$

$x_1=0,\ x_2=0$이므로 해공간의 기저는 $\varnothing$이다.

(2) $\begin{bmatrix}2&3&5\\1&0&1\end{bmatrix}\overset{R_1\leftrightarrow R_2}{\to}\begin{bmatrix}1&0&1\\2&3&5\end{bmatrix}\overset{R_2-2R_1}{\to}\begin{bmatrix}1&0&1\\0&3&3\end{bmatrix}$

$$\begin{aligned}x_1+x_3&=0\\3x_2+3x_3&=0\end{aligned}$$

$x_1=-t.\ x=\begin{bmatrix}x_1\\x_2\\x_3\end{bmatrix}=\begin{bmatrix}-t\\-t\\t\end{bmatrix}=t\begin{bmatrix}-1\\-1\\1\end{bmatrix},\ \left\{\begin{bmatrix}-1\\-1\\1\end{bmatrix}\right\}$

(3) $\varnothing$

(4) $x_1+2x_2+3x_3+4x_4=0$

$x_4=t_1,\ x_3=t_2,\ x_2=t_3$

$x_1=-2t_3-3t_2-4t_1$

$x=\begin{bmatrix}-2t_3-3t_2-4t_1\\t_3\\t_2\\t_1\end{bmatrix}$

그러므로 해공간의 기저는

$\left\{\begin{bmatrix}-2\\1\\0\\0\end{bmatrix},\begin{bmatrix}-3\\0\\1\\0\end{bmatrix},\begin{bmatrix}-4\\0\\0\\1\end{bmatrix}\right\}$

연습 문제 5.6

EX 1

(1) $x_1+x_2+x_3=0$

$\begin{bmatrix}x_1\\x_2\\-x_1-x_2\end{bmatrix}=x_1\begin{bmatrix}1\\0\\-1\end{bmatrix}+x_2\begin{bmatrix}0\\1\\-1\end{bmatrix}$

A의 열공간의 기저 $\begin{bmatrix}1\\0\\-1\end{bmatrix},\begin{bmatrix}0\\1\\-1\end{bmatrix}$

(2) $\varnothing$, 영차원 : 0

(3) $\begin{bmatrix}0&1&1\\1&0&0\end{bmatrix}\to\begin{bmatrix}1&0&0\\0&1&1\end{bmatrix}$

$$\begin{aligned}x_1&=0\\x_2+x_3&=0\\x_3&=t,\ x_2=-t\end{aligned}$$

$x=\begin{bmatrix}0\\-t\\t\end{bmatrix}=t\begin{bmatrix}0\\-1\\1\end{bmatrix},\ \begin{bmatrix}0\\-1\\1\end{bmatrix}$

(4) $\begin{bmatrix} 2 & 5 \\ 3 & 6 \\ 4 & 7 \end{bmatrix} \underset{R_3-2R_1}{\overset{R_2-\frac{3}{2}R_1}{\rightarrow}} \begin{bmatrix} 2 & 5 \\ 0 & -\frac{3}{2} \\ 0 & -3 \end{bmatrix} \underset{-\frac{1}{3}R_3}{\overset{-\frac{2}{3}R_2}{\rightarrow}}$

$\begin{bmatrix} 2 & 5 \\ 0 & 1 \\ 0 & 1 \end{bmatrix} \overset{R_3-R_2}{\rightarrow} \begin{bmatrix} 2 & 5 \\ 0 & 1 \\ 0 & 0 \end{bmatrix}$

$2x_1+5x_2=0,$
$x_2=0,$

$x_1=x_2=0$, 영차원 : 0

(5) $x_1=0=x_2$, $\varnothing$, 영차원 : 0

EX 2

$\begin{bmatrix} 1 & 1 & -2 & 1 \\ 2 & -1 & 0 & 1 \end{bmatrix} \overset{R_2-2R_1}{\rightarrow} \begin{bmatrix} 1 & 1 & -2 & 1 \\ 0 & -3 & 4 & -1 \end{bmatrix}$

$x_1+x_2-2x_3+x_4=0$
$-3x_2+4x_3-x_4=0$

$x_4=t_1,\ x_3=t_2,\ x_2=(-t_1+4t_2)/3$

$x_1=(2t_2-2t_1)/3,$

$$x=\begin{bmatrix} x_1 \\ x_2 \\ x_3 \\ x_4 \end{bmatrix}=\begin{bmatrix} (2t_2-2t_1)/3 \\ (-t_1+4t_2)/3 \\ t_2 \\ t_1 \end{bmatrix}$$

$$=t_1\begin{bmatrix} -\frac{2}{3} \\ -\frac{1}{3} \\ 0 \\ 1 \end{bmatrix}+t_2\begin{bmatrix} \frac{2}{3} \\ \frac{4}{3} \\ 1 \\ 0 \end{bmatrix}$$, 영차원 : 2

EX 3

(1) 예　　(2) 예　　(3) 예

EX 4

(1) $\begin{bmatrix} 1 \\ -3 \\ -2 \\ 1 \end{bmatrix}$

(2) $\begin{bmatrix} -1 \\ -1 \\ 1 \\ 1 \\ 0 \end{bmatrix}, \begin{bmatrix} -1 \\ 0 \\ 0 \\ 0 \\ 1 \end{bmatrix}$

(3) $\begin{bmatrix} 2 \\ -3 \\ 0 \\ 1 \\ 0 \end{bmatrix}, \begin{bmatrix} 1 \\ -2 \\ 1 \\ 0 \\ 0 \end{bmatrix}$

EX 5

(1) $rank A=3,\ nullity A=1$

(2) $rank A=3,\ nullity A=1$

(3) $rank A=2,\ nullity A=2$

CHAPTER 06. 내적공간

연습 문제 6.1

EX 1

(1) (a) $\langle u,v\rangle = u\cdot v = 3(5)+4(-12) = -33$

(b) $\| u \| = \sqrt{< u, u >}$

$= \sqrt{u\cdot u}$

$= \sqrt{3(3)+4(4)} = 5$

(c) $\| v \| = \sqrt{< v, v >}$

$= \sqrt{v\cdot v}$

$= \sqrt{5(5)+(-12)(-12)}$

$= \sqrt{169} = 13$

(d) $d(u, v)$

$= \| u - v \|$

$= \sqrt{< u-v, u-v >}$

$= \sqrt{(-2)(-2)+16(16)}$

$= 2\sqrt{65}$

(2) (a) $\langle u,v\rangle = 3(-4)(0)+3(5) = 15$

(b) $\| u \| = \sqrt{<u,u>}$

$= \sqrt{3(-4)^2+3^2}$

$= \sqrt{57}$

(c) $\| v \| = \sqrt{<v,v>}$

$= \sqrt{3 \cdot 0^2+5^2} = 5$

(d) $d(u, v)$

$= \| u - v \|$

$= \sqrt{< u-v, u-v >}$

$= \sqrt{3(-4)^2+(-2)^2} = 2\sqrt{13}$

(3) (a) $\langle u,v\rangle$

$= u\cdot v = 0(9)+9(-2)+4(-4) = -34$

(b) $\| u \| = \sqrt{< u, u >}$

$= \sqrt{u \cdot u}$

$= \sqrt{0+9^2+4^2}$

$= \sqrt{97}$

(c) $\| v \| = \sqrt{< v, v >}$

$= \sqrt{v \cdot v}$

$= \sqrt{9^2+(-2)^2+(-4)^2}$

$= \sqrt{101}$

(d) $d(u, v)$

$= \| u - v \|$

$= \| (-9, 11, 8) \|$

$= \sqrt{9^2+11^2+8^2}$

$= \sqrt{266}$

(4) (a) $\langle u, v\rangle = 14$

(b) $\| u \| = 2$

(c) $\| v \| = \sqrt{58}$

(d) $d(u, v)$

$= \| u - v \|$

$= \| (1,1,1)-(2,5,2) \|$

$= \| (-1,-4,-1) \|$

$= \sqrt{(-1)^2+2(-4)^2+(-1)^2}$

$= \sqrt{34}$

EX 2

(1) ⟨A,B⟩= 2(-1)(0)+3(-2)+4(1)+2(-2)(1)=-6

(2) ⟨A,A⟩= $2(-1)^2+3^2+4^2+2(-2)^2=35$

(3) ⟨B,B⟩= $2 \cdot 0^2+(-2)^2+1^2+2 \cdot 1^2=7$

(4) d(A,B)= $\| A-B \|$

⟨A-B,A-B⟩=

$2(-1)^2+5^2+3^2+2(-3)^2=54$

d(A,B)= $\sqrt{<A-B, A-B>}=3\sqrt{6}$

EX 3

(1) ⟨p,q⟩=1(0)+(-1)(1)+3(-1)=-4

(2) $\| p \| = \sqrt{<p,p>} = \sqrt{1^2+(-1)^2+3^2} = \sqrt{11}$

(3) $\| q \| = \sqrt{<q,q>} = \sqrt{0^2+1^2+(-1)^2} = \sqrt{2}$

(4) d(p,q)= $\| p-q \| = \sqrt{<p-q, p-q>}$

$= \sqrt{1^2+(-2)^2+4^2} = \sqrt{21}$

EX 4

(1) $\dfrac{u \cdot v}{\| u \| \| v \|} = \dfrac{3(5)+4(-12)}{\sqrt{3^2+4^2}\sqrt{5^2+(-12)^2}}$

$= \dfrac{-33}{5 \cdot 13} = \dfrac{-33}{65}$

$\theta = \cos^{-1}(\dfrac{-33}{65})$

$\approx 2.103\, radians\ (120.51°)$

(2) $\langle u, v \rangle = 1(2)+2(1)(-2)+1(2)=0,$

$\theta = \dfrac{\pi}{2}$

EX 5

(1) $-\dfrac{1}{\sqrt{2}}$ (2) $\dfrac{-20}{9\sqrt{10}}$

(3) $\dfrac{-1}{\sqrt{2}}$

EX 6

$\pm \dfrac{1}{\sqrt{3249}}(-34,\ 44,\ -6,\ 11)$

EX 7

(1) 내적 아님 (공리 4)

(2) 내적 아님 (공리 2, 3)

(3) 내적

(4) 내적 아님 (공리 4)

연습 문제 6.2

EX 1

(1) NO (2) 정규직교

(3) 직교 (4) NO

(5) 정규직교

EX 2

(1) 우선 각 벡터를 직교화하자.

$w_1 = v_1 = (3,4)$

$w_2 = v_2 - \dfrac{< v_2, w_1 >}{< w_1, w_1 >} w_1 = (1,0) - \dfrac{1(3)+0(4)}{3^2+4^2}(3,4)$

$= (1,0) - \dfrac{3}{25}(3,4) = (\dfrac{16}{25}, -\dfrac{12}{25})$

각 벡터를 정규화시키면

$u_1 = \dfrac{w_1}{\| w_1 \|} = \dfrac{1}{\sqrt{3^2+4^2}}(3,4) = (\dfrac{3}{5}, \dfrac{4}{5})$

$u_2 = \dfrac{w_2}{\| w_2 \|} = \dfrac{1}{\sqrt{(\frac{16}{25})^2+(-\frac{12}{25})^2}}(\dfrac{16}{25}, -\dfrac{12}{25})$

$= \left(\dfrac{4}{5}, -\dfrac{3}{5}\right)$

그러므로 $\left\{\left(\dfrac{3}{5}, \dfrac{4}{5}\right), \left(\dfrac{4}{5}, -\dfrac{3}{5}\right)\right\}$

(2) $B=(1,-2,2),(2,2,1),(2,-1,-2)$

$=(v_1, v_2, v_3)$

$v_i \cdot v_j = 0, i \neq j$

이므로 직교벡터이기 때문에 각 벡터를 정규화시키자.

$$u_1 = \frac{v_1}{\| v_1 \|} = \frac{1}{3}(1,-2,2) = (\frac{1}{3}, -\frac{2}{3}, \frac{2}{3})$$

$$u_2 = \frac{v_2}{\| v_2 \|} = \frac{1}{3}(2,2,1) = (\frac{2}{3}, \frac{2}{3}, \frac{1}{3})$$

$$u_3 = \frac{v_3}{\| v_3 \|}$$

$$= \frac{1}{3}(2,-1,-2) = (\frac{2}{3}, -\frac{1}{3}, -\frac{2}{3})$$

$$\left\{(\frac{1}{3}, -\frac{2}{3}, \frac{2}{3}), (\frac{2}{3}, \frac{2}{3}, \frac{1}{3}), (\frac{2}{3}, -\frac{1}{3}, -\frac{2}{3})\right\}$$

(3) $w_1 = v_1 = (4,-3,0)$

$$w_2 = v_2 - \frac{< v_2, w_1 >}{< w_1, w_1 >} w_1$$

$$= (1,2,0) - \frac{-2}{25}(4, \ -3, \ 0)$$

$$= (\frac{33}{25}, \ \frac{44}{25}, \ 0)$$

$$w_3 = v_3 - \frac{< v_3, w_1 >}{< w_1, w_1 >} w_1 - \frac{< v_3, w_2 >}{< w_2, w_2 >} w_2$$

$$= (0,0,4) - 0(4,-3,0) - 0(\frac{33}{25}, \frac{44}{25}, 0)$$

$$= (0,0,4)$$

각 벡터를 정규화시키면

$$u_1 = \frac{w_1}{\| w_1 \|} = \frac{1}{5}(4,-3,0) = (\frac{4}{5}, -\frac{3}{5}, 0)$$

$$u_2 = \frac{w_2}{\| w_2 \|} = \frac{5}{11}(\frac{33}{25}, \frac{44}{25}, 0) = (\frac{3}{5}, \frac{4}{5}, 0)$$

$$u_3 = \frac{w_3}{\| w_3 \|} = \frac{1}{4}(0,0,4) = (0,0,1)$$

$$\left\{(\frac{4}{5}, -\frac{3}{5}, 0), (\frac{3}{5}, \frac{4}{5}, 0), (0,0,1)\right\}$$

EX 3

(1) $u_1 = \dfrac{1}{\sqrt{(-8)^2 + 3^2 + 5^2}}(-8,3,5)$

$$= \left(-\frac{4\sqrt{2}}{7}, \frac{3\sqrt{2}}{14}, \frac{5\sqrt{2}}{14}\right)$$

그러므로 정규직교기저는

$$B' = \left\{\left(-\frac{4\sqrt{2}}{7}, \frac{3\sqrt{2}}{14}, \frac{5\sqrt{2}}{14}\right)\right\}$$

(2) 우선 각 벡터를 직교화하라.

$w_1 = v_1 = (3,4,0)$

$$w_2 = v_2 - \frac{< v_2, w_1 >}{< w_1, w_1 >} w_1$$

$$= (1,0,0) - \frac{3}{25}(3,4,0) = (\frac{16}{25}, -\frac{12}{25}, 0)$$

각 벡터를 정규화시키면

$$u_1 = \frac{w_1}{\| w_1 \|} = \frac{1}{5}(3,4,0) = (\frac{3}{5}, \frac{4}{5}, 0)$$

$$u_2 = \frac{w_2}{\| w_2 \|} = \frac{1}{4/5}(\frac{16}{25}, -\frac{12}{25}, 0)$$

$$= (\frac{4}{5}, -\frac{3}{5}, 0)$$

$$\left\{\left(\frac{3}{5}, \frac{4}{5}, 0\right), \left(\frac{4}{5}, -\frac{3}{5}, 0\right)\right\}$$

(3) $w_1 = v_1 = (1,2,-1,0)$

$$w_2 = v_2 - \frac{< v_2, w_1 >}{< w_1, w_1 >} w_1$$

$$= (2,2,0,1) - \frac{2(1)+2(2)+0(-1)+1(0)}{1^2+2^2+(-1)^2+0^2}(1,2,-1,0)$$

$$= (2,2,0,1) - (1,2,-1,0) = (1,0,1,1)$$

$$u_1 = \frac{w_1}{\| w_1 \|}$$

$$= \frac{1}{\sqrt{1^2+2^2+(-1)^2+0^2}}(1,2,-1,0)$$

$$= \left(\frac{\sqrt{6}}{6}, \frac{\sqrt{6}}{3}, -\frac{\sqrt{6}}{6}, 0\right)$$

$$u_2 = \frac{w_2}{\| w_2 \|}$$

$$= \frac{1}{\sqrt{1^2+0^2+1^2+1^2}}(1,0,1,1)$$

$$= \left(\frac{\sqrt{3}}{3}, 0, \frac{\sqrt{3}}{3}, \frac{\sqrt{3}}{3}\right)$$

$$\left\{\left(\frac{\sqrt{6}}{6}, \frac{\sqrt{6}}{3}, -\frac{\sqrt{6}}{6}, 0\right), \left(\frac{\sqrt{3}}{3}, 0, \frac{\sqrt{3}}{3}, \frac{\sqrt{3}}{3}\right)\right\}$$

EX 4

(1) 연립방정식의 해는

$x_1 = 3s, x_2 = -2t, x_3 = S, x_4 = t$

다음은 해공간에 대한 기저이다.

$\{(3,0,1,0), (0,-2,0,1)\}$

다음과 같이 직교화하자.

$$w_1 = v_1 = (3,0,1,0)$$

$$w_2 = v_2 - \frac{\langle v_2, w_1 \rangle}{\langle w_1, w_1 \rangle} w_1$$

$$= (0,-2,0,1)$$

$$- \frac{0(3)+(-2)(0)+0(1)+1(0)}{3^2+0^2+1^2+0^2} \times (3,0,1,0)$$

$$= (0,-2,0,1)$$

각 벡터를 정규화하면

$$u_1 = \frac{w_1}{\| w_1 \|} = \frac{1}{\sqrt{3^2+0^2+1^2+0^2}}(3,0,1,0)$$

$$= \left(\frac{3\sqrt{10}}{10}, 0, \frac{\sqrt{10}}{10}, 0\right),$$

$$u_2 = \frac{w_2}{\| w_2 \|}$$

$$= \frac{1}{\sqrt{0^2+(-2)^2+0^2+1^2}}(0,-2,0,1)$$

$$= \left(0, -\frac{2\sqrt{5}}{5}, 0, \frac{\sqrt{5}}{5}\right)$$

$$B' = \left\{\begin{array}{l}\left(\frac{3\sqrt{10}}{10}, 0, \frac{\sqrt{10}}{10}, 0\right), \\ \left(0, -\frac{2\sqrt{5}}{5}, 0, \frac{\sqrt{5}}{5}\right)\end{array}\right\}$$

(2) 연립방정식의 해는

$x_1 = s+t, x_2 = 0, x_3 = s, x_4 = t$

다음은 해공간에 대한 기저이다.

$\{(1,0,1,0), (1,0,0,1)\}$

다음과 같이 직교화하자.

$$w_1 = v_1 = (1,0,1,0)$$

$$w_2 = v_2 - \frac{< v_2, w_1 >}{< w_1, w_1 >} w_1$$

$$= (1,0,0,1) - \frac{1}{2}(1,0,1,0)$$

$$= (\frac{1}{2}, 0, -\frac{1}{2}, 1)$$

각 벡터를 정규화하면

$$u_1 = \frac{w_1}{\| w_1 \|} = \frac{1}{\sqrt{2}}(1,0,1,0) = \left(\frac{1}{\sqrt{2}}, 0, \frac{1}{\sqrt{2}}, 0\right)$$

$$u_2 = \frac{w_2}{\| w_2 \|} = \frac{1}{\sqrt{3/2}}(\frac{1}{2}, 0, -\frac{1}{2}, 1)$$

$$= \left(\frac{1}{\sqrt{6}}, 0, -\frac{1}{\sqrt{6}}, \frac{2}{\sqrt{6}}\right)$$

$$B' = \left\{\begin{array}{l}\left(\frac{1}{\sqrt{2}}, 0, \frac{1}{\sqrt{2}}, 0\right), \\ \left(\frac{1}{\sqrt{6}}, 0, -\frac{1}{\sqrt{6}}, \frac{2}{\sqrt{6}}\right)\end{array}\right\}$$

연습 문제 6.3

EX 1

$A=\begin{bmatrix}1 & -1\\ 3 & 2\\ -2 & 4\end{bmatrix},\ b=\begin{bmatrix}4\\1\\3\end{bmatrix}$ 이다.

A가 1차독립 열벡터를 가짐을 생각하면 앞서 유일한 최소제곱해가 존재함을 알 수 있고,

$$A^TA=\begin{bmatrix}1 & 3 & -2\\ -1 & 2 & 4\end{bmatrix}\begin{bmatrix}1 & -1\\ 3 & 2\\ -2 & 4\end{bmatrix}=\begin{bmatrix}14 & -3\\ -3 & 21\end{bmatrix}$$

$A^Tb=\begin{bmatrix}1 & 3 & -2\\ -1 & 2 & 4\end{bmatrix}\begin{bmatrix}4\\1\\3\end{bmatrix}=\begin{bmatrix}1\\10\end{bmatrix}$ 이므로

이 경우의 정규연립방정식은 $\begin{bmatrix}14 & -3\\ -3 & 21\end{bmatrix}\begin{bmatrix}x_1\\x_2\end{bmatrix}=\begin{bmatrix}1\\10\end{bmatrix}$ 이고,

이 연립방정식을 풀면 최소제곱해

$x_1=\frac{17}{95},\quad x_2=\frac{143}{285}$ 이 얻어지며,

b에서 A의 열공간으로의 정사영은

$Ax=\begin{bmatrix}1 & -1\\ 3 & 2\\ -2 & 4\end{bmatrix}\begin{bmatrix}\frac{17}{95}\\ \frac{143}{285}\end{bmatrix}=\begin{bmatrix}-\frac{92}{285}\\ \frac{439}{285}\\ \frac{94}{57}\end{bmatrix}=proj_W b$ 이다.

EX 2

(1) $\begin{bmatrix}21 & 25\\ 25 & 35\end{bmatrix}\begin{bmatrix}x_1\\x_2\end{bmatrix}=\begin{bmatrix}20\\20\end{bmatrix}$

정규방정식에서

$\begin{bmatrix}1 & 2 & 4\\ -1 & 3 & 5\end{bmatrix}\begin{bmatrix}1 & -1\\ 2 & 3\\ 4 & 5\end{bmatrix}\begin{bmatrix}x_1\\x_2\end{bmatrix}=\begin{bmatrix}1 & 2 & 4\\ -1 & 3 & 5\end{bmatrix}\begin{bmatrix}2\\-1\\5\end{bmatrix}$ 이므로

$$\begin{bmatrix}21 & 25\\ 25 & 35\end{bmatrix}\begin{bmatrix}x_1\\x_2\end{bmatrix}=\begin{bmatrix}20\\20\end{bmatrix}$$

(2) $\begin{bmatrix}14 & 3 & 10\\ 3 & 6 & 10\\ 10 & 10 & 20\end{bmatrix}\begin{bmatrix}x_1\\x_2\\x_3\end{bmatrix}=\begin{bmatrix}-1\\3\\4\end{bmatrix}$

EX 3

(1) $x_1=5,\ x_2=\frac{1}{2};\ \begin{bmatrix}\frac{11}{2}\\ -\frac{9}{2}\\ -4\end{bmatrix}$

정규방정식에서

$$\begin{bmatrix}1 & -1 & -1\\ 1 & 1 & 2\end{bmatrix}\begin{bmatrix}1 & 1\\ -1 & 1\\ -1 & 2\end{bmatrix}\begin{bmatrix}x_1\\x_2\end{bmatrix}=\begin{bmatrix}1 & -1 & -1\\ 1 & 1 & 2\end{bmatrix}\begin{bmatrix}7\\0\\-7\end{bmatrix}$$

$$\begin{bmatrix}3 & -2\\ -2 & 6\end{bmatrix}\begin{bmatrix}x_1\\x_2\end{bmatrix}=\begin{bmatrix}14\\7\end{bmatrix}$$

b에서 A의 열공간으로의 정사영

$$\begin{bmatrix}1 & 1\\ -1 & 1\\ -1 & 2\end{bmatrix}\begin{bmatrix}5\\1/2\end{bmatrix}=\begin{bmatrix}11/2\\-9/2\\-4\end{bmatrix}$$

(2) $x_1=\frac{3}{7},\ x_2=-\frac{2}{3};\ \begin{bmatrix}\frac{46}{21}\\ -\frac{5}{21}\\ \frac{13}{21}\end{bmatrix}$

(3) $x_1=12,\ x_2=-3,\ x_3=9;\ \begin{bmatrix}3\\3\\9\\0\end{bmatrix}$

정규방정식

$$\begin{bmatrix}1 & 2 & 1 & 1\\ 0 & 1 & 1 & 1\\ -1 & -2 & 0 & -1\end{bmatrix}\begin{bmatrix}1 & 0 & -1\\ 2 & 1 & -2\\ 1 & 1 & 0\\ 1 & 1 & -1\end{bmatrix}\begin{bmatrix}x_1\\x_2\\x_3\end{bmatrix}$$

$$=\begin{bmatrix}1 & 2 & 1 & 1\\ 0 & 1 & 1 & 1\\ -1 & -2 & 0 & -1\end{bmatrix}\begin{bmatrix}6\\0\\9\\3\end{bmatrix}$$

$$\begin{bmatrix}7 & 4 & -6\\ 4 & 3 & -3\\ -6 & -3 & 6\end{bmatrix}\begin{bmatrix}x_1\\x_2\\x_3\end{bmatrix}=\begin{bmatrix}18\\12\\-9\end{bmatrix}$$

b에서 A의 열공간으로의 정사영

$$\begin{bmatrix}1 & 0 & -1\\ 2 & 1 & -2\\ 1 & 1 & 0\\ 1 & 1 & -1\end{bmatrix}\begin{bmatrix}12\\-3\\9\end{bmatrix}=\begin{bmatrix}3\\3\\9\\0\end{bmatrix}$$

(4) $x_1=14,\ x_2=30,\ x_3=26;\ \begin{bmatrix}2\\6\\-2\\4\end{bmatrix}$

EX 4

$$\begin{bmatrix}\hat{\alpha}\\\hat{\beta}\end{bmatrix}=\left(\begin{bmatrix}1&0\\1&1\\1&2\end{bmatrix}^T\begin{bmatrix}1&0\\1&1\\1&2\end{bmatrix}\right)^{-1}\begin{bmatrix}1&0\\1&1\\1&2\end{bmatrix}^T\begin{bmatrix}0\\2\\7\end{bmatrix}$$

$$=\begin{bmatrix}3&3\\3&5\end{bmatrix}^{-1}\begin{bmatrix}9\\16\end{bmatrix}=\begin{bmatrix}\frac{5}{6}&-\frac{1}{2}\\-\frac{1}{2}&\frac{1}{2}\end{bmatrix}\begin{bmatrix}9\\16\end{bmatrix}$$

$$=\begin{bmatrix}-1/2\\7/2\end{bmatrix}$$

EX 5 생략

EX 6

$$A=\begin{bmatrix}1&2&4\\1&3&9\\1&5&25\\1&6&36\end{bmatrix}$$

$$\begin{bmatrix}\hat{\alpha}\\\hat{\beta}\\\hat{\gamma}\end{bmatrix}=(A^TA)^{-1}A^T\begin{bmatrix}0\\-10\\-48\\-76\end{bmatrix}$$

$$=\begin{bmatrix}4&16&74\\16&74&376\\74&376&2018\end{bmatrix}^{-1}\begin{bmatrix}-134\\-726\\-4026\end{bmatrix}$$

$$=\begin{bmatrix}\frac{221}{10}&-\frac{62}{5}&\frac{3}{2}\\-\frac{62}{5}&\frac{649}{90}&-\frac{8}{9}\\\frac{3}{2}&-\frac{8}{9}&\frac{1}{9}\end{bmatrix}\begin{bmatrix}-134\\-726\\-4026\end{bmatrix}$$

$$=\begin{bmatrix}2\\5\\-3\end{bmatrix}$$

$y=2+5x-3x^2$

CHAPTER 07. 고유치와 고유벡터

연습 문제 7.1

EX 1

(1) $A\mathrm{x}_1 = \begin{bmatrix} 1 & 0 \\ 0 & -1 \end{bmatrix}\begin{bmatrix} 1 \\ 0 \end{bmatrix} = \begin{bmatrix} 1 \\ 0 \end{bmatrix} = 1\begin{bmatrix} 1 \\ 0 \end{bmatrix} = \lambda_1 \mathrm{x}_1$

$A\mathrm{x}_2 = \begin{bmatrix} 1 & 0 \\ 0 & -1 \end{bmatrix}\begin{bmatrix} 0 \\ 1 \end{bmatrix} = \begin{bmatrix} 0 \\ -1 \end{bmatrix} = -1\begin{bmatrix} 0 \\ 1 \end{bmatrix} = \lambda_2 \mathrm{x}_2$

(2) $A\mathrm{x}_1 = \begin{bmatrix} 1 & 1 \\ 1 & 1 \end{bmatrix}\begin{bmatrix} 1 \\ -1 \end{bmatrix} = \begin{bmatrix} 0 \\ 0 \end{bmatrix} = 0\begin{bmatrix} 1 \\ -1 \end{bmatrix} = \lambda_1 \mathrm{x}_1$

$A\mathrm{x}_2 = \begin{bmatrix} 1 & 1 \\ 1 & 1 \end{bmatrix}\begin{bmatrix} 1 \\ 1 \end{bmatrix} = \begin{bmatrix} 2 \\ 2 \end{bmatrix} = 2\begin{bmatrix} 1 \\ 1 \end{bmatrix} = \lambda_2 \mathrm{x}_2$

(3) $A\mathrm{x}_1 = \begin{bmatrix} -2 & 2 & -3 \\ 2 & 1 & -6 \\ -1 & -2 & 0 \end{bmatrix}\begin{bmatrix} 1 \\ 2 \\ -1 \end{bmatrix}$

$= \begin{bmatrix} 5 \\ 10 \\ -5 \end{bmatrix} = 5\begin{bmatrix} 1 \\ 2 \\ -1 \end{bmatrix} = \lambda_1 \mathrm{x}_1$

$A\mathrm{x}_2 = \begin{bmatrix} -2 & 2 & -3 \\ 2 & 1 & -6 \\ -1 & -2 & 0 \end{bmatrix}\begin{bmatrix} -2 \\ 1 \\ 0 \end{bmatrix}$

$= \begin{bmatrix} 6 \\ -3 \\ 0 \end{bmatrix} = -3\begin{bmatrix} -2 \\ 1 \\ 0 \end{bmatrix} = \lambda_2 \mathrm{x}_2$

$A\mathrm{x}_3 = \begin{bmatrix} -2 & 2 & -3 \\ 2 & 1 & -6 \\ -1 & -2 & 0 \end{bmatrix}\begin{bmatrix} 3 \\ 0 \\ 1 \end{bmatrix}$

$= \begin{bmatrix} -9 \\ 0 \\ -3 \end{bmatrix} = -3\begin{bmatrix} 3 \\ 0 \\ 1 \end{bmatrix} = \lambda_3 \mathrm{x}_3$

EX 2

(1) (a) $A\mathrm{x} = \begin{bmatrix} 7 & 2 \\ 2 & 4 \end{bmatrix}\begin{bmatrix} 1 \\ 2 \end{bmatrix} = \begin{bmatrix} 11 \\ 10 \end{bmatrix} \neq \lambda\begin{bmatrix} 1 \\ 2 \end{bmatrix}$

x는 A의 고유벡터가 아니다.

(b) $A\mathrm{x} = \begin{bmatrix} 7 & 2 \\ 2 & 4 \end{bmatrix}\begin{bmatrix} 2 \\ 1 \end{bmatrix} = \begin{bmatrix} 16 \\ 8 \end{bmatrix} = 8\begin{bmatrix} 2 \\ 1 \end{bmatrix}$

x는 A의 고유벡터이다.

(c) $A\mathrm{x} = \begin{bmatrix} 7 & 2 \\ 2 & 4 \end{bmatrix}\begin{bmatrix} 1 \\ -2 \end{bmatrix} = \begin{bmatrix} 3 \\ -6 \end{bmatrix} = 3\begin{bmatrix} 1 \\ -2 \end{bmatrix}$

x는 A의 고유벡터이다.

(d) $A\mathrm{x} = \begin{bmatrix} 7 & 2 \\ 2 & 4 \end{bmatrix}\begin{bmatrix} -1 \\ 0 \end{bmatrix} = \begin{bmatrix} -7 \\ -2 \end{bmatrix} \neq \lambda\begin{bmatrix} -1 \\ 0 \end{bmatrix}$

x는 A의 고유벡터가 아니다.

(2) (a) $A\mathrm{x} = \begin{bmatrix} -1 & -1 & 1 \\ -2 & 0 & -2 \\ 3 & -3 & 1 \end{bmatrix}\begin{bmatrix} 2 \\ -4 \\ 6 \end{bmatrix} = \begin{bmatrix} 8 \\ -16 \\ 24 \end{bmatrix} = 4\begin{bmatrix} 2 \\ -4 \\ 6 \end{bmatrix}$

x는 A의 고유벡터이다.

(b) $A\mathrm{x} = \begin{bmatrix} -1 & -1 & 1 \\ -2 & 0 & -2 \\ 3 & -3 & 1 \end{bmatrix}\begin{bmatrix} 2 \\ 0 \\ 6 \end{bmatrix} = \begin{bmatrix} 4 \\ -16 \\ 12 \end{bmatrix} \neq \lambda\begin{bmatrix} 2 \\ 0 \\ 6 \end{bmatrix}$

x는 A의 고유벡터가 아니다.

(c) $A\mathrm{x} = \begin{bmatrix} -1 & -1 & 1 \\ -2 & 0 & -2 \\ 3 & -3 & 1 \end{bmatrix}\begin{bmatrix} 2 \\ 2 \\ 0 \end{bmatrix} = \begin{bmatrix} -4 \\ -4 \\ 0 \end{bmatrix} = -2\begin{bmatrix} 2 \\ 2 \\ 0 \end{bmatrix}$

x는 A의 고유벡터이다.

(d) $A\mathrm{x} = \begin{bmatrix} -1 & -1 & 1 \\ -2 & 0 & -2 \\ 3 & -3 & 1 \end{bmatrix}\begin{bmatrix} -1 \\ 0 \\ 1 \end{bmatrix} = \begin{bmatrix} 2 \\ 0 \\ -2 \end{bmatrix} = -2\begin{bmatrix} -1 \\ 0 \\ 1 \end{bmatrix}$

x는 A의 고유벡터이다.

EX 3

(1) (a) 특성방정식

$|\lambda I - A| = \begin{vmatrix} \lambda-6 & 3 \\ 2 & \lambda-1 \end{vmatrix}$

$= \lambda^2 - 7\lambda = \lambda(\lambda - 7)$

$= 0,\ \ \lambda = 0 \text{ or } 7$

(b) $\lambda_1=0, \lambda_2=7$의 고유벡터

i) $\lambda_1=0$ $\begin{bmatrix}\lambda_1-6 & 3\\ 2 & \lambda_1-1\end{bmatrix}\begin{bmatrix}x_1\\x_2\end{bmatrix}$

$$=\begin{bmatrix}0\\0\end{bmatrix}\Rightarrow\begin{bmatrix}2 & -1\\0 & 0\end{bmatrix}\begin{bmatrix}x_1\\x_2\end{bmatrix}=\begin{bmatrix}0\\0\end{bmatrix}$$

$\lambda_1=0$에 대응하는 고유벡터 $\{(t,2t): t\in R\}$

ii) $\lambda_2=7$

$$\begin{bmatrix}\lambda_2-6 & 3\\ 2 & \lambda_2-1\end{bmatrix}\begin{bmatrix}x_1\\x_2\end{bmatrix}=\begin{bmatrix}0\\0\end{bmatrix}$$

$$\begin{bmatrix}1 & 3\\0 & 0\end{bmatrix}\begin{bmatrix}x_1\\x_2\end{bmatrix}=\begin{bmatrix}0\\0\end{bmatrix}$$

$\lambda_2=7$에 대응하는 고유벡터

$\{(-3t,t): t\in R\}$

(2) (a) 특성방정식

$$|\lambda I-A|=\begin{vmatrix}\lambda-1 & \frac{3}{2}\\ -\frac{1}{2} & \lambda+1\end{vmatrix}$$

$$=\lambda^2-\frac{1}{4}=0$$

$$\lambda=\frac{1}{2} \text{ or } \lambda=-\frac{1}{2}$$

(b) $\lambda_1=\frac{1}{2}$, $\lambda_2=-\frac{1}{2}$의 고유벡터

i) $\lambda_1=\frac{1}{2}$

$$\begin{bmatrix}\lambda_1-1 & \frac{3}{2}\\ -\frac{1}{2} & \lambda_1+1\end{bmatrix}\begin{bmatrix}x_1\\x_2\end{bmatrix}=\begin{bmatrix}0\\0\end{bmatrix}$$

$$\Rightarrow\begin{bmatrix}1 & -3\\0 & 0\end{bmatrix}\begin{bmatrix}x_1\\x_2\end{bmatrix}=\begin{bmatrix}0\\0\end{bmatrix}$$

$\lambda_1=0$에 대응하는 고유벡터 $(3,1)$

ii) $\lambda_2=-\frac{1}{2}$

$$\begin{bmatrix}\lambda_1-1 & \frac{3}{2}\\ -\frac{1}{2} & \lambda_1+1\end{bmatrix}\begin{bmatrix}x_1\\x_2\end{bmatrix}=\begin{bmatrix}0\\0\end{bmatrix}$$

$$\Rightarrow\begin{bmatrix}1 & -1\\0 & 0\end{bmatrix}\begin{bmatrix}x_1\\x_2\end{bmatrix}=\begin{bmatrix}0\\0\end{bmatrix}$$

$\lambda_2=-\frac{1}{2}$에 대응하는 고유벡터 $(1,1)$

(3) (a) 특성방정식

$$|\lambda I-A|=\begin{bmatrix}\lambda-2 & 0 & -1\\ 0 & \lambda-3 & -4\\ 0 & 0 & \lambda-1\end{bmatrix}$$

$$=(\lambda-2)(\lambda-3)(\lambda-1)=0$$

(b) $\lambda_1=2, \lambda_2=3, \lambda_3=1$

i) $\lambda_1=2$

$$\begin{bmatrix}\lambda_1-2 & 0 & -1\\ 0 & \lambda_1-3 & -4\\ 0 & 0 & \lambda_1-1\end{bmatrix}\begin{bmatrix}x_1\\x_2\\x_3\end{bmatrix}=\begin{bmatrix}0\\0\\0\end{bmatrix}$$

$$\Rightarrow\begin{bmatrix}0 & 1 & 0\\0 & 0 & 1\\0 & 0 & 0\end{bmatrix}\begin{bmatrix}x_1\\x_2\\x_3\end{bmatrix}=\begin{bmatrix}0\\0\\0\end{bmatrix}$$

$\lambda_1=2$에 대응하는 고유벡터 $(1, 0, 0)$

ii) $\lambda_2=3$

$$\begin{bmatrix}\lambda_2-2 & 0 & -1\\ 0 & \lambda_2-3 & -4\\ 0 & 0 & \lambda_2-1\end{bmatrix}\begin{bmatrix}x_1\\x_2\\x_3\end{bmatrix}=\begin{bmatrix}0\\0\\0\end{bmatrix}$$

$$\Rightarrow\begin{bmatrix}1 & 0 & 0\\0 & 0 & 1\\0 & 0 & 0\end{bmatrix}\begin{bmatrix}x_1\\x_2\\x_3\end{bmatrix}=\begin{bmatrix}0\\0\\0\end{bmatrix}$$

$\lambda_2=3$에 대응하는 고유벡터 $(0, 1, 0)$

iii) $\lambda_3=1$

$$\begin{bmatrix}\lambda_3-2 & 0 & -1\\ 0 & \lambda_3-3 & -4\\ 0 & 0 & \lambda_3-1\end{bmatrix}\begin{bmatrix}x_1\\x_2\\x_3\end{bmatrix}=\begin{bmatrix}0\\0\\0\end{bmatrix}$$

$$\Rightarrow\begin{bmatrix}1 & 0 & 1\\0 & 1 & 2\\0 & 0 & 0\end{bmatrix}\begin{bmatrix}x_1\\x_2\\x_3\end{bmatrix}=\begin{bmatrix}0\\0\\0\end{bmatrix}$$

$\lambda_3=1$에 대응하는 고유벡터 $(-1,-2,1)$

(4) (a) 특성방정식

$$|\lambda I - A| = \begin{vmatrix} \lambda-1 & -2 & 2 \\ 2 & \lambda-5 & 2 \\ 6 & -6 & \lambda+3 \end{vmatrix}$$
$$= \lambda^3 - 3\lambda^2 - 9\lambda + 27 = 0$$
$$= (\lambda-3)(\lambda-3)^2 = 0$$

(b) $\lambda_1 = -3$, $\lambda_2 = 3$의 고유벡터

$i)$ $\lambda_1 = -3$

$$\begin{bmatrix} \lambda_1-1 & -2 & 2 \\ 2 & \lambda_1-5 & 2 \\ 6 & -6 & \lambda_1+3 \end{bmatrix}\begin{bmatrix} x_1 \\ x_2 \\ x_3 \end{bmatrix} = \begin{bmatrix} 0 \\ 0 \\ 0 \end{bmatrix}$$

$$\Rightarrow \begin{bmatrix} -4 & -2 & 2 \\ 2 & -8 & 2 \\ 6 & -6 & 0 \end{bmatrix}\begin{bmatrix} x_1 \\ x_2 \\ x_3 \end{bmatrix} = \begin{bmatrix} 0 \\ 0 \\ 0 \end{bmatrix}$$

$\lambda_1 = -3$에 대응하는 고유벡터 $(1, 1, 3)$

$ii)$ $\lambda_2 = 3$

$$\begin{bmatrix} \lambda_2-1 & -2 & 2 \\ 2 & \lambda_2-5 & 2 \\ 6 & -6 & \lambda_2+3 \end{bmatrix}\begin{bmatrix} x_1 \\ x_2 \\ x_3 \end{bmatrix} = \begin{bmatrix} 0 \\ 0 \\ 0 \end{bmatrix}$$

$$\Rightarrow \begin{bmatrix} -4 & -2 & 2 \\ 2 & -8 & 2 \\ 6 & -6 & 0 \end{bmatrix}\begin{bmatrix} x_1 \\ x_2 \\ x_3 \end{bmatrix} = \begin{bmatrix} 0 \\ 0 \\ 0 \end{bmatrix}$$

$\lambda_2 = 3$에 대응하는 고유벡터

$(1,1,0)$ 그리고 $(1,0,-1)$

EX 4

(1) $\lambda_1 = 1,\ \lambda_2 = -1;$

(2) $\lambda_1 = \sqrt{7},\ \lambda_2 = -\sqrt{7};$

$$x_1 = \begin{bmatrix} 1 \\ 1 \end{bmatrix},\quad x_2 = \begin{bmatrix} 1 \\ 3 \end{bmatrix}$$

$$x_1 = \begin{bmatrix} 1 \\ -2+\sqrt{7} \end{bmatrix},\quad x_2 = \begin{bmatrix} 1 \\ -2-\sqrt{7} \end{bmatrix}$$

(3) $\lambda_1 = 3t,\ \lambda_2 = t;$

(4) $\lambda_1 = 0,\ \lambda_2 = 1,\ \lambda_3 = 4;$

$$x_1 = \begin{bmatrix} 1 \\ 1 \end{bmatrix},\quad x_2 = \begin{bmatrix} 1 \\ -1 \end{bmatrix}$$

$$x_1 = \begin{bmatrix} 0 \\ -2 \\ 1 \end{bmatrix},\quad x_2 = \begin{bmatrix} 1 \\ 0 \\ -1 \end{bmatrix},\quad x_3 = \begin{bmatrix} 2 \\ 0 \\ 1 \end{bmatrix}$$

(5) $\lambda_1 = 3,\ \lambda_2 = 4,\ \lambda_3 = 5;$

(6) $\lambda_1 = 1,\ \lambda_2 = 2,\ \lambda_3 = 3,\ \lambda_4 = 4;$

$$x_1 = \begin{bmatrix} 1 \\ 0 \\ 0 \end{bmatrix},\quad x_2 = \begin{bmatrix} -1 \\ -1 \\ 1 \end{bmatrix},\quad x_3 = \begin{bmatrix} 1 \\ 0 \\ 2 \end{bmatrix}$$

$$x_1 = \begin{bmatrix} 6 \\ -6 \\ 11 \\ 4 \end{bmatrix},\quad x_2 = \begin{bmatrix} 1 \\ 0 \\ 0 \\ 0 \end{bmatrix},\quad x_3 = \begin{bmatrix} 2 \\ 0 \\ 1 \\ 0 \end{bmatrix},\quad x_4 = \begin{bmatrix} 2 \\ 0 \\ 1 \\ -2 \end{bmatrix}$$

EX 5

(1) $\lambda_1 = \lambda_2 = 1,\ \lambda_3 = 3;$

(2) $\lambda_1 = \lambda_2 = 2,\ \lambda_3 = \lambda_4 = 1;$

$$x_1 = x_2 = \begin{bmatrix} 1 \\ 0 \\ -1 \end{bmatrix},\quad x_3 = \begin{bmatrix} 5 \\ 2 \\ -3 \end{bmatrix}$$

$$x_1 = x_2 = \begin{bmatrix} 1 \\ 0 \\ 0 \\ 0 \end{bmatrix},\quad x_3 = x_4 = \begin{bmatrix} 3 \\ -3 \\ 1 \\ 0 \end{bmatrix}$$

(3) $\lambda_1 = \lambda_2 = -2,\ \lambda_3 = 4;$

$$x_1 = \begin{bmatrix} -1 \\ 1 \\ 1 \end{bmatrix},\quad x_2 = \begin{bmatrix} -1 \\ 0 \\ 1 \end{bmatrix},\quad x_3 = \begin{bmatrix} 1 \\ 1 \\ 1 \end{bmatrix}$$

EX 6

행렬 A가 영인 고유치를 갖는 필요충분조건은 $|A - 0 \cdot I| = 0$, 또는 $|A| = 0$이다.

$|A| = 0$이 될 필요충분조건은 A가 정칙행렬이 아닌 것이다.

연습 문제 7.2

EX 1

(1) 없다.

(2) $P=\begin{bmatrix}1&2&1\\1&3&3\\1&3&4\end{bmatrix}$, $D=\begin{bmatrix}1&0&0\\0&2&0\\0&0&3\end{bmatrix}$

(3) 없다.

(4) $P=\begin{bmatrix}-\frac{1}{3}&0&0\\0&0&0\\1&0&1\end{bmatrix}$, $D=\begin{bmatrix}0&0&0\\0&0&0\\0&0&1\end{bmatrix}$

(5) 없다.

(6) $P=\begin{bmatrix}1&1&0&0\\0&1&1&0\\0&0&1&1\\0&0&0&1\end{bmatrix}$, $D=\begin{bmatrix}-2&0&0&0\\0&-2&0&0\\0&0&3&0\\0&0&0&3\end{bmatrix}$

EX 2

(1) $\begin{bmatrix}2-2^{27}&-1+2^{27}\\2-2^{28}&-1+2^{28}\end{bmatrix}$

(2) $\begin{bmatrix}89-2^{17}&-88+2^{17}\\176-2^{18}&-175+2^{18}\end{bmatrix}$

EX 3

(1) $B^k=(P^{-1}AP)^k$

$=(P^{-1}AP)(P^{-1}AP)\ldots(P^{-1}AP)$

$=(P^{-1}A^kP)$

(2) $B=(P^{-1}AP)$

$\Rightarrow A=PBP^{-1}$

$\Rightarrow A^k=PB^kP^{-1}$

EX 4

(1) A의 고유치와 대응하는 고유벡터는

$\lambda_1=-2, \lambda_2=1,$

$x_1=(-\frac{3}{2},1)$, $x_2=(-2,1)$이다.

$$P=\begin{bmatrix}-\frac{3}{2}&-2\\1&1\end{bmatrix}$$

$$B=P^{-1}AP$$

$$=\begin{bmatrix}2&4\\-2&-3\end{bmatrix}\begin{bmatrix}10&18\\-6&-11\end{bmatrix}\begin{bmatrix}-\frac{3}{2}&-2\\1&1\end{bmatrix}$$

$$=\begin{bmatrix}-2&0\\0&1\end{bmatrix}$$

그러므로

$$A^6=PB^6P^{-1}$$

$$=\begin{bmatrix}-\frac{3}{2}&-2\\1&1\end{bmatrix}\begin{bmatrix}64&0\\0&1\end{bmatrix}\begin{bmatrix}2&4\\-2&-3\end{bmatrix}$$

$$=\begin{bmatrix}-188&-378\\126&253\end{bmatrix}$$

(2) A의 고유치와 대응하는 고유벡터는

$x_1=(-1,3,1),$

$x_2=(3,0,1),$

$x_3=(-2,1,0)$이다.

$$P=\begin{bmatrix}-1&3&-2\\3&0&1\\1&1&0\end{bmatrix}$$

$$B=P^{-1}AP$$

$$=\begin{bmatrix}\frac{1}{2}&1&-\frac{3}{2}\\-\frac{1}{2}&-1&\frac{5}{2}\\-\frac{3}{2}&-2&\frac{9}{2}\end{bmatrix}\begin{bmatrix}3&2&-3\\-3&-4&9\\-1&-2&5\end{bmatrix}\begin{bmatrix}-1&3&-2\\3&0&1\\1&1&0\end{bmatrix}=\begin{bmatrix}0&0&0\\0&2&0\\0&0&2\end{bmatrix}-$$

그러므로

$$A^8=PB^8P^{-1}$$

$$=P\begin{bmatrix}0&0&0\\0&256&0\\0&0&256\end{bmatrix}P^{-1}=\begin{bmatrix}384&256&-384\\-384&-512&1152\\-128&-256&640\end{bmatrix}$$

연습 문제 7.3

EX 1 생략

EX 2

(1) 서로 닮았다. (2) 서로 닮지 않았다.

(3) 서로 닮지 않았다. (4) 서로 닮지 않았다.

EX 3

A,B,D는 대각가능행렬이고 B는 아니다. A와 C는 닮았다.

EX 4

(1) $P^{-1} = \begin{bmatrix} 1 & -4 \\ -1 & 3 \end{bmatrix}$

$P^{-1}AP$

$= \begin{bmatrix} 1 & -4 \\ -1 & 3 \end{bmatrix} \begin{bmatrix} -11 & 36 \\ -3 & 10 \end{bmatrix} \begin{bmatrix} -3 & -4 \\ -1 & -1 \end{bmatrix}$

$= \begin{bmatrix} 1 & 0 \\ 0 & -2 \end{bmatrix}$

(2) $P^{-1} = \begin{bmatrix} \frac{2}{3} & -\frac{2}{3} & 1 \\ 0 & \frac{1}{4} & 0 \\ -\frac{1}{3} & \frac{1}{12} & 0 \end{bmatrix}$,

$P^{-1}AP$

$= \begin{bmatrix} \frac{2}{3} & -\frac{2}{3} & 1 \\ 0 & \frac{1}{4} & 0 \\ -\frac{1}{3} & \frac{1}{12} & 0 \end{bmatrix} \begin{bmatrix} -1 & 1 & 0 \\ 0 & 3 & 0 \\ 4 & -2 & 5 \end{bmatrix} \begin{bmatrix} 0 & 1 & -3 \\ 0 & 4 & 0 \\ 1 & 2 & 2 \end{bmatrix}$

$= \begin{bmatrix} 5 & 0 & 0 \\ 0 & 3 & 0 \\ 0 & 0 & -1 \end{bmatrix}$

EX 5

(1) A의 고유치는 $\lambda_1 = \frac{1}{2}, \lambda_2 = -\frac{1}{2}$이고 대응하는 고유벡터는 (3,1),(1,1)이다.

$P = \begin{bmatrix} 3 & 1 \\ 1 & 1 \end{bmatrix}$

$P^{-1}AP$

$= \begin{bmatrix} \frac{1}{2} & -\frac{1}{2} \\ -\frac{1}{2} & \frac{3}{2} \end{bmatrix} \begin{bmatrix} 1 & -\frac{3}{2} \\ \frac{1}{2} & -1 \end{bmatrix} \begin{bmatrix} 3 & 1 \\ 1 & 1 \end{bmatrix}$

$= \begin{bmatrix} \frac{1}{2} & 0 \\ 0 & -\frac{1}{2} \end{bmatrix}$

(2) A의 고유치는 $\lambda_1 = -3, \lambda_2 = 3$(중복도)이고 대응하는 고유벡터는 (1,1,3), (1,1,0), (1,0,-1)이다.

$P = \begin{bmatrix} 1 & 1 & 1 \\ 1 & 1 & 0 \\ 3 & 0 & -1 \end{bmatrix}$

$P^{-1}AP$

$= \begin{bmatrix} \frac{1}{3} & -\frac{1}{3} & \frac{1}{3} \\ -\frac{1}{3} & \frac{4}{3} & -\frac{1}{3} \\ 1 & -1 & 0 \end{bmatrix} \begin{bmatrix} 1 & 2 & -2 \\ -2 & 5 & -2 \\ -6 & 6 & -3 \end{bmatrix} \begin{bmatrix} 1 & 1 & 1 \\ 1 & 1 & 0 \\ 3 & 0 & -1 \end{bmatrix}$

$= \begin{bmatrix} -3 & 0 & 0 \\ 0 & 3 & 0 \\ 0 & 0 & 3 \end{bmatrix}$

(3) A의 고유치는

$\lambda_1 = -2, \lambda_2 = 6, \lambda_3 = 4$이고 대응하는 고유벡터는 (3, 2, 0), (-1, 2, 0), (-5, 10, 2)이다.

$$P=\begin{bmatrix}3&-1&-5\\2&2&10\\0&0&2\end{bmatrix}$$

$$\Rightarrow P^{-1}=\begin{bmatrix}\frac{1}{4}&\frac{1}{8}&0\\-\frac{1}{4}&\frac{3}{8}&-\frac{5}{2}\\0&0&\frac{1}{2}\end{bmatrix}$$

$P^{-1}AP$

$$=\begin{bmatrix}\frac{1}{4}&\frac{1}{8}&0\\-\frac{1}{4}&\frac{3}{8}&-\frac{5}{2}\\0&0&\frac{1}{2}\end{bmatrix}\begin{bmatrix}0&-3&5\\-4&4&-10\\0&0&4\end{bmatrix}\begin{bmatrix}3&-1&-5\\2&2&10\\0&0&2\end{bmatrix}$$

$$=\begin{bmatrix}-2&0&0\\0&6&0\\0&0&4\end{bmatrix}$$

연습 문제 7.4

EX 1

(1) 대칭 (2) 대칭 아님

(3) 대칭

EX 2

(1) A의 특성방정식은

$$|\lambda I-A|=\begin{vmatrix}\lambda-3&-1\\-1&\lambda-3\end{vmatrix}$$

$=(\lambda-4)(\lambda-2)=0$

$\lambda_1=4, \lambda_2=2$

각각의 고유공간의 차원은 1이다.

(2) A의 특성방정식은

$$|\lambda I-A|=\begin{vmatrix}\lambda&-2&-2\\-2&\lambda&-2\\-2&-2&\lambda\end{vmatrix}=(\lambda+2)^2(\lambda-4)=0$$

$\lambda_1=-2, \lambda_2=4$

$\lambda_1=-2$의

고유공간의 차원은 2이고

$\lambda_2=4$의 고유공간의 차원은 1이다.

(3) A의 특성방정식은

$$|\lambda I-A|=\begin{vmatrix}\lambda&-2&-2\\-2&\lambda&-2\\-2&-2&\lambda\end{vmatrix}$$

$=(\lambda+2)^2(\lambda-4)=0$

$\lambda_1=-2, \lambda_2=4$

$\lambda_1=-2$

고유공간의 차원은 2이고

$\lambda_2=4$의 고유공간의 차원은 1이다.

EX 3

(1) 열벡터들이 정규직교 집합이므로 직교행렬이다.

(2) 열벡터들이 정규직교 집합이 아니므로 직교행렬이 아니다.

(3) 열벡터들이 정규직교 집합이므로 직교행렬이다.

EX 4

(1) A의 고유치와 대응하는 고유벡터는 각각 $\lambda_1=0,\ \lambda_2=2,\ (1,-1),(1,1)$이다.

고유벡터를 정규화하면

$$P=\begin{bmatrix}\frac{\sqrt{2}}{2}&\frac{\sqrt{2}}{2}\\-\frac{\sqrt{2}}{2}&\frac{\sqrt{2}}{2}\end{bmatrix}$$

$$P^TAP=\begin{bmatrix}\frac{\sqrt{2}}{2}&-\frac{\sqrt{2}}{2}\\\frac{\sqrt{2}}{2}&\frac{\sqrt{2}}{2}\end{bmatrix}\begin{bmatrix}1&1\\1&1\end{bmatrix}$$

$$\begin{bmatrix}\frac{\sqrt{2}}{2}&\frac{\sqrt{2}}{2}\\-\frac{\sqrt{2}}{2}&\frac{\sqrt{2}}{2}\end{bmatrix}$$

$$=\begin{bmatrix}0&0\\0&2\end{bmatrix}$$

(2) A의 고유치와 대응하는 고유벡터는

각각 $\lambda_1=0, \lambda_2=3$, $(\frac{\sqrt{2}}{2},-1)$, $(\sqrt{2},1)$이다.

고유벡터를 정규화하려면

$$P=\begin{bmatrix} \frac{\sqrt{3}}{3} & -\frac{\sqrt{6}}{3} \\ -\frac{\sqrt{6}}{3} & \frac{\sqrt{3}}{3} \end{bmatrix}$$

P^TAP

$$=\begin{bmatrix} \frac{\sqrt{3}}{3} & -\frac{\sqrt{6}}{3} \\ \frac{\sqrt{6}}{3} & \frac{\sqrt{3}}{3} \end{bmatrix}\begin{bmatrix} 2 & \sqrt{2} \\ \sqrt{2} & 1 \end{bmatrix}$$

$$\begin{bmatrix} \frac{\sqrt{3}}{3} & -\frac{\sqrt{6}}{3} \\ -\frac{\sqrt{6}}{3} & \frac{\sqrt{3}}{3} \end{bmatrix}$$

$$=\begin{bmatrix} 0 & 0 \\ 0 & 3 \end{bmatrix}$$

(3) A의 고유치와 대응하는 고유벡터는

각각 $\lambda_1=-15, \lambda_2=0, \lambda_3=15$

$(-2,1,2)$, $(-1,2,-2)$, $(2,2,1)$이다.

고유벡터를 정규화하면

$$P=\begin{bmatrix} -\frac{2}{3} & -\frac{1}{3} & \frac{2}{3} \\ \frac{1}{3} & \frac{2}{3} & \frac{2}{3} \\ \frac{2}{3} & -\frac{2}{3} & \frac{1}{3} \end{bmatrix}$$

P^TAP

$$=\begin{bmatrix} -\frac{2}{3} & \frac{1}{3} & \frac{2}{3} \\ -\frac{1}{3} & \frac{2}{3} & -\frac{2}{3} \\ \frac{2}{3} & \frac{2}{3} & \frac{1}{3} \end{bmatrix}\begin{bmatrix} 0 & 10 & 10 \\ 10 & 5 & 0 \\ 10 & 0 & -5 \end{bmatrix}$$

$$\begin{bmatrix} -\frac{2}{3} & -\frac{1}{3} & \frac{2}{3} \\ \frac{1}{3} & \frac{2}{3} & \frac{2}{3} \\ \frac{2}{3} & -\frac{2}{3} & \frac{1}{3} \end{bmatrix}=\begin{bmatrix} -15 & 0 & 0 \\ 0 & 0 & 0 \\ 0 & 0 & 15 \end{bmatrix}$$

EX 5 생략

EX 6

$$A^{-1}=\frac{1}{\cos^2\theta+\sin^2\theta}\begin{bmatrix} \cos\theta & \sin\theta \\ -\sin\theta & \cos\theta \end{bmatrix}=A^T \text{ 이므로}$$

직교행렬이다.

EX 7

단계 1: A의 특성방정식은

$$\begin{vmatrix} \lambda-2 & -1 & -1 \\ -1 & \lambda-2 & -1 \\ -1 & -1 & \lambda-2 \end{vmatrix}=(\lambda-1)^2(\lambda-4)=0$$

그러므로 고유치는 $\lambda_1=1, \lambda_2=1, \lambda_3=4$ 이다. 즉 고유치 1의 중복도는 2이다.

단계 2: λ_1과 λ_2에 대응하는 고유벡터를 구하기 위해 동차 연립방정식

CHAPTER 08. 선형변환과 행렬

연습 문제 8.1

EX 1

(1) (a) (-1,7) (b) (11,-8)

(2) (a) (1,5,4) (b) (5,-6,t)

(3) (a) (-14,-7) (b) (1,1,t)

EX 2

(1) 선형변환 (2) 선형변환

(3) no (4) 선형변환

EX 3

(1) 선형변환 (2) no

(3) 선형변환

EX 4

(1) (3,11,-8) (2) (0,-6,8)

EX 5

(1) $T: R^4 \to R^3$ (2) $T: R^5 \to R^2$

(3) $T: R^2 \to R^2$

EX 6

(1) A= $\begin{bmatrix} 1 & 2 \\ 1 & -2 \end{bmatrix}$ (2) A= $\begin{bmatrix} 2 & -3 \\ 1 & -1 \\ -4 & 1 \end{bmatrix}$

(3) A= $\begin{bmatrix} 1 & 1 & 0 \\ 1 & -1 & 0 \\ -1 & 0 & 1 \end{bmatrix}$ (4) A= $\begin{bmatrix} 0 & -2 & 3 \\ 4 & 0 & 11 \end{bmatrix}$

EX 7

(1) (35,-7) (2) (0,0)

EX 8

(1) (a) $\begin{bmatrix} 2 & 3 & -1 \\ 3 & 0 & -2 \\ 2 & -1 & 1 \end{bmatrix}$ (b) (9,5,-1)

(2) (a) $\begin{bmatrix} 1 & -1 & 0 & 0 \\ 0 & 0 & 1 & 0 \\ 1 & 2 & 0 & -1 \\ 0 & 0 & 0 & 1 \end{bmatrix}$ (b) (1,1,2,-1)

연습 문제 8.2

EX 1

(1) R^3

(2) $\{a_1x_1 + a_2x^2 + a_3x^3 : a_1, a_2, a_3 \in R\}$

(3) {(0,0)}

EX 2

(1) (a) T(v)= $\begin{bmatrix} 1 & 2 \\ 3 & 4 \end{bmatrix}\begin{bmatrix} v_1 \\ v_2 \end{bmatrix} = \begin{bmatrix} 0 \\ 0 \end{bmatrix}$

$v_1 = v_2 = 0$이므로 $\{(0,0)\}$

(b) $A^T = \begin{bmatrix} 1 & 3 \\ 2 & 4 \end{bmatrix} \to \begin{bmatrix} 1 & 0 \\ 0 & 1 \end{bmatrix}$

$\{(1,0), (0,1)\}$

(2) (a) $T(v)=\begin{bmatrix}1&-1&2\\0&1&0\end{bmatrix}\begin{bmatrix}v_1\\v_2\\v_3\end{bmatrix}=\begin{bmatrix}0\\0\end{bmatrix}$

$(-4t,-2t,t)$ $\{(-4,-2,1)\}$

(b) $A^T=\begin{bmatrix}1&0\\-1&1\\2&2\end{bmatrix}\Rightarrow\begin{bmatrix}1&0\\0&1\\0&0\end{bmatrix}$

$\{(1,0),(0,1)\}$

EX 3

(1), (3)

EX 4

(1)

EX 5

(a) $\{(0,\ 0,\ 0)\}$

(b) $\{(1,\ 1,\ 0),\ (0,\ 1,\ 0),\ (0,\ 0,\ 1)\}$

EX 6

(a) $\{(1,\ 2,\ 0,\ 1),\ (2,\ 1,\ -1,\ 0)\}$

(b) $\{(1,\ 1,\ 1),\ (0,\ 1,\ 2)\}$

EX 7

(1) (a) $T(x)=0$에서

$x=(0,0)$이므로 $\ker(T)=\{(0,0)\}$

(b) $nullity(T)=\dim(\ker(T))=0$

(c) $A^T=\begin{bmatrix}-1&1\\1&1\end{bmatrix}\to\begin{bmatrix}1&0\\0&1\end{bmatrix}$

$R(T)=R^2$

(d) $\text{rank}(T)=\dim(R(T))=2$

(2) (a) $T(x)=0$에서

$x=(0,0)$이므로 $\ker(T)=\{(0,0)\}$

(b) $nullity(T)=\dim(\ker(T))=0$

(c) $A^T=\begin{bmatrix}5&1&1\\1&-31&1\end{bmatrix}\to\begin{bmatrix}1&0&\frac{1}{4}\\0&1&-\frac{1}{4}\end{bmatrix}$

$R(T)=\{(4s,4t,s-t):s.t\in R\}$

(d) $\text{rank}(T)=\dim(R(T))=2$

(3) (a) $T(x)=0$에서

$\ker(T)=\{(-11t,6t,4t):t\in R\}$

(b) $nullity(T)=\dim(\ker(T))=1$

(c) $A^T=\begin{bmatrix}0&4\\-2&0\\3&11\end{bmatrix}\to\begin{bmatrix}1&0\\0&1\\0&0\end{bmatrix}$

$R(T)=R^2$

(d) $\text{rank}(T)=\dim(R(T))=2$

(4) (a) $T(x)=0$에서

$\ker(T)=\{(t,-3t):t\in R\}$

(b) $\dim(\ker(T))=$누llity$(T)=1$

(c) $A^T=\begin{bmatrix}\frac{9}{10}&\frac{3}{10}\\\frac{3}{10}&\frac{1}{10}\end{bmatrix}\to\begin{bmatrix}3&1\\0&0\end{bmatrix}$

$R(T)=\{(3t,t),t\in R\}$

(d) $\text{rank}(T)=\dim(R(T))=1$

(5) (a) $T(x)=0$에서

$\ker(T)=\{(s,t,-2s+2t):s,t\in R\}$

(b) $\text{nullity}(T)=\dim(\ker(T))=2$

(c) $A^T\to\begin{bmatrix}1&-1&\frac{1}{2}\\0&0&0\\0&0&0\end{bmatrix}$

$R(T)=\{(2t,-2t,t):t\in R\}$

(d) $\text{rank}(T)=\dim(R(T))=1$

EX 8

(1) 2　　(2) 4

EX 9

(1) 2　　(2) 1

연습 문제 8.3

EX 1

(1) T_1, T_2의 표준행렬 각각

$$A_1=\begin{bmatrix}1&-2\\2&3\end{bmatrix}, A_2=\begin{bmatrix}2&0\\1&-1\end{bmatrix}$$

$T_2\circ T_1$, $T_1\circ T_2$의 표준행렬

$$A_2A_1=\begin{bmatrix}2&-4\\-1&-5\end{bmatrix}, A_1A_2=\begin{bmatrix}0&2\\7&-3\end{bmatrix}$$

(2) T_1, T_2의 표준행렬 각각

$$A_1=\begin{bmatrix}-1&2\\1&1\\1&-1\end{bmatrix}, A_2=\begin{bmatrix}1&-3&0\\3&0&1\end{bmatrix}$$

$T_2\circ T_1$, $T_1\circ T_2$의 표준행렬

$$A_2A_1=\begin{bmatrix}-4&-1\\-2&5\end{bmatrix},$$

$$A_1A_2=\begin{bmatrix}5&3&2\\4&-3&1\\-2&-3&-1\end{bmatrix}$$

EX 2

(1) $T_2\circ T_1(x,y)=(2x-3y,2x+3y)$

(2) $T_2\circ T_1(x,y,z)=(0,2x)$

EX 3

(1) $T_3\circ T_2\circ T_1(x,y,z)=(3x-2y,x)$

(2) $T_3\circ T_2\circ T_1(x,y)=(4y,6y)$

EX 4

(1) T의 표준행렬

$$A=\begin{bmatrix}1&1\\1&-1\end{bmatrix},\ A^{-1}=\begin{bmatrix}\frac{1}{2}&\frac{1}{2}\\\frac{1}{2}&-\frac{1}{2}\end{bmatrix}$$

$$T^{-1}(x,y)=\left(\frac{1}{2}x+\frac{1}{2}y,\frac{1}{2}x-\frac{1}{2}y\right)$$

(2) $A=\begin{bmatrix}2&0\\0&0\end{bmatrix}$

$|A|=0$이므로 정칙이 아니다.

(3) $A=\begin{bmatrix}5&0\\0&5\end{bmatrix}$, $A^{-1}=\begin{bmatrix}\frac{1}{5}&0\\0&\frac{1}{5}\end{bmatrix}$

$$T^{-1}(x,y)=\left[\frac{x}{5},\frac{y}{5}\right]$$

EX 5

(1) $\begin{bmatrix}\frac{1}{3}&-\frac{2}{3}\\\frac{1}{3}&\frac{1}{3}\end{bmatrix}$

$$T^{-1}(w_1,w_2)=\left(\frac{1}{3}w_1-\frac{2}{3}w_2,\frac{1}{3}w_1+\frac{1}{3}w_2\right)$$

(2) 1대 1 아님

(3) 1대 1, $\begin{bmatrix}0&-1\\-1&0\end{bmatrix}$,

$$T^{-1}(w_1,w_2)=(-w_2,-w_1)$$

(4) 1대 1 아님

EX 6

(1) $A=\begin{bmatrix}1&-2&2\\2&1&1\\1&1&0\end{bmatrix}$ $A^{-1}=\begin{bmatrix}1&-2&4\\-1&2&-3\\-1&3&-5\end{bmatrix}$

$$T^{-1}(w_1,w_2,w_3)$$
$$=(w_1-2w_2+4w_3,\ -w_1+2w_2-3w_3,\ -w_1+3w_2-5w_3)$$

(2) $A=\begin{bmatrix}1&-3&4\\-1&1&1\\0&-2&5\end{bmatrix}$, $D=0$이므로 정칙이 아니다.

(3) $T^{-1}(w_1, w_2, w_3)$

$$= (-\frac{3}{2}w_1 - \frac{3}{2}w_2 + \frac{11}{2}w_3, \quad \frac{1}{2}w_1 + \frac{1}{2}w_2 - \frac{3}{2}w_3, \ -\frac{1}{2}w_1 + \frac{1}{2}w_2 - \frac{1}{2}w_3)$$

(4) $D=0$ 정칙이 아니다.

연습 문제 8.4

EX 1

(1) T(3,5)=(3,-5) (2) T(2,-1)=(2,1)

(3) T(a,0)=(a,0) (4) T(-c,d)=(-c,-d)

EX 2

(1) T(0,1)=(1,0) (2) T(a,0)=(0,a)

(3) T(-c,d)=(d,-c)

EX 3

(1) T(x,y)=(y,x) (2) $y=x$에 대해 대칭

EX 4

(1) T(x,y)=(x,$-y$)

T(0,0)=(0,0), T(1,0)=(1,0)

T(1,1)=(1,-1), T(0,1)=(0,-1)

(2) T(0,0)=(0,0), T(1,0)=($\frac{1}{2}$,0)

T(1,1)=($\frac{1}{2}$,1), T(0,1)=(0,1)

(3) T(0,0)=(0,0), T(1,0)=(1,0)

T(1,1)=(3,1), T(0,1)=(2,1)

EX 5

T(1,0)=(2,0)

T(0,1)=(0,3)

T(2,2)=(4,6)

EX 6

(1) (a) $A=\begin{bmatrix}-1 & 0\\ 0 & -1\end{bmatrix}$ (b) $T(3,4)=(-3,-4)$

(2) (a) $A=\begin{bmatrix}0 & 1\\ 1 & 0\end{bmatrix}$ (b) $T(3,4)=(4,3)$

(3) (a) $A=\begin{bmatrix}-\frac{\sqrt{2}}{2} & -\frac{\sqrt{2}}{2}\\ \frac{\sqrt{2}}{2} & -\frac{\sqrt{2}}{2}\end{bmatrix}$

(b) T(4,4)=($-4\sqrt{2}$,0)

(4) (a) $A=\begin{bmatrix}1 & 0 & 0\\ 0 & 1 & 0\\ 0 & 0 & -1\end{bmatrix}$

(b) T(3,2,2)=(3,2,-2)

(5) (a) $\begin{bmatrix}-1 & 0 & 0\\ 0 & 1 & 0\\ 0 & 0 & 1\end{bmatrix}$, (b) $T=(2,3,4)=(-2,3,4)$

(6) (a) $A=\begin{bmatrix}-1 & 0\\ 0 & -1\end{bmatrix}$ (b) T(1,2)=(-1,-2)

$(1I_3 - A)\mathrm{x} = 0$ 즉 $\begin{bmatrix}-1 & -1 & -1\\ -1 & -1 & -1\\ -1 & -1 & -1\end{bmatrix}\begin{bmatrix}x_1\\ x_2\\ x_3\end{bmatrix}=\begin{bmatrix}0\\ 0\\ 0\end{bmatrix}$ (1)

을 풀면 (1)의 해공간의 기저는 고유벡터는

$\mathrm{v}_1=\begin{bmatrix}1\\ -1\\ 0\end{bmatrix}$, $\mathrm{v}_2=\begin{bmatrix}1\\ 0\\ -1\end{bmatrix}$이다.

단계 3: $\mathrm{v}_1 \cdot \mathrm{v}_2 \neq 0$이므로 v_1과 v_2는 서로 직교하지 않으므로 그램-슈미트 과정을 적용하면

$\mathrm{u}_1=\frac{1}{\sqrt{2}}\begin{bmatrix}1\\ -1\\ 0\end{bmatrix}$, $\mathrm{u}_2=\frac{1}{\sqrt{6}}\begin{bmatrix}1\\ 1\\ -2\end{bmatrix}$

이때 집합 $\{\mathrm{u}_1, \mathrm{u}_2\}$는 (1)의 해공간에 대한 A의 고유벡터의 정규직교기저가 된다.

이제 $(4I_3 - A)\mathrm{x}=0$, 즉,

$\begin{bmatrix}2 & -1 & -1\\ -1 & 2 & -1\\ -1 & -1 & 2\end{bmatrix}\begin{bmatrix}x_1\\ x_2\\ x_3\end{bmatrix}=\begin{bmatrix}0\\ 0\\ 0\end{bmatrix}$ (2)의 해공간

의 기저를 구하면 이 기저는 벡터

$v_3 = \begin{bmatrix} 1 \\ 1 \\ 1 \end{bmatrix}$ 하나만으로 이뤄진다. 이 벡터를 정규화하면 (2)의 해공간에 대한 정규직교기저로서 고유벡터

$u_3 = \frac{1}{\sqrt{3}} \begin{bmatrix} 1 \\ 1 \\ 1 \end{bmatrix}$을 얻게 된다.

단계 4: P는 v_1, v_2, v_3을 열벡터로 하면

$$P = \begin{bmatrix} \frac{1}{\sqrt{2}} & \frac{1}{\sqrt{6}} & \frac{1}{\sqrt{3}} \\ -\frac{1}{\sqrt{2}} & \frac{1}{\sqrt{6}} & \frac{1}{\sqrt{3}} \\ 0 & -\frac{2}{\sqrt{6}} & \frac{1}{\sqrt{3}} \end{bmatrix}$$ 로 표현된다.

이때 $P^{-1}AP = P^TAP = \begin{bmatrix} 1 & 0 & 0 \\ 0 & 1 & 0 \\ 0 & 0 & 4 \end{bmatrix}$

CHAPTER 09. 2차형식

연습 문제 9.1

EX 1

(1) $A=\begin{bmatrix} 9 & 3 & -4 \\ 3 & -1 & \frac{1}{2} \\ -4 & \frac{1}{2} & 4 \end{bmatrix}$

(2) $A=\begin{bmatrix} 0 & \frac{1}{2} & \frac{1}{2} \\ \frac{1}{2} & 0 & \frac{1}{2} \\ \frac{1}{2} & \frac{1}{2} & 0 \end{bmatrix}$

(3) $A=\begin{bmatrix} 1 & 1 & 0 & -5 \\ 1 & 1 & 0 & 0 \\ 0 & 0 & -1 & 2 \\ -5 & 0 & 2 & -1 \end{bmatrix}$

EX 2 생략

EX 3

(1) 최댓값 : 5 $(\pm 1, 0)$, 최솟값 : $-1\,(0, \pm 1)$

(2) 최댓값 :

$\frac{11+\sqrt{10}}{2}\left(\pm\frac{1}{\sqrt{20-6\sqrt{10}}}, \pm\frac{1}{\sqrt{20-6\sqrt{\sqrt{10}}}}\right)$

최솟값 :

$\frac{11-\sqrt{10}}{2}\ \pm\left(\frac{1}{\sqrt{20+6\sqrt{10}}}, \frac{1}{\sqrt{20-6\sqrt{10}}}\right)$

EX 4

(1) 생략

(2) $[x_1, x_2, x_3]\begin{bmatrix} 2 & 1 & 1 \\ 1 & 1 & 0 \\ 1 & 0 & 1 \end{bmatrix}\begin{bmatrix} x_1 \\ x_2 \\ x_3 \end{bmatrix} = x^T A x$의 특성방정식

$\lambda^3 - 4\lambda^2 + 3\lambda = \lambda(\lambda-3)(\lambda-1) = 0$

$\lambda = 0, 1, 3$, 각 고유벡터

$\begin{bmatrix} 1/\sqrt{3} \\ -1/\sqrt{3} \\ -1/\sqrt{3} \end{bmatrix}, \begin{bmatrix} 0 \\ 1/\sqrt{2} \\ 1/\sqrt{2} \end{bmatrix}, \begin{bmatrix} 2/\sqrt{6} \\ 1/\sqrt{6} \\ 1/\sqrt{6} \end{bmatrix}$

최댓값 $3\,(2/\sqrt{6}, 1/\sqrt{6}, 1/\sqrt{6})$

최솟값 $0\,(1/\sqrt{3}, -1/\sqrt{3}, -1/\sqrt{3})$

연습 문제 9.2

EX 1

(1) $x^T A x = [x_1\ x_2]\begin{bmatrix} 2 & -1 \\ -1 & 2 \end{bmatrix}\begin{bmatrix} x_1 \\ x_2 \end{bmatrix}$

A의 특성방정식 $\lambda^2 - 4\lambda + 3 = 0$

고유값 $\lambda = 3$, $\lambda = 1$이다. 각 고유벡터를 정규화하면

$\lambda = 3 : \begin{bmatrix} 1/\sqrt{2} \\ -1/\sqrt{2} \end{bmatrix}$, $\lambda = 1 : \begin{bmatrix} 1/\sqrt{2} \\ 1/\sqrt{2} \end{bmatrix}$

혼합형을 소거하기 위하여 $x = Py$를 대입하면

$\begin{bmatrix} x_1 \\ x_2 \end{bmatrix} = \begin{bmatrix} \frac{1}{\sqrt{5}} & 1/\sqrt{2} \\ -\frac{1}{\sqrt{2}} & 1/\sqrt{2} \end{bmatrix}\begin{bmatrix} y_1 \\ y_2 \end{bmatrix}$이다.

$$\begin{aligned} x^T A x &= (Py)^T A P y = y^T P^T A P y = y^T D y \\ &= [y_1\ y_2]\begin{bmatrix} 3 & 0 \\ 0 & 1 \end{bmatrix}\begin{bmatrix} y_1 \\ y_2 \end{bmatrix} = 3y_1^2 + y_2^2 \end{aligned}$$

(2) $\begin{bmatrix} x_1 \\ x_2 \end{bmatrix} = \begin{bmatrix} \frac{1}{\sqrt{5}} & \frac{2}{\sqrt{5}} \\ -\frac{2}{\sqrt{5}} & \frac{1}{\sqrt{5}} \end{bmatrix} \begin{bmatrix} y_1 \\ y_2 \end{bmatrix}$에서 $y_1^2 + 6y_2^2$

(3) $\begin{bmatrix} x_1 \\ x_2 \end{bmatrix} = \begin{bmatrix} \frac{1}{\sqrt{2}} & \frac{1}{\sqrt{2}} \\ \frac{1}{\sqrt{2}} & -\frac{1}{\sqrt{2}} \end{bmatrix} \begin{bmatrix} y_1 \\ y_2 \end{bmatrix}$에서 $y_1^2 - y_2^2$

EX 2

(1) $x^T Ax = [x_1\ x_2\ x_3] \begin{bmatrix} 3 & 2 & 0 \\ 2 & 4 & -2 \\ 0 & -2 & 5 \end{bmatrix} \begin{bmatrix} x_1 \\ x_2 \\ x_3 \end{bmatrix}$

A의 특성방정식 $(\lambda-7)(\lambda-4)(\lambda-1) = 0$

$\lambda = 7, 4, 1$

직교행렬 $P = \begin{bmatrix} 1/3 & 2/3 & 2/3 \\ 2/3 & 1/3 & -2/3 \\ -2/3 & 2/3 & -1/3 \end{bmatrix}$

$x = Py$

$$\begin{aligned} x^T Ax &= (Py)^T APy = y^T P^T APy = y^T Dy \\ &= [y_1\ y_2\ y_3] \begin{bmatrix} 7 & 0 & 0 \\ 0 & 4 & 0 \\ 0 & 0 & 1 \end{bmatrix} \begin{bmatrix} y_1 \\ y_2 \\ y_3 \end{bmatrix} \\ &= 7y_1^2 + 4y_2^2 + y_3^2 \end{aligned}$$

EX 3

(1) $[x,\ y] \begin{bmatrix} 2 & -\frac{3}{2} \\ -\frac{3}{2} & 4 \end{bmatrix} \begin{bmatrix} x \\ y \end{bmatrix} + [-7,\ 2] \begin{bmatrix} x \\ y \end{bmatrix} + 7 = 0$

(2) $[x,\ y] \begin{bmatrix} 0 & \frac{5}{2} \\ \frac{5}{2} & 0 \end{bmatrix} \begin{bmatrix} x \\ y \end{bmatrix} - 8 = 0$

(3) $[x,\ y] \begin{bmatrix} 0 & 0 \\ 0 & 1 \end{bmatrix} \begin{bmatrix} x \\ y \end{bmatrix} + [7\ -8] \begin{bmatrix} x \\ y \end{bmatrix} - 5 = 0$

EX 4

(1) $9x'^2 + 4y'^2 = 36$ 타원

(2) $y'^2 = 8x'$ 포물선

(3) $18y'^2 - 12x'^2 = 419$ 쌍곡선

EX 5

(1) $x^T Ax + Kx = 5$

$A = \begin{bmatrix} 9 & -2 \\ -2 & 6 \end{bmatrix}$, $K = [-10,\ -20]$

$\lambda_1 = 5 : \begin{bmatrix} 1 \\ 2 \end{bmatrix}$, $\lambda_2 = 10 : \begin{bmatrix} -2 \\ 1 \end{bmatrix}$

$P = \begin{bmatrix} 1/\sqrt{5} & -2/\sqrt{5} \\ 2/\sqrt{5} & 1/\sqrt{5} \end{bmatrix}$ $\qquad x = Px'$

$(x')^T (P^T AP)x' + KPx' = 5$

$P^T AP = \begin{bmatrix} 5 & 0 \\ 0 & 10 \end{bmatrix}$, $KP = [-10\sqrt{5},\ 0]$

$5(x')^2 + 10(y')^2 - 10\sqrt{5}x' = 5$

$5(x' - \sqrt{5})^2 + 10(y')^2 = 30$

$(x'')^2 + 2(y'')^2 = 6$

(2) $x^T Ax + Kx = -14$

$A = \begin{bmatrix} 2 & -2 \\ -2 & -1 \end{bmatrix}$, $K = [-4\ \ 8]$

$\lambda_1 = 3 : \begin{bmatrix} -2 \\ 1 \end{bmatrix}$, $\lambda = -2 : \begin{bmatrix} 1 \\ 2 \end{bmatrix}$

$P = \begin{bmatrix} 2/\sqrt{5} & 1/\sqrt{5} \\ -1/\sqrt{5} & 2/\sqrt{5} \end{bmatrix}$ $\qquad x = Px'$

$(x')^T (P^T AP)x' + KPx' = -14$

$P^T AP = \begin{bmatrix} 3 & 0 \\ 0 & -2 \end{bmatrix}$, $KP = [0,\ -4\sqrt{5}]$

$3(x')^2 - 2(y')^2 - 4\sqrt{5}y' = -14$

$3(x')^2 - 2((y')^2 + 2\sqrt{5}y' + 5) = -14 - 10$

$3(x'')^2 - 2(y'')^2 = -24$

(3) 생략

(4) $2p(x')^2 - \frac{87}{\sqrt{29}}y' = 0$

연습 문제 9.3

EX 1

(1) $[x\ y\ z]\begin{bmatrix}1 & 2 & 0\\ 2 & 2 & -5/2\\ 0 & -5/2 & -1\end{bmatrix}\begin{bmatrix}x\\ y\\ z\end{bmatrix}+[7\ 0\ 2]\begin{bmatrix}x\\ y\\ z\end{bmatrix}-3=0$

(2) $[x\ y\ z]\begin{bmatrix}0 & \frac{1}{2} & \frac{1}{2}\\ \frac{1}{2} & 0 & \frac{1}{2}\\ \frac{1}{2} & \frac{1}{2} & 0\end{bmatrix}\begin{bmatrix}x\\ y\\ z\end{bmatrix}-1=0+9=0$

(3) $[x\ y\ z]\begin{bmatrix}0 & 0 & \frac{3}{2}\\ 0 & 0 & 0\\ \frac{3}{2} & 0 & 3\end{bmatrix}\begin{bmatrix}x\\ y\\ z\end{bmatrix}+[0\ -14\ 0]\begin{bmatrix}x\\ y\\ z\end{bmatrix}+9=0$

EX 2

(1) $9(x')^2+36(y')^2+4(z')^2=36$

(2) $3(x')^2+16(y')^2-16z'=0$

(3) $(x')^2+16(y)^2-16z'=0$

(4) $(x')^2+(y')^2+(z')^2=25$

EX 3

(1) $x^TAx+150=0$

$$A=\begin{bmatrix}2 & 0 & 36\\ 0 & 3 & 0\\ 36 & 0 & 23\end{bmatrix}$$

$$\lambda_1=-25:\begin{bmatrix}4\\ 0\\ -3\end{bmatrix},\ \lambda_2=3:\begin{bmatrix}0\\ 1\\ 0\end{bmatrix},\ \lambda_3=50:\begin{bmatrix}3\\ 0\\ 4\end{bmatrix}$$

$x=Px'$

$$P=\begin{bmatrix}4/5 & 0 & 3/5\\ 0 & 1 & 0\\ -3/5 & 0 & 4/5\end{bmatrix},\ P^TAP=\begin{bmatrix}-25 & 0 & 0\\ 0 & 3 & 0\\ 0 & 0 & 50\end{bmatrix}$$

R^3에 대한 주축정리에 의하여

$$-25(x')^2+3(y')^2+50(z')^2+150=0$$

EX 4

(1) $x^TAx+Kx=-9$

$$A=\begin{bmatrix}0 & 1 & 1\\ 1 & 0 & 1\\ 1 & 1 & 0\end{bmatrix},\ K=[-6\ -6\ -4]$$

$$\lambda_1=-1:\begin{bmatrix}-1\\ 0\\ 1\end{bmatrix},\ \lambda_2=-1:\begin{bmatrix}-1\\ 1\\ 0\end{bmatrix},\ \lambda_3=2:\begin{bmatrix}1\\ 1\\ 1\end{bmatrix}$$

그램-슈미트 방법에 의하여 정규직교화하면

$$P=\begin{bmatrix}-1/\sqrt{2} & -1/\sqrt{6} & 1/\sqrt{3}\\ 0 & 2/\sqrt{6} & 1/\sqrt{3}\\ 1/\sqrt{2} & -1/\sqrt{6} & -1/\sqrt{3}\end{bmatrix}$$

$$P^TAP=\begin{bmatrix}-1 & 0 & 0\\ 0 & -1 & 0\\ 0 & 0 & 2\end{bmatrix},\ KP=[-\sqrt{2}\ \ \frac{-2}{\sqrt{6}}\ \ \frac{-16}{\sqrt{3}}]$$

$x=Px'$

$$-(x')^2-(y')^2+2(z')^2-\sqrt{2}x'-\frac{2}{\sqrt{6}}y'-\frac{16}{\sqrt{3}}z'=-9$$

$$(x'+\frac{1}{\sqrt{2}})^2+(y'+\frac{1}{6})^2+(z'-\frac{4}{\sqrt{3}})^2=-1$$

$$(x'')^2+(y'')^2-2(z'')^2=-1$$

(2) $x^TAx+Kx-31=0$

$$A=\begin{bmatrix}0 & 1 & 0\\ 1 & 0 & 0\\ 0 & 0 & 0\end{bmatrix},\ K=[-6\ 10\ 1]$$

$$\lambda_1=1:\begin{bmatrix}1\\ 1\\ 0\end{bmatrix},\ \lambda_2=-1:\begin{bmatrix}-1\\ 1\\ 0\end{bmatrix},\ \lambda_3=0:\begin{bmatrix}0\\ 0\\ 1\end{bmatrix}$$

$$P=\begin{bmatrix}\frac{1}{\sqrt{2}} & -\frac{1}{\sqrt{2}} & 0\\ \frac{1}{\sqrt{2}} & \frac{1}{\sqrt{2}} & 0\\ 0 & 0 & 1\end{bmatrix}$$

$x=Px'$

$$P^TAP=\begin{bmatrix}1 & 0 & 0\\ 0 & -1 & 0\\ 0 & 0 & 0\end{bmatrix},\ KP=[2\sqrt{2}\ \ 8\sqrt{2}\ \ 1]$$

$$(x')^2-(y')^2+2\sqrt{2}x'+8\sqrt{2}y'+z'-31=0$$

$$(x'+\sqrt{2})^2-(y-4\sqrt{2})^2+(z'-1)^2=0$$

$$(x'')^2-(y'')^2+(z'')^2=0$$

CHAPTER 10. 행렬의 분해

연습 문제 10.1

(1) 행렬의 계수가 1이므로 $F=1,\ G=[1\ 2\ 3]$이다.

(2) 행렬의 계수가 2이므로 $F=\begin{bmatrix}1&0\\0&1\end{bmatrix}$이고,

$G=\begin{bmatrix}1&2\\3&4\end{bmatrix}$이다.

(3) $A=\begin{bmatrix}1&2&4\\3&0&1\\1&-4&-7\end{bmatrix}\ \underset{R_3-1R_1}{\overset{R_2-3R_1}{\rightarrow}}\ \begin{bmatrix}1&2&4\\0&-6&-11\\0&-6&-11\end{bmatrix}$

$\underset{R_3+(-1)R_2}{\rightarrow}\ \begin{bmatrix}1&2&4\\0&-6&-11\\0&0&0\end{bmatrix}=\begin{bmatrix}G\\0\end{bmatrix}$

$G=\begin{bmatrix}1&2&4\\0&-6&-11\end{bmatrix}$

F를 찾기 위해서 [정리 10.2]에서 단계 2에서 다음을 얻는다.

$I=\begin{bmatrix}1&0&0\\0&1&0\\0&0&1\end{bmatrix}\ \overset{R_3-1R_2}{\rightarrow}\ \begin{bmatrix}1&0&0\\0&1&0\\0&-1&1\end{bmatrix}\ \underset{R_3+1R_1}{\overset{R_2+3R_1}{\rightarrow}}\ \begin{bmatrix}1&0&0\\3&1&0\\1&-1&1\end{bmatrix}$

$rank\,A=2$이므로

$F=\begin{bmatrix}1&0\\3&1\\1&-1\end{bmatrix}$

(4) $A=\begin{bmatrix}1&2&5\\6&0&1\end{bmatrix}\ \overset{R_2-6R_1}{\rightarrow}\ \begin{bmatrix}1&2&5\\0&-12&-29\end{bmatrix}=G$

$rank\,A=2$이므로 $F=\begin{bmatrix}1&0\\0&1\end{bmatrix}$이다.

그리고 $G=A$

(5) $F=A\ \ G=I$

연습 문제 10.2

EX 1

(1) $\begin{bmatrix}\frac{1}{\sqrt5}&-\frac{2}{\sqrt5}\\\frac{2}{\sqrt5}&\frac{1}{\sqrt5}\end{bmatrix}\begin{bmatrix}\sqrt5&\sqrt5\\0&\sqrt5\end{bmatrix}$

열벡터에 그램-슈미트 방법을 적용하면 정규 직교벡터

$q_1=\begin{bmatrix}1/\sqrt5\\2/\sqrt5\end{bmatrix},\ q_2=\begin{bmatrix}-2/\sqrt5\\1/\sqrt5\end{bmatrix}$이 얻어지고 행렬

R은 $R=\begin{bmatrix}<v_1,q_1>&<v_2,q_1>\\0&<v_2,q_2>\end{bmatrix}=\begin{bmatrix}\sqrt5&\sqrt5\\0&\sqrt5\end{bmatrix}$

따라서 QR분해는 $\begin{bmatrix}\frac{1}{\sqrt5}&\frac{-2}{\sqrt5}\\\frac{2}{\sqrt5}&\frac{1}{\sqrt5}\end{bmatrix}\begin{bmatrix}\sqrt5&\sqrt5\\0&\sqrt5\end{bmatrix}$

(2) $\begin{bmatrix}\frac{1}{\sqrt2}&-\frac{1}{\sqrt3}\\0&\frac{1}{\sqrt3}\\\frac{1}{\sqrt2}&\frac{1}{\sqrt3}\end{bmatrix}\begin{bmatrix}\sqrt2&3\sqrt2\\0&\sqrt3\end{bmatrix}$

(3) $\begin{bmatrix}\frac{1}{3}&\frac{8}{\sqrt{234}}\\-\frac{2}{3}&\frac{11}{\sqrt{234}}\\\frac{2}{3}&\frac{7}{\sqrt{234}}\end{bmatrix}\begin{bmatrix}3&\frac{1}{3}\\0&\frac{\sqrt{26}}{3}\end{bmatrix}$

열벡터에 그램-슈미트 방법을 적용하면 정규 직교벡터 $v_1=\begin{bmatrix}1\\-2\\2\end{bmatrix},\ v_2=\begin{bmatrix}1\\1\\1\end{bmatrix},\ q_1=\begin{bmatrix}1/3\\-2/3\\2/3\end{bmatrix},$

$q_2=\begin{bmatrix}8/3\sqrt{26}\\11/3\sqrt{26}\\7/3\sqrt{26}\end{bmatrix}$이 얻어지고 행렬 R은

$$R=\begin{bmatrix} <v_1,q_1> & <v_2,q_1> \\ 0 & <v_2,q_2> \end{bmatrix}=\begin{bmatrix} 3 & 1/3 \\ 0 & \sqrt{26}/3 \end{bmatrix}$$ 이다.

따라서 QR인자분해는 다음과 같다.

$$A=\begin{bmatrix} 1/3 & 8/3\sqrt{26} \\ -2/3 & 11/3\sqrt{26} \\ 2/3 & 7/3\sqrt{26} \end{bmatrix}\begin{bmatrix} 3 & 1/3 \\ 0 & \sqrt{26}/3 \end{bmatrix}$$

(4) $$\begin{bmatrix} \frac{1}{\sqrt{2}} & -\frac{1}{\sqrt{3}} & \frac{1}{\sqrt{6}} \\ 0 & \frac{1}{\sqrt{3}} & \frac{2}{\sqrt{6}} \\ \frac{1}{\sqrt{2}} & \frac{1}{\sqrt{3}} & -\frac{1}{\sqrt{6}} \end{bmatrix}\begin{bmatrix} \sqrt{2} & \sqrt{2} & \sqrt{2} \\ 0 & \sqrt{3} & -\frac{1}{\sqrt{3}} \\ 0 & 0 & \frac{4}{\sqrt{6}} \end{bmatrix}$$

(5) $$\begin{bmatrix} \frac{1}{\sqrt{2}} & \frac{\sqrt{2}}{2\sqrt{19}} & -\frac{3}{\sqrt{19}} \\ \frac{1}{\sqrt{2}} & -\frac{\sqrt{2}}{2\sqrt{19}} & \frac{3}{\sqrt{19}} \\ 0 & \frac{3\sqrt{2}}{\sqrt{19}} & \frac{1}{\sqrt{19}} \end{bmatrix}\begin{bmatrix} \sqrt{2} & \frac{3}{\sqrt{2}} & \sqrt{2} \\ 0 & \frac{\sqrt{19}}{\sqrt{2}} & \frac{3\sqrt{2}}{\sqrt{19}} \\ 0 & 0 & \frac{1}{\sqrt{19}} \end{bmatrix}$$

EX 2

$$\begin{bmatrix} 1/\sqrt{3} & -1/\sqrt{6} & -1/\sqrt{2} \\ 1/\sqrt{3} & 2/\sqrt{6} & 0 \\ 1/\sqrt{3} & -1/\sqrt{6} & 1/\sqrt{2} \end{bmatrix}\begin{bmatrix} 3/\sqrt{3} & -2/\sqrt{3} & 4/\sqrt{3} \\ 0 & 2/\sqrt{6} & 2/\sqrt{6} \\ 0 & 0 & 4/\sqrt{2} \end{bmatrix}$$

연습 문제 10.3

EX 1

(1) $\frac{1}{\sqrt{2}}\begin{bmatrix}1\\0\\1\end{bmatrix}$, $\frac{1}{\sqrt{3}}\begin{bmatrix}-1\\1\\1\end{bmatrix}$, $\frac{1}{\sqrt{6}}\begin{bmatrix}-1\\-2\\1\end{bmatrix}$

고유값 -6, -6, -6

(2) $\begin{bmatrix}1\\0\\0\\0\end{bmatrix}$, $\frac{1}{\sqrt{2}}\begin{bmatrix}0\\1\\0\\1\end{bmatrix}$, $\frac{1}{\sqrt{6}}\begin{bmatrix}0\\-1\\2\\1\end{bmatrix}$, $\frac{1}{\sqrt{3}}\begin{bmatrix}0\\-1\\-1\\1\end{bmatrix}$

고유값 -3, 2, 3, 3

(3) $\frac{1}{\sqrt{2}}\begin{bmatrix}0\\-1\\0\\1\end{bmatrix}$, $\frac{1}{\sqrt{6}}\begin{bmatrix}0\\-1\\2\\-1\end{bmatrix}$, $\begin{bmatrix}1\\0\\0\\0\end{bmatrix}$, $\frac{1}{\sqrt{3}}\begin{bmatrix}0\\1\\1\\1\end{bmatrix}$

고유값 5, 5, 6, 8

(4) $\frac{1}{\sqrt{2}}\begin{bmatrix}-1\\1\\0\end{bmatrix}$, $\begin{bmatrix}0\\0\\1\end{bmatrix}$, $\frac{1}{\sqrt{2}}\begin{bmatrix}1\\1\\0\end{bmatrix}$

고유값 0, 2, 2

EX 2

(1) $P=[u_1\ u_2\ u_3] : u_1=\frac{1}{\sqrt{2}}\begin{bmatrix}-1\\1\\0\end{bmatrix}$,

$u_2=\frac{1}{\sqrt{6}}\begin{bmatrix}-1\\-1\\2\end{bmatrix}$, $u_3=\frac{1}{\sqrt{3}}\begin{bmatrix}1\\1\\1\end{bmatrix}$

$$P^TAP=\begin{bmatrix}0&0&0\\0&0&0\\0&0&3\end{bmatrix}$$

$$A=P\begin{bmatrix}0&0&0\\0&0&0\\0&0&3\end{bmatrix}P^T$$

$$=\begin{bmatrix} -\frac{1}{\sqrt{2}} & -\frac{1}{\sqrt{6}} & \frac{1}{\sqrt{3}} \\ \frac{1}{\sqrt{2}} & -\frac{1}{\sqrt{6}} & \frac{1}{\sqrt{3}} \\ 0 & \frac{2}{\sqrt{6}} & -\frac{1}{\sqrt{3}} \end{bmatrix}\begin{bmatrix}0&0&0\\0&0&0\\0&0&3\end{bmatrix}$$

$$\begin{bmatrix} -\frac{1}{\sqrt{2}} & \frac{1}{\sqrt{2}} & 0 \\ -\frac{1}{\sqrt{6}} & -\frac{1}{\sqrt{6}} & \frac{2}{\sqrt{6}} \\ \frac{1}{\sqrt{3}} & \frac{1}{\sqrt{3}} & \frac{1}{\sqrt{3}} \end{bmatrix}$$

$$=3\begin{bmatrix}\frac{1}{\sqrt{3}}\\ \frac{1}{\sqrt{3}}\\ \frac{1}{\sqrt{3}}\end{bmatrix}\begin{bmatrix}\frac{1}{\sqrt{3}} & \frac{1}{\sqrt{3}} & \frac{1}{\sqrt{3}}\end{bmatrix}$$

(2) $$A^{100}=P\begin{bmatrix}0&0&0\\0&0&0\\0&0&3^{100}\end{bmatrix}P^T$$

$$\sqrt{A}=P\begin{bmatrix}0&0&0\\0&0&0\\0&0&\sqrt{3}\end{bmatrix}P^T$$

EX 3

(1) (i) 고유치 : -4, 2, 2

$$P=\begin{bmatrix} -\frac{1}{\sqrt{3}} & \frac{1}{\sqrt{2}} & \frac{1}{\sqrt{6}} \\ \frac{1}{\sqrt{3}} & 0 & \frac{2}{\sqrt{6}} \\ \frac{1}{\sqrt{3}} & \frac{1}{\sqrt{2}} & -\frac{1}{\sqrt{6}} \end{bmatrix}$$

(ii) 고유치 : -1, 3

$$P=\begin{bmatrix} \frac{1}{\sqrt{2}} & \frac{1}{\sqrt{2}} \\ -\frac{1}{\sqrt{2}} & \frac{1}{\sqrt{2}} \end{bmatrix}$$

(iii) 고유치 : -4, 2, 2

$$P=\begin{bmatrix} \frac{1}{\sqrt{2}} & -\frac{1}{\sqrt{2}} & 0 \\ \frac{1}{\sqrt{2}} & \frac{1}{\sqrt{2}} & 0 \\ 0 & 0 & 1 \end{bmatrix}$$

(iv) 고유치 : -2, 0, 6

$$P=\begin{bmatrix} -\frac{1}{\sqrt{2}} & \frac{1}{\sqrt{3}} & \frac{1}{\sqrt{6}} \\ 0 & -\frac{1}{\sqrt{3}} & \frac{2}{\sqrt{6}} \\ \frac{1}{\sqrt{2}} & \frac{1}{\sqrt{3}} & \frac{1}{\sqrt{6}} \end{bmatrix}$$

(2) (i) $A^{10}=P\begin{bmatrix} (-4)^{10} & 0 & 0 \\ 0 & 2^{10} & 0 \\ 0 & 0 & 2^{10} \end{bmatrix}P^T$

(ii) $A^{10}=P\begin{bmatrix} (-1)^{10} & 0 \\ 0 & 3^{10} \end{bmatrix}P^T$

(iii) $A^{10}=P\begin{bmatrix} (-4)^{10} & 0 & 0 \\ 0 & 2^{10} & 0 \\ 0 & 0 & 2^{10} \end{bmatrix}P^T$

(iv) $A^{10}=P\begin{bmatrix} (-2)^{10} & 0 & 0 \\ 0 & 0 & 0 \\ 0 & 0 & 6^{10} \end{bmatrix}P^T$

연습 문제 10.4

EX 1

(1) A^TA의 고유벡터 2×2인 정규직교행렬 V

$$V=[v_1\ v_2],\ v_1=\begin{bmatrix} \frac{1}{\sqrt{2}} \\ \frac{1}{\sqrt{2}} \end{bmatrix},\ v_2=\frac{1}{\sqrt{2}}\begin{bmatrix} 1 \\ -1 \end{bmatrix}$$

$$D=\begin{bmatrix} \sqrt{18} & 0 \\ 0 & \sqrt{8} \end{bmatrix}$$

AA^T의 고유벡터 2×2인 정규직교행렬 u

$$U=[u_1\ u_2],\ u_1=\frac{1}{\sqrt{\lambda}}Av_1,\ u_2=\frac{1}{\sqrt{\lambda_2}}Av_2$$

(2) A^TA의 고유벡터 3×3인 정규직교행렬 V

$V=[v_1\ v_2\ v_3]$,

$$v_1=\begin{bmatrix} \frac{2}{\sqrt{5}} \\ \frac{1}{\sqrt{5}} \\ 0 \end{bmatrix},\ v_2=\begin{bmatrix} -\frac{2}{\sqrt{45}} \\ \frac{4}{\sqrt{45}} \\ \frac{5}{\sqrt{45}} \end{bmatrix},\ v_3=\begin{bmatrix} -\frac{1}{3} \\ \frac{2}{3} \\ -\frac{2}{3} \end{bmatrix}$$

$$D=\begin{bmatrix} 9 & 0 & 0 \\ 0 & 9 & 0 \\ 0 & 0 & 0 \end{bmatrix}$$

AA^T의 고유벡터 3×3인 정규직교행렬 u

$u=[u_1\ u_2\ u_3]$,

$$u_1=\frac{1}{\sqrt{\lambda_1}}Av_1,\ u_2=\frac{1}{\sqrt{\lambda_2}}Av_2,\ u_3=\frac{1}{\sqrt{\lambda_3}}Av_3$$

(3) $V=\begin{bmatrix} 0 & 1 & 0 \\ \frac{1}{\sqrt{2}} & 0 & -1 \\ \frac{1}{\sqrt{2}} & 0 & \frac{1}{\sqrt{2}} \end{bmatrix}$ $U=\begin{bmatrix} 0 & 1 & 0 \\ \frac{1}{\sqrt{2}} & 0 & -\frac{1}{\sqrt{2}} \\ \frac{1}{\sqrt{2}} & 0 & \frac{1}{\sqrt{2}} \end{bmatrix}$

$$D=\begin{bmatrix} 3 & 0 & 0 \\ 0 & 2 & 0 \\ 0 & 0 & 1 \end{bmatrix}$$

EX 2

(1) $A^TA=\begin{bmatrix} 8 & 2 \\ 2 & 5 \end{bmatrix}$, A^TA의 고유치는 $\lambda_1=9,\ \lambda_2=4$

$$V=\begin{bmatrix} 2/\sqrt{5} & -1/\sqrt{5} \\ 1/\sqrt{5} & 2/\sqrt{5} \end{bmatrix}$$

AA^T의 고유벡터 2×2인 정규직교행렬

$$U = \begin{bmatrix} 1/\sqrt{5} & -2/\sqrt{5} \\ 2/\sqrt{5} & 1/\sqrt{5} \end{bmatrix} \quad D = \begin{bmatrix} 3 & 0 \\ 0 & 2 \end{bmatrix}$$

$$\begin{aligned} A &= UDV^T \\ &= \sqrt{\lambda_1}\, u_1 v_1^T + \sqrt{\lambda_2}\, u_2 v_2^T \end{aligned}$$

(2) $A^TA = \begin{bmatrix} 4 & 6 \\ 6 & 13 \end{bmatrix}$,

A^TA의 고유치는 $\lambda_1 = 16$, $\lambda_2 = 1$

$$V = \begin{bmatrix} 1/\sqrt{5} & -2/\sqrt{5} \\ 2/\sqrt{5} & 1/\sqrt{5} \end{bmatrix}$$

AA^T의 고유벡터 2×2인 정규직교행렬

$$U = \begin{bmatrix} 2/\sqrt{5} & -1/\sqrt{5} \\ 1/\sqrt{5} & 2/\sqrt{5} \end{bmatrix} \quad D = \begin{bmatrix} 4 & 0 \\ 0 & 1 \end{bmatrix}$$

$A = UDV^T$

(3) $A^TA = \begin{bmatrix} 81 & -27 \\ -27 & 9 \end{bmatrix}$,

A^TA의 고유치는 $\lambda_1 = 90$, $\lambda_2 = 0$

$$V = \begin{bmatrix} 3/\sqrt{10} & 1/\sqrt{10} \\ -1/\sqrt{10} & 3/\sqrt{10} \end{bmatrix}$$

AA^T의 고유벡터 3×3인 정규직교행렬

$$U = \begin{bmatrix} -1/3 & 2/3 & 2/3 \\ 2/3 & -1/3 & 2/3 \\ 2/3 & 2/3 & -1/3 \end{bmatrix} \qquad D = \begin{bmatrix} 3\sqrt{10} & 0 \\ 0 & 0 \\ 0 & 0 \end{bmatrix}$$

$A = UDV^T$

(4) $A^TA = \begin{bmatrix} 2 & 0 \\ 0 & 3 \end{bmatrix}$, A^TA의 고유치는 $\lambda_1 = 3$, $\lambda_2 = 2$

$$V = \begin{bmatrix} 0 & 1 \\ 1 & 0 \end{bmatrix}$$

AA^T의 고유벡터 3×3인 정규직교행렬

$$U = \begin{bmatrix} 1/\sqrt{3} & 1/\sqrt{2} & 1/\sqrt{6} \\ 1/\sqrt{3} & 0 & -2/\sqrt{6} \\ 1/\sqrt{3} & -1/\sqrt{2} & 1/\sqrt{6} \end{bmatrix} \quad D = \begin{bmatrix} \sqrt{3} & 0 \\ 0 & \sqrt{2} \\ 0 & 0 \end{bmatrix}$$

$A = UDV^T$

색인